OSTWALDS KLASSIKER
DER EXAKTEN WISSENSCHAFTEN
Band 11

Galileo Galilei
15.2.1564 –8.1.1642

OSTWALDS KLASSIKER DER EXAKTEN WISSENSCHAFTEN
Band 11

Reprint der Bände 11, 24 und 25

Unterredungen und mathematische Demonstrationen

über zwei neue Wissenszweige, die Mechanik und die Fallgesetze betreffend

Erster bis sechster Tag

1638

von

Galileo Galilei

aus dem Italienischen und Lateinischen
übersetzt und herausgegeben von

A. von Oettingen

Vorwort von

J. Hamel

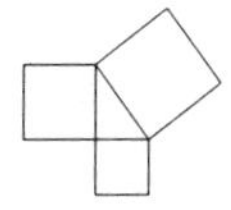

Verlag Harri Deutsch

Bibliografische Information Der Deutschen Nationalbibliothek

Die Deutsche Nationalbibliothek verzeichnet diese Publikation in der Deutschen Nationalbibliografie; detaillierte bibliografische Daten sind im Internet über http://dnb.d-nb.de abrufbar.

ISBN 978-3-8171-3422-9

1. - 3. Auflage Engelmann Verlag, Leipzig
6.,bearbeitete Auflage 2007
Druck: Rosch - Buch Druckerei GmbH, Scheßlitz
Printed in Germany

Themenverzeichnis

Zweiter Tag.

Dritter Tag.

Ueber die örtliche Bewegung.

Anhang zum dritten und vierten Tage.

Fünfter Tag.

Sechster Tag.
Ueber den Stoss.

Einführung

von Jürgen Hamel

Als Galilei 1564 in Pisa geboren wurde, war etwa 20 Jahre zuvor der Grundstein für eine tiefgreifende Umwälzung des ganzen Weltbildes gelegt worden. Noch fast unbemerkt in seinen Konsequenzen hatte Nicolaus Copernicus, „am Rande der zivilisierten Welt", ein Weltsystem entworfen, das schwere Verstöße sowohl gegen die aristotelische Physik als auch die anerkannte Lesart der Heiligen Schrift und, mindestens ebenso schlimm, gegen jeglichen Augenschein der Naturbetrachtung beinhaltete – hingegen kein durchgreifendes Argument zu seinen Gunsten verbuchen konnte.

Seit fast 2000 Jahren war die Physik des Aristoteles, ein großartiges, in sich geschlossenes, empirisch unzählige Male bestätigtes Lehrgebäude, als Grundlage für alle Bereiche der Naturforschung anerkannt gewesen. Bedeutenden christlichen Denkern war es nach manchen Widersprüchen gelungen, dieses mit der offiziellen Theologie in Einklang zu bringen. Die aristotelische Physik bot einen bewährten Rahmen der Naturerklärung.

Eine wichtige Alltagsbeobachtung war beispielsweise das Fallen eines Steins (oder eines anderen schweren Körpers) senkrecht zum Erdmittelpunkt – vorausgesetzt, man verleiht ihm keine anders gerichtete Anfangsbewegung (in aristotelischer Terminologie: eine erzwungene Bewegung).

Bedeutend war es zu sehen, daß auch Wasser dieser Art der Bewegung folgt, während Luft, also Gase und Feuer offenbar in die entgegengesetzte Richtung strebt, wenn sie keinem äußeren Zwang unterliegen.

Wichtig waren weiterhin ganz andere Erfahrungen: Die Himmelskörper – Sonne, Mond, Planeten und Sterne – verhielten sich vollkommen anders als Körper auf der Erde. Nach scheinbar ehernen Gesetzen ziehen sie ihre Bahnen um die Erde in lautloser, ewiger Bewegung. Sie erschienen unveränderlich, an sich selbst und in ihrer gegenseitigen Stellung, denn nie war an den Sternen eine Veränderung wahrgenommen worden. Und wenn auch Sonne, Mond und Planeten stetig wechselnde Örter am Himmel einnehmen – der Mond als einziger Himmelskörper gar seine Gestalt verwandelt – so geschah dies wieder nach strenger Regelmäßigkeit.

Nur einen Grund konnte all dies haben: Die Erde ist etwas Besonderes in der Welt, und alle Beobachtungen belegten: Die Erde befindet sich im Mittelpunkt der Welt, ihr Zentrum ist gleich dem Weltzentrum und alle Gestirne, der ganze Himmel bewegt sich auf Kreisbahnen um sie herum. Deren Bewegungen verlaufen auf Kreisen, einer ganz besonderen geometrischen Figur, da alle Punkte seiner Peripherie den gleichen Abstand vom Mittelpunkt haben und die Bewegung auf ihm ewig zum Ausgangspunkt zurückkehrt. Die Gestalt der Himmelskörper musste kugelförmig sein, in räumlicher Entsprechung zum Kreis in der Fläche; ihre Bewegung musste unveränderlich sein, wie sie selbst, ewig sich gleichbleibend, geräuschlos, ohne stetigen äußeren Antrieb. Solche Eigenschaften konnte nur göttlichen Wesen zukommen und so wurde im alten Griechenland zur festen Überzeugung, was schon die Menschen steinzeitlicher Kulturen vor Tausenden Jahren glaubten, was sich im alten Babylon genauso wie in Ägypten bildete: Der Himmel ist in tiefem Sinne überirdisch, er bestimmt das Leben auf der Erde – sei es als magische Gestirnsgötter, als Planetengötter vom Merkur und Mond bis zum Saturn oder den Gestaden über den Himmeln als Ort Gottes und aller erleuchteten Seelen im christianisierten aristotelischen Weltbild des Spätmittelalters.[1]

Schon Aristoteles hatte gesehen, daß die Bewegung von außen, von oben in die Welt eintritt, von einem ersten Bewegten, dem „primum mobile", ausgehend. Von dort wird die Bewegung durch die Fixsternsphäre und die Planetensphären weitergetragen bis in die Sphäre unter dem Mond, dem sublunaren Weltbereich der vier Elemente, wo die ursprünglich reine Bewegung nun ihre Regelmäßigkeit eingebüßt hat und sich auch nicht mehr auf Kreisen vollzieht. Es gibt in diesem Weltbild ein Oben und ein Unten – und das Oben war gut, weil gottesnah, das Unten befleckt, vergänglich, unrein, gottesfern, nach Aristoteles eine „finstertrübe Stätte"[2]. Die Erde wurde mit dem wertenden Oben und Unten der Ort maximaler Gottesferne. Doch ebenso der Ort, der von allen Weltsphären eingeschachtelt, behütet wurde, von wo aus der Mensch die Welt betrachten konnte, die Gott einst um seinetwillen schuf und ihm zum Nutzen überantwortet hatte; ein widerspruchsvoller Ort der Welt.

Was tat nun der Domherr Copernicus im fernen Ermland in seinem 1543 in Nürnberg gedruckten Werk *De revolutionibus orbium coelestium*?[3] Er nahm die Erde aus der Weltmitte, setzte die Sonne dorthin und ließ die Erde um sich selbst und wie alle anderen Planeten um die Sonne kreisen. Was war nun

---

1 Hamel, Jürgen: Geschichte der Astronomie von den Anfängen bis zur Gegenwart. Basel [u.a.] 1998; Stuttgart 2002, bes. S. 19–32

2 Aristoteles: Meteorologie. Über die Welt. Berlin 1979 (Aristoteles. Werke in deutscher Übersetzung; 12), S. 256

3 vgl. Hamel, Jürgen: Nicolaus Copernicus. Leben, Werk und Wirkung. Heidelberg [u.a.] 1994

mit dem Weltmittelpunkt als dem natürlichen Ort aller schweren Körper; es sollte doch, wie jedermann täglich sehen konnte, die Erde, aus den schweren Elementen bestehend, ruhen, nicht die Sonne; was war mit der Erde als dem alleinigen Zentrum aller Kreisbewegungen, was wiederum täglich am Auf- und Untergang aller Gestirne sichtbar wurde? Was war – mit schon schärferem Tonfall – mit dem nach dem Sündenfall Adams befleckten Menschen, für die Gott die Wunder der Schöpfung hat geschehen lassen; was mit der Erde, wo Gott seinen eingeborenen Sohn den erlösungsverheißenden Opfertod für die Sünden der Menschen hat sterben und auferstehen lassen? Dies alles sollte nicht seiner Bedeutung gemäß in der Weltmitte, sondern auf einem Planeten unter anderen geschehen sein, der, durch nichts ausgezeichnet, zwischen Venus und Mars um die Sonne kreist?

Diesen schweren Verstößen stand entgegen, daß, während Claudius Ptolemäus für sein geozentrisches Weltsystem als physikalische Grundlage auf die aristotelische Physik zurückgreifen konnte, Copernicus keine physikalische Begründung für sein System geben konnte und sich nur auf im Grunde abgewandelte aristotelische Prinzipien berief, die eher halbherzig erschienen.

Zur Zeit der Geburt Galileis bis zu seinem Studium in Pisa waren diese Konsequenzen nur in geringem Maße erkannt. Martin Luther stieß sehr früh auf die Widersprüche mit der Bibel und fand sie vor allem gegeben mit einer in dieser Beziehung geradezu fundamentalen Textstelle bei Josua, in der von der durch ein göttliches Wunder bewirkten Ruhe der Sonne die Rede ist, was nur einen Sinn ergibt, wenn sich diese zuvor bewegte (darüber ausführlich weiter unten). Es war genau dieser Bibeltext, der später Galilei jahrzehntelang verfolgte, mit dem er sich auseinander zu setzen hatte, und zu dem Luther am 4. Juni 1539 anmerkte: „Es wurde ein neuer

Astrologe erwähnt, der verbreiten wolle, die Erde bewege sich und nicht der Himmel, die Sonne und der Mond. Als ob jemand, der sich im Wagen oder Schiff bewege, glauben würde, er bliebe stehen und das Land und die Bäume würden sich bewegen. Aber es gehet itzunder also: Wer do wil klug sein, der sol ihme nichts lassen gefallen, das andere achten; er muss ihme etwas eigen machen, wie jener es macht, der die ganze Astronomie umkehren will. Auch wenn jene in Unordnung ist, glaube ich dennoch der Heiligen Schrift. Denn Josua hieß die Sonne stillstehen, nicht die Erde."[4]

Und noch etwas: Wenig später, 1540, hatte Achilles Gasser, der einen Geleittext zu einem Vorabdruck der Grundsätze des copernicanischen Weltsystems von Georg Joachim Rheticus[5] verfasste, geschrieben: „Freilich, das Buch stimmt nicht mit der bisherigen Lehrmeinung überein und man möchte meinen, daß es nicht nur mit einem einzigen Satz den gebräuchlichen Schulmeinungen entgegengesetzt und, wie die Mönche sagen, ketzerisch ist."[6] Diese theologischen Bedenken erlangten jedoch zunächst keine große praktische Bedeutung. So waren es dann vor allem Wittenberger Gelehrte um Philipp Melanchthon, die, wie im Falle des Rheticus, Pate bei der Geburt des großen Werkes standen bzw., im Falle des Erasmus Reinhold, mit der Berechnung von Planetentafeln nach dem Werk, diesem den Weg in die gelehrte Welt ebneten. Hierin liegt nur äußerlich ein Widerspruch. Zwar lehnte Melanchthon als konsequenter Aristoteliker das

---

4 Luther, Martin: Werke, Kritische Gesamtausgabe. Tischreden, 4. Bd. Weimar 1916, Nr. 4638

5 Rheticus, Georg Joachim: Erster Bericht über die 6 Bücher des Kopernikus von den Kreisbewegungen der Himmelsbahnen. Übers. u. eingel. von Karl Zeller. München; Berlin 1943

6 Burmeister, Karl Heinz: Georg Joachim Rheticus. Eine Bio-Bibliographie, Wiesbaden 1968, Bd. 3., S. 17

heliozentrische System des Copernicus strikt ab – doch sah er in diesem Werk eine großartige mathematische Leistung und hoffte, die Berechnung der Planetenörter (die man für die Berechnung von Horoskopen benötigte!) auf eine bessere Grundlage stellen zu können, als nach den bisherigen, sich als fehlerhaft erweisenden Tafeln. Nach seiner Wissenschaftsauffassung war die Astronomie eine rein mathematische Disziplin, die sich nur um die Berechnung der Gestirnsbewegung zu kümmern habe und zu diesem Zweck beliebige Hypothesen ersinnen könne – mithin auch die einer Zentralstellung der Sonne. Doch den wahren Weltbau ergründe die Physik, und die war für ihn aristotelisch.

Wegen der Erwartungen auf bessere Berechnung der Planetenörter erlangten Copernicus und sein Werk rasch eine herausragende Berühmtheit. Nach seinen mathematischen Darstellungen und seinen Planetendaten wurden Kalender und astrologische Vorhersagen berechnet, sein System wurde – als mathematische Darstellungsmöglichkeit der Planetenbewegung, nicht als Widerspiegelung des realen Weltbaus! – an vielen Universitäten gelehrt. Wann Galilei erstmals davon hörte, wissen wir nicht – möglich, daß dies während seiner Studienzeit in Pisa geschah. Möglich weiterhin, daß er damals von weiteren Neuigkeiten erfuhr, die das System des Aristoteles in Bedrängnis brachten:

Im Jahre 1572 erschien plötzlich ein Stern am Himmel, der zuvor noch nie gesehen worden war, und fünf Jahre später stand ein Komet am Himmel, zog seine Bahn und verschwand wieder. Beides war an sich nicht so außergewöhnlich. Eigentlich hätten beide die Frage provozieren müssen, ob angesichts dessen Aristoteles Recht hatte mit seiner Feststellung, daß es im Himmel keine Veränderung geben könne. Doch die Frage wurde nicht gestellt, denn Kometen – und neue Sterne, wie der von 1572 in der Cassiopeia (ein ähnliches Objekt erschien

1604) – wurden gar nicht als kosmische Körper aufgefasst, sondern als Erscheinungen in der Erdatmosphäre. Nicht, daß damit nur vordergründig die aristotelische Physik gerettet werden sollte, nein, für die Feststellung des wirklichen Ortes dieser Gestirne reichte die Genauigkeit der verfügbaren astronomischen Beobachtungsinstrumente einfach nicht aus. Erstmals zog Tycho Brahe 1572 den noch vorsichtigen Schluss, der Neue Stern jenes Jahres müsse in den Sphären der Planeten stehen. Für den Kometen von 1577 hatte er schon Mitstreiter, wie den gelehrten Landgrafen Wilhelm IV. von Hessen, und als 1596 und 1604 erneut ein Komet bzw. ein Neuer Stern erschien, war empirisch entschieden, daß die Kometen keine Erscheinungen der Erdatmosphäre sind, sondern der aristotelischen Region der Unveränderlichkeit angehören. Diese Erkenntnis vertraten nicht nur einige wenige der bedeutendsten Gelehrten, sondern sie fand viele Vertreter und drang sogar in die populäre, deutschsprachige Kalender- und Prognostiken-Literatur ein. Zwei Beispiele: Helisäus Röslin schrieb 1597, daß durch die neueren Kometenforschungen „argwöhnlich gemacht ja umgestossen wird, die gantze Aristotelische Lehr von den Cometen, die bißher bey den Gelehrten im Werdt gewesen und gegolten hat“[7]. Und David Fabricius verspottete gar 1605 die Vertreter der aristotelischen Physik, denn daß Kometen und Neue Sterne nicht aus von der Erde in die Atmosphäre aufsteigenden Dämpfen und Dünsten bestehen, sondern in den Planetenregionen sind, sei durch Beobachtungen „genugsam erinnert, und beweiset, und deswegen sehr zu verwundern, daß jhre [der Astronomen] vielen die Aristotelische auffriechende dämpffe, und anklebende fei-

7 Röslin, Helisäus: Tractatus Meteorastrologiphysicus. Das ist, Auß richtigem lauff der Cometen ... Natürliche Vermütungen und eine Weissagung. o.O. 1597, Bl. 7

ste dünste, die augen der vernunfft also vertunckelt, das gehirn turbiret, und von der rechten strassen sie abgeführet und verleitet haben."[8]

Um 1600 war die aristotelische Physik bei weitem nicht mehr so unangefochten wie noch ein Vierteljahrhundert zuvor. Durch das copernicanische Weltsystem war sie theoretisch angegriffen hinsichtlich des Zentrums von Kreisbewegungen, damit der gesamten Lehre von den Bewegungen und den Elementen. Durch praktische Himmelsbeobachtungen in einem weiteren wichtigen Punkt, der Unveränderlichkeit der Gestirnssphären.

Auch ohne definitiven Beweis ist es selbstverständlich, daß Galilei in Pisa die Astronomie in traditioneller, geozentrischer Art kennen gelernt hatte. Auch wenn er spätere Fachstudien zum Ziel hatte, lernte er an der Universität zunächst die Sieben Freien Künste kennen, darunter die Astronomie. Mit großer Wahrscheinlichkeit hatte er als Lehrbuch die *Sphaera* des Johannes de Sacrobosco, die damals an wohl allen Universitäten zur Einführung in die Himmelskunde diente; zwar schon 250 Jahre alt, aber in geschickter didaktischer Gestaltung auf die Grundlagen der Astronomie ausgerichtet, die sich seitdem nicht verändert hatten.[9]

Galilei schloss sein Studium nicht ab, verließ zunächst den strengen universitären Bildungskanon, trieb private Studien und scheint sich praktischen Dingen zugewandt zu haben. Als deren Ergebnis entstanden unterschiedliche kleinere Arbeiten: die Konstruktion einer hydrostatischen Waage (La Bilancetta, in italienischer Sprache 1586, Erstveröffentli-

---

8 Fabricius, David: Kurtzer und Gründtlicher Bericht, Von Erscheinung und Deutung deß grossen newen Wunder Sterns. Hamburg 1605

9 Hamel, Jürgen: Johannes de Sacroboscos Handbuch der Astronomie (um 1230) – kommentierte Bibliographie eines Erfolgswerkes. In: Acta Historica Astronomiae, Vol. 21., S. 115–170, Frankfurt a. M. 2004

chung 1644), zwei Vorlesungen über Gestalt, Lage und Größe von Dantes Hölle (1588, ebenfalls in italienischer Sprache)[10], eine im wesentlichen aristotelisch geprägte Schrift über die Bewegung (De motu, blieb Fragment), Traktate zur Fortifikationslehre und zur Mechanik (1593)[11], die Konstruktion des Proportionalzirkels und ein *Traktat über die Himmelskugel oder Kosmographie*. All dies steht noch auf dem Boden der geozentrischen Lehre bzw. der Physik des Aristoteles. Allerdings hatte sich Galilei zu dieser Zeit auch schon mit Copernicus beschäftigt, wie aus einem Brief an Johannes Kepler vom 4. August 1597 hervorgeht. Kepler hatte ihm kurz zuvor sein Buch *Mysterium cosmographicum* geschickt,[12] und Galilei antwortete, er habe bisher nur die Einleitung lesen können, werde jedoch das Studium der ganzen Schrift nachholen: „Dies werde ich um so lieber tun, als ich schon vor vielen Jahren zur Auffassung des Kopernikus gelangte und von diesem Standpunkt aus die Ursachen vieler Wirkungen in der Natur entdeckt habe, die ohne Zweifel nach der allgemein üblichen Hypothese unerklärlich sind. Viele Begründungen und auch Widerlegungen gegenteiliger Gründe verfasste ich, was ich jedoch bisher nicht zu veröffentlichen wagte", er würde dies erst tun, „wenn es mehrere [Gelehrte] von Eurer Art gäbe. Da dem aber nicht so ist, werde ich ein derartiges Unterfangen

---

10 beide in: Galileo Galilei. Schriften. Briefe. Dokumente, 2 Bde. Hrsg. von Anna Mudry. Berlin 1987, Bd. 1, S. 45–49 bzw. 50–67

11 daraus die Einführung in *Galilei*, Bd. 1 (wie Anm. 10), S. 68–71

12 Es ist unklar, wie Kepler auf Galilei kam, eine nähere Bekanntschaft ist auszuschließen, denn im Sept. 1597 berichtet Kepler seinem Lehrer Mästlin von Galileis Antwort und schreibt, er schickte zwei Exemplare „nach Italien, die ein Mathematiker in Padua namens Galileo Galilei voller Dankbarkeit und mit Freunden aufgenommen hat" (*Galilei*, Bd. 2, wie Anm. 10, S. 9–10; Original in: Johannes Kepler. Gesammelte Werke, Bd. 13. Hrsg. von Max Caspar. München 1945, S. 130; Keplers Antwortbrief ebd., S. 144).

unterlassen." Die Konsequenz, die Galilei hier offenbart, ist jedoch eine völlige Übertreibung! Weder in seinen Werken noch sonst gibt es Hinweise darauf, daß sich Galilei zu dieser Zeit so tief mit diesen Problemen befasst hatte, und selbst später noch, im *Sidereus Nuncius* und dem *Dialog* zeigt sich die Schwierigkeit Galileis, definitive Beweise für Copernicus zu finden, die es zu seiner Zeit auch gar nicht gab. Zudem stand Galilei der weitverzweigten philosophischen Denkweise Keplers,[13] die dieser für seine Stellungnahme für Copernicus fruchtbar machte, völlig fern. Den begeisterten Antwortbrief Keplers vom 13. Oktober 1597 hat Galilei nie erwidert, vermutlich, weil er mit Kepler in gar keine Diskussion über das copernicanische System eintreten konnte und im Gegensatz zu seinen Behauptungen im ersten Brief gar nichts zur Veröffentlichung hatte.

Galileis Interesse galt vorrangig der Mechanik, zu der er umfangreiche Studien trieb. Viele der ihn damals beschäftigenden Fragen waren eng mit den Belangen der Praxis des zivilen und militärischen Ingenieurwesens (Festungsbau, Artillerie) verbunden und es dürfte sicher sein, daß Galilei engen Kontakt zu gebildeten Handwerksmeistern und Ingenieuren pflegte. Von ihnen kannte er zahlreiche Probleme und studierte ihre Fachsprache, was ihn dann dazu befähigte, wichtige Arbeiten in italienischer Sprache zu verfassen und sich damit direkt an die Praktiker zu wenden.

Um 1608/09 reiften Galileis Studien zur Ableitung der Fallgesetze, er arbeitete über die Bewegungslehre, die Statik fester Körper und Gesetzmäßigkeiten schwimmender Körper.

---

13 Dies ist allerdings nur die eine Seite des Forschens bei Kepler, da er andererseits konsequent auf dem Boden der empirischen Forschung stand, z.B. der präzisen Planetenörter Tycho Brahes, und er später die ersten Fernrohrbeobachtungen am Himmel begeistert begrüßte.

Seine ruhigen Forschungen wurden jäh unterbrochen, als er 1609 Kenntnis von dem kurz zuvor in Holland erfundenen Fernrohr erhielt, von dem sich rasch eine mehr oder weniger deutliche Kunde im ganzen gelehrten Europa verbreitete.[14] Das älteste verbürgte Dokument zur Fernrohrerfindung enthalten die Protokolle der niederländischen Generalstaaten von 1608. Am 2. Oktober jenes Jahres wandte sich der in Middelburg tätige Brillenmacher Hans Lipperhey an die Generalstaaten, ihm für die Erfindung des Fernrohrs ein Patent auf 30 Jahre zu gewähren. In Haag prüfte man den Antrag, empfahl dem Erfinder, ein Gerät für beidäugiges Sehen zu konstruieren (was im Dezember 1608 geschah), und befand bei allem Respekt, daß es auch an anderen Orten Fernrohre gab, weshalb kein Patent erteilt werden könne, sondern Lipperhey nur eine Belohnung und den Auftrag für zwei weitere Geräte erhielt. Offenbar sah man den Nutzen der Erfindung des „Perspiciliums“ recht schnell ein. Die Kommissare der Generalstaaten werden recht getan haben, als sie Lipperhey das Patent versagten, denn wie Simon Marius berichtet, sei schon Ende Sept. 1608 auf der Herbstmesse in Frankfurt am Main ein Belgier gewesen, „der ein Instrument entwickelt habe, mit dem man alle sehr weit entfernten Gegenstände betrachten könne, als wenn sie ganz nahe seien“.[15] Am Hofe des Prinzen Moritz in Den Haag war das Fernrohr am 10. September 1608 bekannt gewesen; in Paris sollen Fernrohre erstmals im April

---

14 Riekher, Rolf: Fernrohre und ihre Meister. Berlin 1990, bes. S. 19–27; die Frage, ob das Fernrohr schon zuvor bekannt war, soll hier nicht erörtert werden, vgl. dazu Rienitz, Joachim: Historisch-physikalische Entwicklungslinien optischer Instrumente. Von der Magie zur partiellen Kohärenz. Lengerich [u.a.) 1999, S. 106–139

15 Marius, Simon: Mundus Iovialis. Die Welt des Jupiter. Gunzenhausen 1988 (Fränkische Geschichte; 4), S. 37

1609 erschienen sein, im Mai desselben Jahres waren sie in Brüssel und Mailand bekannt.

Der Überlieferung nach erhielt Galilei im Sommer 1609 eine unsichere Beschreibung des neuen Fernrohrs und baute danach selbst ein solches, das er am 20. August 1609 auf dem Turm von San Marco öffentlich vorführte. Die Qualität der ersten Instrumente war mangelhaft. Das Blickfeld war sehr klein, das Glas mehr oder weniger mit Blasen und Schlieren durchsetzt, was dazu beitrug, den militärischen Nutzen zwar schnell einzusehen, soweit es sich nur um die Sichtbarmachung ferner Gebäude, Schiffe und Personen handelt, man aber bei der astronomischen Anwendung, wo es um feinste Details ging, vielfach sehr skeptisch blieb. Dies besonders dort, wo man aus theoretischen Gründen ohnehin den Beobachtungen ablehnend oder wenigstens skeptisch gegenüberstand. Dennoch gelangen mehreren Astronomen in einer kurzen Zeitspanne wichtige Entdeckungen:

die Lichtphasen der Venus, die (ersten) vier Monde des Jupiter, Berge und Täler auf dem Mond, die Auflösbarkeit der Milchstraße in Sterne, die Flecke auf der Sonne, den Saturnring (dessen Natur erst später erkannt wurde).

Diese Entdeckungen machte nicht nur Galilei und er war auch nicht immer der erste, was in der Geschichtsschreibung vielfach zu Verzerrungen des tatsächlichen Geschehens führt. Es war wohl nur eine Frage der Zeit, wann einzelne Gelehrte das Fernrohr in die Hand bekamen und zunächst *einfach so* auf den Himmel richteten. An den Beobachtungen waren seit Herbst 1609 bis Ende 1610, neben Galilei, Johann Baptist Cysat, Johannes Fabricius, Thomas Harriot, Simon Marius, Christoph Scheiner u.a. beteiligt. Galilei selbst widmete sich diesen neuen Phänomenen nur kurze Zeit. Er war durch seinen scharfen Geist und die Parteinahme für Copernicus rasch in der Lage, die Bedeutung des Geschauten zu erfassen und verlor bald das Interesse. Andere Gelehrte, wie Christoph Scheiner, brauchten zwar länger, um die Natur der Phänomene zu erkennen, doch sie arbeiteten weiter an diesen Themen, korrigierten ihre anfänglichen Irrtümer und wurden zu den besten Kennern der neuen Himmelserscheinungen. So verfolgte Scheiner jahrelang die Sonnenflecke und war in der Lage, 1650 ein umfangreiches Werk darüber zu veröffentlichen[16]. Während die Darstellung der Mondoberfläche von Galilei nur eine qualitative Skizze darstellt, gelangen Harriot und Scheiner wenig später eine erste wirkliche Darstellung der Mondformationen.[17] Leider entfachte Galilei, indem er die Priorität an mehreren dieser Entdeckungen beanspruchte, hart geführte, kleinliche Streitereien gegen seine Fachkollegen, die für einige von ihnen sehr unangenehme Folgen hatten, am Ende aber auch gegen Galilei selbst zurückschlugen, weil er in vollkommen überflüssiger Weise einflußreiche Gelehrte, wie Scheiner, gegen sich eingenommen hatte.

Galilei machte sich sofort nach seinen ersten Beobachtungen an die Niederschrift eines Berichtes, des *Sidereus Nuncius* (Sternenbote).[18] Er beschreibt darin seine Entdekkungen der Jupitermonde, der Mondberge und der Sterne in der Milchstraße. Dieses kleine Buch erregte ein ungewöhnliches Interesse – einerseits wegen der Entdeckung solch vollkommen neuer und überraschender Phänomene am Himmel, andererseits wegen der damit verbundenen Konsequenzen für die aristotelische Physik.

Diese Entdeckungen hatten zunächst nichts mit einem Beweis für die copernicanische Lehre zu tun. Die Bedeutung

---

16 Scheiner, Christoph: Rosa Ursina sive Sol ex admirando facularum & macularum suarum phoenomeno varius. Bracciano 1630

17 Vyver, O. van de: Lunar maps of the XVIIth century. Vatican Observatory Publ., Vol. 1, No. 2 (1971)

18 *Galilei*, Bd. 1 (wie Anm. 10), S. 95–144

der Entdeckung des Jupitermondsystems, der Mondformationen und der Sonnenflecke besaßen in dieser Hinsicht keine unmittelbare Beweiskraft. Es wurden jedoch einige, teils theologisch gefärbte Prinzipien der ohnehin schon angeschlagenen aristotelischen Physik vorgetragen. Somit besaßen diese Entdeckungen für die Anhänger des Copernicus, besonders für Galilei, eine große Überzeugungskraft, da sie vorhandene Zweifel an der Richtigkeit der aristotelischen Physik stärkten.

Zu ihnen gehört die grundsätzliche Aussage, nur die Erde könne als in der Weltmitte stehend das Zentrum von Kreisbewegungen sein. Hingegen zeigten die vier Jupitermonde unbestreitbar, daß es in diesem Fall eine doppelte Bewegung gibt, zum einen die Kreisbewegung der Monde um den Jupiter, zweitens mit diesen zusammen die Bewegung des Jupiter, wobei es gleich ist, ob sich dieser um die Erde oder die Sonne bewege. – Der Sitte der Zeit gemäß nannte Galilei die Jupitermonde zu Ehren des Hauses Medici „Medicea sidera“, so prangten sie schon im Titel von Galileis *Sidereus nuncius*, sich dadurch eine der üblichen Gratifikationen eines der Mächtigen erhoffend.

Der Mond, als zur kosmischen Region gehörig, müsse eine ideal kugelförmige, damit völlig glatte Oberfläche haben. Mit der Entdeckung der durch ein Fernrohr erdähnlich erscheinenden Mondoberfläche wurde der Mond ein Stück Erde und umgekehrt die Erde ein Stück Himmel. Der grundsätzliche Unterschied zwischen Himmel und Erde, damit ein fundamentales Element der aristotelischen Physik, war infrage gestellt. Brecht brachte dies in seinem *Leben des Galilei* auf die einprägsame Formel: „Was du siehst, ist, daß es keinen Unterschied zwischen Himmel und Erde gibt ... Die Menschheit trägt in ihr Journal ein: Himmel abgeschafft.“ (3. Akt, 10. Wort Galileis) Erwähnt sei noch, daß Galilei als erster die

Möglichkeit erkannte, aus den Schattenlängen einzelner Mondkrater deren Höhe zu bestimmen.

Außerdem schien nach Entdeckung von Sternen in der Milchstraße, die mit bloßem Auge nicht sichtbar sind, sondern erst im Fernrohr erscheinen, kaum noch glaubhaft, daß nach biblischer Aussage alle Gestirne erschaffen wurden, dem Menschen zu dienen.

Schwerer wog die Entdeckung des konkreten Ablaufs der Lichtphasen der Venus, nicht deren Entdeckung überhaupt, weil sie eine direkte Konsequenz aus der Annahme sind, daß die dunklen Planeten von der Sonne beleuchtet werden. Jedoch ist der Phasenverlauf im geo- und heliozentrischen sowie im tychonischen System voneinander verschieden. Im ersteren befindet sich die Venus stets zwischen Sonne und Erde, weshalb die Venus niemals voll erleuchtet sichtbar ist. Anders verhält es sich im heliozentrischen System, in dem die Venus alle Lichtphasen durchlaufen kann.[19] Wie Galilei angab, hatte er die Venus seit Anfang Oktober 1610 zunächst als fast ganz erleuchtete Scheibe beobachtet. Anfang 1611 zeigte sich immer deutlicher die Sichelgestalt des Planeten, ein Verlauf, wie er nur mit dem System des Copernicus vereinbar ist. Allerdings hatte Galilei die Brisanz dieser Beobachtung nicht erkannt, obwohl dies ein erster, direkter Hinweis auf die Wahrheit des copernicanischen Systems gewesen wäre.

Die Bedeutung der Sonnenflecke für den Streit um das wahre Weltsystem liegt zunächst darin, daß der Gedanke der Unveränderlichkeit im Bereich über dem Mond angegriffen wurde. Denn schon die ersten Beobachter, besonders Thomas Harriot, stellten fest, daß die Flecke keine konstanten Erscheinungen sind, sondern ihre Gestalt und gegenseitige Lage verändern, sie entstehen und vergehen. Noch wichtiger läuft dies

---

19 dazu näher: Hamel, J.: N. Copernicus (wie Anm. 3), S. 277

darauf hinaus, daß in der christlich geformten aristotelischen Physik der Sonne eine besondere Stellung in der Welt zukam, Isidor sie gar in allegorischem Sinne mit Christus gleichsetzte.[20] Daraus ergab sich die gedankliche Selbstverständlichkeit, daß ihr Licht, ihr Feuer rein sei, keiner Nahrung bedarf und in ihrer Stärke unveränderlich sei. Vor diesem Hintergrund ist zu verstehen, warum die Sonnenflecke weltanschauliche Kontroversen verursachten. Hatte die Entdekkung der Sonnenflecke keinen direkten Bezug zum Streit um Copernicus, wurde doch einem weiteren Element der kirchlich sanktionierten Naturphilosophie der Boden entzogen und wirkte stärkend auf die Vermutung, noch weitere Sätze der aristotelischen Physik könnten sich als falsch erweisen – gemeinsam mit den durch die anderen Fernrohrbeobachtungen gesäten Zweifeln wurde der Boden für die Akzeptanz tiefer gehender Wandlungen bereitet.

Hinsichtlich der Kritik an der aristotelischen Physik wurde auf die sich bis um 1600 weit verbreitete und von führenden Gelehrten dieser Zeit akzeptierten Erkenntnis der kosmischen Natur der Kometen verwiesen. Insofern ist es ein merkwürdiges Detail im Werk Galileis, daß er sich hier anders entschied. Als nämlich der Jesuitenmathematiker Orazio Grassi nach Untersuchungen des Kometen von 1618 sich eben dieser antiaristotelischen Lehre anschloss,[21] kritisierte Galilei dies nicht nur, sondern machte zudem den Autor noch lächerlich. Hatte Galilei wirklich keine Kenntnisse von den neueren Forschungen zur Kometenastronomie – oder war es ihm nur um die Gegnerschaft zu einem gelehrten Jesuiten zu tun?

Zu Beginn des 17. Jahrhunderts ging man durch die Forschungen Keplers und die ersten Fernrohrbeobachtungen kon-

---

20 Isidor: Opera. Paris 1601, S. 362

21 Grassi, Horatio: De tribus cometis anni M.DC. XVIII. [Neudruck] In: Discorsi delle comete: edizione critica e commento. Rom 2002

sequent daran, die heliozentrische Lehre nicht länger als mathematische Hypothese zu betrachten. Der nun erfolgende Angriff auf das alte Weltbild war so grundsätzlich und die weltanschaulichen Folgen so klar, daß der gegen Galilei angestrengte Inquisitionsprozess mit der Verurteilung des Gelehrten endete und seine Schriften sowie das Werk des Copernicus auf den Index der verbotenen Bücher gesetzt wurde, letzteres bis es „verbessert" sei. Es muss noch einmal angemerkt werden, daß es zugunsten von Copernicus bis dato keinen definitiven Beweis gab. Aus diesem Grunde erschien den im alten Denken verhafteten Gelehrten verständlicherweise die heliozentrische Lehre als vage Vermutung, gegen anerkannte Bibelinterpretationen verstoßend. Erschwerend kam hinzu, daß Galilei gegen den fast uneingeschränkt anerkannten Charakter der Astronomie, als rein mathematischer Wissenschaft ohne Wahrheitsanspruch, verstieß.

Die offizielle kirchliche Kritik am heliozentrischen System begann am 5. März 1616 im Zusammenhang mit dem Galilei-Prozess mit dem „Dekret der Hl. Kongregation". Das gänzliche Verbot als *ketzerisch* mit allen schweren Folgen für Besitz und Verbreitung des Werkes wurde gegen Copernicus nicht ausgesprochen, sondern es wurde nach „Verbesserung" zugelassen. Ein völliges Verbot des Werkes hätte sich kaum durchsetzen lassen. Schließlich war es Papst Paul III. gewidmet, hatte durch Einbeziehung der *Prutenischen Tafeln* in die Kalenderreform 1582 im Auftrag Papst Gregors XIII. Verwendung gefunden und stand überhaupt in der Gelehrtenwelt in hohem Ansehen. Wissenschaftliche Argumente waren durchaus nicht so nebensächlich; auf das Problem der mangelnden Beweisbarkeit des Heliozentrismus wurde hingewiesen. In diesem Zusammenhang ist von größtem Interesse, daß Kardinal Robert Bellarmin, eine wichtige Person im Galilei-

Prozess, sich gerade auf die prekäre Beweislage berief und 1615 seine Bereitschaft erklärte, wissenschaftlichen Argumenten zu folgen: „Wenn es durch wahre Beweise demonstrirt würde, daß die Sonne im Centrum der Welt sei und die Erde um die Sonne geht, dann müsste man in der Erklärung der scheinbar entgegenstehenden Schrifttexte mit vieler Behutsamkeit vorgehen, und eher sagen, daß wir dieselben nicht verstehen, als sagen, daß falsch sei, was bewiesen ist."[22] Mehr war bei Lage der Dinge kaum zu erwarten.

Was mit der „Verbesserung" des Copernicus gemeint ist, wurde von der Indexkongregation am 15. Mai 1620 festgestellt. Die wenigen monierten Stellen des Werkes beziehen sich auf die Behauptung der wirklichen Erdbewegung. Gefordert wird die Korrektur der heliozentrischen Lehre in dem Sinne, daß sie lediglich als mathematische Hypothese erscheint:[23] Die „Väter der heiligen Congregation des Index" waren zwar der Ansicht, man müsse die Schriften des Nicolaus Copernicus gänzlich verbieten, weil sie über die Lage und die Bewegung der Erdkugel nicht als Hypothese, sondern als Wahrheit handeln. Solcherlei Prinzipien sind der heiligen Schrift und deren richtiger und katholischer Interpretation zuwider, was bei einem Christen keineswegs geduldet werden kann. Dennoch hätten sie sich entschlossen, in Rücksicht auf den ausgezeichneten Nutzen, den dieses Werk habe, es zuzulassen. Bedingung sei die Verbesserung jener Stellen, in welchen Copernicus nicht hypothetisch, sondern behauptend über Lage und Bewegung der Erde spricht. Viele Benutzer des

---

22 Grisar, H.: Der Galilei'sche Proceß auf Grund der neuesten Actenpublicationen historisch und juristisch geprüft. In: Zeitschrift für katholische Theologie 2 (1878), S. 97f.

23 vgl. dazu näher Hamel, J.: N. Copernicus (wie Anm. 3), bes. S. 283–284

Buches strichen die bezeichneten Stellen aus, überklebten oder korrigierten sie, wie noch heute in vielen Exemplaren zu sehen ist.[24] Ansonsten blieb die Wirkung gering. Denn zum einen war die Zahl der im Dekret beanstandeten Stellen minimal, fielen quantitativ überhaupt nicht ins Gewicht. Zum zweiten entsprachen sie ohnehin der von der Mehrzahl der Leser Copernicus zugeschriebenen Intention des Osiander-Vorwortes, sodaß diese ganz folgerichtig der gesamten Anlage des Werkes zu entsprechen schienen. Drittens folgten sie der allgemein anerkannten wissenschaftstheoretischen Auffassung von der Astronomie als hypothetisierender, mathematischer Disziplin und viertens sind die insgesamt so lobenden, Bedeutung und Verbreitung des Werkes betonenden Worte im Dekret nicht zu übersehen und werden ihre Wirkung nicht verfehlt haben. Für die aristotelisch denkenden Zeitgenossen nahm die Verurteilung eher den Charakter einer geringfügigen Beanstandung an.

Während zwischen geozentrischem Weltsystem und weltanschaulichen Forderungen der Theologie bis ins 16. Jahrhundert hinein Übereinstimmung bestand, tat sich mit dem heliozentrischen Weltbild ein Riss zwischen Astronomie und Theologie auf, der nicht mehr zu schließen war, sondern zu einer Wandlung im theologischen Menschenbild führte. Ganz selbstverständlich liegt der Bibel die geozentrische Sicht in Form eines religiösen Anthropozentrismus zugrunde. Die gesamte Schöpfung ist nur in der Projektion auf den Menschen verstehbar. Die Himmelskörper sollten dem Menschen dienen, ihm „Zeichen, Zeiten, Tage und Jahre“ geben, den Tag und die Nacht regieren.

24 Gingerich, Owen: An annotated census of Copernicus‘s De revolutionibus (Nuremberg, 1543 and Basel, 1566). Brill Acad. Publ. 2002 (Studia Copernicana-Brill Series; 2)

In den Diskussionen um das wahre Weltsystem spielte immer wieder ein Zitat aus dem Buch Josua eine Rolle. Geschildert wird der Kampf der Kinder Israels unter der Führung Josuas gegen die Amoriterkönige, der sich zugunsten Josuas neigte. In diesem Zusammenhang, als Josua begann die militärische Oberhand zu erlangen, wenn nicht bald die Nacht einbrechen würde, während der sich der Feind erholen und reorganisieren könnte, heißt es in den Worten Luthers: „DA redet Josua mit dem HERRN des tags / da der HERR die Amoriter vbergab fur den kindern Jsrael / vnd sprach fur gegenwertigem Jsrael Sonne stehe stille zu Gibeon / vnd Mond im tal Aialon. Da stund die Sonne vnd der Mond stille / bis das sich das volck an seinen Feinden rechete. Jst dis nicht geschrieben im buch des Fromen? Also stund die Sonne mitten am Himel / vnd verzog vnter zugehen einen gantzen tag."[25]

Schon Luther hatte die Alternative, entweder dem neuen astronomischen System oder der Bibel zu glauben, zugunsten letzterer entschieden (s.o.). Die Argumentation gegen Kepler und spätere Anhänger des Copernicus lautete: Wenn es in der Bibel nach göttlich geoffenbartem Wissen heißt, Sonne und Mond wurde befohlen stillzustehen, mussten sich *diese* zuvor bewegt haben und nicht die Erde. Der Umgang mit diesem Bibelwort ist ein theologisches Problem, in unterschiedliche Interpretationsweisen der Heiligen Schrift eingebettet. Sei die Bibel wörtlich zu nehmen, in ihrem Literalsinn, oder ist sie entsprechend des jeweiligen Standes der Naturerkenntnis zu interpretieren und in ihrem symbolischen Gehalt zu erschließen? Für Luther kam nur die Literalbedeutung infrage. Copernicus und Kepler hingegen bestritten den Kompetenzbereich der Theologie für Mathematik und Naturwissenschaften über-

25 Luther-Bibel 1545, Digitale Bibliothek, Band 29: Die Luther-Bibel, Jos 10, 12–14

haupt. Copernicus provozierte: „Mathematik wird für die Mathematiker geschrieben", während Kepler schrieb: „In der Theologie gilt das Gewicht der Autoritäten, in der Philosophie aber das der Vernunftgründe."[26] Damit zielten beide gegen die Bevormundung wissenschaftlicher Forschung durch theologische Lehren, vermochten jedoch das Problem nicht zu lösen, da sie den Ansichten ihrer Zeit weit vorausgeeilt waren und keine Chance der Anerkennung hatten.

Galilei wurde während des gegen ihn geführten Inquisitionsprozesses mit Problemen der Bibelinterpretation konfrontiert und nahm dazu erstmals in einem Brief an Benedetto Castelli vom 21. Dezember 1613 Stellung, speziell auf den Josua-Text zielend. Für ihn als gläubigen Menschen sei eine Grundlage des Denkens, daß die Gebote der Heiligen Schrift von unanfechtbarer und unverletzlicher Wahrhaftigkeit sind, fügt aber hinzu, „wenngleich auch die Schrift nicht irren kann, so könne nichtsdestoweniger einer ihrer Erklärer und Ausleger manches Mal auf mancherlei Weise irren". Als wichtigste Quelle dieser Irrtümer versteht er, wenn man sich stets an die bloße Bedeutung der Worte halten wolle. Es gäbe, meint Galilei, in der Bibel zahlreiche Sätze, „die der bloßen Bedeutung der Worte nach von der Wahrheit abzuweichen scheinen, aber auf diese Weise gefasst wurden, um sich dem Unvermögen der Menge anzubequemen". Deshalb müssten die Bibelausleger den „wahren Sinngehalt herausstellen und die besonderen Gründe dafür aufzeigen, weshalb er in solchen Worten ausgesprochen worden ist". Aus diesen Überlegungen leitet Galilei die Überzeugung ab, daß der Bibel „in den Disputen über die Natur der letzte Platz vorbehalten sein sollte". Denn während

26 Copernicus, Nicolaus: De revolutionibus. Hrsg. von Heribert M. Nobis und Bernhard Sticker. Hildesheim 1984 (Nicolaus Copernicus Gesamtausgabe; II), S. 5; Kepler, Johannes: Neue Astronomie. München 1929, S. 33

in der Bibel wahre Dinge in einer Form vorgestellt werden, die „dem Verständnis der Menge" zugänglich sein solle und deswegen scheinbar Widersprüche in sich schließen kann, ist „die Natur unerbittlich und unwandelbar und unbekümmert darum ..., ob ihre verborgenen Gründe und Wirkungsweisen dem Fassungsvermögen der Menschen erklärlich sind oder nicht". Mithin dürften Erkenntnisse der Wissenschaften „keinesfalls in Zweifel gezogen werden ... durch Stellen der Schrift, die scheinbar einen anderen Sinn haben, weil nicht jeder Ausspruch der Schrift an so strenge Regeln gebunden ist wie jede Wirkung der Natur."[27]

Im Prozess gegen Galilei ging es nicht nur um die Interpretation einer Bibelstelle, sondern die Autorität der Bibel, wie man sie auffasste, stand auf dem Spiel, mit ihr ein ganzes Menschenbild. In dem auf der aristotelischen Kosmologie entworfenen Weltbild ruht die Erde mit dem Menschen *unten* in der Weltmitte. Das gesamte Welttheater läuft für den Menschen ab, zu dessen Nutzen die Gestirne und die gesamte Natur geschaffen wurde. Der Himmel, das reine Lichtreich der Gestirne und schließlich das Reich der Seligen befindet sich *oben*. Dieser Weltbau spiegelt eine sittliche Weltordnung wider, in der sich die Seligen durch Gottesnähe auszeichnen, dagegen die erlösungsbedürftige Welt des Menschen, das Reich der Trübsal, von Geburt und Tod, der Vergänglichkeit, eine maximale Gottesferne aufweist, den kosmischen Harmonien entrückt. Andererseits war diese Gottesferne mit der Auszeichnung der Zentralstellung in der Welt verbunden. Der Mensch konnte sich eingeschachtelt, behütet durch die von den Astronomen ersonnenen Sphären fühlen, das sorgende Auge Gottes als Verheißung künftiger Erlösungsmöglichkeit auf sich gerichtet wissend. Dieses auf einfacher Anschaulichkeit gegründete Welt- und Gottesbild liest sich bei Brecht tref-

---

27 *Galilei*, Bd. 2 (wie Anm. 10), 1987, S. 169f.

fend so: „Ich bin nicht irgendein Wesen auf irgendeinem Gestirnchen, das für kurze Zeit irgendwo kreist. Ich gehe auf einer festen Erde, in sicherem Schritt, sie ruht, sie ist der Mittelpunkt des Alls, ich bin im Mittelpunkt, und das Auge des Schöpfers ruht auf mir allein. Um mich kreisen, fixiert an acht kristallenen Schalen, die Fixsterne und die gewaltige Sonne, die geschaffen ist, meine Umgebung zu beleuchten und auch mich, damit Gott mich sieht."[28]

Durch das heliozentrische Weltsystem wurde die sichtbare räumliche Bevorzugung des Menschen, wie sie die christlich-aristotelische Kosmologie konstruierte, gestürzt und in eine intellektuell anspruchsvollere, abstrakte, physisch nicht nachvollziehbare Erhebung des Menschen transformiert. Hierin lag ein neuer Ansatz des Selbstbewusstseins, der Bestimmung der Stellung des Menschen im Kosmos. Denn die Nivellierung der räumlichen Existenz bedeutet in religiöses Denken übersetzt, daß der Mensch durch sein Tun fähig ist, ohne die Auszeichnung der Existenz in der Weltmitte sein Leben zu gestalten, in einer Welt, die nicht länger als für ihn geschaffen erscheint. Infolge der Entfernung der Erde aus der Weltmitte war der einfache teleologische Gedanke, daß die ganze Weltmaschinerie auf den Menschen hin konstruiert sei, neu zu durchdenken. Da die Erde selbst zum Himmelskörper geworden war, stand nicht mehr der Bedeutungsinhalt von Sonne und Mond, Planeten und Sternen im Vordergrund, sondern die Erkenntnis der praktischen Nutzbarkeit des Laufes der Himmelskörper für das menschliche Leben, in einem Weltbau, in dem der Mensch nicht mehr abgesondert steht, sondern dessen integraler Bestandteil er ist.

Die philosophische Konsequenz führten einige Denker weiter. Wenn die Himmelskörper nicht nur eine Bedeutung in Rücksicht auf den Menschen besitzen und die Erde als norma-

28 Brecht, Leben des Galilei, 6. Aufzug, 3. Wort des sehr alten Kardinals

ler Himmelskörper von Lebewesen bewohnt ist, könnte dann dies nicht ebenso für andere Planeten zutreffen? Warum sollte das Wunder der Schöpfung von Lebewesen gerade nur auf der durch nichts räumlich bevorzugten Erde geschehen sein? Hatte erstmals der radikale Copernicaner Giordano Bruno diese Frage gestellt, so war ein solcher Gedanke für Copernicus selbst genauso wie für Kepler noch vollkommen ausgeschlossen. Bruno dagegen führte die heliozentrische Kosmologie weiter zur Konzeption einer unendlichen Welt. Noch im 17. Jahrhundert wurde die mögliche Existenz anderer bewohnter Welten geradezu ein Modethema populärer astronomischer und philosophischer Literatur.[29]

Die *Entthronung* des Menschen, die mit der Verdrängung der Erde aus der Weltmitte erfolgte, war der Beginn der Relativierung seiner Stellung im Kosmos. Nach Copernicus blieb noch die überschaubare Weltstruktur mit der die zentrale Sonne umkreisenden Erde. Daß Giordano Bruno in phantastischer Antizipation künftiger Forschungen die Unendlichkeit der Welten postulierte, blieb ohne Folgen für die Wissenschaft. Wenn sich die Astronomen auch im Laufe des 17. und 18. Jahrhunderts im Resultat der vergeblichen Parallaxenmessungen wohl eher gefühlsmäßig über die gewaltigen kosmischen Dimensionen klar wurden – die zu diesem Problem bedeutsamen Fakten konnten erst seit der Mitte des 19. Jahrhunderts gefunden werden.

Galilei verfasste zu seinen astronomischen Forschungen keine systematische Darstellung, kein Handbuch der neuen Astronomie, und es darf wohl gesagt werden, daß eine solche systematische Abhandlung seinem Wesen fremd war und er

---

29 vgl. Fontenelle, B. de, Entretiens. Paris 1686, ab 1698 in deutscher Übersetzung; auf eine unendliche Welt hatte jedoch schon 1576 Thomas Digges verwiesen, damit wohl überhaupt als erster (vgl. Hamel, J.: N. Copernicus, [wie Anm. 3], S. 260)

sicherlich auch spürte, daß die Argumente, die er für seine Parteinahme für Copernicus fand, doch keine positiven Beweise waren. Seine Darstellungsform war der Dialog. Darin konnte er seiner scharfen Sprache freien Lauf lassen, die Argumente der Aristoteliker auseinander nehmen und seine Untersuchungen dagegenhalten – freilich dabei auch geschickt Lücken der Argumentation durch Rhetorik verdekkend.[30]

Zwei große Dialoge nehmen in Galileis Werk eine herausragende Stellung ein: Der *Dialog über die beiden hauptsächlichen Weltsysteme, das ptolemäische und das copernicanische* (*Dialogo* 1632) sowie *Unterredungen und mathematische Demonstrationen über zwei neue Wissenszweige, die Mechanik und die Fallgesetze betreffend* (*Discorsi*, 1638, vgl. für beide die nachstehende Zeittafel).

Ohne Zweifel sind die *Unterredungen* eines der herausragenden Dokumente der Physikgeschichte, bemerkenswerter Weise in italienischer Sprache verfasst, damit sich das Verständnis dieses Werkes auch dem gebildeten Handwerker und Ingenieur erschließt. Denn es geht hier durchaus um Fragen, die über ein abstraktes Forschungsinteresse hinausgingen.

---

30 Nur kurz kann an dieser Stelle darauf verwiesen werden, daß Galilei merkwürdigerweise den Verlauf von Ebbe und Flut als schlagenden Beweis für die Erdbewegung hielt und dies ausführlich in seinem *Dialog* über die Weltsysteme ausbreitet. Dagegen scheint er sich mit den wichtige Argumente für das heliozentrische Weltsystem unterbreitenden Forschungen Keplers (auch mit anderen Forschungen, wie z.B. den Arbeiten zum Magnetismus des William Gilbert) nicht näher befasst zu haben, wie ihm überhaupt die mathematische Astronomie sehr fern stand. Galilei konzentrierte sich bei seinen Himmelsbeobachtungen auf eine qualitative Beschreibung kosmischer Phänomene (Fernrohrbeobachtungen) und somit muss trotz der Bedeutung dieser Arbeiten festgestellt werden, daß er sich in wichtigen Bereichen doch nicht auf der Höhe der astronomischen Forschung befand.

Die *Unterredungen* sind in sechs Tage gegliedert, an denen die Disputanten Salviati, Sagredo und Simplicio (also die Teilnehmer des *Dialogs*) die Probleme erörtern. Darin sind die Funktionen klar verteilt: Salviati vertritt die Lehren Galileis, der selbst „unser Akademiker“ genannt wird, Sagredo, ein gelehrter venezianischer Edelmann, viele Jahre vertrauter Freund Galileis, übernimmt vielfach mit seinen Fragen und ersten Skizzen von Problemen die Rolle des Moderators. Eine undankbare Stellung hat hingegen naturgemäß Simplicio, der Vertreter aristotelischer Lehren, intelligent, belesen, bemüht, aber von seinen beiden Kontrahenten, besonders Salviati, vielfach mit Ironie behandelt und vor allem mit den Fakten der von ihm dargebotenen Erläuterungen konfrontiert und Stück für Stück wissenschaftlich demontiert.

Darstellungsmittel sind Untersuchungen der aristotelischen Physik, Berichte über tatsächliche Experimente, Tafelbilder und die gemeinsame Ausführung und Analyse von Gedankenexperimenten. Die *Unterredungen* sind weniger polemisch gehalten als der *Dialog* über die beiden Weltsysteme, Galilei findet hier eine klarere Darstellung strengerer wissenschaftlicher Sachlichkeit. Mag dies einerseits mit dem Alter des Autors zu tun haben, so doch auch mit dem Gegenstand. Denn während sich Galilei im *Dialog* auf ein unsicheres Gebiet voller theologischer Streitpunkte begibt, für das er Beweise präsentieren will, hat er hier einen sicheren Boden der Untersuchungen.[31] Das Buch ist ein Produkt jahrelanger

31 Die hiermit angedeutete Höherbewertung der *Unterredungen* gegenüber dem *Dialog* entspricht auch der Wertung von Laues in seinem unten abgedruckten Aufsatz. Die von Laue angesprochene Popularität des *Dialogs* ist noch heute zu konstatieren, was sicherlich mit dessen Rolle im Inquisitionsprozess gegen Galilei zusammenhängt, sachlich aber nicht gerechtfertigt ist.

ruhiger Forschungen – unter allerdings persönlich außerordentlich schweren Bedingungen entstanden. Galilei stand in Arcetri unter Hausarrest der Inquisition, in seiner Bewegungsfreiheit vollkommen behindert, besonders seine immer mehr zunehmende Erblindung belastete ihn und der Tod seiner geliebten Tochter Maria Celeste drückte ihn nieder. Dennoch brachte er die Kraft auf, ein Werk zu verfassen, das der Physik neue Wege wies, ein wirkliches wissenschaftliches Vermächtnis.

Die erste Gliederung des Werkes lief auf vier Tage hinaus und in dieser Form erschien es auch zunächst.[32] Erst später fügte Galilei einen 5. und 6. Tag hinzu, den er in den Einleitungsworten zum 5. Buch selbst als spätere Zutat, „nach einer Pause von einigen Jahren“, kennzeichnet. Beide Tage unterscheiden sich sehr deutlich von den vorangegangenen, sowohl nach dem Inhalt als auch der Form. Während der 5. Tag nur wenige Seiten umfasst und auf eine Erörterung einiger Sätze des Euklid hinausläuft (5. Buch, §§5 und 6[33]), geht es am 6. Tag um den Stoß (so erstmals direkt in einer Überschrift zu einem Tag) und der bisherige Teilnehmer Simplicio wird durch Paolo Aproino ersetzt, einen „Edelmann aus Treviso“, als Zuhörer Galileis in Padua eingeführt. Dieser Tag macht wiederum sowohl dem Umfang, als auch der formalen Gestaltung, einen unfertigen Eindruck. Beide Tage sind eher als Anhänge oder Nachträge zu den ersten 4 Tagen zu bezeichnen und sind wohl auch in diesem Sinne entstanden.

---

32 So auch noch in *Opere de Galileo Galilei*, 2 Bde. Bologna 1656; 2. Bd., Nr. 17; diese Ausgabe übrigens mit dem *Sidereus Nuncius*, den Arbeiten zu den Sonnenflecken, einem Abdruck von Grassis Kometenschrift (wie Anm. 21), doch ohne den verbotenen *Dialog* über die Weltsysteme.

33 Euklid: Die Elemente. Frankfurt a. M. 2003 (Ostwalds Klassiker der exakten Wissenschaften; 235), S. 95f.

An den ersten beiden Tagen werden Probleme der Statik und der Festigkeitslehre sowie Anfänge der Pendelbewegung behandelt. Hier geht es um die Erkenntnis, daß im Vakuum alle Körper gleich schnell fallen (natürlich als Gedankenexperiment, verbunden mit der Betrachtung der Bewegung von Kugeln aus Gold, Blei, Holz in Quecksilber, Wasser und Luft), sowie hinsichtlich des Pendels um die Erkenntnis der Schwingungszeit proportional der Quadratwurzel der Länge und unabhängig von der Masse der Pendellinse. Die Untersuchung des Sinkens von Körpern in viskosen Flüssigkeiten ist dabei für Galilei ebenso wie die der Pendelbewegung und der Bewegung auf einer schiefen Ebene, die er beide als verwandt mit der Fallbewegung erkennt, ein methodisch geschicktes Mittel zur Untersuchung der sehr schnell verlaufenden Fallbewegung. Galilei abstrahierte bei der Untersuchung des freien Falls vom umgebenden Medium und ließ im Gegensatz zu Aristoteles das Vakuum wenigstens als Denkmöglichkeit zu, ohne sich mit diesem Problem näher zu beschäftigen. Am 2. Tag geht es sehr ausführlich um die Hebelgesetze und damit insgesamt die Lehre der Statik.

Am 3. und 4. Tag behandeln die Gelehrten die gleichförmige Bewegung, die Galilei hier klar definiert und einen Ansatz für das Geschwindigkeit-Zeit-Gesetz entwickelt. Leider entsprach Galileis Methode der Zeitmessung mit einer Auslauf-Wasseruhr nicht den Möglichkeiten der Zeit. Ferner geht es um die Analyse der Wurfbewegung mit Hilfe der Kegelschnitte von Apollonius, was für die Ballistik und damit das Militärwesen von großer Bedeutung war. Im Original sind in diesem Teil zahlreiche Passagen in der Gelehrtensprache Latein verfasst.

Mit den *Unterredungen* wird Galilei zwar nicht der erste Experimentalwissenschaftler der Physikgeschichte, auch nicht der erste, der sich wieder auf das Buch der Natur besonnen hat, aber der zunächst konsequenteste Vertreter dieser Art des Forschens, der zudem das Studium der Bewegung durchgängig einer mathematischen Durcharbeitung unterwarf und somit eine neue Bewegungslehre entwarf, die die alte, lange bewährte des Aristoteles nunmehr überwand. Damit eröffnete Galilei die Wege zu einer Wissenschaft der Dynamik ebenso wie zur Erforschung der Bewegung kosmischer Körper, die dann im Werk Newtons für lange Zeit eine Grundlage wissenschaftlichen Forschens darstellte.

Eine tiefere Einführung in das Werk bietet Max von Laues Aufsatz anläßlich des 300. Erscheinungstages der *Discorsi* 1938. Es ist ein Glücksfall, daß es aus der Hand eines der bedeutendsten Physiker des 20. Jahrhunderts diese Analyse gibt, die in weiten Passagen nicht treffender ausfallen könnte. Für einzelne Textstellen sei auf die Anmerkungen A. von Oettingens verwiesen.

Literatur

Die Gesamtausgabe der Werke erschien als *Le Opere di Galileo Galilei. Edizione Nazionale.* Hrsg. von Antonio Favaro, 20 Bde. Florenz 1890–1909. Den Abdruck mehrerer Werke (teilweise in Auszügen) und zahlreicher Briefe bietet die Ausgabe *Galileo Galilei. Schriften. Briefe. Dokumente*, 2 Bde. Hrsg. von Anna Mudry. Berlin 1987. Auszüge aus dem *Sternenboten*, den Briefen über die Sonnenflecke, dem Brief an B. Castelli und dem *Dialog* über die Weltsysteme finden sich in Jürgen Hamel, *Astronomiegeschichte in Quellentexten*. Heidelberg [u.a.] 1996, Essen 2004.

Als literarische Verarbeitung des Stoffes verdient noch immer Bertolt Brechts *Leben des Galilei* (zahlreiche Ausgaben) große Beachtung.

Für die Einordnung Galileis in die Wissenschaftsgeschichte sei verwiesen z.B. auf Károly Simonyis *Kulturgeschichte der Physik*. Frankfurt a. M. 2001 und Jürgen Hamel, *Geschichte der Astronomie. Von den Anfängen bis zur Gegenwart*. Basel [u.a.] 1998, Stuttgart 2002.

Eine befriedigende Biographie Galileis in deutscher Sprache gibt es bislang leider nicht. Lesenswert an neueren Arbeiten sind James Reston, *Galileo Galilei*. München 1999 (und andere Ausgaben) sowie Albrecht Fölsings *Galileo Galilei. Prozess ohne Ende. Eine Biographie*. München 1989 (Serie Pieper 537). Den Abdruck zahlreicher Dokumente bietet Karl von Geblers *Galileo Galilei und die römische Kurie*. Essen [um 1995 und andere Ausgaben].

Die Sekundärliteratur zu Galilei füllt heute die sprichwörtlichen Bibliotheken.

Zeittafel

1564 15. Febr., als Sohn von Vincenzio di Michelangelo Galilei und Giulia Ammanuati di Pescia in Pisa geboren

1574 die Familie lebt in Florenz

1579 Schulbesuch am Benediktinerkloster Santa Maria di Vallombrosa bei Florenz

1581 5. Sept., Immatrikulation an der Universität Pisa zum Studium der Medizin, Beschäftigung mit Philosophie und Mathematik, Abgang ohne regulären Abschluss

1585 Rückkehr ins Elternhaus nach Florenz, erste kleinere wissenschaftliche Arbeiten (über die hydrostatische Waage und den Schwerpunkt fester Körper)

1588 Bemühungen um eine Berufung an die Universitäten in Padua, Pisa und Florenz

1589 Berufung an die Universität Pisa, Antrittsvorlesung am 12. Nov.

1590–1591 erste Experimente zu den Fallgesetzen

1591 Tod des Vaters

1592 Ernennung zum ordentlichen Professor der Mathematik an der Universität Padua durch die Stadt Venedig, Antrittsvorlesung am 7. Dez.

1597 Brief an Kepler mit einem Bekenntnis zur copernicanischen Lehre, dessen Aufforderung zum öffentlichen Bekenntnis bleibt unbeantwortet; Konstruktion des Proportionalzirkels

1600 Geburt der Tochter Virginia, mit der Mutter Maria Gamba lebt Galilei ohne Eheschließung

1604 Beginn der Untersuchung der Fallgesetze

1606 Geburt des Sohnes Vincenzio

1609 Ernennung zum Hofmathematiker in Florenz; Nachbau eines astronomischen Fernrohrs und dessen öffentliche Vorführung; bis 1610 neben anderen Astronomen erste astronomische Entdeckungen (Jupitermonde, Saturnring, Oberflächenformationen des Mondes, Venusphasen, Sterne der Milchstraße)

1610 Veröffentlichung des *Sidereus Nuncius*

1611 Ernennung zum Mitglied der Academia dei Lincei in Rom; Bekanntschaft mit Kardinal Barberini (späterer Papst Urban VIII.)

1612 erste öffentliche Anfeindungen in Predigten

1613 Veröffentlichung der Schrift *Istoria e dimonstrazioni alle macchie Solari* (Geschichte und Darstellung der Sonnenflecke, Rom), mit Parteinahme für Copernicus; Brief an Castelli über theologische Probleme des copernicanischen Weltsystems, ein ähnlicher Brief 1615 an die Großherzogin von Toscana

1615 formelle Anzeige bei der Inquisition

1616 Ermahnung durch die Inquisition; Kardinal Bellarmin gibt ein Leumundszeugnis zugunsten Galileis ab

1619 Keplers Lehrbuch der copernicanischen Astronomie kommt auf den Index

1620 Wiederzulassung des Werkes von Copernicus nach Tilgung der in einer Liste gegebenen Textstellen; Tod der Mutter

1623 6. Aug., Kardinal Barberini wird Papst (Urban VIII.)

1628 Erkrankung

1630 durch päpstliche Vermittlung Gewährung einer Domherrenpfründe in Pisa

1632 Druck des *Dialogo* über die beiden hauptsächlichen Weltsysteme in Florenz, zweite Eröffnung eines Inquisitionsverfahrens

1633 Prozess vor der Inquisition; 22. Juni, Galilei schwört der copernicanischen Lehre ab; Urteilsspruch, nach kurzem Aufenthalt u.a. beim Erzbischof von Siena Hausarrest im Landhaus in Arcetri

1635 lateinische Übersetzung des *Dialogo* in Straßburg; bald weitere Ausgaben in Lyon (1641), London (1663), Leiden (1699) u.a.

1637 fortschreitende Erblindung

1638 die *Discorsi* erscheinen in Leiden

1641 Evangelista Torricelli wird Galileis Schüler

1642 8. Jan., Tod und Beisetzung in Florenz

1656 zweibändige Werkausgabe in Bologna (ohne den *Dialogo*)

1744 der *Dialogo* erscheint mit vorangestellter Abschwörungsformel in Padua

1835 Streichung des *Dialogo* vom Index

1890–1909 Gesamtausgabe der Werke Galileis, *Edizione Nazionale* (20 Bände)

Zum dreihundertsten Geburtstag des ersten Lehrbuchs der Physik

(6. März 1938)

Von M. v. Laue, Berlin

Der Gedenktage gibt es in der Naturwissenschaft nicht viele; selten ist nur das Datum einer entscheidenden Entdekkung auf uns gekommen, wohl deshalb, weil den wenigen, die davon wußten, die Sache wichtiger erschien. Aber bei literarischen Ereignissen, die ja auch in der Naturwissenschaft bedeutsam sein können, ist die Festlegung auf den Tag manchmal leichter. Und darum handelt es sich beim 6. März 1638, an welchem die verjüngte Physik hinaustrat aus dem Schülerkreis eines Gelehrten in die Welt. An ihm nämlich setzte Galilei den Schlußstein seines Hauptwerkes: Discorsi e dimostrazioni matematiche, intorno à due nuove scienze attenenti alla mecanica e i movimenti locali (Unterredungen und mathematische Demonstrationen über zwei neue Wissenszweige, die Mechanik und die Fallgesetze betreffend) [Übersetzt und herausgegeben von A. von Öttingen, Ostwalds Klassiker der exakten Wissenschaften Heft 11, 24, 25. Leipzig 1890 und 1891. Ich zitiere im folgenden nach dieser Übersetzung.]. Er setzte ihn - ein Vorwort an den Leser fügte der Verlag hinzu [Dieses in der genannten Übersetzung fehlende Vorwort folgt in Übersetzung durch Herrn P. D'Ans diesem Aufsatz.] - in einem Dankschreiben an seinen alten Schüler, den Grafen di Noailles, der als Gesandter Richelieus bei Papst Urban VIII. die Erlaubnis, mit seinem gefangenen Lehrer zusammenzukommen, durchgesetzt und das Manuskript an sich genommen hatte. Nun war die Nachricht da: In Holland, dieser Zuflucht geistiger Freiheit, verlegte die berühmte Druckerei der Elzevirs das Werk, unerreichbar allen Verboten der Inquisition. Da schrieb, nein, es diktierte wohl der Erblindete:

An den berühmten Herren

Grafen di Noailles

Ritter des Ordens vom heiligen Geist, Feldmarschall, Seneschal und Gouverneur von Roerga und Statthalter S.M. in Orvegna, meinen hochehrwürdigen Herrn und Gönner.

Ich erkenne es als einen Akt Eurer Großmut, Hocherwürdiger Herr, an,daß Ihr über dieses mein Werk verfügt habt, ungeachtet dessen, daß ich, wie euch bekannt ist, verwirrt und niedergeschlagen bin wegen der Mißerfolge meiner anderen Arbeiten und beschlossen hatte, fortan keine meiner Studien zu veröffentlichen, sondern nur, damit dieselben nicht gänzlich begraben blieben, sie handschriftlich niederzulegen an einem Orte, der vielen Fachkennern zugänglich wäre. Meine Wahl traf den passendsten, hervorragendsten Ort, wenn ich an Eure Hand dachte. Ihr habt mit ganz besonderer Gute gegen mich Euch die Erhaltung meiner Studien und Arbeiten angelegen sein lassen. Als Ihr von Eurer Botschaft nach Rom zurückkehrtet, hatte ich die Ehre, Euch persönlich begrüßen zu dürfen, nachdem ich schon oft brieflich mich an Euch gewandt. Bei solcher Begegnung überreichte ich Euch in Abschrift die vorliegenden Werke, die ich damals fertig hatte. Ihr geruhtet sie huldvoll zu würdigen und in sicheren Gewahrsam zu nehmen. Ihr habt sie in Frankreich Euren Freunden und Interessenten mitgeteilt und habt Gelegenheit genommen zu beweisen, daß ich zwar schweige, dennoch mein Leben nicht ganz müßig hinbringe. Ich wollte soeben einige Abschriften fertigen, um dieselben nach Deutschland, Flandern, England, Spanien und in einige Orte Italiens zu senden, als ich unversehens von der Firma Elzeviri benachrichtigt wurde, daß meine Arbeit unter der Presse, und daß es Zeit sei, betreffs der Widmung Beschluß zu fassen und den Entwurf der Druckerei zu übersenden. Tief bewegt durch diese unverhoffte Nachricht, überlegte ich, daß Euer Hochehrwürden Wunsch, meinen Namen zu erheben und meinen Ruf zu erweitern, und Eure Teilnahme an meinen Leistungen meine Arbeit zum Druck befordert hat. Dieselbe Werkstatt hat schon meine anderen Werke veröffentlicht und sie mit ihrer glänzenden, geschmackvollen Ausstattung ans Licht gebracht. Und so sollen denn meine Schriften wiederauferstehen, denn sie haben das glückliche Schicksal gehabt, durch Euer gediegenes Urteil wertgeschätzt zu werden. Ihr seid wohlgekannt durch den Reichtum Eurer Talente, die jedermann an Euch bewundert; Euer unvergleichlicher Edelmut, Euer Eifer für das allgemeine Wohl, dem Ihr auch diese meine Arbeit zugänglich machen wollt, hat auch meinen Ruhm vermehrt und ausgebreitet. So ist denn wohl geschickt, daß auch ich mit einem allsichtbaren Zeichen mich dankbar erweise für Eure edle Tat. Ihr habt meinen Ruhm die Flügel frei ausbreiten lassen wollen unter offenem Himmel, während es mir als hohe Gunst erschien, daß er auf engere Räume eingeschränkt blieb. Darum sei Eurem Namen mein Werk gewidmet, und dazu drängt mich nicht nur das Bewußtsein einer Fülle von Verpflichtungen gegen Euch, sondern auch – wenn ich so sagen darf – die Verbindlichkeit, die Ihr übernehmt, mein Ansehen zu verteidigen gegen meine Widersacher: Ihr seid es, der mich wieder auf den Kampfplatz stellt. So will ich denn kämpfen unter Eurer Fahne, ich beuge mich ehrerbietig unter Euren

Schutz und ersehne Euch in tiefgefühltem Dank alles denkbare Glück und Heil.

Arcetri, 6. März 1638
Ich verbleibe Hochehrwürdiger Herr
gehorsamster Diener
Galileo Galilei.

Was verleiht nun diesem Werk seine Bedeutung? Man antwortet meist: Es begründete, über die bis ins Altertum zurückreichende Statik hinausgehend, auf Grund planmäßiger Versuche die Dynamik und wies damit der physikalischen Forschung die Bahn, auf der fortschreitend sie im Laufe der Zeiten zu ihren die Menschheit innerlich und äußerlich umwandelnden Erfolgen gelangte. Dies ist nicht unrichtig, gilt aber mehr von dem ganzen Schaffen Galileis, dessen Versuche beim Erscheinen der „Discorsi" schon weit zurücklagen, zum Teil 4–5 Jahrzehnte. Ein anderer, nicht zu unterschätzender Experimentator, William Gilbert, hatte dieselbe experimentelle Methode auf den Magnetismus angewandt und sein Buch darüber schon 1600 veröffentlicht. Zudem tritt in den „Discorsi" der Versuch weniger hervor, als der heutige Leser wohl zunächst erwartet. Die Sonderstellung dieses Buches liegt vielmehr darin, daß hier der erste tiefe und umfassende Denker der Physik sein physikalisches Lebenswerk, das ganze Gedankengut, das er von Jugend auf gehegt, an zahllosen Versuchen erprobt und ausgereift hatte, vollständig und im Zusammenhang darlegt. So entstand das erste Lehrbuch der Physik, bestimmt und geeignet, die neue Wissenschaft über den persönlichen Wirkungskreis des Verfassers auszudehnen. Galilei wußte, was dahinter steckte [Einleitung zum 3ten „Tag". Heft 24, S. 1.]:

„Über einen sehr alten Gegenstand bringen wir eine ganz neue Wissenschaft. Nichts ist älter in der Natur als die Bewegung, und über dieselbe gibt es weder wenig noch geringe Schriften der Philosophen. Dennoch habe ich deren Eigentümlichkeiten in großer Menge und darunter sehr wissenswerte, bisher aber nicht erkannte und noch nicht bewiesene, in Erfahrung gebracht. Einige leichtere Sätze hört man nennen: wie zum Beispiel, daß die natürliche Bewegung fallender schwerer Körper eine stets beschleunigte sei. In welchem Maße aber diese Beschleunigung stattfinde, ist bisher nicht ausgesprochen worden; denn so viel ich weiß, hat niemand bewiesen, daß die vom fallenden Körper in gleichen Zeiten zurückgelegten Strecken sich zueinander verhalten wie die ungeraden Zahlen. Man hat beobachtet, daß Wurfgeschosse eine gewisse Kurve beschreiben; daß letztere aber eine Parabel sei, hat niemand gelehrt. Daß aber dieses sich so verhält und noch vieles andere, nicht minder Wissenswerte, soll von mir bewiesen werden, und was noch zu tun übrigbleibt, zu dem wird die Bahn geebnet, zur Errichtung einer sehr weiten, außerordentlich wichtigen Wissenschaft, deren Anfangsgründe diese vorliegende Arbeit bringen soll, in deren tiefere Geheimnisse einzudringen Geistern vorbehalten bleibt, die mir überlegen sind."

Wie der Titel besagt, ist Unterredung die äußere Form des Buchs, Unterredung auf Italienisch; diese Form war Galilei geläufig aus den Zeiten, da er noch über Astronomie und das Weltbild des Kopernikus schreiben durfte. Das Gespräch findet in der Ausgabe von 1638 an vier verschiedenen Tagen statt; ein fünfter und ein sechster Tag sind nach seinem Tode hinzugekommen und tragen, obwohl sie echt Galileischen Geistes sind, doch den Charakter des Nachträglichen. Von den drei Gesprächsteilnehmern der ersten 4 Tage führen zwei, Salviati und Sagredo, Namen aus dem Paduaner Freundeskreise, der Galilei immer eine liebe Erinnerung war. Salviati trägt die Lehre vor; der ebenfalls in solchen Gedanken geübte, schnell auffassende Sagredo erläutert sie in manchmal sehr geistreichen Fragen und treffenden Bemerkungen, während der im Aristoteles wohlbelesene Simplicio im allgemeinen die Rückzugsgefechte der scholastischen Naturphilosophie durchführt. Nur führen die drei das Gespräch an den wichtigsten Tagen, dem dritten und vierten, nicht frei; sie lesen und diskutieren vielmehr ein lateinisch verfaßtes Werk „ihres Akademikers", d.h. Galileis, welcher sich seit 1611 mit Stolz einen „Linceo", d.h. Mitglied der Academia dei Lincei in Rom, nannte. Hier liegt zweifellos ein älterer vorher nicht veröffentlichter Text vor; schon in der Art des Druckes unterscheidet ihn das Buch von dem „Gespräch".

Diese Form ist mehr als ein Kunstgriff, die Darstellung lebendig und reizvoll zu gestalten; sie ermöglicht auch sehr feine Unterscheidung zwischen sicherem, systematisch durchgearbeitetem Gedankengut, erläuterndem Beiwerk (das noch wichtig genug sein mag) und Darlegungen, die dem Verfasser selbst als weniger sicher erscheinen mochten. Wir lernen später ein Beispiel dafür kennen.

Der Inhalt ist ungemein reichhaltig. Viel Mathematik kommt darin vor, wie ja schon der Titel ankündigt, und keineswegs nur in Anwendung auf Physik. Mengentheoretische Dilemmas, z.B. ob es mehr positive ganze Zahlen als Quadratzahlen gibt oder ebenso viele, ob eine längere Strecke mehr Punkte enthält als eine kürzere, haben mit Galileis Physik nichts zu schaffen; es spricht übrigens für sein tiefes mathematisches Verständnis, daß er sie abtut mit dem Hinweis auf die Unmöglichkeit, unendliche Zahlen zu vergleichen [Heft 11, S. 30 u. f.]. Meist aber dient doch die Mathematik der Physik. 38 wohlgeordnete „Propositionen" am dritten und ihrer 14 am vierten Tage ziehen immer neue Folgerungen aus den

Fall- und Wurfgesetzen. Besonders das Fallen auf der Kreisbahn steht am dritten Tage im Mittelpunkt der „Propositionen“. Wer den „Experimentator“ Galilei gegen die mathematische Behandlung der Naturwissenschaften auszuspielen sucht, hat offenbar die „Discorsi“ nicht gelesen, oder so oberflächlich, daß ihm das Fehlen von Gleichungen in der heutigen Form das Fehlen von Mathematik vortäuscht. Sie werden nämlich mit Worten in Proportionen ausgedrückt, was der Übersetzer der „Discorsi“, A. v. Öttingen, auf das Fehlen des Dimensionsbegriffs und die darin begründete Notwendigkeit zurückführt, auf jeder

Seite einer Gleichung eine reine Zahl zu haben [Heft 11, Anm. 6 auf S. 131]. Der heutige Leser, dem außer diesem Begriff noch die Errungenschaften der späteren Mathematik, wie Exponentialfunktion, analytische Geometrie, Infinitesimalrechnung, zur Verfügung stehen, kann jede dieser „Propositionen“ in wenigen Zeilen beweisen und z. B. die Kettenlinie [Heft 24, S. 119] besser beschreiben als durch die Angabe, sie sei parabelähnlich. Dennoch wird, wer sich einmal auf jenen Standpunkt zurückversetzt, der Galileischen Mathematik Eleganz nicht absprechen.

Über die Fülle des Gebotenen unterrichtet schon ein Blick ins Inhaltsverzeichnis der deutschen Ausgabe; da liest man: „Ähnlich gebaute Maschinen sind bei verschiedener Größe ungleich in ihrer Festigkeit; Bruch durch eigenes Gewicht; Tiere und Pflanzen übermäßiger Größe; Lichtgeschwindigkeit; Feinheit von Golddraht; Wassertropfen; Gewicht der Luft; Schwingungszahlen von Tönen; Unbegrenztheit des Widerstandes, den ein Stoß überwinden kann.“ Das ist eine Auswahl aus dem weniger bekannten darin. Nicht alles ist genau beobachtet und richtig dargestellt. Wenn Galilei z.B. bei dem schönen Versuch mit dem wassergefüllten Glase, das er zum Tönen bringt, die stehenden Wellen auf der Wasseroberfläche wohl als erster beschreibt, so ist doch die Angabe ungenau, daß sich die Wellenlängen von Grundton und Oktave wie 2:1 verhalten [Heft 11, S. 86/87]: vielmehr ist das Verhältnis, da es sich um Kapillarschwingungen handelt, 1,59:1 [1,59 = 2 2/3]. Auch die Übertreibung einer seiner wichtigsten Erkenntnisse, die ausdrücklich aufgestellte Behauptung [Heft 11, S. 75 und 84/85; ebenso Heft 24, S. 89] , die Pendelperiode sei bis zu Ausschlägen von 90° von der Amplitude unabhängig, muß uns merkwürdig anmuten, da bei 90° die Periode um mehr als ein 1/8 länger ist als bei sehr kleinen Ausschlägen. Aber hier war Galilei fest überzeugt; die 38 „Propositionen" des dritten Tages verfolgen allem Anschein nach das (natürlich unerreichbare) Ziel, diese Unabhängigkeit mathematisch zu beweisen. Von einem offenbaren Trugschluß müssen wir weiter unten reden. Und doch ist so häufig ein mangelhaft begründetes Ergebnis richtig. Galilei gehörte eben zu jenen begnadeten Forschern, deren Genie die Wahrheit auch da ahnt, wo es sie nicht zu voller begrifflicher Klarheit emporzuheben vermag. Mit Ehrfurcht muß der heutige Leser auf das Ringen zurückblicken, das sich darin offenbart, aber auch mit der bescheiden stimmenden Erkenntnis, daß dem Menschen Vollkommenes nicht zuteil wird.

Ist es nicht zum Staunen, daß wir als Bahnbrecher der Dynamik einen Mann verehren, dem der Begriff „Kraft" nicht klar war? Zwar für die Statik verwendet ihn Galilei gleich vielen Vorgängern ganz wie wir, wenn er Kräfte durch Gewichte verwirklicht und mißt. Darauf beruht ja das alte Prinzip der virtuellen Verrückung als Gleichgewichtskriterium, welches Galilei in früheren Schriften in durchaus origineller Art, z.B. zur Herleitung des Archimedischen Prinzips für das Schwimmen der Körper, verwandte. Auch sah er sehr wohl den Unterschied zwischen einer Kraft dieser Art und der „Kraft" des Stoßes. Aber da, wo am dritten Tag vom Wurf die Rede sein soll, spricht anfangs Sagredo – allerdings nicht Salviati, d.h. Galilei übernimmt nicht die volle Verantwortung – von einer dem nach oben geworfenen Körper mitgeteilten „Kraft", die stetig abnimmt [Heft 24, S. 14], bis sie sich mit der Schwerkraft ins Gleichgewicht gesetzt hat, worauf dann der Abstieg beginnt. Und Salviati hält sich dort einige Zeit aus dem Gespräch, um es schließlich mit der Bemerkung abzubrechen, darauf komme es zunächst nicht an; der Autor des ihnen vorliegenden Buchs verlange nur die Einsicht, „wie er uns einige Eigenschaften der beschleunigten Bewegung untersucht und erläutert, ohne Rücksicht auf die Ursache der letzteren". Diese entscheidende Wendung macht dann den Weg zu den Fallgesetzen frei. Die Schritte, in denen die „Discorsi" die Lehre vom Fall vorbringen, stimmen schwerlich in allem mit deren historischer Entwicklung in Galileis Leben überein. Aber das haben sie damit gemein, daß es zunächst galt, Irrtümer zu beseitigen, welche die Scholastik auf aristotelische Autorität hin durch die Jahrhunderte fortgeschleppt hatten. Und hier bildete ein Hauptstück der Satz, daß der gewichtigere Körper schneller fällt als der leichtere. Demgegenüber beruft sich Galilei nur nebenbei auf die Versuche, durch die er ihn seinerzeit in Pisa widerlegt hatte; wichtiger schien ihm offenbar der folgende Gegenbeweis [Heft 11, S. 57]:

Angenommen, Aristoteles hätte recht. Dann müßte der aus der Vereinigung eines schweren und eines leichteren Körpers entstehende, noch schwerere, schneller fallen als jeder seiner Teile. Andererseits hemmt doch in dieser Vereinigung der langsamere den schnelleren Teil, so daß das Ganze langsamer fallen sollte, als der größere Teil allein. Jene Annahme widerspricht sich also in ihren Folgerungen selbst.

Die Überzeugungskraft dieser Überlegung ist in der Tat außerordentlich; fast möchte man an einen rein logischen Beweis denken. Natürlich ist ein solcher einer Frage der

Erfahrung gegenüber nicht möglich; in der Tat steckt ein empirisches Moment darin, daß nämlich bei Verkoppelung der langsamere Körper den schnelleren hemmt. Aber diese Erfahrung ist uralt; jeder hat sie im täglichen Leben gemacht, so daß sie fast die zwingende Gewalt eines logischen Arguments besitzt. Man fragt sich eigentlich, warum erst ein Galilei kommen mußte, diese Widerlegung zu finden; aber freilich, oft gehört ja gerade zu dem Einfachen ein Genie, – wie man auch sonst weiß.

Was Galilei über die Verschleierung des Tatbestandes durch den Luftwiderstand sagt, könnte jedes heutige Lehrbuch unverändert übernehmen. Insbesondere war er sich auch klar, daß die Reibung eine sehr große Anfangsgeschwindigkeit im Verlauf des Falls herabsetzt, daß man, um sein drastisches Beispiel anzuführen, um ein Loch in den Erdboden zu schießen, die Flinte besser dicht darüber hält, als hoch von einem Turm hinab zu feuern [Heft 11, S. 82].

Der zweite Schritt besteht dann in der mathematischen Beschreibung der gleichförmig beschleunigten Bewegung, der Galilei nur zur Verdeutlichung eine Beschreibung der Bewegung mit konstanter Geschwindigkeit vorausschickt. Beim Fall aber ändert sich die Geschwindigkeit; wie? Sie wächst zweifellos mit der Fallstrecke, aber auch mit der Fallzeit. Zwei besonders einfach scheinende Hypothesen versucht Galilei; wir drücken sie, indem wir mit s die Fallstrecke, mit t die Fallzeit, mit a und g Naturkonstanten bezeichnen, aus in den Gleichungen:

$$1)\ \frac{ds}{dt} = \frac{s}{a} \qquad \text{oder} \qquad 2)\ \frac{ds}{dt} = g \cdot t\,.$$

Aus der ersten gewinnt der heutige Physiker durch Integration unter Einführung der Konstanten s_0 und t_0:

$$s = s_0 \cdot e^{(t - t_0)a},$$

und sieht sogleich, daß dies zur Beschreibung einer zur Zeit 0 mit $s = 0$ beginnenden Bewegung ungeeignet ist – mit Ausnahme des Grenzfalls $a - o$, in welchem s bis zu der (beliebig kleinen)

Zeit t_0 Null bleibt, um dann sogleich ins Unendliche umzuspringen. Also: Momentanbewegung.

Und so steht es auch bei Galilei. Aber wie ist er, dem alle hier angewandten Hilfsmittel fehlten, dazu gekommen? Salviati gibt folgenden „Beweis" [Heft 24, S. 16]: „Da der Strecke $2s$ die doppelte Geschwindigkeit entsprechen soll wie der Strecke s, so werden beide in der gleichen Zeit durchlaufen, was nur möglich ist, wenn diese Zeit Null ist". Der Fehlschluß ist offenbar und doppelt merkwürdig, nachdem Salviati kurz zuvor den Begriff der stetig veränderlichen Geschwindigkeit so exakt analysiert hat, wie es ohne ausdrückliche Benutzung der Infinitesimalrechnung nur möglich ist. Das Ergebnis jedoch stimmt.

Ob sich Galilei an dieser Stelle wohl ganz beruhigt fühlte? Der muntere Sagredo, der sonst jeder Überlegung von ähnlicher Tragweite in Frage oder Zustimmung eine Erläuterung hinzufügt, lobt hier in einem halben Satze die besondere Schönheit des Beweises – und gibt dem Gespräch eine andere Wendung, auf die wir noch zurückkommen.

Wie dem auch sein mag, die erste Hypothese ist hiermit abgetan, und Galilei kann nun in dem lateinischen Text, den die 3 Freunde lesen, aus der zweiten die uns geläufigen Schlüsse ziehen. Aber noch vorher überträgt er, was vom freien Fall gilt, auf das Hinabgleiten auf der reibungslosen schiefen Ebene mittels der Forderung , daß gleicher senkrechter Fallhöhe immer die gleiche Endgeschwindigkeit entspricht. Er begründet dies mit einem Pendelversuch. Nicht nur, daß das Pendel, ungehindert schwingend, immer zur gleichen Amplitude zurückkehrt; nein, der Körper an seinem

Ende hebt sich auch dann wieder zum Ausgangsniveau, wenn der Faden bei der Amplitude Null gegen einen Nagel schlägt und das Pendel somit verkürzt weiterschwingt [Heft 24, S. 19]. Dies zeigt, daß die bei Fall aus beliebiger Höhe erreichte Geschwindigkeit gerade zur Wiedergewinnung der alten Höhe ausreicht; und dies überträgt Galilei auf die schiefe Ebene[Heft 24, S. 20].

In der Tat, wäre die Endgeschwindigkeit beim Fall längs einer schiefen Ebene größer als auf einer zweiten von derselben Höhe, so könnte man den Körper diese wiederansteigen lassen zu größerer als der Ausgangshöhe. Wäre sie aber geringer, so brauchte man zum gleichen Zweck nur den Vorgang umzukehren. Sofern es also unmöglich ist, einen Körper allein durch Schwerewirkung zu heben – und das besagt uralte Erfahrung – darf die Endgeschwindigkeit nur von der Fallhöhe abhängen.

Und nun folgen die berühmten Versuche an der schiefen Ebene zur Prüfung der Fallgesetze. Salviati erzählt, wie er sie mit angesehen habe, und betont mit dem allergrößten Nachdruck, daß die Bestätigung der Überlegungen durch diese Versuche das Kernstück des Ganzen bilde [Heft 24, S. 25].

Mit logischer Notwendigkeit führt dieser Gedankengang zu der Folgerung, die Geschwindigkeit längs der Horizontalen für unveränderlich zu erklären, also für einen Sonderfall das Trägheitsprinzip aufzustellen. „Da es unmöglich ist, daß ein Körper sich von selbst nach oben bewegt und sich vom allgemeinen Schwerpunkt (centro commune) entfernt, nach welchem alle schweren Körper hinstreben, so ist es auch unmöglich, daß er sich von selbst bewege, wenn bei solcher Bewegung sein eigener Schwerpunkt sich nicht dem allgemeinen Schwerpunkt nähert: daher auf der Horizontalen, die hier eine Fläche bedeutet, die überall gleich weit vom allgemeinen Schwerpunkt absteht und deshalb frei von jeglicher

Neigung ist, der Körper keinen Impuls erfährt [Heft 24, S. 28].“ (Impuls bedeutet hier Geschwindigkeitsänderung.)

Jetzt fehlt zur vollständigen Kenntnis des Wurfs nur noch der letzte Schritt: Die Feststellung der Unabhängigkeit der Horizontal- und der Vertikalkomponente bei einer Bewegung in beliebiger Richtung. Mit diesem Vorgang von der eindimensionalen Bewegung zur zwei- oder dreidimensionalen beginnt der vierte Tag der Unterredungen. Er führt sofort zu dem Schluß: Die Wurfbahn ist eine Parabel, samt dem Hinweis auf Versuche mit der „Volata“, einem nicht näher beschriebenen Apparat, auf welchem der geworfene Körper seine Bahn selbst aufzeichnet [Heft 24, S. 91]. Es kennzeichnet den gewissenhaften Physiker, daß er alle Behauptungen auf Geschwindigkeit einschränkt, die sich mit seinem „Mörser“ herstellen lassen. Die „übernatürlichen“ – d.h. wohl: seinen Messungen unerreichbaren – Geschwindigkeiten, welche Feuerwaffen dem Geschoß verleihen, schließt er ebenso [Heft 24, S. 90] davon aus, wie er sich vorher einmal entschieden weigert, in Fallbetrachtungen größere Höhen zuzulassen, als sie auf Erden vorkommen [Heft 11, S. 60]. Auch setzt er ausdrücklich voraus, die Dimensionen der Wurfbahn kämen nicht an den Erdradius heran; anderenfalls wäre sie keine Parabel mehr.

Daran knüpfen sich dann die erwähnten 14 „Propositionen“ über Wurfhöhe und Wurfweite.

Soviel von dem Inhalt der „Discorsi“, der ja in allem Wesentlichen unverlierbarer Besitz der Wissenschaft geworden ist. Auf die Astronomie zurückzukommen, verbot dem Gefangenen von Arcetri die Lage; der Verleger wies dafür in seinem Vorwort auf die Entdeckungen des Autors an Sonne und Planeten hin. Galilei aber hatte auch sonst über sein Schicksal zu schweigen. Nur an einer etwas versteckten Stelle sagt Salviati [Heft 24, S. 17]:

„Es wäre sehr traurig, wenn denen, welche kurz und deutlich die Irrtümer allgemein für wahr gehaltener Sätze aufdekken, statt Beifall nur Mißachtung gezeigt würde; aber eine bittere und lästige Empfindung wird bei denjenigen geweckt, die auf demselben Studiengebiet sich jedem anderen gewachsen glauben und dann erkennen, daß sie das als richtige Schlußfolgerungen zugelassen haben, was später von einem anderen mit kurzer leichter Überlegung aufgedeckt und als irrig gekennzeichnet wurde. Ich möchte solch eine Empfindung nicht Neid nennen, der gewöhnlich in Haß und Zorn gegen den Aufdecker der Irrtümer ausartet, viel eher wird es eine Sucht und ein Verlangen sein, alt gewordene Irrtümer lieber aufrechtzuerhalten, als zuzugestehen, daß neu entdeckte Wahrheiten vorliegen; und dieses Verlangen verführt die Leute oft, gegen vollkommen von ihnen selbst erkannte Wahrheiten zu schreiben, bloß um die Meinung der großen und wenig intelligenten Menge gegen das Ansehen der anderen aufzustacheln. Von solchen falschen Lehren und leichtfertigen Widerlegungen habe ich oft unseren Akademiker reden gehört."

Diese Worte fallen nun freilich, wo Galileis Buch den stärksten wirklichen Angriffspunkt bietet, nämlich unmittelbar nach jenem Trugbeweis der Momentanbewegung, – und das ist nicht ohne eine gewisse Tragikomik.

Es gibt lange Abhandlungen über Galileis Stellung zum Trägheitsprinzip und zum Kraftbegriff, was ja eng zusammenhängt. Aus ihnen spricht die Verwunderung, daß er jenes Prinzip nicht von der Beschränkung auf Horizontalbewegungen befreit und damit die Newtonsche Dynamik zum Teil vorweggenommen habe. Die Physiker sollten heute dafür aber mehr Verständnis aufbringen als noch vor 30 Jahren. Zunächst bedenke man, daß Galilei kein Mittel kannte, zu erfahren, wie sich die Schwere anderswo als an der Erdoberfläche verhält; er spricht deswegen auch nirgends darüber. Der Gedanke an einen schwerefreien Raum war ihm, so scheint es, fremd. Wenn er aber so mit seiner Physik an die Erdoberfläche gebannt blieb, dann war für ihn die Fall- oder Wurfbewegung die „natürliche" Bewegung eines sich selbst überlassenen Körpers; so bezeichnet sie Galilei auch ausdrücklich. Die gleichförmige Horizontalbewegung hingegen war keine freie, sondern eine durch den Druck der Unterlage erzwungene Bewegungsart, in diesem Sinne etwa der Pendelbewegung vergleichbar, bei der ja die Spannung des Fadens die Bahnform bestimmt. Erkennt man hier nicht einen ähnlichen Standpunkt, wie ihn die allgemeine Relativitätstheorie einnimmt, wenn sie dem freien Körper eine allein durch den vierdimensionalen Maßtensor bestimmte geodätische Weltlinie zuschreibt? Eine Schwerkraft gibt es in diesem Gedankengang eigentlich nicht, nur andere Kräfte, welche den Körper unter Umständen am freien Fall hindern. Und da die Schwere nun doch die einzige Kraft war, der Galileis Versuche beikommen konnten, so versteht man wohl, warum er diesen Begriff nicht so klar zu fassen vermochte, wie es uns später Newton gelehrt hat. Die angeführte Stelle, an welcher Salviati das Gespräch über die Rolle der Kraft beim Fall abbricht, macht ganz den Eindruck, als vollziehe sich hier der Übergang von einem unklar vorempfundenen Newtonschen Standpunkt zu einem den wir heute – mutatis mutandis – in der allgemeinen Relativitätstheorie wiederfinden, die sich hier enger, als an Newton, an dessen größten Vorgänger anlehnt. Dem Nachteil, daß das Trägheitsprinzip nicht gilt, steht der Vorteil gegenüber, daß die Gleichheit von träger und schwerer Masse hier kein Problem, sondern im Grundgesetz der Bewegung mitenthalten ist.

Galileis bis heute vorhaltende Popularität beruht ohne Zweifel vorwiegend auf seinen astronomischen Entdeckungen und dem anschließenden Kampf für Kopernikus. Und niemand wird die Tat unterschätzen, daß er das Fernrohr, bis dahin Spielzeug oder bestenfalls untergeordnetes militärisches Hilfsmittel, in den Dienst der Forschung stellte; es waren wohlverdiente Früchte, die ihm damit zufielen. Aber als geistige Leistung steht die Auffindung der Fallgesetze höher, wie schon das Vorwort des Verlegers klar hervorhob. Hier war nicht nur mit fast geheiligtem Irrtum aufzuräumen, nicht nur mit leiblichem Auge unbefangen zu sehen, sondern auch so viel an neuen Begriffen aufzustellen, daß damit das gesamte naturwissenschaftliche Denken auf eine höhere Stufe kam. Gemeinsam ist beiden Betätigungen ein neuer Wahrheitsbegriff [E. Cassirer, Wahrheitsbegriff und Wahrheitsproblem bei Galilei. Scientia 1937, 121 u. 185.], der nicht mehr Tradition zum Ausgangspunkt nimmt, sondern, was der Mensch aus eigener Erfahrung und eigenem Denken erkennt. Dieser Wahrheitsdrang wirkte in vielen seiner Zeitgenossen, kam aber wohl in keinem zu so mächtigem Durchbruch wie bei Galilei – und setzte ihn damit auch der besonderen Feindschaft und den Verfolgungen der Verteidiger des Alten aus. Darin liegt eine Bedeutung Galileis, die noch über das naturwissenschaftliche Gebiet hinausreicht.

Nach der Veröffentlichung der „Discorsi" von 1638 hat Galilei keineswegs gerastet. Trotz aller körperlichen Behinderung redigierte er deren fünften „Tag"; sein Biograph, Leonardo Olschki, weiß sogar über weitere literarische Pläne zu berichten. Zu seinen Lebzeiten erschien nichts mehr davon. Noch über 3 Jahre schleppte der erblindete Greis, den 1638 eine ärztliche Kommission mehr einem Toten als einem Lebenden ähnlich fand [Siehe Emil Wohlwill, Galilei und sein Kampf für die Kopernikanische Lehre 2, 188. Leipzig und Berlin 1926.], seine Gebrechen fort. Am 8. Januar 1642 nach fast neunjähriger Haft, erlöste ihn der Tod. Die erneute Physik aber besteht nun 300 Jahre.

Vorwort des Verlegers zu Galileis Discorsi von 1638

Der Verleger an die Leser

Das Kulturleben erhält sich gefördert durch die wechselseitigen und gegenseitigen Beziehungen der Menschen untereinander, wozu hauptsächlich die Pflege der Künste und der Wissenschaften beiträgt; daher wurden deren Schöpfer immer hoch geachtet und seit dem weisen Altertum sehr verehrt. In der Tat, je ausgezeichneter oder nützlicher eine Entdeckung gewesen ist, um so mehr Lob und Ehre wurde den Entdeckern gespendet, ja sie wurden sogar vergöttert, – da die Menschen mit öffentlicher Zustimmung mit diesem Zeichen der höchsten Ehre das Andenken an die Schöpfer ihres Wohlergehens verewigen wollten. – Auch alle diejenigen, die mit der Schärfe ihres Geistes schon bekannte Dinge erneuert haben, indem sie Trugschlüsse und Irrtümer von gar vielen Lehren aufdeckten, die von hervorragenden Männern aufgestellt waren und

über viele Zeitalter als wahr anerkannt wurden, sind großen Lobes und Bewunderung würdig, – schon wegen der Tatsache, daß eine solche Aufdeckung an sich lobenswert ist, auch dann, wenn die Forscher nur Fehler beseitigt haben, was auch ohne die Wahrheit zu finden schon schwierig ist; wie schon der Fürst der Redner sagt: „Utinam tam facile possem vera reperire, quam falsa convincere". Und in der Tat gebührt das Verdienst dieses Lobes unseren letzten Jahrhunderten, in denen die Künste und Wissenschaften der Alten durch das Werk geistvoller Menschen wiedergefunden wurden und durch viele Beweise und Versuche zu einer großen Vollkommenheit, die jeden Tag weitere Fortschritte macht, entwickelt worden sind. Das tritt besonders bei den mathematischen Wissenschaften hervor, in denen – ohne alle übrigen zu erwähnen, die sich mit viel Lob und großem Erfolg betätigt haben – der erste Platz unserem Herrn Galileo Galilei, Mitglied der Academia dei Lincei, ohne irgendeinen Widerspruch, ja sogar mit dem Beifall und der allgemeinen Zustimmung aller Gelehrten verdienterweise gebührt. Er hat nämlich die mangelnde Beweiskraft vieler Begründungen von verschiedenen Schlußfolgerungen gezeigt, die mit festen Beweisen bestätigt waren, – und sie zahlreich in seinen schon veröffentlichten Werken angeführt. Aber auch weil er mit dem Teleskop – das schon früher in unserem Lande erfunden worden ist, aber erst von ihm zu einer viel größeren Vervollkommnung gebracht wurde – vier Sterne, die Satelliten des Jupiters, entdeckt und uns davon als erster die Nachricht gegeben hat, ferner den wahren und sicheren Beweis über die Beschaffenheit der Milchstraße, der Sonnenflecke, der Unebenheiten und der nebligen Teile des Mondes, des aus drei Teilen bestehenden Saturn, der sichelförmigen Venus, über die Beschaffenheit und Bahn der Kometen fand – alles Dinge, die niemals weder den Astronomen noch den Philosophen der Antike bekannt waren. So kann man sagen, daß durch ihn die Welt in neuem Licht erscheint und daß die Astronomie eine Wiedergeburt erlebt hat, aus deren Vortrefflichkeit – denn aus den Himmeln und den himmlischen Körpern erstrahlt mit größerer Klarheit und Bewunderungswürdigkeit als aus allen anderen Geschöpfen die Macht, die Weisheit und die Güte des höchsten Schöpfers – die Größe des Verdienstes des Mannes hervorgeht, der uns deren Einsicht erschlossen hat, indem er uns diese Körper trotz ihrer fast unendlichen Entfernung deutlich sichtbar gemacht hat. So sagt schon der Volksmund, daß das Sehen mehr und mit größerer Sicherheit an einem Tage lehrt, als was vieltausendmal wiederholte Lehrsätze jemals vollbringen können. Oder, wie ein anderer sagt, die sinnliche Wahrnehmung schreitet immer mit der Theorie gleichmäßig fort. Aber viel stärker offenbart sich die ihm von Gott und der Natur gewährte Gnade – allerdings mit Hilfe von vielen Mühen und durchgearbeiteter Nächte – in dem vorliegenden Werk, aus dem man ersieht, daß er der Entdecker von zwei vollständig neuen Wissenschaften, ihrer ersten Grundlagen und ihrer Anfangsregeln ist, die folgerichtig, d.h. geometrisch bewiesen werden. Das, was dieses Werk noch wunderbarer macht, ist, daß eine der beiden Wissenschaften sich auf ein ewiges Prinzip bezieht, das allergrößte Bedeutung für die Natur hat, von allen großen Philosophen gesucht wurde und worüber unzählige Bücher geschrieben worden sind. Ich spreche von der Bewegung im Raum: Gegenstand einer unendlichen Zahl von bewunderungswerten Erscheinungen, von denen keine bisher erforscht, geschweige denn von jemandem erklärt worden ist. Die andere Wissenschaft, die ebenfalls von ihren Grundsätzen aus dargelegt worden ist, behandelt den Widerstand, den die festen Körper leisten, wenn sie durch Gewalt zertrümmert werden, eine Kenntnis von großem Nutzen besonders für die Wissenschaft und die mechanischen Künste. Auch diese ist reich an Erscheinungen und Lehren, die bisher noch nicht beachtet waren. Zu diesen beiden neuen Wissenschaften, reich an Lehrsätzen, von denen zu erwarten ist, daß sie mit dem Fortschritt der Zeit durch geniale Forscher unendlich vermehrt werden, öffnen sich in diesem Buche die ersten Pforten, und mit einer nicht geringen Anzahl von bewiesenen Lehrsätzen wird zum Fortschritt und Übergang zu zahllosen anderen der Weg gewiesen, wie es die verständnisvollen Leser einsehen und anerkennen werden.

Galilei Galilei (1564–1642), Kupferstich von J. Villamena 1613

Erster Tag.

Discurse

zwischen den Herren

Salviati, Sagredo und Simplicio.

Salv. Die unerschöpfliche Thätigkeit Eures berühmten Arsenals, Ihr meine Herren Venetianer, scheint mir den Denkern ein weites Feld der Speculation darzubieten, besonders im Gebiete der Mechanik: da fortwährend Maschinen und Apparate von zahlreichen Künstlern ausgeführt werden, unter welch letzteren sich Männer von umfassender Kenntniss und von bedeutendem Scharfsinn befinden.

Sagr. Sie haben vollkommen Recht, mein Herr; und ich, der ich [von Natur] wissbegierig bin, komme häufig hierher, und die Erfahrung derer, die wir wegen ihrer hervorragenden Meisterschaft »die Ersten« [Proti] nennen, hat meinem Verständniss oft den Causalzusammenhang wunderbarer Erscheinungen eröffnet, die zuvor für unerklärbar und unglaublich gehalten wurden: und wirklich war ich oft verwirrt und verzweifelt darüber, dass so viele Dinge der Erfahrung nicht erklärt werden konnten, Dinge, die sogar sprichwörtlich bekannt sind, wie denn manche vulgäre Meinung geäussert wird, um etwas über Dinge zu sagen, die die guten Leute selbst nicht fassen können.

Salv. Sie denken vielleicht an jenen Satz, den ich Ihnen neulich vortrug, als wir ein Verständniss dafür suchten, weshalb man ein so viel grösseres Gerüste erbaut, um jene grosse Galeere vom Stapel zu lassen, während man sie lange nicht in demselben Maasse kleiner für kleinere Schiffe gebraucht, wobei Sie bemerkten, es geschehe das, um die Gefahr des Zerbrechens durch den Druck der ungeheuren Last zu vermeiden, ein Umstand, dem die kleinen Holzmassen nicht ausgesetzt seien.

Sagr. Deshalb und besonders aus Ihrem letzten Argument, welches das gewöhnliche Volk falsch auffasst, habe ich nun eingesehen, dass in diesen und anderen ähnlichen Fällen man nicht ohne Weiteres vom kleinen Maassstab auf den grossen schliessen dürfe; manche Maschine gelingt im Kleinen, die im Grossen nicht bestehen könnte. Indess alle Begründung der Mechanik basirt auf Geometrie. In dieser aber gelten die Sätze von der Proportion aller Körper. Wenn nun eine grosse Maschine in allen Theilen ähnlich der kleinen gebaut wird, und die letztere als fest und widerstandsfähig erwiesen ist, so sehe ich doch nicht ein, warum dennoch eine Gefahr gefürchtet wird.

Salv. Die Meinung des Volkes ist hier völlig irrig, und sogar so sehr falsch, dass man das Gegentheil behaupten kann, ich meine, dass viele Maschinen weit vollkommener in grossem Maassstabe ausgeführt werden können. Zum Beispiel eine Uhr mit Zifferblatt und Schlagwerk wird leichter in einem gewissen grösseren Maassstabe gefertigt werden. Mit mehr Recht wird jener Satz von Intelligenteren vertreten, indem sie aus dem leichteren Gelingen grösserer Maschinen dazu geführt werden, von den abstracten Sätzen der Geometrie abzusehen, und den wahren Grund einer Abweichung in der Beschaffenheit der Materie, ihrer Veränderlichkeit und Unvollkommenheit zu suchen. Indess hoffe ich in diesem Falle, ohne arrogant zu erscheinen, versichern zu dürfen, dass die Unvollkommenheit der Materie, die ja allerdings die schärfsten mathematischen Beweise zu Schanden machen kann, nicht genüge, den Ungehorsam der wirklichen Maschinen gegen ideale zu erklären. Denn ich will von aller Unvollkommenheit absehen, und will die Materie als ideal vollkommen annehmen, und als unveränderlich, und will zeigen, dass bloss, weil es eben Materie ist, die grössere Maschine, wenn sie aus demselben Material und in gleichen Proportionen hergestellt ist, in allen Dingen der kleinen entsprechen wird, ausser in Hinsicht auf Festigkeit und Widerstand gegen äussere Angriffe: je grösser, um so schwächer wird sie sein. Und da ich die Unveränderlichkeit der Materie voraussetze, kann man völlig klare, mathematische Betrachtungen darauf bauen. Geben Sie daher, Herr

Sagredo, Ihre von vielen anderen Mechanikern getheilte Meinung auf, als könnten Maschinen aus gleichem Material, in genauester Proportion hergestellt, genau gleiche Widerstandsfähigkeit haben. Denn man kann geometrisch beweisen, dass die grösseren Maschinen weniger widerstandsfähig sind als die kleineren: sodass schliesslich nicht bloss für Maschinen und für alle Kunstproducte, sondern auch für Objecte der Natur eine nothwendige Grenze besteht, über welche weder Kunst noch Natur hinausgehen kann: wohlverstanden, wenn stets das Material dasselbe und völlige Proportionalität besteht.

Sagr. Ich fühle bereits meinen Sinn sich ändern, und wie eine Wolke vom Blitze erleuchtet wird, so ahnde ich ein plötzliches Licht, das mich wie aus weiter Ferne erleuchtet, und sofort wieder verwirrt, indem es mir fremde und undurchdachte Vorstellungen erweckt. Aus dem, was Sie gesagt haben, scheint mir zu folgen, dass es unmöglich sei, zwei Maschinen aus gleichem Stoff zu construiren, die dabei ungleich gross und von gleicher Widerstandskraft seien; und ferner, dass man nicht zwei Stäbe finden wird aus derselben Holzart gleich in Stärke, aber von ungleicher Grösse.

Salv. So ist es, Herr *Sagredo*, und um auf dieses Beispiel einzugehen, füge ich hinzu, dass, wenn wir einen Holzstab in horizontaler Stellung in eine senkrechte Mauer einlassen, denselben aber von solcher Länge und Breite wählen, dass er sich gerade noch erhalten kann, um eines Haares Dicke aber verlängert, schon zerbrechen müsste durch das eigene Gewicht — ein Unicum freilich —: wenn ferner die Länge gleich der hundertfachen Breite wäre, so würde man keinen andern Stab aus demselben Material finden, der bei hundertfacher Länge gegen seine Breite geeignet sei. gerade sich selbst zu tragen und nicht mehr: aber alle von grösseren Dimensionen werden zerbrechen, und die kleineren werden noch belastet werden dürfen. Zudem gilt das, was ich von der Fähigkeit sich selbst zu tragen sage, ebenso für jede andere Construction, wie z. B. wenn eine Latte 10 andere ihr gleiche tragen kann, ein Balken, welcher der Latte ähnlich wäre, nicht mehr 10 andere ihm gleiche tragen könnte. Möchten Sie aber, meine Herren alle Beide, bemerken, wie sehr diese Behauptungen wahr sind, obwohl sie zunächst unwahrscheinlich erscheinen. Aber nach einiger Ueberlegung fällt der die Wahrheit verhüllende Schleier, und einfach und nackt erblicken wir ihre schöne Gestalt. Ist es nicht klar, dass ein Pferd, welches 3 oder 4 Ellen hoch herabfällt, sich die Beine brechen kann, während ein Hund keinen Schaden erlitte, desgleichen eine Katze selbst von 8 oder 10 Ellen Höhe, ja eine Grille von einer Thurmspitze und eine Ameise, wenn sie vom Monde herabfiele? Kleine Kinder erleiden beim Fall keinen Schaden, wo Bejahrte sich Arm und Bein zerbrechen. Und wie kleinere Thiere verhältnissmässig kräftiger und stärker sind, als die grossen, so halten sich die kleinen Pflanzen besser: und nun glaube ich, versteht Ihr alle Beide, meine Herren, dass eine 200 Ellen hohe Eiche ihre Aeste in voller Proportion mit einer kleinen Eiche nicht halten könnte, und dass die Natur ein Pferd nicht so gross wie 20 Pferde werden lassen kann, noch einen Riesen von zehnfacher Grösse, ausser durch Wunder oder durch Veränderungen der Proportionen aller Glieder, besonders der Knochen, die weit über das Maass einer proportionalen Grösse verstärkt werden müssten. — Die gemeine Annahme, dass grosse und kleine Maschinen gleich ausdauernd seien, ist offenbar irrig: beispielsweise werden kleine Obelisken und Säulen und anderes mit Sicherheit gehandhabt werden können, sie würden gedehnt und aufgerichtet werden können ohne irgend welche Gefahr des Zerbrechens, während sehr grosse bei jedem Zufall Gefahr laufen zu bersten und zwar bloss wegen der eigenen grossen Last. Ich möchte Ihnen einen Fall erzählen, der denkwürdig ist, wie alle jene Ereignisse, die gegen die Erwartung eintreten und bei denen die getroffenen Vorsichtsmaassregeln die grösste Unordnung selbst veranlassen. Eine sehr grosse Marmorsäule war mit ihren Enden auf zwei Balken aufgelegt; ein Mechaniker dachte nach einiger Zeit, es wäre besser, um einen Bruch in der Mitte zu vermeiden, auch hier eine Balkenstütze anzubringen: der Rath gefiel Allen, der Ausgang lehrte das Gegentheil: nach wenigen Monaten war die Säule gebrochen und zwar genau über der mittleren Stütze.

Simp. Das ist wahrhaftig merkwürdig, und durchaus »praeter spem«, damals als man die mittlere Stütze anbrachte.

Salv. Sicher war letztere die Veranlassung, und der erkannte Causalzusammenhang lässt alles Wunderbare schwinden: denn als man die beiden Säulenstücke auf die ebene Erde niederlegte, bemerkte man, dass die eine Endstütze faul war und sich gesenkt hatte. Da nun die mittlere Stütze fest und stark war, so war sie die Ursache dafür, dass das eine Säulenende in der Luft schwebte; das eigene Uebergewicht bewirkte das, was mit nur zwei Endstützen nicht geschehen wäre, denn bei der Senkung der einen wäre die Säule mitgefolgt. Zweifellos wäre dieses

Alles bei einer kleinen Säule gar nicht eingetreten, selbst bei demselben Material, bei proportionaler Länge und Breite.

Sagr. Von der Wahrheit der Sache bin ich zwar völlig überzeugt, kann aber den Grund noch nicht einsehen, warum bei verhältnissmässiger Vergrösserung aller Theile nicht in demselben Maasse die Resistenz zunimmt; und um so schwieriger erscheint mir die Frage, als oft gerade im Gegentheil die Bruchfestigkeit mehr zunimmt als die Verdickung der Substanz; wie z. B. bei zwei Nägeln in einer Mauer, von denen der eine nur doppelt so dick als der andere, während seine Tragfähigkeit ums Dreifache, ja Vierfache wächst.

Salv. Sagen Sie, bitte, ums Achtfache, und Sie werden's nahe getroffen haben. Aber auch dieses Factum widerspricht nicht jenem, trotz allen Anscheines.

Sagr. Jetzt, Herr *Salviati*, erklären Sie uns die Sache, wenn Sie's können, denn ich glaube, der Gegenstand ist interessant und nützlich, und wenn wir heute das Problem besprechen könnten, wäre ich, und wohl auch Herr *Simplicio* äusserst dankbar.

Salv. Ich stehe Ihnen zu Diensten, wenn mein Gedächtniss mir nur das wieder vorführt, was ich bereits von unserem Akademiker gelernt habe, der über ähnliche Fragen viel nachgedacht hatte, und zwar stets seiner geometrischen Methode entsprechend, so dass mit gutem Recht man von einer neuen Wissenschaft hätte reden können; denn, wenn auch einige Sätze von anderen, und zwar zuerst von Aristoteles aufgestellt waren, so sind doch die schönsten und vornehmsten hier zu finden, zweifellose Fundamentalsätze mit allen Beweisstücken. Und daher kann ich auch Sie überzeugen, und brauche nicht mit Wahrscheinlichkeiten Sie zu unterhalten, denn Sie kennen ja die Elemente der Mechanik, soweit wir dieselben voraussetzen müssen. Vor allem werden wir untersuchen, was eigentlich geschieht, wenn man ein Stück Holz zerbricht oder einen andern festen Körper; denn hier finden wir das erste und einfachste Princip, auf dem das übrige beruht. Zu näherem Verständniss denken wir uns einen Cylinder oder ein Prisma AB, aus Holz oder anderem Material, befestigt oben bei A, vertical herabstrebend und bei B mit dem Gewichte C belastet. Welches nun auch die Festigkeit sei,

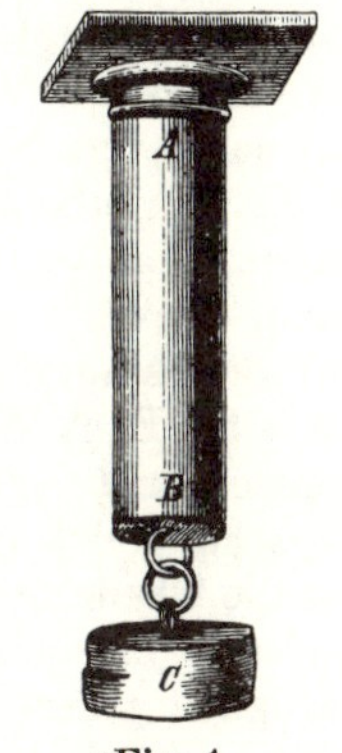

Fig. 1.

man kann stets C so gross denken, dass der Körper zerbricht. Denn lassen wir die Last anwachsen, so muss schliesslich der Körper wie ein Strick zerreissen. Wie wir aber beim Strick die Festigkeit den vielen Hanffäden, die den Strick bilden, zuschreiben, so wird das Holz von Fasern gebildet, namentlich sind es die Längsfasern, die das Holz gegen Streckung widerstandsfähig machen, und zwar in höherem Grade als solches bei Hanffasern stattfände: im Cylinder aus Stein oder aus Metall hängt die Festigkeit der Theile von einem andern Bindemittel ab; aber auch hier giebts eine Bruchfestigkeitsgrenze.

Simp. Wenn die Sache sich so verhält, wie Ihr sagt, so verstehe ich wohl, dass im Holze die Fasern, die ebenso lang sind, wie das Holz selbst, dem letzteren Festigkeit verleihen können: aber ein Hanfseil, dessen einzelne Fasern höchstens 2 oder 3 Ellen lang sind, wie kann ein solches 100 Ellen lang werden und dennoch so fest sein? Ausserdem würde ich gern Ihre Ansicht kennen lernen über die Cohärenz der Theile eines Metalles, oder eines Steines, oder irgend welcher anderen Stoffe, die keine Fasern haben, welche trotzdem, wenn ich nicht irre, noch fester sein können.

Salv. In neue Speculationen, die unserem Ziele ferner stehen, können wir eingehen, wenn wir die bereits angedeuteten Schwierigkeiten völlig gelöst haben.

Sagr. Aber wenn unser Abschweifen uns zur Erkenntniss neuer Wahrheiten führt, was sollte uns, die wir nicht gezwungen sind in gedrängter conciser Methode vorzugehen, sondern zu unserer eigenen Freude unsere Zusammenkünfte veranstalten, was sollte uns hindern abzuschweifen, um Fragen zu erörtern, denen wir zufällig begegnen, während sich möglichenfalls ein anderes Mal keine Gelegenheit dazu böte? Und ferner: wer weiss, ob wir nicht recht oft auf Dinge verfallen, die schöner und interessanter sind als die ursprünglich aufgestellten Sätze? Ich bitte Euch deshalb, Herrn *Simplicio's* Wunsche nachzukommen, und zugleich dem meinigen, da ich dringend zu wissen wünsche, welch Bindemittel gedacht werden kann, welches so fest die Theile der festen Körper verbindet, dass sie schliesslich unlöslich erscheinen: wobei ich übrigens bemerke, dass die Festigkeit jener Fasern selbst auch dem Verständniss näher zu führen sein wird.

Salv. Wohlan denn, weil Sie es wünschen. Die erste Schwierigkeit war die, wie 100 Ellen lange Seile so fest sein können, obgleich ihre Fasern nur 2—3 Ellen lang sind. Aber sagt mir, Herr *Simplicio*, könntet Ihr nicht eine einzelne Hanffaser zwischen Euren Fingern so fest halten an einem Ende, dass ich, zerrend am anderen, sie eher zerrisse, als Euch entrisse? Gewiss doch: wenn nun die Hanffäden nicht bloss an ihren Enden, sondern längs der ganzen Strecke von ihrer Umgebung stramm gehalten würden, ist es nicht klar, dass das Loszerren von dieser Umgebung viel schwieriger wäre, als sie zu zerreissen? Aber beim Seile bewirkt gerade das Drehen desselben ein Zusammendrängen der Fäden, so dass bei starker Zerrung die Fäden wohl zerreissen, aber sich von einander nicht trennen; wie man sich leicht überzeugen kann, da beim Reissen ganz kurze Enden, und nicht etwa eine Elle lange erhalten werden, wie doch geschehen müsste, wenn die Zertheilung des Strickes nicht durch das Zerreissen der Fäden, sondern durch ihre gegenseitige Lostrennung erfolgte.

Sagr. Zur Bestätigung dessen möchte ich bemerken, wie oft ein Seil nicht durch Streckung, sondern durch starke Verdrehung reisst: hier sind die Fäden gegenseitig so sehr gedrückt, dass die drückenden den gedrückten nicht gestatten, um jenes Minimum auszuweichen, welches nöthig wäre, um die Fäden zu verlängern, so dass sie ringsum das Seil einschliessen könnten, da letzteres bei der Torsion sich verkürzt und daher ein wenig verdickt.

Salv. Ganz richtig: aber bemerken Sie nebenbei, wie eine Erkenntniss die andere nach sich zieht. Jener Faden zwischen den Fingern, der nicht folgte, mit welcher Kraft man ihn auch fassen wollte, er widersteht, weil die verdoppelte Compression ihn zurückhält; denn sowohl der obere drückt gegen den unteren Finger, wie auch umgekehrt der untere gegen den oberen. Und zweifelsohne wenn von diesen beiden Drucken der eine allein behalten werden könnte, so würde noch immer dasselbe beobachtet werden: da man aber nicht einseitig den Druck aufheben kann, ohne auch den anderen zu vernichten, so muss man darauf bedacht sein, durch einen neuen Kunstgriff die einseitige Kraft zu erhalten, und eine Weise ersinnen, wodurch der Faden sich selbst an den Finger andrückt, oder an einen andern festen Körper, auf dem er ruht, um so zu erreichen, dass dieselbe Kraft, die den Faden strammt, ihn um so mehr andrückt, je stärker sie wirkt: und das lässt sich erreichen, wenn man in Spiralform den Faden um den festen Körper schlingt. Zum besseren Verständniss diene eine Zeichnung: Seien AB und CD zwei Cylinder und zwischen beiden ein Faden EF, z. B. eine

Schnur: offenbar wird beim starken Zusammendrücken der beiden Cylinder die Schnur EF, wenn man sie vom Ende F aus zerrt, einer bedeutenden Kraft widerstehen, ehe sie zwischen den beiden Cylindern hingleitet: Entfernen wir aber den einen von beiden, so wird die Schnur, obwohl sie noch den anderen Cylinder berührt, nicht mehr durch diese Berührung zurückgehalten. Halten wir dagegen die Schnur, wenn auch ganz schwach, am oberen Ende des Cylinders A fest, winden sie ferner um den Cylinder spiralförmig herum $A\,F\,L\,O\,T\,R$, und zerren am Ende R, so ist es klar, dass die Schnur den Cylinder zusammendrücken wird, und wenn es der Spiralen und Windungen viele gäbe, so wird bei stärkerem Ziehen die Schnur immer stärker gegen den Cylinder gepresst: und indem durch Vervielfältigung der Spiralen die Berührung eine innigere und mithin weniger leicht zu überwindende sein wird, wird andererseits das Gleiten immer schwieriger und damit zugleich das Nachgeben gegen die Zugkraft. Uebrigens sieht man leicht ein, dass solcher Art der Widerstand der Fasern ist, die mit 1000 und aber 1000 ähnlichen Windungen das grosse Seil bilden. Das Zusammendrängen in gleichem krummen Lauf sammelt alles so fest, dass aus nicht vielen und nicht sehr langen Binsen, obwohl nur wenig Spiralen vorhanden sind, die sich durchsetzen, doch sehr feste Seile verfertigt werden, wie solche, wie ich gehört habe, auf griechischen Kaperschiffen im Gebrauch sind.

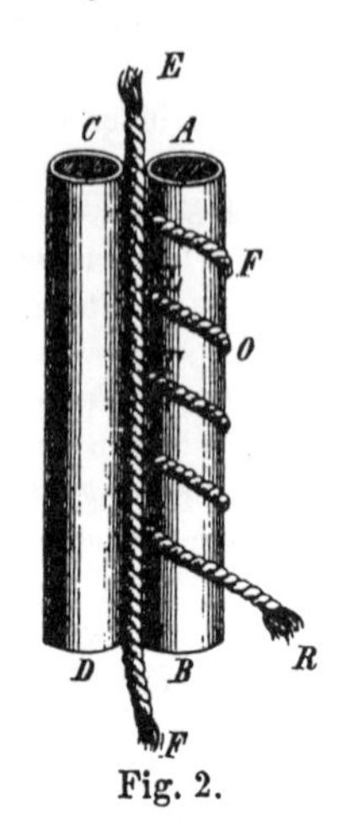

Fig. 2.

Sagr. Durch Eure Auseinandersetzung schwindet mir alles Wunderbare in zwei Erscheinungen, die ich früher nicht klar erfasst hatte. Erstens die Thatsache, dass 2 oder 3 Windungen eines Taues, um die Welle einer Winde geschlungen, die letztere nicht bloss zurückhalten konnten, so dass dasselbe gezerrt von einer grossen Last doch nicht ausglitt und nachgab, sondern auch dass die sich umwälzende Winde durch blosse Berührung mit dem Taue mittelst der wenigen Windungen riesige Steine heben konnte, während ein kleiner schwacher Knabe das andere Ende des Taues zurückhielt. Das zweite, was ich erwähnen wollte, war ein einfaches aber sinnreiches Werkzeug, das einer meiner Verwandten erfand, um mittelst eines Strickes aus einem Fenster sich herablassen zu können, ohne sich die Hände zu schinden, wie ihm kürzlich in schlimmster Weise geschehen war. Zu leichterem Verständniss entwerfe ich Ihnen eine kleine Skizze Um einen Holzcylinder AB (Fig. 3) so dick wie ein Spazierstock und eine Spanne lang grub er einen spiralförmigen Canal von anderthalb Windungen und nicht mehr und zwar so tief, dass der Strick, den er gebrauchen wollte, gerade hinein passte; letzterer trat bei A ein und bei B aus. Dann umgab er den Cylinder mitsammt dem Strick mit einem Rohr aus Holz oder auch aus Blech. Das Rohr aber war in Hälften der Länge nach gespalten und dann verhakt, so dass es bequem geöffnet und geschlossen werden konnte: dieses Rohr umfasste er mit beiden Händen, nachdem er oben das Seil eingeführt hatte, dann hing er sich mit den Armen an und es entstand solch eine Compression des Seiles zwischen Cylinder und Holzrohr, dass er nach Belieben durch festeres Andrücken der Hände sich halten konnte ohne hinabzugleiten, und indem er etwas nachliess, ebenso nach Belieben sich hinablassen konnte.

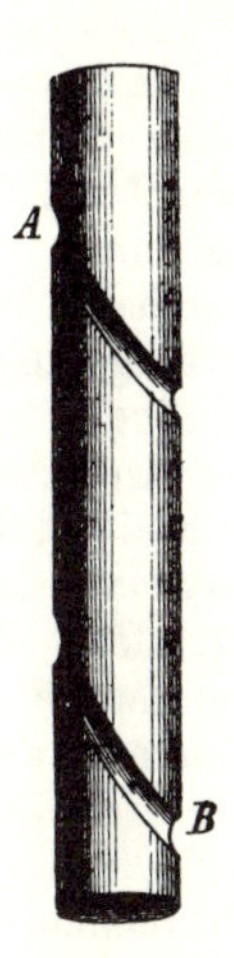

Fig. 3.

Salv. Wahrhaftig eine schöne Erfindung, aber zur vollständigen Erklärung, deucht mir, liesse sich eine weitere Ueberlegung hinzufügen: doch möchte ich jetzt nicht weiter auf diese Specialität eingehen, da Ihr meine Gedanken hören wolltet über den Zugwiderstand der anderen Körper, die nicht aus Fasern bestehen, wie etwa Stricke und die meisten Hölzer, deren Cohärenz also in anderen Umständen ihren Grund hat; dieselbe ist nach meinem Bedünken auf zwei Stücke zurückzuführen; das eine ist das viel besprochene Widerstreben der Natur, einen leeren Raum zuzulassen: andererseits muss ein Bindemittel gedacht werden, welches zäh und klebrig ist und die Theilchen des Körpers fest mit einander verbindet. Zuerst handeln wir vom Vacuum, und ich will experimentell Ihnen zeigen, welcher Art und wie gross seine Kraft sei. Nehmen Sie gefälligst zwei Platten aus Marmor oder Metall, oder aus Glas, völlig plan, glatt und polirt. Legt man die eine auf die andere, so lassen sie sich leicht gegen einander verschieben, offenbar ein Beweis, dass kein Bindemittel sie vereinigt; gegen jede Trennung aber tritt ein

Widerstand auf, so dass die obere Platte die untere tragen kann, auch wenn letztere gross und schwer ist. Offenbar beweist uns das den Abscheu der Natur, selbst auf kurze Zeit den leeren Raum zu verlassen, der zwischen beiden entstehen würde, bevor die umgebende Luft denselben ausfüllen konnte. Auch sieht man, dass, wenn die beiden Platten nicht sehr glatt polirt wären, so dass ein mangelhafter Contact stattfände, dass dann bei langsamer Trennung gar kein Widerstand bemerkbar wäre, ausser dem durch das Eigengewicht der Platte bedingten; aber bei schneller Erhebung der oberen Platte folgt die untere doch, um allerdings alsobald wieder zu fallen, denn sie folgt nur so lange Zeit hindurch, als nöthig erscheint, um die kleine Quantität Luft, die zwischen den Platten vorhanden war, auseinanderzuziehen, (denn die Platten passten nach unserer Voraussetzung nicht gut zusammen), um neuer Luft den Eintritt zu gestatten. Solch ein Widerstand, der so fühlbar zwischen den Platten sich zeigt, ist ohne Zweifel auch zwischen den Theilen eines festen Körpers vorhanden, und ist zum Theil wenigstens ein mitwirkender Umstand ihres Zusammenhaftens.

Sagr. Bitte, haltet ein, und gestattet mir eine Betrachtung mitzutheilen, die mir gerade soeben beifällt: nämlich da die untere Platte der oberen folgt, und zwar bei sehr schneller Bewegung der letzteren, so scheint es mir klar, dass, entgegen den Behauptungen der Philosophen und vielleicht gar des Aristoteles, eine Bewegung im Vacuum nicht momentan stattfinden würde; denn wäre letzteres der Fall, so müssten beide Platten ohne jeglichen Widerstand sich trennen, weil derselbe Zeitmoment genügen müsste, sie zu trennen und durch den Zutritt der umgebenden Luft das Vacuum auszufüllen, das zwischen den Platten entstehen könnte. Daraus, dass thatsächlich die untere Platte folgt, ist zu schliessen, dass im Vacuum die Bewegung nicht momentan sein könne, und zugleich, dass zwischen beiden Platten ein Vacuum entsteht, für kurze Zeit wenigstens, nämlich für diejenige, die in der Bewegung der Umgebung verstreicht zwischen dem Entstehen und Vergehen des Vacuums; dass ferner, wenn kein Vacuum entstünde, man weder vom Zutritte noch von der Bewegung der Umgebung zu reden brauchte. Man muss also sagen, dass geradezu durch die Vehemenz der Bewegung, oder aber entgegen allem Naturgesetz sich das Vacuum bildet (obwohl, wie ich meine, kein Ding gegen die Natur sein kann, ausgenommen das Unmögliche, welches eben deshalb nie vorkommt). Hier aber finde ich eine andere Schwierigkeit, nämlich die, dass zwar der Versuch mich von der Richtigkeit der Schlussfolgerung überzeugt, mein Intellect aber nicht völlig befriedigt ist hinsichtlich der Ursache, welcher solche Wirkung zuzuschreiben sei. Denn die Wirkung der Lostrennung der beiden Platten geht der Bildung des Vacuums voraus, und letzteres folgt jener: und da, wie mir scheint, die Ursache, wenn sie nicht gleichzeitig mit der Wirkung auftritt, ihr durchaus voraufgehen und einem positiven Effect auch eine positive Ursache entsprechen muss, so begreife ich nicht, wie von der Adhäsion der beiden Platten und ihrem Widerstreben, sich von einander zu trennen, also von Wirkungen, die schon actuell sind, die Ursache das Vacuum sein soll, das noch gar nicht ist, sondern erst erfolgen müsste. Und Dinge, die nicht sind, können auch keine Wirkung haben, gemäss allen zuverlässigen Meinungen der Philosophen.

Simpl. Wenn Ihr dem Aristoteles diesen Grundsatz zugesteht, so hoffe ich, dass Ihr ihm einen andern auch sehr schönen Satz nicht bestreiten werdet: und zwar folgenden: Die Natur unternimmt Nichts zu thun, was zu geschehen sich sträubt: und in diesem Satze steckt die Lösung unseres Räthsels, denn von sich selber widerstrebt ein leerer Raum zu entstehen, die Natur verbietet mithin das auszuführen, wodurch nothwendigerweise ein Vacuum entstünde; und dieser Art wäre die Trennung der beiden Platten.

Sagr. Meine Frage wird durch das, was Herr *Simplicio* vorgebracht hat, erledigt, und auf den Ausgangspunkt unseres Gespräches zurückblickend, scheint mir dasselbe Widerstreben, einen leeren Raum zu erzeugen, der zureichende Grund für das Zusammenhalten der Theile eines festen Körpers, sei es, dass es sich um einen Stein, ein Metall, oder andere Substanzen, die noch fester sind, handelt. Denn wenn eine Wirkung stets nur eine Ursache hat, wie ich stets geglaubt habe, oder falls viele Ursachen sich finden lassen, sie sämmtlich auf eine zurückzuführen sind: warum sollte hier das Vacuum, welches doch sicher entsteht, nicht für alle Festigkeitswiderstände der zureichende Grund sein?

Salv. Ich möchte jetzt nicht auf die Frage eingehen, ob das Vacuum ohne jegliches andere Mittel allein genüge die Theile eines festen Körpers zusammenzuhalten, aber ich kann versichern, dass diese Ursache, welche zwar vorhanden ist und hinreicht zum Verständniss der Adhäsion der Platten, nicht genügt, die Festigkeit der Theile eines Marmorcylinders zu erklären, oder eines Metalles, die nach heftiger Zerrung schliesslich auseinander weichen und zerbrechen. — Und wenn ich ein Mittel entdecke zu unterscheiden jene schon wohlerkannte Resistenz, die vom Vacuum herrührt, von jedweder anderen Art Widerstandsfähigkeit, die zu jener noch hinzukommt, und wenn ich Euch zeigen kann, wie jener erste Grund keineswegs allein genügt zur Erklärung der Wirkung, werdet Ihr mir dann nicht einräumen, dass wir eine andere Ursache einzuführen genöthigt seien? — Helft ihm doch, Herr *Simplicio*, da Herr *Sagredo* nicht weiss, was er antworten soll. —

Simp. Sicherlich beruht das Schweigen des Herrn *Sagredo* auf einem andern Grunde, da man gegen eine so nothwendige und klare Consequenz sich nicht auflehnen kann.

Sagr. Ihr habt's errathen, Herr *Simplicio.* Ich dachte darüber nach, ob, wenn eine Million Goldes jährlich, die aus Spanien kommt, um das Militär zu besolden, nicht genügt, — ob es dann nöthig sei einen andern Gehalt festzusetzen, um die Soldaten zu bezahlen. Aber fahrt fort, Herr *Salviati*, und nehmt an, ich lasse Eure Schlussfolgerung gelten, zeigt uns die Möglichkeit, die Bildung eines Vacuums zu sondern von andern Ursachen, und indem Ihr jene messet, lasset uns sehen, warum sie die fragliche Wirkung nicht erklären könne.

Salv. Mögen denn Eure guten Geister Euch beistehen. Ich will Euch mittheilen die Art und Weise, wie die Kraft des Vacuums von anderen Kräften gesondert, und dann wie sie gemessen werden könne. Um sie abzutrennen, denken wir uns eine Substanz, die keine andere Widerstandskraft gegen die Trennung der Theile besitzt, als das Vacuum, und schon lange hat unser Akademiker bewiesen, dass das Wasser solch ein Körper sei. Wenn man in geeigneter Weise auf einen Cylinder aus Wasser wirkt, und beim Zerren desselben eine Resistenz der Theilchen empfände, so könnte solche aus keiner anderen Ursache erfolgen, als aus dem Widerstande des Vacuums. Um das bezügliche Experiment auszuführen, habe ich ein Triebwerk ersonnen, das ich mit einer Zeichnung leichter als mit blossen Worten erläutern kann. Sei $CABD$ der Querschnitt eines Cylinders, aus Metall oder aus Glas, nur innen accurat und schön geformt, in dessen Innerem in vollkommenstem Contact sich ein Cylinder aus Holz befände, $EFGH$, der auf und ab gleiten könne, und der in der Mitte durchbohrt sei, um einen am Ende K gekrümmten Eisendraht hindurchgehen zu lassen, während das andere Ende J sich kegelförmig verdicke, so dass die mittlere Durchbohrung im Holze im oberen Theile erweitert sei zu einer conischen Ausbohrung, die genau einem conischen Eisenstück sich anschmiegt, sobald man unten bei K anzieht. Im Hohlcylinder AD steckt ein Kolben EH aus Holz, der nicht das untere Ende des Cylinders erreichen, sondern 2—3 Finger breit abstehen soll. Dieser Raum werde mit Wasser angefüllt, das man eingiesst, indem man das Gefäss mit der Oeffnung CD nach oben hält, und auf den Kolben EH Wasser giesst, während man den Stöpsel J etwas von der conischen Erweiterung im Holz entfernt, um der Luft den Austritt zu gestatten durch die Durchbohrung im Kolben, welche letztere deshalb reichlichen Spielraum giebt dem Eisenstabe JK. Nachdem alle Luft aus dem Hohlraume ausgetreten, zieht man das Eisen mit seinem conischen Ende straff an und bewirkt dadurch einen festen Verschluss mit dem Kolben, nun kehrt man das Gefäss um und befestigt an den Haken K ein Geschirr mit Sand und schüttet so viel auf, dass schliesslich die Oberfläche EF des Kolbens von der Wasserfläche sich trennt. Bisher waren beide nur durch das Widerstreben des Vacuums mit einander vereinigt: wägt man nun den Kolben mit dem Eisenstabe, dem Gefässe und seinem Inhalte, so haben wir die Kraft des Vacuums: wenn wir nun an einen Cylinder aus Marmor soviel anhängen, wie der Cylinder voll Wasser wiegt, dazu noch soviel, dass zusammen mit dem Gewicht des Marmors selbst man ebensoviel erhält wie alle vorhin genannten Dinge zusammen wiegen, und wenn dann der Bruch erfolgen sollte, so können wir ohne Zweifel annehmen, dass das Vacuum der **einzige** Grund sei für die Festigkeit des Marmors: da dieses Gewicht aber keineswegs genügt und zum Zerbrechen des Marmors noch das vierfache Gewicht hinzugefügt werden muss, so müssen wir behaupten, dass zur Festigkeit die Vacuumbildung nur den fünften Theil beiträgt, der übrige Antheil aber vier mal grösser ist.

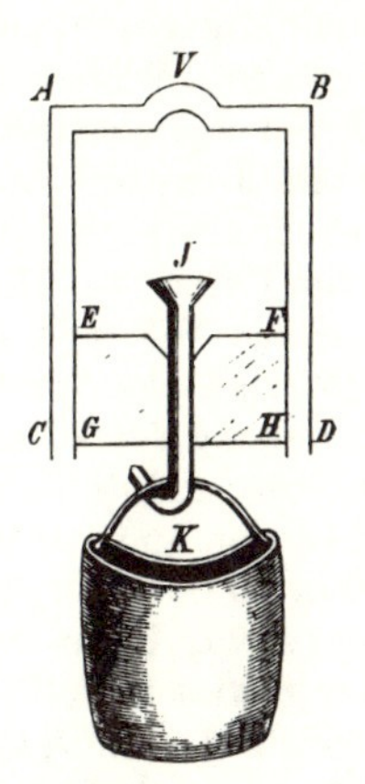

Fig. 4.

Simpl. Man kann nicht leugnen, dass die Erfindung scharfsinnig sei, aber ich bemerke viele schwierige Punkte, die mir die Sache noch zweifelhaft erscheinen lassen; denn wer sagt uns, dass Luft nicht durch Glas und durch den Kolben hindurchdringen könne, seien dieselben auch noch so gut mit Werch oder anderem weichen Stoffe umgeben? Und folglich, wenn auch der Stöpsel gut die conische Oeffnung verschliesst, würde es vielleicht gut sein mit Wachs oder Terpentin den Verschluss zu schmieren. Warum ferner könnten nicht die Wassertheilchen sich von einander trennen und eine weniger dichte Masse bilden? Warum dringt die Luft nicht ein, oder andere Dünste und Substanzen, die noch feiner sind als die Poren des Holzes, ja selbst als die Poren des Glases?

Salv. Mit grosser Gewandtheit legt Herr *Simplicio* uns die Schwierigkeiten vor, und zum Theil giebt er uns selbst die Mittel zur Hebung derselben, namentlich hinsichtlich des Eindringens der Luft in Holz und Glas. Aber ich füge hinzu, dass wir ihn widerlegen und zugleich Neues entdecken werden, wenn die vorgeführten Schwierigkeiten wirklich vorhanden sind. Denn wenn Wasser von Natur ausdehnbar ist, wenn auch mit Anwendung einer gewissen Kraft, wie das bei der Luft der Fall ist, so wird der Kolben sich senken, und wenn wir am oberen Theile des Gefässes ein kleines Stück hervorragen lassen, wie hier bei *V*, so würde man an dieser Stelle jene zarte Materie sich sammeln sehen, welche die Poren des Glases oder des Holzes durchsetzt hätte, oder Luft, die am Kolben vorbeistreichen könnte. Wenn aber all solche feine Materie nicht sich zeigt, so dürfen wir das Experiment als mit allen Cautelen ausgeführt betrachten; und wir werden zugeben, dass das Wasser nicht dehnbar sei, und dass das Glas undurchdringlich sei selbst für die allerfeinste Substanz.

Sagr. Ich aber freue mich auf Grund dieser Discussion die Ursache einer Erscheinung gefunden zu haben, die mir lange Zeit wunderbar und unerklärbar erschien. Ich sah einmal einen Brunnen, in welchem, um Wasser zu schöpfen, ein Pumpenstock angebracht war von Jemandem, der wohl vergeblich gehofft hatte das Wasser mit weniger Anstrengung zu erhalten, oder der eine grössere Menge zu gewinnen gedachte, als mit den gewöhnlichen Eimern: und dieser Pumpenstock hatte einen Kolben mit einem Ventil, so dass das Wasser durch Anziehung emporstieg, und nicht durch Druck wie in den Pumpen, welche solch eine Vorrichtung unten haben. Der Apparat schaffte das Wasser gut und reichlich, sobald dasselbe im Brunnen eine gewisse Höhe erreichte, sobald aber das Wasser unter eine gewisse Höhe sank, arbeitete die Pumpe nicht mehr. Als ich das zum erstenmale sah, glaubte ich, die Pumpe sei verdorben, ich suchte den Meister auf, damit er sie zurecht mache, dieser aber versicherte, es fehle nichts, als dass das Wasser, welches zu tief stehe, nicht auf solche Höhe gehoben werden könne; und er fügte hinzu, dass weder mit Pumpen, noch mit anderen Maschinen, die das Wasser durch Attraction heben, es möglich sei, dasselbe ein Haar breit mehr als 18 Ellen ansteigen zu lassen, und seien die Pumpen weit oder eng, es bleibe dieses die äusserste Hubhöhe. Und ich habe bisher nicht erkannt, dass ebenso wie ein Strick, eine Holzmasse und ein Eisenstab so stark verlängert gedacht werden können, bis schliesslich das eigene Gewicht sie zerreisst, dass dasselbe auch viel leichter bei einer Säule aus Wasser eintreten muss. Denn was ist es anderes, was man anzieht in der Saugpumpe, als ein Cylinder voll Wasser, der oben seine Befestigung hat und nun fort und fort verlängert wird, bis diejenige Grenze erreicht wird, über welche hinaus bei noch weiterer Verlängerung die Wassersäule zerreisst, wie ein Seil?

Salv. Genau so verhält sich die Sache, und weil diese Höhe von 18 Ellen eben jene Grenze angiebt, bis zu welcher jede beliebige Wassermenge, in weiten, engen oder sehr engen Röhren, so eng wie ein Strohhalm, sich erheben kann, so werden wir stets, wenn wir dieses Wasser wägen, welches in 18 Ellen Höhe enthalten war, einerlei ob der Querschnitt gross oder klein war, wir werden, sage ich, stets den Werth des Widerstandes haben, den das Vacuum darbietet in einem festen Cylinder aus irgend welcher Materie, wenn letzterer nur ebenso dick ist, wie das innere Lumen der Röhre. Und obgleich wir schon so viel darüber verhandelt haben, wollen wir doch noch zeigen, wie von all den Metallen, Steinen, Hölzern, Gläsern etc. man leicht finden könne, bis zu welcher Länge man einen jeden Cylinder bringen kann, seien es Drähte oder Stäbe von beliebiger Dicke; über welchen Betrag hinaus dieselben in Folge der eigenen Last brechen müssten. Nehmen Sie z. B. einen kupfernen Draht von beliebiger Länge, befestigen Sie das obere Ende an irgend etwas, und belasten Sie das untere Ende immer mehr und mehr, bis der Draht reisst, und sei das Maximalgewicht 50 Pfund gewesen, so ist es klar, dass 50 Pfund Kupfer zum Eigengewicht des Drahtes, welches etwa $^1/_8$ Unze betrage, hinzugefügt, und in Draht der gewählten Sorte ausgezogen, die Maximallänge desjenigen Kupferdrahtes ergäbe, der sich gerade noch halten kann. Messen Sie alsdann, wie lang der Faden war, welcher zerriss, es sei z. B. 1 Elle: und da er $^1/_8$ Unze wog und da er sich selbst und 50 Pfund dazu trug, welches = 4800 Achtelunzen sind, so folgt daraus, dass jeder Kupferdraht von beliebiger Dicke sich selbst tragen kann bis zu einer Länge von 4800 Ellen, und nicht mehr; und daher wird ein Kupferstab, da er sich selbst bis zu dieser Länge tragen kann, eine Festigkeit haben, die soviel mal grösser ist, als der Widerstand des Vacuums, als sein Gewicht das eines Wassercylinders von gleicher Dicke wie der Kupferdraht und von 18 Ellen Länge übertrifft; da nun Kupfer 9 mal schwerer ist, so beträgt der Widerstand des Vacuums soviel, wie das Gewicht eines 2 Ellen langen Drahtes gleicher Dicke; und ähnlich kann die Länge eines jeden Fadens berechnet werden, der sich selbst gerade noch tragen kann, und den Antheil des Vacuums dazu.

Sagr. Jetzt erübrigt noch, dass Ihr uns erklärt, worin der übrige Theil Festigkeit bestehe, oder, was jenes Bindemittel oder jenes Zähe sei, das die Theile des festen Körpers zusammenhält, ausser der Kraft, die vom Vacuum herrührt; denn ich kann mir nicht denken, welch ein Leim nicht im heftigsten Feuer verbrannt und verzehrt werden sollte, im Laufe von 2, 3 oder 4 Monaten, ja selbst in 10 oder 100; denn wenn Silber, Gold oder Glas so lange im geschmolzenen Zustande gestanden haben, kehren die Theile bei der Abkühlung in den früheren Zustand zurück und werden fest. Dieselbe Schwierigkeit, die ich finde in der Festigkeit des Glases, kehrt überdies wieder bei der Festigkeit des Leimes oder jenes gedachten Bindemittels selbst.

Salv. Vor kurzem sagte ich Euch, Eure guten Geister mögen Euch beistehen: jetzt hege ich dieselbe Besorgniss. Da ich mit der Hand fühle, wie der Widerstand des Vacuums es ist, welcher zwei Platten nur mit grosser Vehemenz zu trennen gestattet, und da noch stärker die beiden Theile der Marmorsäule zusammenhalten, und ich nicht einsehe, wie dasselbe statt haben könne bei der Cohärenz der kleinsten Theile, bis zu den allerkleinsten derselben Materie; und da doch eine Wirkung nur eine wahre und völlig reine Ursache haben kann, ich aber kein anderes Bindemittel finde, warum sollten wir nicht versuchen zu ergründen, ob nicht vielleicht doch das Vacuum allein zur Erklärung genügt?

Simpl. Da Ihr nun schon bewiesen habt, dass der Widerstand des grossen Vacuums bei der Trennung grosser Theile eines festen Körpers sehr klein sei im Vergleich mit der Festigkeit der kleinsten Theile, warum wollt Ihr es nicht für ausgemacht halten, dass dieser Widerstand ganz anderer Art sei?

Salv. Hierauf antwortete bereits Herr *Sagredo*, dass man

einfach alle einzelnen Soldaten bezahlt mit dem Gelde, welches durch allgemeine Steuern in Hellern und Pfennigen beigetrieben ward, wenn auch mehr als eine Million in Gold nöthig ist, das ganze Heer zu bezahlen. Wer weiss denn, ob nicht andere, ganz kleine Hohlräume für die kleinsten Theilchen wirksam sind, sodass überall aus derselben Münze das vorhanden sei, womit sie sich alle zusammenhalten? Ich will Euch sagen, was mir soeben beifällt: ich theile es Euch mit nicht als absolute Wahrheit, sondern als einen noch unverdauten Gedanken, den ich gern einer tieferen Betrachtung empfehlen möchte. Sehet nun zu, ob Euch etwas gefällt; das Uebrige beurtheilt, wie Ihr wollt. So oft ich zusah, wie das Feuer sich schlängelt durch die kleinsten Theilchen eines Metalles, welche so fest zusammenhielten und doch schliesslich getrennt wurden; und wie nachher, wenn sie aus dem Feuer genommen worden, sie mit derselben Zähigkeit in den früheren Zustand zurückkehren, ohne dass im Geringsten das Gewicht des Goldes sich mindere, so oft dachte ich, dass das dadurch geschehen könne, dass die kleinsten Theilchen des Feuers in die engen Poren des Metalles hineintreten (in welche wegen ihrer Kleinheit weder Luft noch viele andere Flüssigkeiten eindringen können); hierdurch könnten die kleinsten Vacuums zwischen denselben erfüllt werden, sodass die kleinsten Theilchen von der Kraft, mit welcher eben diese Vacuums sich gegenseitig anziehen und eine Trennung verhindern, befreit werden; und da sie sich nun frei bewegen können, wird die Masse flüssig, und bliebe so, so lange die Feuertheilchen zwischen ihnen blieben; sobald letztere aber abziehen, hinterlassen sie die früheren leeren Räume; damit kehrt die gewöhnliche Attraction wieder und damit das Festhalten der Theilchen. Und auf den Einwand des Herrn *Simplicio*, scheint mir, kann man erwidern, dass, wenn auch solche Vacuums sehr klein sein sollten und folglich jedes einzelne leicht zu überwinden wäre, dennoch die unzählbare Menge derselben den Widerstand gleichsam multiplicirt: und welcher Art und wie gross die Kraft sei, die aus einer immensen Zahl äusserst schwacher vereinigter Momente entstehen könne, dafür erhalten wir eine evidente Analogie, wenn wir sehen, wie ein Gewicht von Millionen Pfund, welches von sehr dicken Hanftauen getragen wird, sich senkt und schliesslich doch überwunden wird, wenn in das Tau unzählige Wassertheilchen eindringen, die entweder der Südwind herbeiführt, oder die auch nur zerstreut als feinster Nebel durch die Luft streichen. Sie treiben einander von einer Faser zur anderen auch im gestrecktesten Seil, und selbst das enorme Gewicht, welches angehängt ist, vermag ihnen den Eingang nicht zu wehren; sodass sie durch die engen Wege eindringen und die Seile verdicken, daher auch dieselben verkürzen, wodurch die schwerste Last gehoben werden kann.

Sagr. Sie zweifeln nicht daran, dass, wenn ein Widerstand nicht unendlich gross ist, er stets von einer Menge sehr kleiner Kräfte überwunden werden könne; sodass auch eine gewisse Anzahl von Ameisen ein Schiff, das mit Korn belastet ist, ans Land ziehen könnte; denn wir können täglich beobachten, wie eine Ameise ein Körnchen trägt; im Schiffe aber ist die Anzahl der Körnchen nicht unendlich, aber da sie in gewisser Anzahl vorhanden sind, die auch vier oder sechs mal grösser gedacht werden kann, so wird auch eine gewisse Anzahl von Ameisen das Schiff sammt den Körnern ans Land ziehen können. Freilich wird die Zahl sehr gross sein, wie meiner Meinung nach auch die Hohlräume im Metalle sehr zahlreich sind.[1])

Salv. Aber wenn sie nun unendlich an Zahl sein sollten, haltet Ihr es dann für unmöglich?

Sagr. Nein, wenn nur das Metall eine endliche Masse ist: sonst . . .

Salv. Sonst? Nun was? Wohlan, da wir bei Paradoxen angelangt sind, wollen wir untersuchen, ob man nicht irgendwie beweisen könnte, wie in einer continuirlichen endlichen Strecke nicht vielleicht unendlich viele Vacuums sein könnten: zugleich wird sich zeigen, ob, wenn nicht anderes, so doch eine angenäherte Lösung des erstaunlichsten Problems sich finden könnte, welches von Aristoteles zu denen gerechnet wird, die er selbst mit Bewunderung betrachtet, wenn man sich auch auf Mechanik beschränkt; die Lösung könnte vielleicht nicht weniger zutreffend sein als die seinige, und zugleich abweichend von der scharfsinnigen Betrachtung des Herrn *di Guevara.* Aber zunächst müssen wir einen Satz betrachten, der von anderen nicht hervorgehoben worden ist, von welchem die Lösung der Aufgaben abhängt, und auf welchem andere neue und bemerkenswerthe Erscheinungen beruhen. Zu besserem Verständniss zeichnen wir eine Figur: Es sei ein gleichseitiges gleichwinkliges Polygon mit beliebig vielen Seiten gegeben, das Centrum sei G. Es sei z. B. ein Sechseck $ABCDEF$, dem wir ein zweites ähnliches concentrisch einschreiben $HIKLMN$. Vom grösseren Polygon verlängern wir eine Seite AB nach S hin, und entsprechend vom kleineren die Seite HI nach derselben Richtung hin, so dass HT parallel AS wird, endlich durch das Centrum G eine äquidistante Parallele nach GV. Das grössere Polygon mitsammt dem kleineren wälze sich auf der Linie AS. Es ist klar, dass, wenn B festbleibt beim Beginn der Wälzung, der Punkt A sich erheben und C sich senken wird, indem C den Bogen CQ beschreibt, bis die Seite BC sich der Linie AS anlegt als $BQ = BC$: bei dieser Drehung aber wird der Winkel I in dem kleineren Polygon sich über die Linie IT erheben, da IB gegen AS geneigt ist: und nicht eher wird I sich gegen die Parallele IT anlegen, als bis C in Q angelangt ist: alsdann wird I auf O fallen, nachdem der Bogen IO ausserhalb der Linie HT beschrieben worden, und IK wird auf OP gefallen sein.

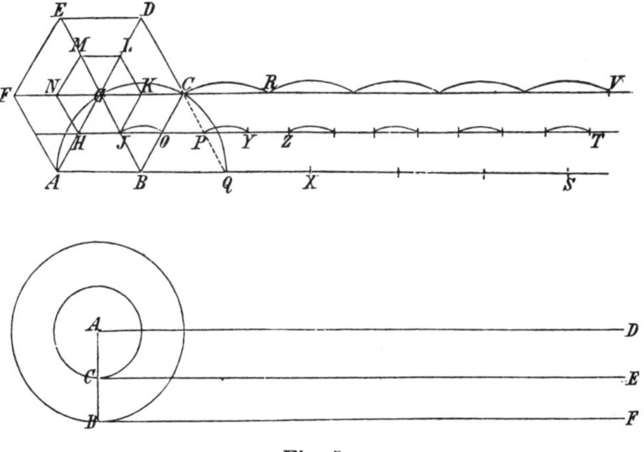

Fig. 5.

Das Centrum G aber wird unterdess stets oberhalb GV gewandert sein, und nicht eher dieselbe erreichen, als bis der Bogen GC zurückgelegt ist. Nach diesem ersten Schritt wird das grössere Polygon mit der Seite BC auf BQ liegen, die Seite IK des kleineren auf OP, indem die ganze Strecke IO übersprungen und nicht berührt worden ist, und das Centrum G wird in C angelangt sein, ohne GV zu berühren. Und schliesslich wird die ganze Figur in eine Lage gerathen, die der ersten ähnlich ist, so dass, wenn man die Wälzung fortsetzt, und den zweiten Schritt ausgeführt hat, die Seite des grösseren Polygons DC auf QX liegen wird, die Seite KL des kleineren (nach Auslassung der Strecke PY) auf YZ, und das Centrum, stets ausserhalb

GV fortschreitend, nur in *R* letztere erreichen wird nach dem grossen Sprunge *CR* [s. S. 23, Fig. 5]. Zuletzt nach Vollendung einer ganzen Umwälzung, wird das grössere Polygon auf *AS* sechs gleiche Linien beschrieben haben, welche seinem eigenen Umfange gleich sind, ohne irgend welche Auslassung, das kleinere Polygon wird gleichfalls sechs gleiche Strecken bedeckt haben, deren Längen seinem Umfange gleich sind, aber 5 Bogenstrecken werden eingeschaltet sein, unterhalb welcher die Sehnen unberührt bleiben, Theile von *HT*, die das Polygon nicht berührt; endlich wird *G* niemals die Parallele *GV* treffen, ausser in 6 Punkten. Hieraus könnt Ihr entnehmen, wie die vom kleineren Polygon zurückgelegte Strecke fast gleich ist der vom grösseren Polygon durchlaufenen, nämlich *HT* mit *AS* verglichen, gegen welch letzteres es nur um soviel kleiner ist, als die Sehne eines dieser Bögen kürzer ist, wenn man nämlich *HT* mitsammt den Strecken unter den Bögen meint. Nun wünsche ich, dass Ihr das, was ich Euch an unserem Beispiele erklärt habe, Euch ähnlich vorstellt hinsichtlich aller anderen Polygone, aus wieviel Seiten sie auch bestehen mögen, vorausgesetzt nur, dass sie ähnlich, concentrisch und mit einander verbunden seien; ferner dass bei der Wälzung des grössten auch das beliebig kleiner gedachte sich mitbewege; dass Ihr, ich betone es, festhaltet, dass die beschriebenen Wege nahezu einander gleich, wenn die vom kleineren Polygon zurückgelegten Strecken so verstanden werden, dass die unter den Bögen liegenden Intervalle mitgezählt werden, obwohl die Parallellinien von keinem Punkte unterdess berührt worden. Sei nun das grosse Polygon ein solches von 1000 Seiten und lege dasselbe eine seinem Umfange gleiche Strecke zurück; und wandere das kleine durch eine nahe ebenso lange Strecke, indem es 1000 kleine Strecken berührt, und 1000 leere Räume dazwischen bleiben, denn so können wir letztere bezeichnen im Gegensatz zu den ersten. Das bisher Vorgetragene hat weder Schwierigkeit, noch erscheint es zweifelhaft. Aber sagt mir, wenn um irgend ein Centrum, z. B. um *A* herum, wir 2 concentrische Kreise beschreiben, die mit einander verbunden sind, und wenn wir am Ende ihrer Halbmesser von *C* und *B* aus Tangenten ziehen, *CE*, *BF*, und durch das Centrum *A* die Parallele *AD*, und wenn wir den grossen Kreis auf der Linie *BF* rollen lassen (und *BF* gleich dem Umfang des Kreises machen, wie auch die anderen Linien *CE*, *AD*), und wenn endlich eine Umwälzung vollendet ist, was werden der kleinere Kreis und das Centrum gemacht haben? Letzteres wird sicher die ganze Strecke AD durchlaufen haben, und der Umfang jenes wird mit seinen Punkten die ganze Linie CE berührt haben, mit einem ähnlichen Vorgange, wie oben an den Polygonen gezeigt worden: mit dem einzigen Unterschiede, dass HT nicht in allen Punkten vom kleineren Polygon berührt wurde, weil viele kleine Strecken übersprungen waren, hier aber bei den Kreisen kann der Umfang des kleineren niemals die Linie CE verlassen, so dass etwa kein Theil desselben die letztere berührte, und stets wird irgend ein Punkt des Umfanges auf der Geraden sich befinden. Wie kann nun der kleinere Kreis ohne Sprünge einen soviel grösseren Weg beschreiben als sein Umfang beträgt?

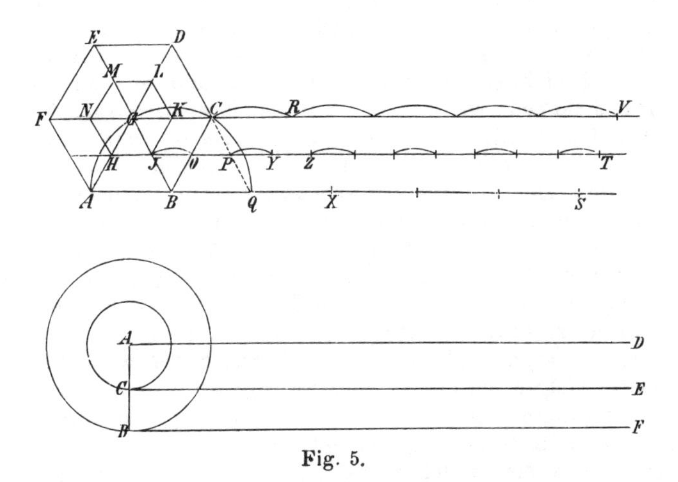

Fig. 5.

Sagr. Ich glaube, man könnte sagen, dass, sowie der Kreismittelpunkt, über AD hinweggezogen, diese Linie stets berührt, obwohl es doch nur ein Punkt ist, so auch die Punkte des kleineren Kreises, fortgezogen durch die Bewegung des grösseren, gleitend über die Theile der Linie CE fortrücken könnten.

Salv. Das kann nicht sein, aus zwei Gründen: erstens weil nicht mehr Grund vorhanden wäre dafür, dass eine Berührung ähnlich der in C gleitend vor sich ginge durch eine gewisse Strecke längs CE, und durch eine gewisse andere Strecke nicht: und wenn dieses geschähe, so müsste es unendlich viele solcher gleitenden Berührungen geben (da der Punkte unendlich viele sind), die Gleitstrecken auf *CE* wären also unendlich an Zahl, und da sie einen Werth haben, müssten sie eine unendlich lange Linie bilden, während *CE* endlich ist. Zweitens, da der grosse Kreis bei einer Umwälzung stets den Berührungspunkt wechselt, so muss auch der kleine Kreis den Berührungspunkt fortwährend wechseln, da man nicht von einem anderen Punkte als von *B* eine Gerade nach dem Centrum *A* ziehen kann, die zugleich durch den Punkt *C* hindurchgeht, sodass, wenn der grosse Kreis seinen Berührungspunkt ändert, sofort auch der kleine dasselbe thut, und kein Punkt des kleinen Kreises berührt mehr als einen Punkt seiner Geraden *CE*. Ueberdies schmiegt sich auch bei der Umwälzung jener kleineren Polygone kein Punkt des Umfanges in mehr als einem Punkte an jene Linie, die vom selben Umfange aus gezogen war, wie man leicht einsehen kann, wenn man bedenkt, dass *IK* parallel *BC* ist, und daher, solange als *BC* noch nicht *BQ* bedeckt, die Linie *IK* erhoben bleibt über *IP* und sie nicht eher erreicht, als bis in demselben Augenblick *BC* auf *BQ* fällt, und dann vereinigt sich die ganze Strecke *IK* mit *OP*, um sich sogleich wieder zu erheben.

Sagr. Der Vorgang ist wahrhaftig sehr verzwickt, auch finde ich keine Lösung, darum sagt uns das Erforderliche.

Salv. Ich möchte zu den oben betrachteten Polygonen zurückkehren, deren Vorgang verständlich war und schon erfasst wurde, und sagen, dass, sowie in den Polygonen von 100 000 Seiten, die zurückgelegte Strecke gleich dem Umfange des grossen Polygons war, d. h. gleich den 100 000 Seiten, die einander continuirlich folgen, und ebenso gleich den 100 000 Seiten des kleinen, aber mit Einschaltung von 100 000 leeren Stellen; so würde ich hier bei den Kreisen (welche Polygone mit unendlich vielen Seiten sind) sagen, die zurückgelegte Linie sei gleich den unendlich vielen Seiten des grossen Kreises, mit continuirlichem Anschluss, und gleich den unendlich vielen Seiten des kleinen Kreises, bei letzteren aber würde ich ebensoviele leere Strecken einschalten; und da die Seiten nicht endlich, sondern unendlich an Zahl sind, so sind auch die Zwischenstrecken nicht endlich, sondern unendlich; jene unendlich vielen Punkte nämlich erfüllen die Linie ohne Lücken, diese nicht. Und hier bitte ich zu bemerken, wie es nicht möglich ist durch Theilung einer Linie in endliche und folglich zählbare Theile, die letzteren in eine Strecke wieder zusammen zu ordnen, die grösser wäre als die ursprüngliche, noch ungetheilte Linie, wenn man nicht leere Strecken dazwischenschiebt, aber aufgelöst in unendlich viel, d. h. in die untheilbaren unendlich kleinen Theile, können wir die Linie ins Weite ausgestreckt uns vorstellen ohne Zwischenschaltung endlicher leerer, wohl aber mit Einschiebung unendlich kleiner untheilbarer Strecken. Was aber von Linien ausgesagt wird, wird sich auf die Oberfläche fester Körper beziehen, wenn man dieselben aus einer unendlichen Anzahl von Atomen zusammengesetzt betrachtet; denn wollten wir die Körper theilen in eine endliche Anzahl von Theilen, so ist es unzweifelhaft, dass wir sie nicht zusammensetzen könnten zu Körpern, die mehr Raum einnehmen als früher, wenn nicht leere Räume dazwischen geschoben werden, d. h. also Räume, in denen keine Theile des festen Körpers vorhanden sind; aber wenn wir die allerhöchste und letzte Auflösung in die Urbestandtheile als Zertheilung in unendlich viele unendlich kleine Parcellen erfassen, dann können wir solche zusammensetzen zu sehr grossen Körpern, ohne Einschaltung endlicher leerer Räume, wohl aber mit Zwischenlagerung unendlich vieler unendlich kleiner Räume; und in dieser Weise kann z. B. eine kleine Goldkugel in einen sehr grossen Körper ausgedehnt werden ohne Einschaltung endlicher Räume: immerhin können wir annehmen, dass das Gold aus unendlich kleinen Atomen bestehe.[2])

Simpl. Mir scheint, Ihr seid jenen Hohlräumen auf der Spur, die ein alter Philosoph aufgestellt hat.

Salv. Ihr unterlasst hinzuzufügen: ein Philosoph, der die göttliche Vorsehung leugnete, wie in einem sehr ähnlichen Falle ein Gegner unseres Akademikers ziemlich wenig passend bemerkte.

Simpl. Ich bemerkte wohl, und nicht ohne Verdruss, den Groll des schlimm gesonnenen Widersachers; aber nicht nur aus Rücksicht gegen den Glauben würde ich diese Fragen zu berühren vermeiden, sondern auch weil ich weiss, wie wenig dieselben passen zu Eurer Mässigung und hohen Bildung, da Ihr nicht nur religiös und fromm, sondern auch katholisch und gottesfürchtig seid. Aber um auf unser Problem zurückzukommen, ich finde noch viele schwierige Punkte in unserem Gespräch, von denen ich nicht loskomme. Vor Allem, wenn die beiden Kreisumfänge gleich sind den beiden Geraden CE, BF, die letztere in völligem Anschluss, jene mit Einschaltung unendlich vieler leerer Punkte, in welcher Weise kann dann die vom Centrum beschriebene Gerade AD, da sie von einem Punkte beschrieben worden, eben diesem Punkte gleich gesetzt werden, da doch AD unendlich viele Punkte enthält? Ueberdies scheint mir dieses Zusammensetzen der Linie aus Punkten, des Theilbaren aus Untheilbarem. des Endlichen aus Unendlichem, eine harte Nuss zu sein: und die Annahme eines Vacuums, welches so treffend von Aristoteles widerlegt worden ist, hat ebendieselben Schwierigkeiten.

Salv. Deren giebt es hier gewiss, und wohl noch andere mehr: aber besinnen wir uns darauf, dass wir im Gebiete des unendlich Grossen und des kleinsten Untheilbaren uns befinden, jenes unbegreiflich wegen der Grösse und dieses wegen der Kleinheit; aus all dem erkennen wir, dass die menschliche Sprache nicht genügt, es entsprechend auszudrücken, doch werde ich mir die Freiheit nehmen, einige Gedanken vorzuführen, die, wenn sie auch nicht vollständig die Frage abschliessen, doch wenigstens ihrer Neuheit wegen bemerkenswerth sind: indess, fürchte ich, erscheint Ihnen die häufige Abschweifung inopportun und unangenehm.

Sagr. Bitte, gönnen Sie uns die Wohlthat und den Gewinn, der aus der lebendigen Unterhaltung zu schöpfen ist; wir sind unter Freunden, und behandeln freie zwanglose Themata; welch ein Unterschied gegen todte Bücher, die tausend Zweifel erregen, deren keiner gehoben wird. Theilt uns also Eure Gedanken mit, die im Lauf unseres Gespräches Euch aufleuchten; wir werden Zeit genug haben, da keine nothwendigen Geschäfte uns hindern fortzusetzen und andere berührte Fragen zu erledigen, insbesondere müssen die von Herrn *Simplicio* geäusserten Bedenken erledigt werden.

Salv. Wohlan denn, wie es Euch gefällig ist. Vom ersten zu beginnen, fragten wir, wie es komme, dass ein einziger Punkt einer Linie gleich sein könne. Da sehe ich für jetzt keinen andern Ausweg, als eine Unwahrscheinlichkeit durch eine andere ähnliche oder grössere geringer erscheinen zu lassen, wie so oft eine wunderbare Sache durch eine noch wunderbarere abgeschwächt wird. Denkt Euch zwei gleiche Flächen und zugleich zwei gleiche Körper, auf jenen Flächen stehend, lasset ferner beide allmählich und stetig kleiner werden, so zwar, dass beide einander stets gleich bleiben, bis schliesslich der eine der beiden Körper zugleich mit seiner Basis in eine lange Linie zusammenschrumpft, der andere Körper nebst seiner Fläche dagegen in einen einzigen Punkt, mit andern Worten also, diese Fläche gehe in e i n e n Punkt, jene in unendlich viele über.

Sagr. Das scheint in der That ein wunderbares Verhalten, lasst uns die Erklärung und den Beweis anhören.

Salv. Wir brauchen eine Figur, denn der Beweis ist rein geometrisch. *AFB* sei ein Halbkreis (Fig. 6) mit dem Centrum *C* und dem umschriebenen Rechteck *ADEB*; von *C* nach den Ecken *D* und *E* seien Gerade gezogen. Die Linie *CF*, senkrecht gegen *AB* und *DE*, bleibt fest, während die ganze Figur sich um diese Linie *CF* als Axe herumbewege. Offenbar wird vom Rechteck *ADEB* ein Cylinder beschrieben, vom Halbkreise *AFB* dagegen eine Halbkugel und vom Dreiecke *CDE* ein Kegel. Nun denken wir uns die Halbkugel herausgenommen, während wir den Kegel belassen, sowie den Ueberschuss des Cylinders über die Halbkugel, ein napfähnliches Stück, das wir »Napf« nennen wollen. Dass der Napf und der Kegel gleich gross sind, wollen wir zuerst beweisen; legen wir alsdann irgend eine Ebene parallel dem Kreise, welcher die Napfbasis mit dem Durchmesser *DE* und dem Centrum in *F* bildet, so wollen wir beweisen, dass solch eine Ebene, z. B. die durch *GN* gehende, den Napf in *GION* und den Kegel in *HL* schneiden wird, so dass der Restkegel *CHL* stets dem Reste des Napfes gleich bleibt, dessen Profil aus den Dreiecken *GAI*, *BON* bestehen wird; ferner lässt sich zeigen, dass die Basis desselben Kegels, also der Kreis mit dem Durchmesser *HL* stets gleich sei jener Fläche, die die Basis des Napfrestes bildet, und die wie ein Band von der Breite *GI* gestaltet ist. (Bemerket übrigens, wie nützlich die Definitionen der Mathematiker sind, die terminologischen Charakter haben und abgekürzte Redeweisen sind, zur Vermeidung der Mühsal, die wir soeben empfinden, da wir versäumten, die letztbetrachtete Fläche ein kreisförmiges »Band« zu nennen, und den obersten Rest des Napfes ein »Rasirmesserrund«). Wie Ihr es nun nennen möget, es genügt zu erkennen, dass, in welcher Stelle auch eine Parallelebene gedacht werde, stets der Kegelrest *CHL* gleich dem Rasirmesserrund sei: gleicherweise sind die beiden Grundflächen dieser Körper, d. h. das obengenannte Band und der Kreis *HL* einander völlig gleich. Hieraus folgt der merkwürdige Satz: dass, wenn die Schnittebene allmählich emporgehoben wird gegen *AB*, sowohl die abgeschnittenen Körper-

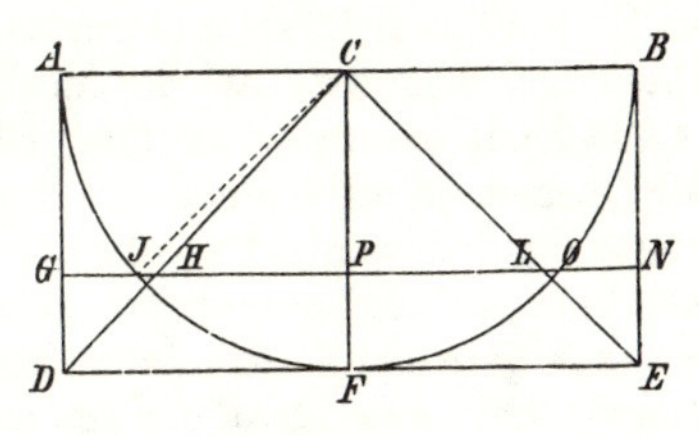

Fig. 6.

theile, wie auch die Grundflächen derselben einander stets gleich bleiben, bis schliesslich der eine Körper in einen Kreisumfang der andere in einen blossen Punkt übergeht: denn so ist einerseits der Gipfel des Napfes, andererseits die Spitze des Kegels beschaffen. Ferner, da bei der Verkleinerung beider Körper man bis ans Ende gelangt, bei steter Gleichheit beider, so muss man wohl sagen, dass auch die höchsten und letzten Verminderungen einander gleich bleiben, und dass keineswegs der eine unendlich viel mal grösser sei als der andere: es scheint mithin, dass ein grosser Kreis einem Punkte gleich genannt werden könne. Und was für die Körper gilt, findet ebenso für ihre Grundflächen statt, welche gleichfalls bei Erhebung der Schnittebene ihre Gleichheit einhalten, bis sie in demselben Momente einschrumpfen, die eine Fläche in einen Kreis, die andere in einen Punkt. Warum sollten wir letztere nicht einander gleich nennen, da sie doch die letzten Ueberbleibsel und Spuren sind, die gleiche Grössen hinterlassen haben? Und nun bemerket, dass, wenn solche Gefässe so gross wären wie immense Himmelshalbkugeln, dennoch Napfrester und die Spitzen der Kegel einander stets gleich bleiben würden, indem schliesslich jene in Kreise ausliefen, deren Umfang gleich einem grössten Kreis des Himmelsgewölbes wäre, diese dagegen in einzelne Punkte. Auf Grund solcher Speculationen erkennen wir, dass alle Kreisumfänge, seien sie auch noch so verschieden, einander gleich genannt werden können, und ein jeder gleich einem Punkte.[3])

Sagr. Diese Darlegung erscheint mir so fein und neu, dass ich beim besten Willen mich nicht dagegen sträuben kann, ja dass es mir wie ein Frevel vorkäme, ein so schönes Gefüge zu verletzen durch pedantisch plumpe Einwürfe; aber zur weiteren Befriedigung vollendet die Untersuchung; welchen geometrischen Beweis habt Ihr für die Gleicheit jener Körper und deren Basis? er kann nicht schwierig sein, der Gedankengang ist so zierlich, dass der Abschluss uns nicht fehlen darf.

Salv. Der Beweis ist leicht und kurz. Kehren wir zu unserer Figur (s. S. 29) zurück, in welcher der Winkel JPC ein Rechter ist, das Quadrat des Halbmessers JC gleich den beiden Quadraten der Seiten JP, PC. Nun ist der Halbmesser JC gleich AC und AC gleich GP, und CP gleich PH; folglich ist das Quadrat der Linie GP gleich den beiden Quadraten über JP, PH, und das Vierfache ist gleich dem Vierfachen; d. h. das Quadrat über dem Durchmesser GN ist gleich den beiden Quadraten über JO, HL; und da Kreisflächen sich zu einander verhalten wie die Quadrate der Durchmesser, so wird die Kreisfläche mit dem Durchmesser *GN* gleich sein den beiden Kreisflächen, deren Durchmesser *JO*, *HL*; beiderseits *JO* abgezogen, bleibt der Ueberschuss der Kreise *GN* und *JO* gleich dem Kreise mit dem Durchmesser *HL*. Den anderen Theil des Beweises können wir fortlassen, da derselbe zu finden ist in der Proposition XII. des II. Buches über den Schwerpunkt von *Luca Valerio*, dem neuen Archimedes unserer Zeit, der denselben Satz für ein anderes Problem brauchte; daher uns das zu wissen jetzt genügt und Ihr erkannt habt, dass die Grundflächen einander stets gleich sind; und dass bei fortschreitender Verkleinerung die eine in einen blossen Punkt, die andere in einen Kreis von beliebiger Grösse übergeht, denn in dieser Consequenz allein lag das Wunderbare.

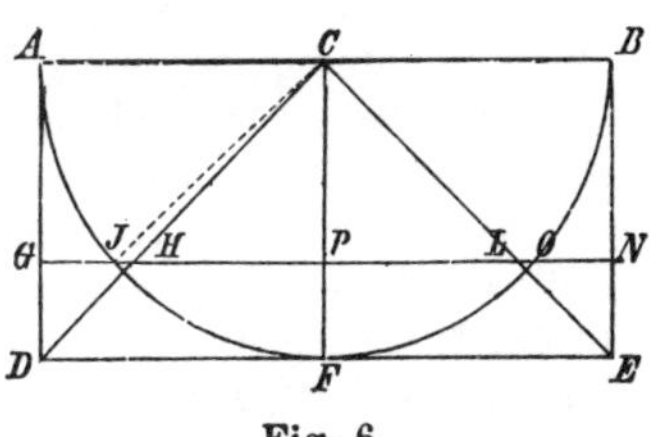

Fig. 6.

Sagr. Ein schöner Beweis entsprechend der wunderbaren Betrachtung. Jetzt gebt uns etwas über die andere von Herrn *Simplicio* angeregte Frage, wenn Ihr etwas Besonderes darüber zu sagen habt, was, wie ich glaube, nicht der Fall sein kann, da die Controverse so viel discutirt worden ist.

Salv. Ich habe allerdings einen besonderen Gedanken, ich wiederhole zunächst, dass das Unendliche an sich uns unbegreifbar ist, wie das letzte Untheilbare: versucht einmal, beide zu combiniren: wollen wir die Linie aus Punkten zusammensetzen, müssen letztere unendlich klein sein; wir müssen daher zugleich das Unendliche und das Untheilbare erfassen. Bei solchen Aufgaben sind mir verschiedene Gesichtspunkte aufgetaucht, deren wichtigste mir vielleicht nicht sogleich beifallen, die aber im Laufe des Gespräches zur Geltung kommen, wenn ich den von Euch und besonders von Herrn *Simplicio* angeregten Einwänden begegnen muss, denn ohne solche Anregung würde manches in meiner Phantasie vergraben bleiben; mit gewohnter Freiheit wollen wir sie anbringen, wenn unsere menschlich gearteten Grillen auftauchen, denn so dürfen wir das bezeichnen, angesichts der übernatürlichen Lehren, die allein wahr sind und unsere Streitfragen sicher erledigen, die uns sichere Führer sind in unserem dunklen und unsicheren Gedankenlabyrinth.

Der Haupteinwurf, den man gegen diejenigen erhebt, welche das Continuirliche aus Untheilbarem zusammensetzen, ist der, dass ein Untheilbares zu einem anderen hinzugefügt keine theilbare Grösse hervorbringt; denn wenn dieses der Fall wäre, so würde daraus folgen, dass auch das Untheilbare theilbar wäre, denn wenn 2 Untheilbare, wie z. B. zwei Punkte, zusammen eine Quantität ergäben, so würde letztere eine theilbare Linie sein, eine solche aber wäre auch aus 3, 5, 7 und anderen ungeraden Mengen zusammengesetzt zu denken; diese Linien, da 2 gleiche Theile abgetheilt werden können, lassen jenes Untheilbare, welches in der Mitte lag, theilbar erscheinen. Dieser Art begegnet man dem Einwande dadurch, dass man sagt, nicht nur 2, sondern auch 10, 100, 1000 unendlich kleine Theile können keine endliche theilbare Grösse zusammensetzen, wohl aber unendlich viele.

Simpl. Hier wird sofort ein wie mir scheint unwiderlegbares Bedenken wachgerufen; da wir nämlich sicherlich Linien ungleicher Länge haben können, die unendlich viel Punkte enthalten sollen, so müssen wir bekennen, dass wir in derselben Gattung Dinge finden können, die grösser sind, als ein Unendliches; denn die Unendlichkeit der Punkte der grösseren Linien wird doch grösser sein als die Unendlichkeit der Punkte der kleineren. Also ein Unendliches grösser als das Unendliche, das scheint mir in keiner Weise begreifbar.

Salv. Das sind die Schwierigkeiten, die dadurch entstehen, dass wir mit unserem endlichen Intellect das Unendliche discutiren, indem wir letzterem die Eigenschaften zusprechen, die wir an dem Endlichen, Begrenzten kennen, das geht aber nicht an, denn die Attribute des Grossseins, der Kleinheit und Gleichheit kommen dem Unendlichen nicht zu, daher man nicht von grösseren, kleineren oder gleichen Unendlichen sprechen kann. Ein Beispiel fällt mir ein, das ich in Fragen Herrn *Simplicio* vorlegen werde, da er die Discussion angeregt hat.

Ich setze voraus, Ihr wisset, welche Zahlen Quadratzahlen sind, und welche nicht.

Simpl. Mir ist sehr wohl bekannt, dass eine Quadratzahl aus der Multiplication einer beliebigen Zahl mit sich selbst entsteht, so sind 4, 9 Quadratzahlen, die aus 2 und 3 gebildet sind.

Salv. Vortrefflich; Ihr erinnert Euch auch, dass ebenso wie die Producte Quadrate heissen, die Producenten, d. h. diejenigen Zahlen, welche mit sich selbst multiplicirt werden, Seiten oder Wurzeln genannt werden; die anderen Zahlen, welche nicht aus zwei gleichen Factoren bestehen, sind nicht Quadrate. Wenn ich nun sage, alle Zahlen, Quadrat- und Nichtquadratzahlen zusammen, sind mehr, als die Quadratzahlen allein, so ist das doch eine durchaus richtige Behauptung; nicht?

Simpl. Dem kann man nicht widersprechen.

Salv. Frage ich nun, wieviel Quadratzahlen es giebt, so kann man in Wahrheit antworten, eben soviel als es Wurzeln giebt, denn jedes Quadrat hat eine Wurzel, jede Wurzel hat ihr Quadrat, kein Quadrat hat mehr als eine Wurzel, keine Wurzel mehr als ein Quadrat.

Simpl. Vollkommen richtig.

Salv. Wenn ich nun aber frage, wieviel Wurzeln giebt es, so kann man nicht leugnen, dass sie eben so zahlreich seien, wie die gesammte Zahlenreihe, denn es giebt keine Zahl, die nicht Wurzel eines Quadrates wäre. Steht dieses fest, so muss man sagen, dass es ebensoviel Quadrate als Wurzeln gäbe, da sie an Zahl ebenso gross als ihre Wurzeln sind, und alle Zahlen sind Wurzeln; und doch sagten wir anfangs, alle Zahlen seien mehr als alle Quadrate, da der grössere Theil derselben Nichtquadrate sind. Und wirklich nimmt die Zahl der Quadrate immer mehr ab, je grösser die Zahlen werden; denn bis 100 giebt es 10 Quadrate, d. h. der 10. Theil ist quadratisch; bis 10 000 ist der 100. Theil bloss quadratisch, bis 1 000 000 nur der 1000. Theil; und bis zu einer unendlich grossen Zahl, wenn wir sie erfassen könnten, müssten wir sagen, giebt es soviel Quadrate, wie alle Zahlen zusammen.

Sagr. Was ist denn zu thun, um einen Abschluss zu gewinnen?

Salv. Ich sehe keinen andern Ausweg als zu sagen, unendlich ist die Anzahl aller Zahlen, unendlich die der Quadrate, unendlich die der Wurzeln; weder ist die Menge der Quadrate kleiner als die der Zahlen, noch ist die Menge der letzteren grösser; und schliesslich haben die Attribute des Gleichen, des Grösseren und des Kleineren nicht statt bei Unendlichem, sondern sie gelten nur bei endlichen Grössen. Als Herr *Simplicio* mir mehrere ungleiche Linien vorlegte und mich fragte, wie es denkbar sei, dass die grössere nicht mehr Punkte habe, als die kleinere, da antwortete ich, dass sie weder mehr, noch weniger, noch gleichviel habe; aber in beiden Strecken gäbe es unendlich viele Punkte. Wahrlich aber, wenn ich ihm gesagt hätte, die eine habe soviel Punkte als es Quadratzahlen giebt, eine andere grössere soviel, als Zahlen vorhanden sind; in einer dritten kleinen soviel als es Cubikzahlen giebt; hätte ich ihm wohl eine befriedigendere Antwort ertheilt, indem ich der einen Linie mehr Punkte als der anderen zusprach, und doch beiden unendlich viele? — Das ist es, was ich auf das erste Bedenken zu sagen habe.

Sagr. Wartet ein wenig, ich bitte; und gestattet mir hinzuzufügen einen Gedanken, der mir eben einfällt; mir scheint aus dem Bisherigen zu folgen, dass weder gesagt werden könne, ein Unendliches sei grösser als ein anderes, noch auch dass ein Unendliches grösser sei als ein Endliches; denn wenn eine unendliche Zahl grösser wäre als z. B. Million, so müsste daraus folgen, dass, wenn man von der Million zu immer grösseren Zahlen fortschritte, man zur Unendlichkeit gelangen könnte; was indess unmöglich ist: im Gegentheil wenn wir zu immer grösseren Zahlen fortschreiten, so entfernen wir uns um so mehr vom Unendlichen; denn in den Zahlen, je grösser wir sie nehmen, um so seltener werden die Quadratzahlen: aber in einer unendlichen Zahl können die Quadratzahlen nicht in geringerer Menge vorhanden sein als alle Zahlen, wie wir soeben erschlossen: wenn wir also zu immer grösseren Zahlen fortschreiten, so entfernen wir uns von der unendlich grossen Zahl.

Salv. Und so folgern wir aus Eurem sinnreichen Falle, dass die Attribute »Gross«, »Klein«, »Gleich« weder zwischen unendlichen noch zwischen Unendlichem und Endlichem statt haben.

Ich gehe nun zu einer anderen Betrachtung über. Da jede Linie wie überhaupt jedes Stetige theilbar erscheint in wiederum Theilbares, so kann man der Folgerung nicht entgehen, dass die Linie aus unendlich vielen U n t h e i l b a r e n bestehe, denn eine Theilung und eine weitere Theilung ohne Ende setzt voraus, dass die Theile unendlich seien, weil sonst die Theilung ein Ende hätte; und aus der Unendlichkeit der Theile folgt, dass dieselben nicht in bestimmter Anzahl vorhanden sind, denn unendlich viele endliche Grössen geben eine unendliche Grösse; und so haben wir die stetige Zusammensetzung von unendlich vielen Untheilbaren.

Simpl. Aber wenn wir die Theilung in endliche Theile fortsetzen können, wozu sollen wir da das nicht Endliche einführen?

Salv. Gerade dieses Fortsetzenkönnen der Theilung, ohne Ende, zwingt uns zur Zusammensetzung aus unendlich Kleinem. Denn, um dem Streite ein Ende zu machen, sagt mir mit Entschiedenheit, sind die Theile eines Stetigen nach Eurer Meinung endlich oder unendlich?

Simpl. Ich behaupte, sie sind unendlich und endlich: potentiell sind sie unendlich, actuell endlich. Unter »potentiell« verstehe ich »vor aller Theilung«; »actuell« heisst »nach vollführter Theilung«, denn die Theile können in Wirklichkeit nicht eher gedacht werden als nach geschehener Theilung (oder Bezeichnung); sonst sagt man, sind sie potentiell.

Salv. Also eine Linie von 20 Ellen z. B. soll nicht 20 Linien von einer Elle actuell enthalten, es sei denn dass sie in 20 Theile getheilt worden sei, vorher solle sie dieselbe nur potentiell enthalten. Nun meinetwegen, sagt mir nur, wenn nun actuell die Theilung vorgenommen worden, wächst dadurch etwa die ganze anfänglich gegebene Linie, oder schrumpft sie ein, oder bleibt sie sich an Grösse gleich?

Simpl. Weder wächst sie, noch nimmt sie ab.

Salv. Das meine ich auch. Also die Theile eines Stetigen, potentiell oder actuell, lassen die Grösse unverändert; aber es ist klar, dass die endlichen Theile, die actuell im Ganzen vorhanden sind, dasselbe unendlich gross machen, wenn sie unendlich an Zahl sind; nun können die endlichen Theile, wenn sie auch nur potentiell unendlich an Zahl sind, nur in einer unendlichen Grösse enthalten sein; also können in der endlichen Grösse die unendlich vielen Theile weder actuell noch potentiell enthalten sein.

Sagr. Wie kann denn das richtig sein, dass das Stetige ohne Ende theilbar sei?

Salv. Deshalb weil die Unterscheidung von potentiell und actuell Euch das auf eine Art betrachtet leicht erscheinen lässt, was von anderem Gesichtspunkte aus unmöglich erscheint. Ich will aber die Sache ins Reine zu bringen versuchen durch folgende Ueberlegung: Auf die Frage, ob die Theile eines begrenzten Stetigen endlich oder unendlich seien, will ich genau das Gegentheil von dem, was Herr *Simplicio* aufstellte, behaupten, nämlich dass die Theile weder endlich noch unendlich seien.

Simpl. Auf so etwas wäre ich nie verfallen, da ich keinen Mittelbegriff zwischen »Endlich« und »Unendlich« kenne; so dass die Behauptung, ein Ding sei entweder endlich oder unendlich, unrichtig und mangelhaft sein könne.

Salv. Und doch verhält sich die Sache so. Sprechen wir von unstetigen Grössen, so giebt es zwischen Endlichem und Unendlichem noch ein Drittes, nämlich das jeder beliebigen Zahl Entsprechenkönnen; sodass im vorliegenden Falle auf die Frage, ob die Theile eines Stetigen endlich oder unendlich seien, die beste Antwort sein wird, sie seien weder endlich noch unendlich, sondern besser ist es zu sagen, sie seien soviel als irgend einer angegebenen Zahl entspricht; nur ist es hinzuzufügen nöthig, dass die Theile nicht unter einer gewissen Grenze liegen, weil sie sonst einer grösseren Zahl nicht entsprechen könnten: aber es erscheint nicht nöthig, dass sie unendlich gross sei, denn eine angegebene Zahl ist und kann nie unendlich gross sein. Und so können wir nach Belieben des Fragestellers einer gegebenen Linie 100 Theile, 1000, 100000 anweisen; aber eine Theilung in unendlich viel Theile ist nicht möglich. Ich räume daher den Philosophen ein, dass ein Stetiges soviel Theile enthält, als ihnen beliebt, und ich gebe zu, dass es dieselben actuell enthalte, oder potentiell. Dann aber füge ich hinzu: gerade so, wie eine Linie von 10 Faden, 10 Linien von je einem Faden hat, und zugleich 40 Linien von je einer Elle, und 80 Linien von einer halben Elle, so hat sie unendlich viele Punkte; letztere möget Ihr actuell oder potentiell nennen, wie Ihr wollt; ich, Herr *Simplicio*, unterwerfe mich in dieser Hinsicht Ihrer Ansicht und Ihrem Urtheil.

Simpl. Ich kann nicht umhin, Euch Beifall zu zollen: aber ich fürchte sehr, dass das gleichzeitige Enthalten vieler Punkte und andererseits endlicher Theile widerspruchsvoll sei; auch wird es Euch nicht so leicht sein die gegebene Linie in unendlich viele Punkte zu theilen, als jenen Philosophen in 10 Faden oder in 40 Ellen: endlich scheint es mir unmöglich jene Theilung wirklich auszuführen, sodass dieselbe ein potentieller Vorgang sein wird, ohne je actuell werden zu können.

Salv. Wenn eine Sache schwierig ist und nur mit Mühe, Anstrengung oder in langer Zeit ausgeführt werden kann, so wird sie dadurch nicht unmöglich, denn ich denke, Sie würden auch nicht leicht eine Linie in 1000 Theile oder in 937 — oder eine andere grosse Primzahl — theilen. Wenn ich aber das, was Ihr eine unmögliche Theilung nennt, Euch auf einen ganz kurzen Process reducire, gerade so einfach, wie wenn andere 40 Theile aufsuchen, würdet Ihr sie dann eher gelten lassen?

Simpl. Diese Art der Behandlung würde mir allerdings sehr gefallen; und auf Eure Frage kann ich nur erwidern, dass die in Aussicht gestellte Leichtigkeit mir mehr als genügend sein soll, wenn sie auch nur der einer Theilung in 1000 Theile gleich käme.

Salv. Jetzt will ich Euch etwas sagen, worüber Ihr erstaunen werdet: wenn Jemand eine Linie in ihre unendlich vielen Punkte auflösen will und wenn er sein Ziel zu erreichen hofft, indem er denselben Weg einschlägt, wie Jener, der 40, 60 oder 100 Theile sucht, d. h. wenn er etwa erst in 2 Theile sie theilt, dann in 4, u. s. f., und wenn er so seine unendlich vielen Punkte zu erhalten hofft, so würde derselbe sich gröblich irren, denn durch solchen Process müsste man bis in die Ewigkeit theilen; aber zum Untheilbaren kann dieser Weg nie führen, da man eher sich von demselben entfernt; während man die Theilung fortsetzt und die Zahl der Theile vermehrt, in der Meinung sich der Unendlichkeit zu nähern, entfernt man sich eher von derselben: und zwar aus folgendem Grunde. Wir fanden vorhin, dass in einer unendlichen Zahl es ebenso viel Quadrate oder Cuben gäbe, als es Zahlen giebt, weil die Zahlen jener gleich der Zahl der Wurzeln sein müsse, und Wurzeln alle Zahlen selbst sind. Darauf sahen wir, dass, je grössere Zahlen wir nahmen, um so weniger Quadrate unter denselben vorkamen, und noch weniger Cuben: nun ist es klar, dass, zu je grösseren Zahlen wir fortschreiten, wir uns um so mehr von der Unendlichkeit entfernen; woraus folgt, dass, wenn irgend eine Zahl das Attribut der Unendlichkeit haben sollte, es die Einheit sei. Und wirklich findet man in derselben die Bedingungen und die nöthigen Requisite der Unendlichkeit, sofern sie in sich ebensoviel Quadrate enthält, wie es Cuben und wie es Zahlen überhaupt giebt.

Simpl. Ich begreife nicht recht, wie das zu verstehen sei.

Salv. Die Sache ist gar nicht zweifelhaft, denn die Einheit ist ein Quadrat, sie ist ein Cubus, sie ist ein Biquadrat, und so fort; und haben Quadrate und Cuben keinerlei Eigenschaften, die nicht der Einheit zukämen; z. B. die zweier Quadratzahlen, stets eine mittlere Proportionale zwischen sich zu haben? Nehmt irgend eine Quadratzahl und nebenbei auch die Einheit, Ihr werdet stets eine mittlere Proportionale finden. Zwischen 9 und 1 ist es die 3, zwischen 4 und 1 die 2, zwischen 9 und 4 ist es die 6. Cuben haben zwischen sich zwei mittlere Proportionale, z. B. haben 8 und 27 zwischen sich 12 und 18, während 1 und 8 die 2 und die 4 haben, 1 und 27 dagegen 3 und 9. Daher ist die Einheit die einzige unendliche Zahl. Das sind wunderbare Dinge, die über unsere Einbildungskraft hinausgehen, die uns aber belehren sollten, wie sehr man irrt, wenn man dem Unendlichen dieselben Attribute zuspricht, wie dem Endlichen, während beide keinerlei Uebereinstimmung aufweisen. Als Beleg will ich Euch einen merkwürdigen Fall erzählen, der mir eben einfällt, der die unendliche Verschiedenheit, ja sogar das Widerstreben der Natur kundthut, wenn eine endliche Grösse unendlich werden soll. Diese Linie von beliebiger Länge heisse AB; ein Punkt C theile dieselbe in ungleiche Stücke: wenn man nun von

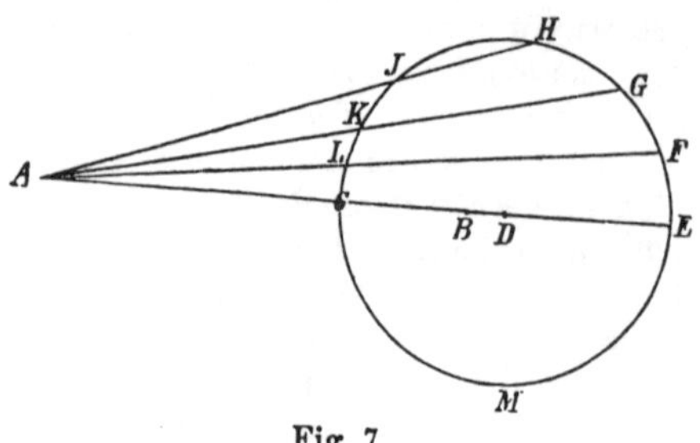

Fig. 7.

den Endpunkten A B Kreise beschreibt mit Radien, die proportional den Strecken AC, CB sind, so werden die Schnittpunkte sämmtlich in der Peripherie eines und desselben Kreises liegen: z. B. wenn $AL : LB = AC : CB$, und $AK : KB = AJ : JB = AC : CB$ u. s. f., so liegen L, K, J, H, G, F, E alle in demselben Kreise, so dass man sagen kann, dass, wenn der Punkt C sich so bewegt, dass seine Entfernungen von A, B stets in demselben Verhältnisse stehen, ein Kreis beschrieben werde. Der so entstandene Kreis wird um so grösser sein, je näher C zur Mitte O zwischen A und B liegt, und um so kleiner, je näher C zu B liegt; so dass von den unendlich vielen Punkten, die in OB gedacht werden können, Kreise allverschiedener Grösse entstehen, schliesslich so kleine, wie das Auge eines Flohes, aber auch so grosse wie der Aequator am Himmel (del primo Mobile). Von allen Punkten zwischen O, B werden Kreise erzeugt, und sehr grosse in der Nähe von O, und setzen wir die Annäherung an O noch weiter fort, bis wir C in O selbst annehmen, welche Linie wird jetzt nach dem beschriebenen Gesetz erzeugt? Offenbar ein Kreis, der grösser als alle anderen ist, mithin ein unendlich grosser Kreis; zugleich ist es aber eine gerade Linie, senkrecht zu AB im Punkte O, unendlich lang und nie umkehrend, um das obere Ende mit dem unteren zu vereinigen, wie alle anderen Linien thaten, denn der obere Halbkreis CHE vereinigte sich mit dem unteren EMC[4]). Aber vom Punkte O aus erhob sich ein Kreis (wie auch von allen Punkten auf der anderen Seite OA Kreise erzeugt werden, die grössten von denen bei O), der grösste von allen und folglich unendlich gross; derselbe kann nicht umkehren zum Anfange und beschreibt eine gerade Linie als Peripherie eines unendlich grossen Kreises. Welcher Unterschied besteht nun zwischen einem endlichen und einem unendlichen Kreise, denn letzterer ändert derart sein Wesen, dass er seine Wesenhaftigkeit total einbüsst; möchten wir nicht zugeben, dass es keinen unendlich grossen Kreis geben könne; und consequenter Weise auch keine unendlich grosse Kugel, noch irgend einen anderen unendlichen Körper, noch eine unendlich grosse Fläche. Was sollen wir nun sagen zu solchen Metamorphosen beim Uebergange aus dem Endlichen ins Unendliche? Und warum sollen wir uns dagegen sträuben, da wir beim Aufsuchen des Unendlichen bei den Zahlen sie schliesslich bei der Einheit fanden? Wenn wir nun beim Zerbröckeln eines festen Körpers in viele Theile denselben aufs feinste zerpulvern bis in seine unendlich kleinen Atome (infiniti suoi atomi), die nicht mehr theilbar sind, warum sollen wir nicht sagen können, dieser Körper sei in ein einziges Continuum zurückgekehrt, vielleicht in eine Flüssigkeit, wie Wasser oder Quecksilber? Und sehen wir nicht, dass Steine zerschmelzen in Glas, und festes Glas durch starkes Feuer flüssiger als Wasser wird?

Sagr. Sollen wir denn annehmen, das Flüssige sei ein solches, weil es in seine unendlich kleinen untheilbaren Componenten aufgelöst sei?

Salv. Ich finde keinen besseren Ausweg, um einige Erscheinungen zu erklären, wie z. B. folgende. Nehme ich einen harten Körper, einen Stein oder ein Metall, und mit einem Hammer oder einer äusserst feinen Feile zertheile ich ihn in das allerfeinste Pulver, so ist es klar, dass die kleinsten Theile, trotzdem dass wir sie einzeln weder sehen noch fühlen können, doch noch endlich, gestaltet und zählbar sind; daher kommt es, dass sie, angehäuft, sich gegenseitig zusammenhalten; und höhlen wir das Häufchen bis zu einem gewissen Grade aus, so bleibt eine Höhlung nach, ohne dass die umgebenden Theile dieselbe ausfüllen; schütteln wir, so schliesst sich das Ganze sofort. Dieselben Erscheinungen finden wir bei der Anhäufung immer grösserer Körperchen. jeder Gestalt, selbst bei kugelförmiger, wie z. B. bei einem Haufen Hirse, Weizen, Schrot oder jedem anderen Stoffe. Wenn wir aber solches beim Wasser anzustellen versuchen, so wird es uns nicht gelingen, da dasselbe, erhoben, sofort wieder sich ebnet, wenn es von einem Gefäss oder einem anderen äusseren Körper eingeschlossen und gehalten wird; ausgehöhlt schliesst sich sofort die Höhlung, und längere Zeit bewegt, fluctuirt es, durch lange Zeit die Wellenbewegung fortsetzend. Daraus kann man wohl schliessen, dass die kleinsten Theile des Wassers, aus welchen dasselbe zu bestehen scheint (denn es ist feiner als das feinste Pulver, ohne jegliche Consistenz), etwas ganz anderes sind, als die endlichen kleinsten, zudem theilbaren Theile; und ich finde keinen anderen Unterschied, als den des Untheilbaren. Mir scheint auch seine exquisite Transparenz dafür zu sprechen; denn nehmen wir den durchsichtigsten Krystall und fangen an ihn zu zerbrechen, zu stampfen, zu pulvern, so verliert er die Transparenz, und das um so mehr, je feiner er zerrieben ist; aber Wasser, welches völlig zerrieben ist, ist auch völlig diaphan. Gold und Silber werden durch Säuren (acqua forte) aufs feinste zertheilt, während sie mittelst irgend welcher Feile stets Pulver bleiben und nicht flüssig werden: ja sie verflüssigen sich nicht eher, als bis die kleinsten Theile (gl'indivisibili) des Feuers oder der Sonnenstrahlen sie auflösen, und zwar, wie ich meine, in ihre letzten unendlich kleinen Componenten, nämlich untheilbare.

Sagr. Was Sie soeben über das Licht bemerkten, habe ich oft mit Erstaunen beobachtet, ich habe gesehen, wie mit einem Concavspiegel von 3 Spannen Durchmesser Blei augenblicklich geschmolzen wurde; deshalb meinte ich, werde ein sehr grosser, glatter, parabolischer Spiegel ebenso jedes andere Metall in kürzester Zeit schmelzen, da jener, von sphärischer Krümmung, ohne sehr gross und glänzend zu sein, mit solcher Kraft das Blei schmolz und alle brennbare Materie entzündete: Wirkungen, die mir die Wunder der Archimedischen Spiegel erklärlich machen.

Salv. *Archimedes'* Spiegeln gegenüber erscheint mir jedes Wunder glaubwürdig, das man in so manchem Schriftsteller liest; die Werke des *Archimedes* selbst habe ich mit grossem Staunen gelesen und studirt: und wenn mir Zweifel nachgeblieben wären, so würde das, was betreffs des Brennspiegels Herr *Bonaventura Cavaleri* gebracht hat und was ich mit Bewunderung gelesen habe, mir alle Schwierigkeit benehmen.

Sagr. Auch ich habe das Werk gesehen und mit grosser Befriedigung gelesen, und da ich den Autor schon kannte, so befestigte sich die Meinung, die ich vorher über ihn hatte, dass er nämlich einer der bedeutendsten Mathematiker unserer Zeit werden dürfte. Um aber auf die Wirkung der Sonnenstrahlen zurückzukommen und auf das Schmelzen der Metalle, so möchte ich fragen, ob Wirkungen dieser Art, noch dazu von solcher

Heftigkeit, ohne Bewegung zu denken seien, oder wenn mit Bewegung, dann wohl mit einer sehr schnellen?

Salv. Andere Verbrennungen und Auflösungen sehen wir mit Bewegung, und zwar mit sehr geschwinder, geschehen. Hierher gehören die Erscheinungen des Blitzes, des Pulvers in den Minen und Petarden, überhaupt Alles, was im Kohlenfeuer mit dem Blasebalge angefacht, mit dichten unreinen Gasen gemischt die Metalle flüssig werden lässt: daher ich nicht annehmen mag, dass die Wirkung des Lichtes, auch des allerreinsten, ohne Bewegung geschehe, wenn auch mit sehr grosser Geschwindigkeit.

Sagr. Aber welcher Art und wie gross dürfen wir die Lichtgeschwindigkeit schätzen? Ist die Erscheinung instantan, momentan, oder wie andere Bewegungen zeitlich? liesse sich das experimentell entscheiden?

Simpl. Die alltägliche Erfahrung lehrt, dass die Ausbreitung des Lichtes instantan sei; wenn in weiter Entfernung die Artillerie Schiessübungen anstellt, so sehen wir den Glanz der Flamme ohne Zeitverlust, während das Ohr den Schall erst nach merklicher Zeit vernimmt.

Sagr. Ei, Herr *Simplicio*, aus diesem wohlbekannten Versuche lässt sich nichts anderes schliessen, als dass der Schall mehr Zeit gebraucht, als das Licht; aber keineswegs, dass das Licht momentan und nicht zeitlich, wenn auch sehr schnell sei. Auch eine andere ähnliche Beobachtung lehrt nicht mehr: sofort wenn die Sonne am Horizonte erscheint, erblicken wir ihre Strahlen; aber wer sagt mir, dass die Strahlen nicht früher am Horizont, als in meinen Augen ankommen?

Salv. Die geringe Entscheidungskraft dieser und anderer ähnlicher Vorgänge brachte mich auf den Gedanken, ob man nicht auf irgend eine Weise sicher entscheiden könne, ob die Illumination, d. h. die Ausbreitung des Lichtes wirklich instantan sei: denn schon die ziemlich rasche Fortpflanzung des Schalles lässt voraussetzen, dass die des Lichtes nur sehr schnell sein könne. Und der Versuch, den ich ersann, war folgender: Von zwei Personen hält eine jede ein Licht in einer Laterne oder etwas dem ähnlichen, so zwar, dass ein jeder mit der Hand das Licht zu- und aufdecken könne; dann stellen sie sich einander gegenüber auf in einer kurzen Entfernung und üben sich, ein jeder dem anderen sein Licht zu verdecken und aufzudecken: so zwar, dass, wenn der Eine das andere Licht erblickt, er sofort das seine aufdeckt; solche Correspondenz wird wechselseitig mehrmals wiederholt, so dass bald ohne Fehler beim Aufdecken des Einen sofort das Aufdecken des Andern erfolgt und, wenn der eine sein Licht aufdeckt, er auch alsobald das des anderen erblicken wird. Eingeübt in kleiner Distanz, entfernen sich die beiden Personen mit ihren Laternen bis auf 2 oder 3 Meilen; und indem sie Nachts ihre Versuche anstellen, beachten sie aufmerksam, ob die Beantwortung ihrer Zeichen, in demselben Tempo wie zuvor, erfolge, woraus man wird erschliessen können, ob das Licht sich instantan fortpflanzt; denn wenn das nicht der Fall wäre, so müsste in 3 Meilen Entfernung, also auf 6 Meilen Weg hin und her, die Verzögerung ziemlich gut bemerkbar sein. Und wollte man den Versuch in noch grösserer Entfernung anstellen, in 8 oder 10 Meilen, so könnte man Teleskope benutzen, indem man die Experimentatoren da aufstellt, wo man Nachts Lichter anzuwenden pflegt, die zwar in so grosser Entfernung dem blossen Auge nicht mehr sichtbar erscheinen, aber mit Hülfe fest aufgestellter Teleskope bequem zu- und aufgedeckt werden können.[5])

Sagr. Ein schöner sinnreicher Versuch, aber, sagt uns, was hat sich bei der Ausführung desselben ergeben?

Salv. Ich habe den Versuch nur in geringer Entfernung angestellt, in weniger als einer Meile, woraus noch kein Schluss über die Instantaneität des Lichtes zu ziehen war; aber wenn es nicht momentan ist, so ist es doch sehr schnell, ja fast momentan, und ich würde es vergleichen mit dem Blitze, den wir 8 bis 10 Meilen weit zwischen den Wolken sehen; hier können wir den Anfang unterscheiden, ja geradezu die Quelle, an einem bestimmten Orte zwischen den Wolken; und wenn auch unmittelbar darauf die rascheste Ausbreitung statthat in den umgebenden Wolken, so erkennt man doch einen zeitlichen Vorgang; denn wenn die Erleuchtung überall zugleich und nicht folgweise stattfände, so könnten wir schwerlich den Ursprung unterscheiden, das Centrum seiner Bahnen und der Ausläufer. Aber in welch ein Meer sind wir aus Unachtsamkeit gerathen? Zwischen Vacuum, Unendlichem, Untheilbarem, Momentanbewegungen, um nach 1000 Dingen nie am Ufer zu landen?

Sagr. Freilich entspricht das nicht unserer Absicht. Beim Suchen der Unendlichkeit unter den Zahlen schien dieselbe in den Begriff der Einheit aufzugehen: das Untheilbare erzeugt das stets Theilbare: das Vacuum schien untrennbar in das Erfüllte eingebettet zu sein: überhaupt wandeln sich unsere ursprünglichen Anschauungen der Art, dass sogar der Kreis zu einer unendlich langen Geraden ward, was, wenn ich mich recht erinnere, jener Satz war, den Ihr, Herr *Salviati*, uns geometrisch erklären solltet. Wenn's Euch recht ist, lasst uns ohne Abschweifung den Beweis hören.

Salv. Ich stehe zu Diensten, und stelle Euch folgende Aufgabe: Eine gerade Linie sei irgendwie in ungleiche Theile getheilt; man soll einen Kreis beschreiben, so dass die Entfernungen von den Endpunkten der Linie nach den Peripheriepunkten des Kreises dasselbe Verhältniss haben, wie die beiden Theile der Linie; die von je einem Ende ausgehenden Strecken seien einander »homolog«.

Wir nehmen C zwischen A und B an und beschreiben mit der kürzeren Strecke CB einen Kreis um C, von A aus werde eine Tangente an diesen Kreis gelegt und verlängert nach E hin. D sei der Berührungspunkt; man ziehe CD, welches senkrecht zu AE sein wird; in B errichte man das Loth BE bis zum Durchschnitt mit der Tangente in E. Von E aus errichte man wiederum ein Loth auf AE, welches die verlängerte Linie AB in F treffe. Ich behaupte nun, die Geraden FE, FC seien einander gleich; denn ziehen wir EC, so sind in den Dreiecken DEC, CEB die Seiten ED, EC des einen gleich EB, EC des andern, weil DE, EB Tangenten am Kreise DB sind, ausserdem sind die Grundlinien DC, CB als Radien einander gleich, folglich ist Winkel DEC gleich Winkel BEC.

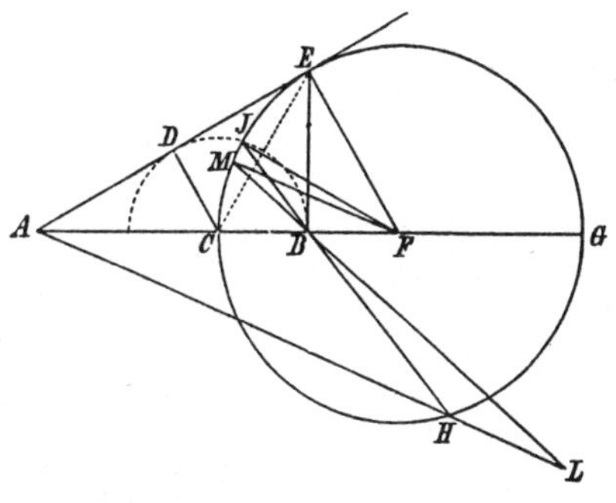

Fig. 8.

$$\begin{aligned} \text{Nun ist Winkel } BCE + CEB &= \text{einem Rechten} \\ \text{und } CEF + CED &= \text{einem Rechten} \\ \text{und da } CEB &= CED, \\ \text{auch } FCE &= CEF, \end{aligned}$$

folglich ist CEF gleichschenklig und $FE = FC$; beschreibt man mit FE einen Kreis CEG, so muss derselbe mithin durch C hindurchgehen. Ich behaupte nun, dieses sei der Kreis, dessen Punkte die gesuchte Eigenschaft haben. Für den Punkt E ist die Sache klar, weil $AE : EB = AC : CB$, denn der Winkel

E ist halbirt durch die Linie CE. Dasselbe ergiebt sich für die Strecken AG, BG, denn da die Dreiecke AFE, EFB einander ähnlich sind, ist

$$AF : FE = EF : FB,$$

d. h. $AF : FC = CF : FB$, folglich, wenn man halbirt,

$$AC : CF = CB : BF,$$
$$AC : FG = CB : BF,$$
$$AB + CB : FG + BF = CB : BF,$$

folglich $AB : BG = CB : BF$,

und da $AG : BG = CF : FB,$
$$= EF : FB,$$
$$= AE : EB,$$
$$= AC : CB \text{ q. e. d.}$$

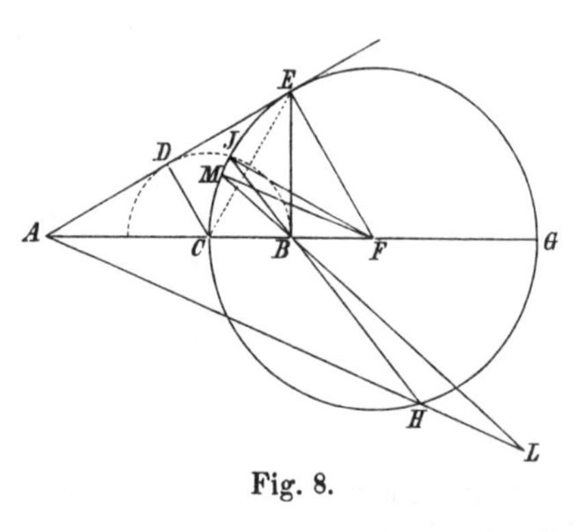

Fig. 8.

Ueberdies, behaupte ich, können die von A und B ausgehenden in bekanntem Verhältniss stehenden Linien weder innerhalb noch ausserhalb des Kreises CEG sich schneiden. Denn schnitten sie sich in L, ausserhalb des Kreises, so ziehe man AL, BL, verlängere letztere bis M und verbinde M mit F.

Wenn nun $AL : BL = AC : BC,$
$$= MF : FB,$$

so hätten wir 2 Dreiecke ALB, MFB, die, weil $\measuredangle ALB = \measuredangle MFB$, proportionale Seiten haben, während die Scheitelwinkel bei B einander gleich sind. Die Winkel FMB, LAB, sind spitz. (Denn das rechtwinklige Dreieck bei M hat CG zur Basis und nicht nur den Theil BF und der andere Winkel bei A ist spitz, weil AL homolog AC ist und grösser als BL, welches homolog BC sein soll), folglich ist $ABL \sim MBF$ und da $AB : BL = MB : BF$

so ist $AB : BF = LB : BM$,
aber es war $AB : BF = CB : BG$;

folglich $LB : BM = CB : BG$, was unmöglich ist.

Aehnlich wird bewiesen, dass auch innen kein Schnittpunkt liegen kann; mithin liegen sie alle auf der Kreisperipherie.

Aber es ist Zeit, dem Wunsche des Herrn *Simplicio* nachzukommen; ich will ihm zeigen, dass das Auflösen einer Linie in ihre unendlich vielen Punkte nicht nur nicht unmöglich, sondern ebenso leicht zu bewerkstelligen sei, wie die endliche Theilung, falls Ihr, Herr *Simplicio*, eine Voraussetzung zugesteht; nämlich, dass Ihr von mir keine Sonderung aller Punkte verlangt, und fordert, dass ich dieselben Euch einzeln auf diesem Papier vorweise, denn ich würde mich auch mit Eurer Theilung begnügen in 4 oder 6 Theile, wenn Ihr mir die Theilungspunkte zeigtet, oder wenn Ihr die Linie knicken wolltet, indem ihr daraus ein Quadrat oder Sechseck bildetet; ich überzeugte mich dann leicht von der Richtigkeit.

Simpl. Einverstanden.

Salv. Wenn nun das Einknicken einer Linie zum Quadrat, Achteck oder Polygon von 40, 100 oder 1000 Seiten uns genügt, die Theilung, die früher nach Ihrem Ausdruck potentiell war, actuell werden zu lassen, kann ich dann nicht ebenso ein Polygon von unendlich vielen Seiten formen, indem ich die Linie um die Peripherie eines Kreises wickele und sage, die Theilung in unendlich viel Theile sei actuell geworden, während dieselbe vorher in der gegebenen Geraden potenziell war? Und die Lösung ist ebenso geglückt wie jene, bei welcher ein Quadrat gebildet wurde oder ein Tausendeck; denn es fehlt keine von den verlangten Eigenschaften hier oder da, und wie das Tausendeck mit einer seiner Seiten mit der gegebenen Geraden zusammenfallen kann, so wird der Kreis, der ein Polygon von unendlich vielen Seiten ist, mit einer seiner Seiten die Gerade berühren; das ist aber bloss ein Punkt, der von allen anderen unterschieden ist und zwar nicht weniger, als eine Polygonseite von den übrigen. Und wie ein Polygon über eine Ebene gewälzt werden kann, indem stets neue Seiten dieselbe berühren, und eine Linie gleich dem Umfange beschrieben wird; so wird der rollende Kreis seinen Umfang als Spur hinterlassen. Nun weiss ich nicht, Herr *Simplicio*, ob die Herren Peripatetiker, denen ich zugestehe, dass das Theilbare in Theilbares zerfallen könne, so dass bei Fortsetzung einer solchen Theilung man nie ein Ende erreichen werde, ob die Herren auch eingestehen werden, dass keine ihrer Theilungen eine letzte sein könne; aber dass allerdings die letzte Theilung die in unendlich viele Untheilbare sei, von welcher ich behaupte, sie werde sich nie durch wirkliche Theilung in weitere

Unterabtheilung ausführen lassen; bei der von mir vorgeschlagenen Methode, die Unendlichkeit in einem Zuge zu unterscheiden und aufzulösen (ein Kunstgriff, den man mir zugestehen muss), da meine ich, müssten auch jene sich beruhigen und diese Zusammensetzung des Stetigen aus absolut untheilbaren Atomen zugeben. Hier liegt eine Methode vor, die uns aus viel verwirrenden Labyrinthgängen befreit und uns ein Verständniss eröffnet von der schon besprochenen Cohäsion, von der Verdünnung und Verdichtung ohne Annahme leerer Räume, und der Durchdringung der Körper: alles Schwierigkeiten, denen wir entgehen durch Annahme der Zusammensetzung aus Untheilbarem.

Simpl. Ich weiss nicht, was die Peripatetiker gesagt hätten, denn Eure Betrachtungen wären ihnen ganz neu gewesen, und als solche müssen sie angesehen werden; es wäre denkbar, dass sie Antworten und Mittel fänden, Räthsel zu lösen, die ich wegen der Kürze der Zeit und wegen meines Mangels an Kritik bestehen lassen muss. Doch lassen wir das, ich wünschte dringend zu wissen, wie die Einführung des letzten Untheilbaren uns das Verständniss der Verdichtung und Verdünnung erleichtern könnte, indem wir zugleich die Vacuumbildung und die Durchdringung der Körper umgehen.

Sagr. Ich meinerseits werde mit lebhaftem Interesse der Sache folgen, da sie mir noch völlig unklar ist, und da ich, wie Herr *Simplicio* auch seinerseits kürzlich bemerkte, gern die Gründe erführe, die *Aristoteles* zur Widerlegung des Vacuums beibringt, während wir Eure Lösung, die zugleich gegen *Aristoteles* gerichtet ist, kennen lernen.

Salv. Wohlan, wollen wir beides ausführen. Was das erste betrifft, so ist es nothwendig, dass, so wie wir um Verdünnung zu erhalten, uns jener Linie bedienten, die der kleinere Kreis beschrieb, und welche grösser war, als die Peripherie des letzteren, während die Bewegung durch Rollen des grossen Kreises bestimmt wurde, so jetzt wir zum Verständniss der Condensation zeigen wollen, wie beim Rollen des kleinen Kreises der grosse eine Gerade beschreibt, welche kürzer ist als seine Peripherie; zum besseren Verständniss betrachten wir Polygone. Aehnlich der früheren Zeichnung seien zwei Sechsecke concentrisch um L (Fig. 9) gegeben ABG, HJK mit den Parallelen HOM, ABC, über welchen die Polygone sich wälzen sollen; indem man die Ecke J des kleineren Polygones festhält, wälze sich letzteres, bis die Seite JK auf die Gerade fällt, wobei K den Bogen

KM beschreibt und JK auf JM fällt. Was thut unterdessen die Seite GB des grösseren Polygones? Die Linie JB wird rückwärts sich bewegen und den Bogen Bb beschreiben unter der Parallele AC, sodass, wenn JK auf JM gefallen sein wird, die Seite BG die Strecke bC bedeckt, indem sie nur um den Betrag BC fortgerückt erscheint, während sie um Bb zurückweicht. Setzt man die Umwälzungen fort, so wird das kleine

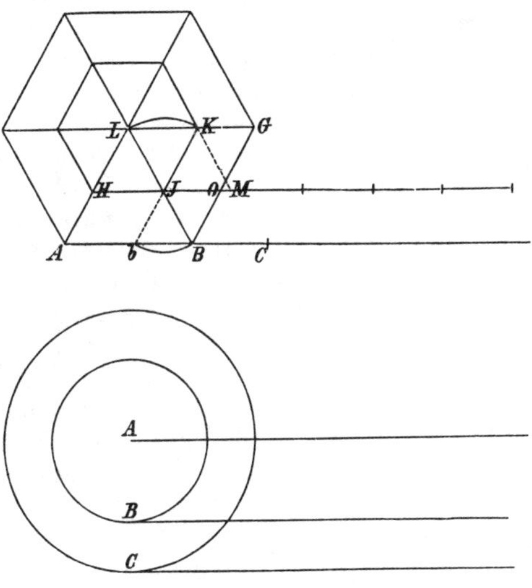

Fig. 9.

Polygon eine Linie, an Länge gleich dem eigenen Umfange, beschreiben, indess das grössere eine kürzere Strecke zurücklegt als sein Umfang beträgt, und zwar um so viel Strecken bB, als es selbst Seiten hat; die beschriebene Linie wird nahezu gleich der vom kleinen Polygon beschriebenen sein, denn sie übertrifft letztere nur um bB. Hier nun sieht man ein, weshalb das grössere Polygon (da es regiert wird vom kleinen) nicht grössere Linien beschreibt; denn jede Seite des grösseren Polygons überdeckt einen Theil der von der vorigen eingenommenen Strecke.

Betrachten wir aber die beiden concentrischen Kreise um A, welche auf ihren Parallelen ruhen, in den Berührungspunkten B und C, so wird beim Rollen des kleinen Kreises der Punkt nicht mehr eine Zeitlang verharren, sodass Bg den Punkt C

nach rückwärts versetzt, wie solches bei den Polygonen der Fall war, als J fest blieb, bis KJ auf JM fiel, während JB das Ende B rückwärts fortbewegte bis nach b, wobei BG auf bC fiel, und Bb einen Theil von AB überdeckte, sodass die Fortrückung nur $BC = JM$ betrug; durch diese Ueberdeckungen erklärte es sich, wie das grössere Polygon eine Linie gleich dem Umfange des kleineren beschreibt. Aber hier, wenn wir eine analoge Discussion anstellen bei der Fortrückung der Kreise, müssen wir sagen, dass im Gegensatz zu der endlichen Anzahl von Polygonseiten es deren nun unendlich viele giebt; jene sind endlich, theilbar, diese unendlich, untheilbar; die Polygonecken verharren beim Umwälzen eine gewisse Zeit, bis eine neue Seite sich auflegt, und zwar ist diese Zeit gleich einer vollen Umwälzung dividirt durch die Anzahl von Seiten; ähnlich sind beim Kreise die Verzüge seiner unendlich vielen Seiten momentane, denn ein unendlich kleiner Theil einer endlichen Zeit ist analog dem Punkte in einer Linie; in beiden Fällen ist die Anzahl unendlich; die Rückwärtsbewegungen des grösseren Polygones sind nicht so gross, wie die ganze Seite, sondern sie sind gleich dem Ueberschuss über die kleine Polygonseite, während die Fortrückung gleich der der kleinen Polygonseite ist; bei den Kreisen wird nun der entsprechende Punkt oder die Seite C bei dem momentanen Verzuge des Punktes B sich auch um soviel zurückbewegen, als der Excess über die Seite B beträgt, und ebensoviel fortrücken, wie B selbst. In Summa werden die unendlich vielen Seiten des grösseren Kreises mit ihren unendlich vielen unendlich kleinen Rückwärtsbewegungen, die sie in den unendlich vielen instantanen Verzügen der unendlich kleinen Seiten des kleinen Kreises ausführen mitsammt ihren unendlich vielen Fortrückungen, welche denen des kleinen Kreises gleich sind, eine Linie beschreiben, welche gleich der vom kleinen Kreise zurückgelegten Strecke ist, indem sie unendlich viele unendlich kleine Superpositionen enthalten, die eine Verdickung herbeiführen, oder besser eine Verdichtung, ohne irgend eine Durchdringung endlicher Theile; letzteres kann man nicht behaupten von der in endliche Theile getheilten Linie, die gleich dem Umfang irgend eines Polygones ist, da letztere, in eine Gerade ausgebreitet, nicht auf kleinere Längen reducirt werden kann, ohne theilweise Uebereinanderlagerung und Durchdringung der Seiten. Diese Verdichtung unendlich vieler unendlich kleiner Theile ohne Durchdringung endlicher Strecken und die früher erörterte Auseinanderzerrung derunendlich vielen unendlich kleinen mit Einschaltung unendlich kleiner oder untheilbarer leerer Stellen (vacui indivisibili), das ist, glaube ich, das Wichtigste, was über Verdichtung und Verdünnung der Körper zu sagen wäre, ohne Annahme einer Uebereinanderlagerung von Körpertheilen oder einer Bildung von leeren Räumen endlicher Grösse. Wenn Euch dieses gefällt, so nutzt es aus, wenn nicht, so haltet es für eitel, und meine Erklärung noch obendrein, schaffet aber eine andere, besser befriedigende. Nur zwei Worte rufe ich Euch ins Gedächtniss zurück, wir forschen nach Unendlichem und nach Untheilbarem.

Sagr. Ich bekenne frei, dass Euer Gedanke scharfsinnig und meinen Ohren ganz neu und fremd war: wenn die Natur selbst in Wirklichkeit solche Gesetze befolgt, so kann ich nicht umhin zu sagen: das ist wahr, was, wenn ich es nicht sinnlich erfasse, mich am meisten befriedigt, und um nicht stumm und sprachlos zu bleiben, halte ich daran fest. Aber vielleicht kann Herr *Simplicio* die Erklärung beleuchten, die in so verworrener Materie die Philosophen gebracht haben (bis jetzt ist mir solches noch nicht vorgekommen); denn wahrlich Alles, was ich bisher über Verdichtung gefunden, ist mir so dick, und Alles über Verdünnung ist mir so dünn vorgekommen, dass mein schwacher Kopf jenes nicht erfasste und dieses nicht durchdrang.

Simpl. Ich aber bin nun ganz verwirrt, ich finde harten Anstoss bald in dieser, bald in jener Richtung und ganz besonders in dieser neuen Anschauung, dergemäss man eine Unze Goldes verdünnen könnte und ausziehen in einen Körper, grösser als die Erde, und andererseits die ganze Erde verdichten könnte und zusammenbringen in eine Masse so gross wie eine Nuss: das sind Dinge, die ich nicht glaube, ja ich glaube nicht einmal, dass Ihr selbst daran glaubt; Eure Betrachtungen und Beweise sind mathematische Abstractionen, von aller Materie abgetrennt, ich glaube, dass bei der Anwendung auf Physik und auf Dinge der Natur diese Gesetze gar nicht mehr befolgt werden.

Salv. Euch das Unsichtbare sichtbar zu machen würde ich weder verstehen, noch würdet Ihr solches von mir verlangen; soviel aber unsere Sinne erfassen können, da Ihr doch schon das Gold genannt habt, — sollten wir eine starke Dehnung derselben nicht bewerkstelligen können? Ich weiss nicht, habt Ihr gesehen, wie die Künstler Golddraht ziehen, wobei nur die Oberfläche aus Gold, das Innere aus Silber besteht? Das geschieht so: Sie nehmen einen Cylinder, oder besser einen eine halbe Elle langen Stab aus Silber, drei bis vier Zoll dick; diesen Stab vergolden sie mit gewalztem Blattgold, welches bekanntlich so fein ist, dass es in der Luft geweht wird; solcher Blätter werden 8 bis 10 und nicht mehr, übereinandergelagert. So vergoldet, fangen sie den Stab zu strecken an mit grosser Kraft, indem sie ihn durch die Löcher des Zieheisens hindurchzwängen, und diese Manipulation wiederholen sie mit Anwendung immer engerer Oeffnungen, bis es schliesslich so dünn wird wie ein Frauenhaar; die Vergoldung beharrt dabei an der Oberfläche. Ich überlasse es Euch, die Feinheit und Dehnung des Goldes zu schätzen.

Simpl. Ich sehe nicht ein, wie hiedurch eine Verfeinerung der Substanz des Goldes von irgend welcher Wunderbarkeit entstehen könne, wie Ihr zu glauben scheint: erstens weil schon bei der ersten Vergoldung 10 Blätter verwandt waren, wodurch eine ansehnliche Dicke entsteht; zweitens, wenn auch das Silber beim Drahtziehen und Strecken an Länge zunimmt, so schwindet es dafür auch in der Dicke, so dass die Verlängerung durch die Verdünnung compensirt wird, während die Oberfläche nur so vergrössert wird, dass das Silber immer noch bedeckt bleibt, daher das Gold nur bis zur Dicke der ersten Blättchen wieder verdünnt zu werden braucht.

Salv. Ihr irrt Euch sehr, Herr *Simplicio*, denn die Vergrösserung der Oberfläche beträgt die Quadratwurzel aus der Verlängerung, wie ich Euch geometrisch beweisen könnte.

Sagr. Ich für mein Theil und in Herrn *Simplicio*'s Namen bitte um den Beweis, wenn Ihr meint, dass wir demselben folgen können.

Salv. Wollen wir sehen, ob ich denselben sofort wieder improvisiren kann. Zunächst ist es klar, dass der erste dicke Cylinder aus Silber und der letzte längste Draht aus Silber gleichen Inhalt haben, da es dieselbe Masse ist; wenn ich nun beweisen kann, in welchem Verhältniss die Oberflächen gleicher Cylinder stehen, so werden wir unser Ziel erreichen. Ich behaupte also:

Die Oberflächen zweier Cylinder gleichen Inhaltes (abgesehen von den Grundflächen) stehen im Verhältniss zur Quadratwurzel aus dem Verhältniss ihrer Längen.

Es seien zwei gleiche Cylinder gegeben, deren Höhen AB, CD (Fig. 10) seien, die mittlere Proportionale sei E. Ich behaupte, die Oberfläche von AB verhalte sich zu der von CD (beide ohne Grundfläche), wie die Linie AB zur Linie E, welche gleich der Wurzel aus dem Verhältniss von $AB : CD$ ist. Man theile den Cylinder AB bei F, so dass die Höhe AF

$= CD$ sei. Und da die Grundflächen gleicher Cylinder sich umgekehrt wie ihre Höhen verhalten (die wir H und h nennen wollen), so ist

$$\frac{\text{Basis } B}{\text{Basis } D} = \frac{h}{H},$$

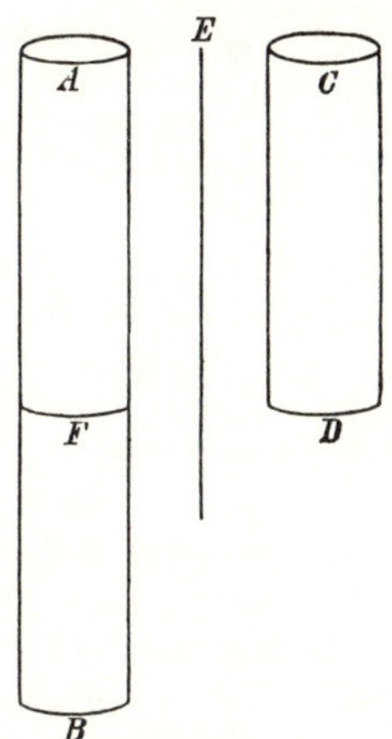

Fig. 10.

und da die Kreisflächen sich wie die Quadrate der Radien verhalten, werden auch die genannten Quadrate dasselbe Verhältniss haben

$$\left(\frac{R^2}{r^2} = \frac{h}{H}\right),$$

aber

$$BA : CD = BA^2 : E^2$$

(das heisst:

$$H : h \quad = H^2 \quad : H \,.\, h),$$

folglich sind die 4 Quadrate einander proportional

$$(r^2 : R^2 = H^2 : H \,.\, h),$$

folglich werden auch ihre Seiten einander proportional sein

$$(r : R = H : \sqrt{H \,.\, h})$$
$$= H : E$$

und wie AB zu E, so verhält sich der Radius von C zum Radius von A

$$(H : E = r : R) \;;$$

aber wie die Diameter, so verhalten sich die Umfänge

$$(2\pi r : 2\pi R = r : R)$$

und wie die Peripherien, so verhalten sich die Cylinderoberflächen gleicher Höhe

$$(2\pi r \,.\, h : 2\pi R \,.\, h = r : R),$$

folglich wie $AB : E$, so die Oberfläche von CD zur Oberfläche von AF $(H : E = 2\pi r \,.\, h : 2\pi R \,.\, h)$.

Da nun die Höhen AF zu AB wie die Oberfläche AF zur Oberfläche AB

$$(h : H = 2\pi R \,.\, h : 2\pi R \,.\, H)$$

und wie die Höhe AB zu E, so Oberfläche CD zur Oberfläche AF

$$(H : E = 2\pi r \,.\, h : 2\pi R \,.\, h)$$

so wird umgekehrt Höhe $AF : E =$ Oberfläche CD zu Oberfläche AB

$$(h : E = 2\pi r \,.\, h : 2\pi R \,.\, h)$$

und umgekehrt wie Oberfläche AB zur Oberfläche CD, so E zu AF

$$(2\pi R \,.\, h : 2\pi r \,.\, h = E : h)$$

oder wie AB zu E $(= H : E)$,

welches die Wurzel ist von $AB : CD$

$$\left(= \sqrt{\frac{H}{h}}\right) \text{ q. e. d.}$$ [6])

Wenden wir dieses auf unsere Aufgabe an, auf den Silbercylinder von $^1/_2$ Elle Länge und 3—4 Zoll Dicke, der in der Dicke eines Frauenhaares 20 000 Ellen lang wird, so finden wir, dass seine Oberfläche um das 200fache gewachsen sein wird: folglich werden die Goldblätter, davon 10 auf einander gelagert waren, in 200facher Ausdehnung sicherlich nicht mehr als $^1/_{20}$ der Goldblattdicke haben. Bedenkt, welch eine Feinheit das ist und ob dieselbe denkbar sei ohne bedeutende Ausdehnung der Theile, und ob diese nicht einer Zusammensetzung aus unendlich kleinen Parcellen physischer Materie nahe kommt; übrigens giebt es hierfür noch andere kräftigere und zutreffendere Beispiele.

Sagr. Der Beweis ist so schön, dass, wenn er auch nicht unserem zuerst aufgestellten Zwecke entspräche (was er übrigens wohl zu leisten scheint), er jedenfalls aufs Beste die kurze Zeit, die er uns kostete, gelohnt hat.

Salv. Da ich sehe, dass Ihr die geometrischen Beweise, die uns stets sicher fördern, so sehr schätzet, so theile ich Euch den reciproken Satz mit, der einer merkwürdigen Thatsache gerecht wird. Wir haben Cylinder gleichen Inhalts mit verschiedener Höhe betrachtet: jetzt untersuchen wir Cylinder gleicher Oberfläche, aber verschiedener Höhe; wobei wir stets von den Grundflächen absehen. Ich behaupte nun:

Der Inhalt zweier gerader Cylinder, deren Mantelflächen einander gleich sind, steht im umgekehrten Verhältniss zu ihren Höhen.

Seien *AE*, *CF* (Fig. 11) zwei Cylinder mit gleicher Oberfläche, aber die Höhe des letzteren *CD* sei grösser als die Höhe *AB* des anderen. Ich behaupte, der Cylinder *AE* verhalte sich zum Cylinder *CF*, wie die Höhe *CD* zur Höhe *AB*. Da nämlich die Oberfläche *CF* gleich ist der Oberfläche *AE*, so wird der Cylinder *CF* kleiner sein als *AE*, denn wenn sie gleich wären, so müsste die Oberfläche grösser als die von *AE* sein, und das um so mehr, wenn derselbe Cylinder *CF* grösser wäre als *AE*. Angenommen nun, der Cylinder *JD* sei gleich dem *AE*, folglich nach dem vorigen Satze die Oberfläche von *JD* zur Oberfläche von *AE* wie die Höhe *JF* zur mittleren Proportionale von *JF* und *AB*. Da aber Oberfläche *AE* gleich der Oberfläche *CF*, und da Oberfläche *JD* und *CF*, wie die Höhe *JF* zu *CD*, so ist *CD* die mittlere Proportionale zwischen *JF* und *AB*. Da überdies der Cylinder *JD* gleich dem Cylinder *AE*, so werden diese beiden Cylinder ein und dasselbe Verhältniss zum Cylinder *CF* haben, aber *JD* zu *CF* wie die Höhe *JF* zu *CD*, folglich verhält sich der Cylinder *AE* zum Cylinder *CF*, wie die Linie *JF* zu *CD*, d. h., wie *CD* zu *AB*, q. e. d[7].

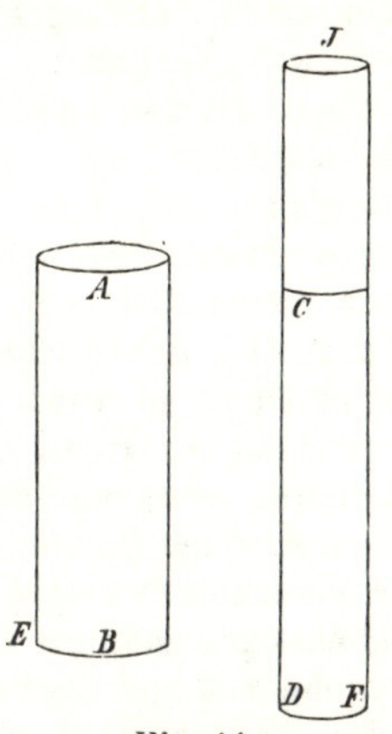

Fig. 11.

Hieraus erklärt sich eine Erscheinung, über welche die Leute stets erstaunt sind; wenn man nämlich aus einem Stück Zeug, welches mehr lang als breit ist, einen Kornsack machen will, und zwar wie gewöhnlich mit einer Bodenplatte aus Holz, so fragt es sich, wie es kommen könne, dass der Sack mehr fasst, wenn man die kurze Seite des Zeuges zur Höhe wählt, und mit der andern die Bodenplatte umgiebt, als umgekehrt. Sei z. B. das Zeug 6 Ellen breit und 12 Ellen lang, so wird der Sack mehr fassen, wenn man mit der Länge von 12 Ellen die Bodenplatte umgiebt, so dass er 6 Ellen hoch wird, als wenn man mit 6 Ellen den Boden umgiebt, und den Sack 12 Ellen hoch macht. Ausser der Thatsache, dass der Inhalt in dieser oder jener Art mehr fasse, lässt sich specieller zeigen, wieviel mehr die eine Art enthält, nämlich in dem Verhältniss mehr, als die Höhe kleiner, und weniger, als die Höhe grösser ist: im vorliegenden Falle ist das Zeug doppelt so lang als breit, also der Sackinhalt in einem Falle doppelt so klein, als wenn er der Breite nach zusammengenäht wird. Und ebenso, wenn man eine Matte von 25 Ellen Länge und 7 Ellen Breite hat und aus derselben einen Korb verfertigen will, so werden die Inhalte sich wie 7 zu 25 verhalten.

Sagr. Und so lernen wir mit besonderem Vergnügen Neues und Nützliches zugleich. Aber in Betreff der gestellten Aufgabe glaube ich, dass unter denen, die mit der Geometrie weniger vertraut sind, sich nicht vier Procent befänden, die im ersten Augenblick sich nicht irren würden und meinen, dass Körper mit gleichen Oberflächen auch in allen anderen Stücken gleich seien: so wird ebenderselbe Irrthum begangen beim Vergleichen der Grösse der Städte, da man dieses Maass zu kennen glaubt, wenn man den Umfang derselben misst, ohne zu beachten, dass die Umfänge gleich und die eingeschlossenen Plätze sehr verschieden sein können; solches gilt nicht nur für unregelmässige, sondern auch für regelmässige Figuren, da die Polygone mit mehr Seiten grösseren Inhalt haben, als die mit weniger Seiten, bei gleichem Umfange: sodass schliesslich der Kreis, als Polygon von unendlich vielen Seiten, mehr umfasst, als alle anderen Polygone gleichen Umfanges; ich erinnere mich mit besonderem Vergnügen des Beweises, den ich beim Studium der Kugel des *Sacrobosco* nebst hochgelehrtem Commentar fand.

Salv. Das ist vollkommen richtig; bei derselben Gelegenheit habe ich bemerkt, wie durch einen kurzen Beweis man zeigen könne, wie von allen isoperimetrischen regelmässigen Figuren der Kreis den grössten Inhalt habe, und zudem das Polygon von mehr Seiten mehr Inhalt als alle anderen von weniger Seiten.

Sagr. Da ich äusserst gern solche ausgewählte Aufgaben behandelt sehe, bitte ich Euch dringend, Euren Beweis uns mitzutheilen.

Salv. Das kann in wenigen Worten geschehen, auf Grund folgenden Lehrsatzes:

Der Kreis ist die mittlere Proportionale zwischen zwei regelmässigen ähnlichen Polygonen, von denen das eine demselben umschrieben, das andere mit dem Kreise isoperimetrisch ist. Indem er überdies kleiner ist, als alle umschriebenen, ist er im Gegentheil grösser als alle isoperimetrischen. Unter den umschriebenen ferner sind diejenigen, die mehr Winkel oder Seiten haben, kleiner als die, die weniger haben, aber im Gegentheil sind unter den isoperimetrischen die mit mehr Winkeln die grösseren.

Von den beiden ähnlichen Polygonen A, B (Fig. 12) sei A

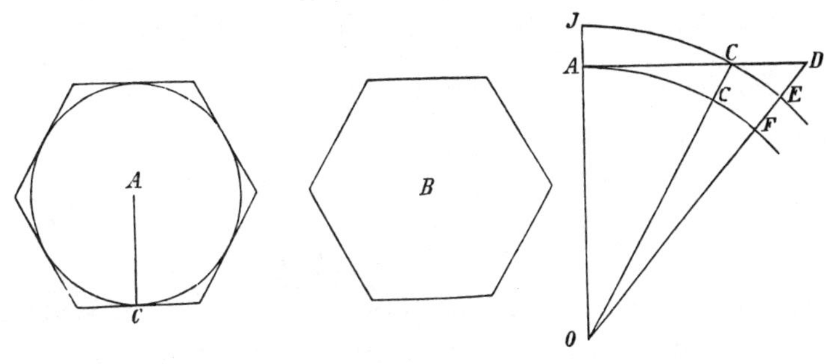

Fig. 12.

dem Kreise A umschrieben und das andere B sei von gleichem Umfange, wie der Kreis. Ich behaupte, dieser letztere sei die mittlere Proportionale zwischen beiden Polygonen. Denn (sei der Halbmesser AC) da der Kreis gleich ist dem rechtwinkligen Dreiecke, dessen eine Kathete gleich AC, und dessen andere gleich der Peripherie des Kreises; und da das Polygon A gleich ist einem Rechtecke, dessen eine Kathete wiederum gleich AC, während die andere gleich dem Polygonumfange ist, so verhält sich der Inhalt des umschriebenen Polygones zum Inhalt des Kreises, wie der Umfang des Polygones zum Umfange des Kreises, oder zum Umfange des anderen Polygones B, welches isoperimetrisch zum Kreise war: aber A zu B wie die Quadrate der Peripherien beider (da die Figuren ähnlich sind), folglich ist A die mittlere Proportionale zwischen beiden Polygonen A, B; und da A grösser als der Kreis A, so muss der Kreis A grösser sein als sein isoperimetrisches Polygon, und mithin grösser, als alle seine regelmässigen isoperimetrischen Polygone[8]).

Den zweiten Theil betreffend, demgemäss unter den umschriebenen Polygonen das mit weniger Seiten den grösseren Inhalt, und im Gegentheil unter den isoperiometrischen das mit mehr Seiten den grösseren Inhalt habe, verfahren wir so: Im Kreise mit dem Centrum O und Radius OA sei eine Tangente AD gezogen, und AD sei die Hälfte der Seite eines umschriebenen Fünfeckes, sowie AC die Hälfte der Seite des Siebeneckes. Man ziehe die Geraden OGC, OFD und um O beschreibe man mit OC den Bogen ECJ. Da das Dreieck DOC grösser ist als der Sector EOC, und der Sector COJ grösser als das Dreieck COA, so steht das Dreieck DOC in grösserem Verhältniss zum Dreieck COA, als der Sector COE zum Sector COJ

$$\left(\begin{array}{ll} & \triangle DOC > \text{Sect. } COE \\ & \text{Sect. } COJ > \triangle COA \\ \text{folglich} & \dfrac{\triangle DOC}{\triangle COA} > \dfrac{\text{Sect. } COE}{\text{Sect. } COJ} \end{array}\right)$$

und folglich
$$\frac{\triangle DOC}{\triangle COA} > \frac{\text{Sect. } FOG}{\text{Sect. } GOA}$$

und durch Summieren und Umstellen, Dreieck DOA zum Sector FOA grösser als $\triangle\, COA$ zum Sector GOA

$$\left(\frac{\triangle DOA}{\text{Sect. } FOA} > \frac{\triangle COA}{\text{Sect. } GOA}\right)$$

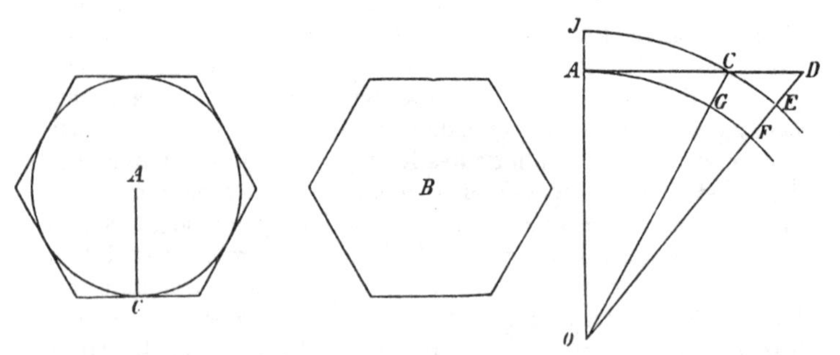

Fig. 12.

und 10 Dreiecke DOA zu 10 Sectoren FOA grösser als 14 Dreiecke COA zu 14 Sectoren GOA, d. h. das umschriebene Fünfeck wird ein grösseres Verhältniss zum Kreise haben, als das Siebeneck: folglich ist das Fünfeck grösser, als das Siebeneck. Denken wir uns nun die isoperimetrischen Fünf- und Siebenecke. Ich behaupte das Siebeneck sei grösser, als das Fünfeck. Da der Kreis die mittlere Proportionale zwischen dem umschriebenen und dem isoperimetrischen Fünfeck, und ebenso zwischen dem umschriebenen und dem isoperimetrischen Siebeneck ist; da ferner das umschriebene Fünfeck grösser, als das

Siebeneck, so hat dieses Pentagon ein grösseres Verhältniss als dieses Heptagon; folglich hat der Kreis ein grösseres Verhältniss zu einem isoperimetrischen Pentagon als zum isoperimetrischen Heptagon; folglich ist das Pentagon kleiner als das isoperimetrische Heptagon; was zu beweisen war.

Sagr. Ein sehr hübscher Beweis, und sehr scharfsinnig. Aber wohin sind wir gerathen. Tief in die Geometrie! Wir ollten doch die Schwierigkeiten erörtern, die Herr *Simplicio* angeregt hat, und die sehr beachtenswerth erscheinen; besonders das Problem der Condensation scheint mir sehr heikel (durissimo) zu sein.

Salv. Wenn Verdichtung und Verdünnung entgegengesetzte Erscheinungen sind, so wird man, wenn es eine immense Verdünnung giebt, auch eine nicht minder grosse Verdichtung zugestehen müssen; ich meine, sowohl die starken Verdünnungen an sich, wie auch der Umstand, dass wir dieselben täglich fast plötzlich entstehen sehen, vermehren unser Erstaunen. Eine fast gänzliche Verdünnung ist die einer geringen Quantität Schiesspulver, die in eine ungeheure Feuermenge sich auflöst? Und wie gewaltig ist noch dazu die fast endlose Ausdehnung des dabei entstehenden Lichtes? Und wenn dieses Feuer, und dieses Licht sich vereinigten, was nicht unmöglich erscheint, welch' eine Verdichtung wäre das, wenn sie nachher einen ganz kleinen Raum einnehmen? Sucht nur, und Ihr werdet tausendfach ähnlichen Verdünnungserscheinungen begegnen, da solche weit häufiger als Verdichtungen vorkommen: denn die dichte Materie ist handlicher und unsern Sinnen zugänglicher, sei es dass wir Holz nehmen und dasselbe im Feuer auflösen und in Licht, während wir nicht so das Feuer und das Licht wieder zu Holz verdichten können; sei es dass wir Früchte, Blüthen und 1000 andre solche Körper zum Theil in Düfte sich auflösen sehen, während es nicht gelingt, die duftenden Atome zu duftenden Körpern zu verdichten. Wenn aber die fassbare Beobachtung uns entgeht, müssen wir das Fehlende durch Ueberlegung ergänzen, wodurch uns nicht nur die Bewegung, die zur Verdünnung und die zur Auflösung fester Körper führt, verständlich wird, sondern auch die Verdichtung der zarten Körper, selbst der allerfeinsten. Wollen wir nun untersuchen, wie die Verdichtung und Verdünnung der Körper bewerkstelligt werden könne, ohne Zuhilfenahme des Vacuums und der Durchdringung der Körper; was nicht ausschliesst, dass in der Natur es Stoffe geben könne, bei denen die Erscheinung nicht vorkommt und bei denen das, was Ihr unmöglich genannt habt, auch wirklich nicht geschieht. Und schliesslich, Herr *Simplicio*, habe ich mich, Euch, Ihr Herrn Philosophen zu Trotz, ermüdet im Nachdenken darüber, wie die Verdichtung und die Verdünnung gedacht werden könne ohne Annahme der Durchdringbarkeit der Körper und ohne Einführung leerer Räume: Vorkommnisse, die Ihr ableugnet und abweiset, während, wenn Ihr sie zugestehen wolltet, ich Euch kein so hartnäckiger Widersacher wäre. Entweder nun lasset gelten das Schwierige oder billigt meine Speculationen, oder endlich gebet Besseres.

Sagr. Die Durchdringung möchte ich in Uebereinstimmung mit den Peripatetikern vollständig leugnen. Betreffs des Vacuums möchte ich abwägen den Aristotelischen Beweis, durch den er dasselbe bekämpft, gegen Eure gegentheilige Ansicht. Ich bitte Herrn *Simplicio*, den Beweis der Philosophen uns zu bringen, und Sie Herr *Salviati* werden gütigst antworten.

Simpl. Aristoteles bekämpft, soviel ich mich entsinne, die Meinung einiger älterer Philosophen, die das Vacuum als nothwendig einführten, damit eine Bewegung zu Stande komme, da ohne dasselbe eine Bewegung unmöglich sei. Im Gegensatz hierzu beweist Aristoteles, dass gerade die Thatsache der Bewegung die Annahme eines Vacuums widerlege; sein Beweis ist folgender. Er discutirt zwei Fälle: erstens lässt er verschiedene Massen in ein und demselben Medium sich bewegen: zweitens ein und dieselbe Masse in verschiedenen Medien. Im ersten Falle behauptet er, dass verschiedene Körper in ein und demselben Medium mit verschiedener Geschwindigkeit sich bewegen, und zwar stets proportional den Gewichten (le gravità); so dass z. B. ein 10 mal grösseres Gewicht sich 10 mal schneller bewege. Im anderen Falle nimmt er an, dass die Geschwindigkeiten ein und derselben Masse in verschiedenen Medien sich umgekehrt wie die Dichtigkeiten verhalten; so dass, wenn z. B. die Dichtigkeit des Wassers 10 mal so gross ist als die der Luft, die Geschwindigkeit in der Luft 10 mal grösser sei, als die Geschwindigkeit im Wasser. Die zweite Behauptung weist er folgender Art nach: Da die Feinheit des Vacuums um ein unendlich kleines Intervall sich unterscheidet von dem körperlich mit allerfeinster Masse erfüllten Raume, so wird jeder Körper, der im erfüllten Medium in einiger Zeit eine gewisse Strecke zurücklegt, im Vacuum sich momentan bewegen; aber eine instantane Bewegung ist unmöglich; mithin ist es unmöglich, dass in Folge der Bewegung ein Vacuum sich bilde.

Salv. Der Beweis ist, wie man sieht, »ad hominem«, d. h. gegen diejenigen gerichtet, welche das Vacuum als für die Bewegung nothwendig erachteten. Wenn ich nun die Schlussfolgerung anerkenne, indem ich zugleich zugebe, dass eine Bewegung im Vacuum nicht statthabe, so wird damit die Annahme eines Vacuums im absoluten Sinne, ohne Rücksicht auf Bewegung, keineswegs widerlegt. Um etwa im Sinne jener Alten zu reden und um besser zu durchschauen, wieviel *Aristoteles* beweist, scheint mir, könnte man alle beide Meinungen verwerfen. Zunächst zweifele ich sehr daran, dass *Aristoteles* je experimentell nachgesehen habe, ob zwei Steine, von denen der eine ein 10 mal so grosses Gewicht hat, als der andere, wenn man sie in ein und demselben Augenblick fallen liesse, z. B. 100 Ellen hoch herab, so verschieden in ihrer Bewegung sein sollten, dass bei der Ankunft des grösseren der kleinere erst 10 Ellen zurückgelegt hätte.

Simpl. Man sieht's aus Ihrer Darstellung, dass Ihr darüber experimentirt habt, sonst würdet Ihr nicht reden vom Nachsehen.

Sagr. Aber ich, Herr *Simplicio*, der ich keinen Versuch angestellt habe, versichere Euch, dass eine Kanonenkugel von 100, 200 und mehr Pfund um keine Spanne vor einer Flintenkugel von einem halben Pfund Gewicht die Erde erreichen wird, wenn beide aus 200 Ellen Höhe herabkommen.

Salv. Ohne viel Versuche können wir durch eine kurze, bindende Schlussfolgerung nachweisen, wie unmöglich es sei, dass ein grösseres Gewicht sich schneller bewege, als ein kleineres, wenn beide aus gleichem Stoff bestehen; und überhaupt alle jene Körper, von denen Aristoteles spricht. Denn sagt mir, Herr *Simplicio*, gebt Ihr zu, dass jeder fallende Körper eine von Natur ihm zukommende Geschwindigkeit habe; so dass, wenn dieselbe vermehrt oder vermindert werden soll, eine Kraft angewandt werden muss oder ein Hemmniss.

Simpl. Unzweifelhaft hat ein Körper in einem gewissen Mittel eine von Natur bestimmte Geschwindigkeit, die nur mit einem neuen Antrieb vermehrt, oder durch ein Hinderniss vermindert werden kann.

Salv. Wenn wir zwei Körper haben, deren natürliche Geschwindigkeit verschieden sei, so ist es klar, dass, wenn wir den langsameren mit dem geschwinderen vereinigen, dieser letztere von jenem verzögert werden müsste, und jener, der langsamere, müsste vom schnelleren beschleunigt werden. Seid Ihr hierin mit mir einverstanden?

Simpl. Mir scheint die Consequenz völlig richtig.

Salv. Aber wenn dieses richtig ist, und wenn es wahr wäre, dass ein grosser Stein sich z. B. mit 8 Maass Geschwindigkeit bewegt, und ein kleinerer Stein mit 4 Maass, so würden beide vereinigt eine Geschwindigkeit von weniger als 8 Maass haben müssen; aber die beiden Steine zusammen sind doch grösser, als jener grössere Stein war, der 8 Maass Geschwindigkeit hatte; mithin würde sich nun der grössere langsamer bewegen, als der kleinere; was gegen Eure Voraussetzung wäre. Ihr seht also, wie aus der Annahme, ein grösserer Körper habe eine grössere Geschwindigkeit, als ein kleinerer Körper, ich Euch weiter folgern lassen konnte, dass ein grösserer Körper langsamer sich bewege als ein kleinerer.

Simpl. Ich bin ganz verwirrt, denn mir will es nun scheinen, als ob der kleine Stein, dem grösseren zugefügt, dessen Gewicht und daher durchaus auch dessen Geschwindigkeit vermehre, oder jedenfalls, als ob letztere nicht vermindert werden müsse.

Salv. Hier begeht Ihr einen neuen Fehler, Herr *Simplicio*, denn es ist nicht richtig, dass der kleine Stein das Gewicht des grösseren vermehre.

Simpl. So? das überschreitet meinen Horizont.

Salv. Keineswegs, sobald ich Euch von dem Irrthume, in dem Ihr Euch bewegt, befreit haben werde: und merket wohl, dass man hier unterscheiden müsse, ob ein Körper sich bereits bewege, oder ob er in Ruhe sei. Wenn wir einen Stein auf eine Wagschale thun, so wird das Gewicht durch Hinzufügung eines zweiten Steines vermehrt, ja selbst die Zulage eines Stückes Werch wird das Gewicht um die 6—10 Unzen anwachsen lassen, die das Werchstück hat. Wenn Ihr aber den Stein mitsammt dem Werch von einer grossen Höhe frei herabfallen lasset, glaubt Ihr, dass während der Bewegung das Werch den Stein drücke, und dessen Bewegung beschleunige: oder glaubt Ihr, dass der Stein aufgehalten wird, indem das Werchstück ihn trägt? Fühlen wir nicht die Last auf unseren Schultern, wenn wir uns stemmen wollen gegen die Bewegung derselben; wenn wir aber mit derselben Geschwindigkeit uns bewegen, wie die Last auf unserem Rücken, wie soll dann letztere uns drücken und beschweren? Seht Ihr nicht, dass das ähnlich wäre, wie wenn wir den mit der Lanze treffen wollten, der mit derselben Geschwindigkeit vor uns herflieht? Zieht also den Schluss, dass beim freien Fall ein kleiner Stein den grossen nicht drücke und nicht sein Gewicht, so wie in der Ruhe, vermehre.

Simpl. Aber wenn der grössere Stein auf dem kleineren ruhte?

Salv. So würde er das Gewicht vermehren müssen, wenn seine Geschwindigkeit überwöge; aber wir fanden schon, dass, wenn die kleinere Last langsamer fiele, sie die Geschwindigkeit der grossen vermindern müsste, und mithin die zusammengesetzte Menge weniger rasch sich bewegte, als ein Theil; was gegen Eure Annahme spricht. Lasst uns also feststellen, dass grosse und kleine Körper, von gleichem specifischen Gewicht, mit gleicher Geschwindigkeit sich bewegen.

Simpl. Eure Herleitung ist wirklich vortrefflich: und doch ist es mir schwer zu glauben, dass ein Bleikorn so schnell wie eine Kanonenkugel fallen solle.

Salv. Sagt nur, ein Sandkorn so schnell wie ein Mühlstein. Ihr werdet, Herr *Simplicio* nicht, wie Andere, das Gespräch von der Hauptfrage ablenken und Euch an einen Ausspruch anklammern, bei welchem ich um Haaresbreite von der Wirklichkeit abweiche, indem Ihr unter dieses Haar verbergen wolltet den Fehler eines Anderen von Ankertau-Dicke. *Aristoteles* sagt: ein Eisenstab von 100 Pfund kommt von einer Höhe von 100 Ellen herabfallend in einer Zeit an, in welcher ein einpfündiger Stab, frei herabfallend, nur 1 Elle zurückgelegt hat: ich behaupte, beide kommen bei 100 Ellen Fall gleichzeitig an: Ihr findet, dass hierbei der grössere um 2 Finger breit vorauseilt, so dass, wenn der grössere an der Erde ankommt, der kleinere noch einen Weg von 2 Fingerbreit Grösse zurückzulegen hat: Ihr wollt jetzt mit diesen 2 Fingern hinwegschmuggeln die 99 Ellen des Aristotelischen Fehlers, und nur von meiner kleinen Abweichung reden, den gewaltigen Irrthum des *Aristoteles* aber verschweigen. *Aristoteles* sagt, dass Körper von verschiedenem Gewicht in ein und demselben Mittel sich mit Geschwindigkeiten bewegen, die ihren Gewichten proportional sind, und giebt ein Beispiel mit Körpern, bei welchen man den reinen, absoluten Effekt des Gewichtes wahrnehmen kann, mit Vernachlässigung des Einflusses, den die Gestalt, die kleinsten Momente haben, Dinge, die stark vom Medium beeinflusst werden, so dass die reine Wirkung der Schwere getrübt wird: wie z. B. Gold, der specifisch schwerste Körper, als sehr dünnes Blatt in der Luft flattert; desgleichen in der Form eines sehr feinen Pulvers. Wollt Ihr nun den allgemeinen Satz erfassen, so zeigt, dass derselbe für alle Körper richtig sei, und dass ein Stein von 20 Pfund Gewicht 10 mal schneller falle, als einer von 2 Pfund: das, behaupte ich, ist eben falsch, und mögen beide von 50 oder 100 Ellen herabfallen, sie kommen stets in demselben Augenblicke an.

Simpl. Vielleicht aber würde bei einer Fallhöhe von mehreren Tausend Ellen das eintreten, was bei kleinerer nicht beobachtet wird.

Salv. Wenn *Aristoteles* so etwas gemeint haben sollte, würdet Ihr ihm einen ganz neuen Irrthum zumuthen, ja eine Unwahrheit: da man solche senkrechte Erhebungen auf der Erde gar nicht findet, so kann auch *Aristoteles* mit solchen nicht experimentirt haben: und doch will er uns von seinen Versuchen reden, da er sagt, man »sehe den Effekt«.

Simpl. Allerdings spricht *Aristoteles* nicht dieses Princip aus, wohl aber jenes andere, welches, ich glaube, nicht diese Schwierigkeiten in sich birgt.

Salv. Aber die andere Behauptung ist nicht minder falsch; und ich wundere mich, dass Ihr den Trugschluss nicht durchschaut und erkennet, dass, wenn der Satz wahr wäre, demgemäss ein und derselbe Körper in Medien verschiedener Dichtigkeit, wie z. B. Wasser und Luft, sich mit Geschwindigkeiten bewegten, welche diesen Dichtigkeiten umgekehrt proportional wären, dass dann alle Körper, die in der Luft niederfallen, auch im Wasser sinken müssten; welches doch so sehr falsch ist, da viele Körper in der Luft fallen, im Wasser dagegen emporsteigen.

Simpl. Ich verstehe die Nothwendigkeit Eurer Consequenz; aber *Aristoteles* spricht von solchen Körpern, die in beiden Medien fallen, und nicht von solchen, die in der Luft fallen, aber im Wasser steigen.

Salv. Ihr bringt für den Philosophen Argumente vor, die er sicherlich nicht annähme, um nicht seinen ersten Irrthum zu vergrössern. Weiter, sagt mir, ob die Dichtigkeiten von Wasser und Luft überhaupt in einem bestimmten Verhältniss stehen; und wenn Ihr dieses bejaht, dann nehmt einen beliebigen Werth dafür an.

Simpl. Gut, angenommen, es sei zehn; daher wird ein Körper, der niederfällt, in der Luft sich 10 mal schneller bewegen, als im Wasser.

Salv. Jetzt denke ich mir einen Körper, der in der Luft fällt, im Wasser steigt, wie etwa ein Stück Holz, und überlasse Euch zu bestimmen, wie rasch er sich in der Luft bewegen solle.

Simpl. Angenommen, es seien 20 Maass Geschwindigkeit.

Salv. Gut. Offenbar kann diese Geschwindigkeit zu einer

anderen in demselben Verhältniss stehen, wie die Dichtigkeiten von Wasser und Luft, letztere betrüge mithin 2 Maass; so dass wirklich, entsprechend dem Aristotelischen Satze, man geradezu behaupten müsste, in der Luft falle der Holzstab mit 20 Maass Geschwindigkeit, im Wasser mit 2 Maass, und solle im Wasser nicht emporsteigen, bis er schwimmt, wie doch geschieht; oder wollt Ihr sagen, dass das Emporsteigen im Wasser dasselbe sei, wie das Niederfallen in der Luft; ich will es nicht hoffen. Eben die Thatsache, dass der Stab nicht fällt, lässt mich erwarten, dass Ihr es zugeben werdet, dass ein Stab von anderem Material sich finden könnte, der im Wasser wirklich mit 2 Maass Geschwindigkeit sich bewegte.

Simpl. Gewiss, nur muss die Materie schwerer sein als Holz.

Salv. Eben das suche ich. Aber dieser zweite Stab, der im Wasser mit 2 Maass Geschwindigkeit fällt, wie rasch würde er in der Luft fallen? Nach *Aristoteles* müsstet Ihr sagen, mit 20 Maass Geschwindigkeit: aber letztgenannten Werth habt Ihr selbst dem Holze zuerkannt: also müssten beide, recht verschiedene Körper mit gleicher Geschwindigkeit in der Luft sich bewegen. Wie stimmt das zum ersteren Gesetz des Philosophen, demgemäss verschiedene Körper in ein und demselben Medium sich mit ganz verschiedener Geschwindigkeit bewegen, und zwar im Verhältniss ihrer Gewichte? Aber abgesehen von all solchen Ueberlegungen, wie kommt es, dass die allerhäufigsten und allerhandlichsten Phänomene von Euch übersehen worden sind, habt Ihr nicht beachtet, wie zwei Körper im Wasser sich verschieden, etwa im Verhältniss von 1 : 100 bewegen, während beim Fall in der Luft kein Hundertstel Unterschied des Betrages bemerkt wird? wie etwa ein Marmorei 10 mal schneller als ein Hühnerei im Wasser niederfällt; während beim Fall beider aus 20 Ellen Höhe durch die Luft das Marmorei keine vier Finger breit jenes übertrifft; und endlich mancher Körper sinkt in 3 Stunden 10 Ellen tief im Wasser, welch' letztere Strecke in der Luft nur ein oder zwei Pulsschläge beansprucht. Und jetzt weiss ich gewiss, Herr *Simplicio*, dass Ihr nichts mehr zu erwidern habt. Also einigen wir uns dahin, dass solch ein Argument nichts gegen die Annahme des Vacuums bringt; und wenn letzteres auch der Fall wäre, so würden dadurch nur jene grossen Vacuums zerstört, welche weder ich, noch, wie ich glaube, die Alten als natürlich sich darbietend annahmen, obwohl sie durch Kraft hervorgebracht werden können, wie aus manchen Versuchen folgt, die wir hier übergehen dürfen.

Sagr. Da Herr *Simplicio* schweigt, so erlaube ich mir eine andere Sache vorzubringen. Obwohl Ihr klar bewiesen habt, dass Körper von ungleichem Gewicht sich in ein und demselben Mittel mit gleicher Geschwindigkeit bewegen, so wird hierbei doch vorausgesetzt, sie seien aus demselben Stoff oder von demselben specifischen Gewicht, aber nicht von verschiedenem specifischen Gewicht (denn Ihr werdet uns nicht zumuthen zu glauben, dass ein Stück Kork sich ebenso schnell bewege wie ein Stück Blei), und da Ihr ferner uns davon überzeugt habt, wie unrichtig es sei, anzunehmen, dass ein und derselbe Körper in verschiedenen Medien Geschwindigkeiten annehme, die den Widerständen umgekehrt proportional seien; so würde ich sehr zu wissen wünschen, welche Verhältnisse in diesen Fällen statthaben.

Salv. Das Problem ist schön, und ich habe viel über dasselbe nachgedacht; ich will Euch einiges mittheilen. Nachdem ich mich von der Unwahrheit dessen überzeugt hatte, dass ein und derselbe Körper in verschieden widerstehenden Mitteln Geschwindigkeiten erlange, die den Widerständen umgekehrt proportional seien, sowie von der Unwahrheit dessen, dass Körper von verschiedenem Gewicht in ein und demselben Mittel diesen Gewichten proportionale Geschwindigkeiten erlangen (auch bei blosser Differenz der specifischen Gewichte), combinirte ich beide Erscheinungen, indem ich Körper verschiedenen Gewichtes in verschieden widerstehende Medien brachte, und fand, dass die erzeugten Geschwindigkeiten um so mehr von einander abwichen, als der Widerstand des Mediums grösser war, und zwar in solchem Betrage, dass zwei Körper, die in der Luft nur sehr wenig verschieden fallen, im Wasser um's Zehnfache differiren können; auch kommt es vor, dass ein Körper in der Luft fällt, im Wasser dagegen schwebt, d. h. sich gar nicht bewegt, ja sogar emporsteigt: man kann leicht solche Holzarten, oder knotige Stellen desselben, oder Baumwurzeln finden, die im Wasser schweben können, während sie in der Luft schnell fallen.

Sagr. Ich habe mehrmals mir Mühe gegeben, eine Stange Wachs, die sonst nicht untersinkt, mit Sandkörnern zu verkleben, bis das Gewicht gleich dem des Wassers wird, und das Wachs in der Mitte des letzteren schwebt; trotz aller Vorsicht ist mir's nicht gelungen; ich weiss nicht, ob es eine andere feste Materie giebt mit völlig dem Wasser gleicher Dichtigkeit, so dass sie überall in demselben schweben könnte.

Salv. In solchen, wie in tausend anderen Verrichtungen sind viele Thiere uns überlegen. In Eurem Falle liessen sich die Fische nennen, da sie in der Ausübung solch einer Thätigkeit so gewandt sind, dass sie nach Belieben sich im Gleichgewicht erhalten, nicht nur in reinem Wasser, sondern auch in verschiedenartig beschaffenem, sei es durch Flussschlamm oder durch Salzgehalt, wodurch ziemlich grosse Unterschiede entstehen; das geschieht, sage ich, mit solcher Gewandtheit, dass sie in völliger Ruhe überall verharren können: und wie ich glaube, bewirken sie das, indem sie sich eines von der Natur zu diesem Zwecke ihnen verliehenen Organes bedienen, jener kleinen Blase, die durch eine ziemlich enge Oeffnung mit dem Munde communicirt, so dass sie je nach dem Zwecke Luft, die im Bläschen enthalten ist, ausstossen oder, wenn sie an die Oberfläche geschwommen sind, neue Luft einziehen können, indem sie durch diese Kunst bald schwerer bald leichter als Wasser werden und nach Belieben sich äquilibriren.

Sagr. Mit einem anderen Kunstgriff habe ich einmal einige Freunde getäuscht, indem ich mich rühmte, das Wachs mit dem Wasser ins Gleichgewicht gebracht zu haben. Ich hatte zunächst Salzwasser genommen, und darüber süsses Wasser gegossen, da blieb der Wachsstab in der Mitte schwebend, und sowohl wenn man ihn zu Boden stiess, als auch, wenn man ihn emporhob, strebte er zurück in die Mitte.

Salv. Das ist ein ganz nützlicher Versuch: wenn die Mediciner mit den verschiedenen Eigenschaften des Wassers sich abgeben, und von dem verschiedenen specifischen Gewichte sprechen, so wird man mit einem Stabe die kleinsten Unterschiede nachweisen können, wenn derselbe in dem einen Wasser sinkt, im anderen aufsteigt. Und so genau kann der Versuch ausgeführt werden, dass eine Zulage von zwei Gran Salz auf 6 Pfund Wasser den Stab aufsteigen lassen wird, der soeben noch gesunken war. Und zum Beweise der Genauigkeit, und zugleich als Merkmal dafür, dass das Wasser der Zertheilung keine Hindernisse in den Weg legt, möchte ich noch anführen, dass nicht nur die Auflösung einer schwereren Substanz solches bewirkt, sondern auch die einfache Erwärmung und Abkühlung: und zwar mit solcher Empfindlichkeit, dass durch Zuführung von 4 Tropfen anderen Wassers zu jenen sechs Pfund der Stab emporsteigt oder niedersinkt: bei Zumischung warmen Wassers sinkt er, bei kaltem steigt er. Jetzt seht Ihr, wie jene Philosophen in Irrthum befangen sind, die dem Wasser Zähigkeit zusprechen, oder eine andere bindende Kraft, die der Theilung Widerstand darbieten soll.

Sagr. Ich habe mehrere überzeugende Betrachtungen hierüber in einer Abhandlung unseres Akademikers gefunden: immerhin bleibt mir ein Bedenken, das ich nicht fortschaffen kann; wenn keine Zähigkeit und Cohäsion zwischen den Wassertheilchen vorhanden ist, wie kommt es, dass ziemlich grosse Wassertropfen sich erhalten können, — man sieht's auf Kohlblättern, — ohne zu zergehen und ohne sich auszubreiten?

Salv. Obwohl ein Jeder, der seine Ansicht für die richtige hält, allen Einwendungen begegnen müsste, so wage ich solches in vorliegendem Falle doch nicht, aber meine Unfähigkeit soll und darf die Wahrheit nicht trüben. Zunächst bekenne ich, nicht zu wissen, wie die Wassertropfen oben auf dem Blatte sich erhalten, obwohl ich sicher weiss, dass innere Zähigkeit das nicht hervorbringt; es muss die Ursache ausserhalb gesucht werden. Dass sie nicht innen liege, kann ich Euch, abgesehen vom vorigen Experiment, mit einem neuen sehr schlagenden beweisen. Wenn die Theile des obenliegenden Wassertropfens, während derselbe von Luft umgeben ist, einen inneren Grund zum Zusammenhalten hätten, so würde solches noch sicherer stattfinden, wenn sie in einer Umgebung sich befänden, in welcher sie weniger Tendenz hätten niederzusinken, als in der Luft; solch ein Medium wäre jede Flüssigkeit, die schwerer ist als Luft, z. B. Wein: umgiebt man aber den Wassertropfen mit Wein, so ist es fraglich, ob man das ausführen könne, ohne dass die Wassertheilchen, die von innerer Zähigkeit gehalten sein sollten, sich auflösten; aber das geschieht nicht eher, als bis die fremde Flüssigkeit genähert wird, wobei das Wasser sofort sich ausbreitet, ohne eine Auflösung und Vermischung abzuwarten; bei Rothwein ist es so; jener Effekt kommt also von aussen und könnte vielleicht von der Luft herrühren. Und wirklich bemerkt man eine grosse Unverträglichkeit zwischen Luft und Wasser, wie ich in folgendem Versuch beobachtet habe: Wenn ich eine Glaskugel, die eine enge Oeffnung hat, etwa wie ein Strohhalm, mit Wasser anfülle, und wenn ich die Kugel, so angefüllt, umkehre, so fliesst das Wasser, obwohl es sehr schwer ist, nicht heraus, und die Luft, die doch so leicht ist, steigt nicht empor, vielmehr bleiben beide in Ruhe. Wenn ich dagegen jenes umgekehrt gehaltene Gefäss in Rothwein senke, der kaum weniger leicht ist als Wasser, so sehen wir denselben sofort in rothen Streifen in das Wasser treten und das Wasser senkt sich langsam in den Wein, ohne dass beide sich mischen, bis endlich der Wein im oberen, das Wasser im unteren Gefäss sich befindet. Was sollen wir anderes annehmen, als eine Unverträglichkeit zwischen Luft und Wasser, die mir verborgen erscheint, und die vielleicht .....

Simpl. Ich muss fast lachen über die Antipathie des Herrn *Salviati* gegen das Wort Antipathie, da er dasselbe durchaus nicht nennen will, obwohl es so gut die Schwierigkeiten lösen könnte.

Salv. Gut, so sei dieses, Herrn *Simplicio* zu Gefallen, die Lösung, und kehren wir nach dieser Abschweifung zu unserem Probleme zurück. Wir sahen, dass die Differenz der Geschwindigkeiten verschiedener Körper von verschiedenem (specifischen) Gewicht im Allgemeinen grösser war in den stärker widerstehenden Medien: aber im Quecksilber sinkt Gold nicht nur schneller als Blei, sondern Gold allein sinkt überhaupt, während alle anderen Metalle und Steine emporsteigen und schwimmen; andererseits aber fallen Gold, Blei, Kupfer, Porphyr und andere schwere Körper mit fast unmerklicher Verschiedenheit in der Luft; Gold von 100 Ellen Höhe kaum vier Fingerbreit früher als Kupfer: Angesichts dessen glaube ich, dass, wenn man den Widerstand der Luft ganz aufhöbe, alle Körper ganz gleich schnell fallen würden.

Simpl. Das ist eine gewagte Behauptung, Herr *Salviati*. Ich meinerseits werde nie glauben, dass in ein und demselben Vacuum, wenn es in demselben eine Bewegung giebt, eine Wollenflocke ebenso schnell wie Blei fallen werde.

Salv. Nur gemach, Herr *Simplicio*, Euer Bedenken ist nicht so begründet, und ich bin nicht um Antwort in Verlegenheit. Zu meiner Rechtfertigung und zu Eurer Belehrung hört mich an: Wir wollen die Bewegung der verschiedensten Körper in einem nicht widerstehenden Mittel untersuchen, so dass alle Verschiedenheit auf die fallenden Körper zurückzuführen wäre. Und da nur ein Raum, der völlig luftleer ist und auch keine andere Materie enthält, sei dieselbe noch so fein und nachgiebig, geeignet erscheint das zu zeigen, was wir suchen, und da wir solch einen Raum nicht herstellen können, so wollen wir prüfen, was in feineren Medien und weniger widerstehenden geschieht im Gegensatz zu anderen weniger feinen und stärker widerstehenden. Finden wir thatsächlich, dass verschiedene Körper immer weniger verschieden sich bewegen, je nachgiebiger die Medien sind, und dass schliesslich, trotz sehr grosser Verschiedenheit der fallenden Körper im allerfeinsten Medium der allerkleinste

Unterschied verbleibt, ja eine kaum noch wahrnehmbare Differenz, dann, scheint mir, dürfen wir mit grosser Wahrscheinlichkeit annehmen, dass im Vacuum völlige Gleichheit eintreten werde. Was also geschieht in der Luft, in der wir eine gutdefinirte Gestalt des Körpers annehmen wollen, und dazu eine sehr leichte Substanz, z. B. eine gespannte Blase, in welcher die eingeschlossene Luft, in Luft gewogen, nichts wiegen würde (oder wenig, da sie etwas comprimirt sein könnte), so dass das Gewicht bloss von der Membran herrührte, also noch nicht den 1000sten Theile eines Bleigewichtes von derselben Grösse betrüge. Diese beiden Körper, Herr *Simplicio*, lasset fallen aus einer Höhe von 4 oder 6 Ellen, um wieviel meint Ihr, werde das Bleigewicht früher ankommen als die Blase? Glaubt mir, nicht um's dreifache oder doppelte, obgleich das Gewicht um's 1000-fache verschieden.

Simpl. Vielleicht ist das so im Anfange der Bewegung bei den ersten 4 oder 6 Ellen: aber später, bei längerer Dauer, glaube ich, würde das Blei die Blase zurücklassen, nicht nur um ein Zwölftel der Strecke, sondern um 6, 8 oder 10 Zwölftel.

Salv. Und ich glaube dasselbe, und zweifele nicht, dass bei sehr grossen Strecken das Blei 100 Meilen fallen könnte, die Blase nur 1 Meile. Aber, mein Herr *Simplicio*, gerade dieses, was Ihr als eine meiner Behauptung widersprechende Erscheinung ansehet, bestätigt dieselbe am allerbesten. Es zeigt, wie die Ursache der verschiedenen Geschwindigkeiten der Körper verschiedenen specifischen Gewichtes nicht eben dieses letztere sein könne, sondern dass die Ursache aussen zu suchen sei, und zwar in dem Widerstande des Mittels, so dass, wenn man diesen Widerstand aufhöbe, alle Körper gleich schnell fallen würden. Das leite ich hauptsächlich aus dem Befunde her, den Ihr selbst soeben angenommen habt, und der vollkommen richtig ist, nämlich, dass Körper sehr verschiedenen Gewichtes um so mehr in der erlangten Geschwindigkeit differiren, je grösser die zurückgelegten Strecken sind: was nicht statthätte, wenn das verschiedene Gewicht die Ursache wäre. Denn da diese Gewichte immer dieselben sind, so müsste dasselbe Verhältniss zwischen den Strecken obwalten, während wir bei der Bewegung ein stetes Anwachsen desselben bemerken; ein sehr schwerer Körper wird den sehr leichten beim Fall durch eine Elle nicht um den zehnten Theil übertreffen, aber von 12 Ellen herab schon um den dritten Theil, von 100 Ellen herab um $^{90}/_{100}$.

Simpl. Ganz gut: aber verfolge ich weiter Euren Gedankengang, so scheint mir, dass, wenn die Gewichtsdifferenz bei Körpern verschiedenen specifischen Gewichtes nicht proportionale Aenderungen der Geschwindigkeit hervorrufen kann, immer vorausgesetzt dass die Gewichte sich nicht ändern, dass dann auch das Medium, wenn es stets dasselbe bleibt, keine Aenderung der Geschwindigkeiten bedingen könne.

Salv. Ihr erhebt gegen meine Auseinandersetzung einen scharfen Einwurf, den ich durchaus widerlegen muss. Ich behaupte, dass ein schwerer Körper von Natur das Princip in sich birgt, sich gegen das gemeinsame Centrum schwerer Körper zu bewegen, d. h. gegen unseren Erdball, und zwar mit einer stetig und gleichmässig beschleunigten Bewegung, dergemäss in gleichen Zeiten gleiche neue Geschwindigkeiten hinzugefügt werden. Das tritt allemal ein, wenn zufällige und äussere Hindernisse hinweggeräumt sind; unter den letzteren giebt es eines, das sich nicht fortschaffen lässt, nämlich das des Mediums, in welchem der fallende Körper sich bewegen soll, wodurch dasselbe seitlich ausweichen muss, und dieser Bewegung setzt das Medium, auch wenn es flüssig, nachgiebig und ruhig ist, einen Widerstand entgegen, der je nach Umständen grösser oder kleiner ist, und zwar um so grösser, je geschwinder das Medium sich öffnen muss, um den Körper hindurchzulassen, welch' letzterer daher, von Natur beschleunigt fallend, einen stets wachsenden Widerstand erfährt Daher entsteht eine Verzögerung und Verminderung aller neuerworbenen Geschwindigkeiten, sodass schliesslich diese, sowie die erzeugten Widerstände einen Grad erreichen, dass sie sich unter einander ausgleichen und alle Beschleunigung aufheben, und der Körper in eine gleichförmige Bewegung geräth, in welcher er fernerhin verharrt. Daher liegt die Vergrösserung des Widerstandes in dem Medium. Es ist zwar keine Veränderung der Essenz des Mediums, wohl aber ist das Bedingende die Geschwindigkeit, mit welcher das Medium sich öffnen muss, um dem beschleunigt fallenden Körper den Durchgang zu gestatten. Nun sieht man ein, dass der Widerstand der Luft gegen das geringfügige Moment der fallenden Blase sehr gross ist, gegen das Bleigewicht dagegen sehr klein. Aber ich bin überzeugt, dass wenn man den Widerstand ganz aufheben könnte, man der Blase bedeutenden Vorschub leisten würde, dem Bleigewicht dagegen sehr wenig, die Geschwindigkeiten beider würden einander allmählich gleich werden. Halten wir dieses Princip fest, demgemäss in einem Raume, der leer ist oder der aus einem andern Grunde keinen Widerstand ausübt gegen die Bewegung der Körper, alle Körper sich gleich schnell bewegen, so können wir ziemlich genau die Bewegung ähnlicher und unähnlicher Körper in ein und demselben oder in verschiedenen Medien und auch in widerstehenden bestimmen. Und das erreichen wir, wenn wir darauf achten, wieviel das Gewicht des Mediums von dem Gewichte des beweglichen Körpers fortnimmt, denn der Ueberschuss der Gewichte ist das Hülfsmittel, durch welches der Körper sich Bahn bricht, die Theile des Mediums zur Seite drängend, ein Umstand, der im Vacuum nicht vorkommt, daher in diesem kein Unterschied aus der Verschiedenheit der specifischen Gewichte zu erwarten steht. Da nun das Medium dem Körper, den es enthält, so viel an Gewicht entzieht, als der verdrängte Theil des Mediums wiegt, so wird das Gesuchte gefunden, indem man das Gewicht des fallenden Körpers im Medium um die angegebene Grösse verkleinert, und nun den Vergleich anstellt mit dem Fall im Vacuum, wo sie gleich wären (nach unserer Annahme). Angenommen z. B. das Blei sei 10 000 mal schwerer als Luft, Ebenholz dagegen nur 1000 mal, so wird von den Geschwindigkeiten dieser beiden Körper, die im widerstandslosen Mittel gleich wären, die Luft dem Blei von 10 000 Einheiten eine entziehen, dem Ebenholz dagegen von 1000 eine, also von 10 000 Einheiten 10. Fallen also Blei und Ebenholz aus irgend einer Höhe herab, die sie ohne Widerstand in gleicher Zeit zurückgelegt hätten, so wird jetzt die Luft dem Blei von 10 000 Einheiten eine, dem Ebenholz von 10 000 zehn entziehen, d. h. theilen wir die Fallhöhe in 10 000 Theile, so wird bei der Ankunft des Bleies das Ebenholz 10 weniger 1, also 9 Theile zurückstehen. Also ebenso, wenn ein Bleistab von einem Thurme von 200 Ellen herabfällt, so würde er einen Stab aus Ebenholz um 4 Zoll überholen. Da Ebenholz 1000 mal, die Blase aber, die wir betrachteten, nur 4 mal schwerer ist, als Luft, so wird die Luft von 1000 Theilen Eigenbewegung des Ebenholzes einen Theil entziehen, bei der Blase dagegen von 4 Theilen einen: also wird bei der Ankunft des Ebenholzes die Blase nur $^1/_4$ des Weges zurückgelegt haben. Blei ist 12 mal schwerer als Wasser, Elfenbein nur 2 mal. Wasser also wird ihren absoluten Geschwindigkeiten, die gleich wären, dort $^1/_{12}$, hier die Hälfte entziehen: wenn also Blei 11 Ellen gefallen ist, hat das Elfenbein 6 zurückgelegt. Hiermit würden wir die Versuche genauer stimmen sehen, als mit der Ueberlegung des *Aristoteles*. Auf ähnliche Weise liessen sich die Geschwindigkeiten ein und desselben Körpers in verschiedenen Medien finden, indem wir nicht die verschiedenen Widerstände des Mediums als Ausgangspunkt wählen, sondern indem wir den Ueberschuss des Gewichtes über das des Mediums betrachten; Zinn ist z. B. 1000 mal schwerer als Luft und theilen wir die Fallgeschwindigkeit in 1000 Theile, so bewegt es sich in Luft mit 999, dagegen im Wasser nur mit 900. Sei ein Körper etwas schwerer als Wasser, z. B. Steineichenholz, und wiege ein Stab davon 1000 Drachmen, die entsprechende Wassermenge 950, Luft dagegen 2, so bleibt von der absoluten Geschwindigkeit von 1000 Graden in Luft 998 nach, im Wasser nur 50, da das Wasser 950 entzieht, und nur 50 belässt; dieser Körper würde also gegen 20 mal schneller in Luft fallen als im Wasser; denn der Ueberschuss seines Gewichtes über das des Wassers ist nur der 20ste Theil des Eigengewichtes. Und nun muss ich daran erinnern, dass eine Bewegung im Wasser nach unten nur möglich wird, wenn das specifische Gewicht grösser ist als das des Wassers, und das sind Körper viele hundert mal schwerer als Luft; um also die Geschwindigkeiten in Luft und in Wasser zu finden, können wir ohne merklichen Fehler annehmen, dass die Luft gar keinen Widerstand darbiete, und die Geschwindigkeit gleich der absoluten sei; da man leicht das Mehrgewicht der Körper gegen Wasser finden kann, so können wir sagen, die Geschwindigkeiten in Luft und Wasser verhalten sich nahezu wie das absolute Gewicht zum Ueberschuss über das Gewicht Wasser. Ein Elfenbeinstab wiege 20 Unzen, derselbe Raumtheil Wasser 17, die Geschwindigkeiten des Elfenbeines in Luft und Wasser verhalten sich also nahezu wie 20 zu 3.

Sagr. Eine wahrhaft grosse Errungenschaft ist mir in einer durchaus interessanten Frage erwachsen, über welche ich oft, leider vergeblich, nachgedacht habe: um diese Erkenntnisse zu verwerthen fehlt nur noch eine Methode, das Gewicht der Luft im Vergleich zu Wasser zu bestimmen, und damit zugleich zu anderen Körpern.

Simpl. Wenn aber sich fände, dass die Luft nicht Schwere, sondern Leichtigkeit besässe, was würde daraus folgen für die ganze Untersuchung, die mir, abgesehen hiervon, sehr sinnreich erscheint?

Salv. Alsdann müsste man sagen, dass die Discussion luftig, leicht und eitel gewesen. Aber wollt Ihr zweifeln an der Schwere der Luft, selbst gegen die Versicherung des *Aristoteles*, dergemäss alle Elemente Schwere haben, auch die Luft? Was, wie er bemerkt, dadurch bewiesen wird, dass ein aufgeblasener Schlauch mehr wiegt als ein zusammengefallener.

Simpl. Dass der aufgeblasene Schlauch mehr wiegt, wäre vielleicht nicht auf die Schwere der in ihm enthaltenen Luft zurückzuführen, sondern auf die vielen, in diesen unteren Regionen der Luft beigemischten dichten Dünste, in Folge deren das Gewicht des Schlauches wächst.

Salv. Eure Einrede gefällt mir nicht, auch werdet Ihr sie, wie ich hoffe, *Aristoteles* nicht unterschieben, der, wo er von den Elementen spricht, und von der Schwere der Luft, Versuche anstellt; hätte er gesagt: ich nehme einen Schlauch, fülle ihn mit dichten Dämpfen und beobachte eine Zunahme des Gewichtes, so würde ich ihm sagen, die Zunahme wäre noch grösser, wenn er den Schlauch mit Kleie ausfüllte; ich müsste aber sogleich hinzufügen, dass solche Versuche nicht mehr beweisen, als dass Kleie und dichte Dämpfe schwer sind, aber in Betreff der Luft bestände der alte Zweifel nach wie vor. *Aristoteles'* Versuch ist aber gut und der Satz ist wahr. Anders dagegen steht es mit der Lehre eines anderen Philosophen, dessen Name mir entfallen, und der kühn behauptete, die Luft sei eher schwer als leicht, weil sie schwere Körper leichter nach unten als leichte nach oben trägt.

Sagr. Vortrefflich, bei meiner Treu. Demgemäss wäre die Luft schwerer als Wasser, da alle Körper von ihr leichter nach unten als nach oben getragen werden, und die leichten Körper schneller in Luft als im Wasser fallen, denn zahllose Körper steigen auf im Wasser, während sie in der Luft fallen. Aber, Herr *Simplicio*, mag das Gewicht der Blase von eingeschlossener reiner Luft oder von dichten Dünsten bedingt sein, das ändert nichts an unserem Satze, denn wir untersuchen, wie die Körper eben in unserer dunstigen Luft sich bewegen. Indess kehre ich zu unserer ersten Frage zurück, ich möchte zur gründlichen Befestigung meiner Erkenntniss nicht bloss wissen, dass die Luft schwer sei (denn das halte ich für ausgemacht), sondern auch wie schwer sie sei. Bitte, Herr *Salviati*, theilt uns hierüber mit, was Ihr habt.

Salv. Dass die Luft Schwere besitze und nicht, wie Einige geglaubt haben, Leichtigkeit, welch' letztere, wie ich meine, in keiner Materie vorkommen dürfte, das beweist uns der Versuch mit dem aufgeblasenen Schlauch des *Aristoteles*; denn gäbe es in der Luft eine Qualität Leichtigkeit, so würde, wenn man dieselbe vermehrt und die Luft verdichtet, die Leichtigkeit zunehmen und damit zugleich auch die Tendenz nach oben; der Versuch aber lehrt das Gegentheil. Betreffs der anderen Frage, wie das Gewicht der Luft zu bestimmen sei, habe ich folgenden Weg eingeschlagen. Ich nahm einen ziemlich grossen Glasballon mit engem Halse, den ich mit einem Stück Leder umgab. Letzteres war fest um den Hals geschnürt und besass einen Einschnitt am Rande. Darüber befestigte ich ein Stück Membran, durch welches ich mittels einer Spritze gewaltsam in den Ballon eine grosse Menge Luft eintrieb, die alsdann so verdichtet war, dass man mit ihr zwei oder drei andere Ballons hätte füllen können, abgesehen von der Luft, die dieselben von Natur enthalten. Auf einer sehr genauen Wage habe ich alsdann den Ballon mit comprimirter Luft gewogen, indem ich die Tara mit feinem Sande herstellte. Nach Oeffnung der Blase trat die verdichtete Luft heftig aus, und auf die Waage zurückgebracht, war das Gewicht merklich kleiner, so dass von der Tara eine wohlaufgehobene Menge Sand fortgenommen werden musste. Unzweifelhaft ist das Gewicht dieser Sandmenge genau gleich dem der Luft, die gewaltsam eingepresst war und schliesslich austrat. Mehr hat aber bisher dieser Versuch nicht ergeben, als eben die Gleichheit der Gewichte jener Sandmenge und der eingepressten Luft, aber wollte man genau die Luft mit Bezug auf Wasser wägen, so erfahre ich dieses noch nicht, ja ich kann es gar nicht erfahren, wenn ich nicht zugleich die Menge jener zusammengepressten Luft bestimme: und zu diesem Zwecke habe ich zweierlei Wege ersonnen. Entweder man nimmt einen zweiten ähnlichen Ballon mit einem Halse, welch' letzterer ebenfalls mit Leder versehen ist, aber mit einer zweiten Oeffnung auf den ersten Ballon aufgestülpt wird, worauf beide fest mit einander verbunden werden. Dieser zweite Ballon ist am Boden durchbohrt, so dass man einen Eisenstab hindurchstecken kann, um mittelst desselben die Membran durchstossen zu können und dadurch der verdichteten Luft den Austritt zu ermöglichen: aber der zweite Ballon muss voll Wasser sein. Wenn alles gehörig vorbereitet, und mit dem Stabe die Membran durchlöchert worden ist, wird die Luft heftig austreten und in den Ballon mit Wasser überströmen, dieses letztere durch die Bodenöffnung hinausdrängend; die auf solche Weise vertriebene Wassermenge wird an Volumen gleich sein dem Volumen derjenigen Luft, die aus dem anderen Ballon ausgeströmt war. Man hebt nun die Wassermenge auf, wägt den entleerten, (sowie zuvor den verdichteten) Ballon, man merkt sich den Taraüberschuss wie vorhin, so ist dessen Gewicht dasjenige eines Luftvolumens gleich dem Volumen des vertriebenen Wassers; letzteres wägen wir, und bekommen das Verhältniss zum aufbewahrten Sande; alsdann können wir sicher angeben, wieviel mal schwerer das Wasser ist als die Luft, und es wird sich nicht die Zahl 10 finden, wie *Aristoteles* schätzte, wohl aber gegen 400, wie der Versuch lehrt.

Das andre Verfahren ist expediter, und kann mit einem einzigen Gefäss ausgeführt werden. Dazu nehmen wir den ersten Ballon in vorher beschriebener Weise, aber nur mit seiner natürlichen Luft. Ausserdem aber pressen wir Wasser ein, ohne der Luft den Austritt zu gestatten, so dass dieselbe sich verdichten muss. Haben wir so viel Wasser als möglich hineingeschafft, was ohne sehr grosse Kraft bis zu dreiviertel des Ballons zulässig sein wird, so bringen wir den letzteren auf die Wage und bestimmen genau das Gewicht, während der Ballonhals nach oben gerichtet ist, darauf durchstossen wir die Membran, wodurch genau so viel Luft austreten wird, als der Raum mit Wasser beträgt. Nach Austritt dieser Luft wägt man wiederum, und wird eine Abnahme gegen vorhin beobachten; der entsprechende Betrag ist das Gewicht von so viel Luft, als das Wasser im Ballon Raum einnimmt.

Simpl. Die von Euch ersonnenen Methoden sind wirklich fein und sinnreich: indessen glaube ich, dass sie nur dem Anschein nach uns befriedigen, da mich nach anderer Richtung hin Verwirrung bedroht. Zweifellos nämlich haben Körper in ihrem eigenen Elemente gewogen weder Schwere, noch Leichtigkeit, daher kann ich nicht begreifen, wie diese Luftmenge, die nur wenig wog, z. B. 4 Drachmen Sand, dennoch solch ein Gewicht wirklich äussern sollte in der Luft, in welcher der Sand sie aufwog; mir scheint, es dürfte der Versuch nicht im Elemente der Luft angestellt werden, sondern in einem Medium, in welchem die Luft selbst ihr Gewicht äussern könnte, wenn sie wirklich welches haben sollte.

Salv. Der Einwand des Herrn *Simplicio* ist scharfsinnig, daher ist derselbe entweder unwiderlegbar, oder die Lösung ist eben so fein. Dass jene Luft, welche verdichtet war und sich durch den Sandüberschuss kund that, nachdem sie in ihr Element zurückgekehrt war, nicht mehr wägbar erschien, das ist richtig, allein der Sand war wägbar; und deshalb könnte behufs Ausführung solcher Versuche ein Ort gewählt werden, wo Luft und Sand gravitiren könnten: denn, wie schon mehrfach erwähnt, entzieht das Medium einem jeden in dasselbe eingetauchten Körper so viel von dessen Eigengewicht, als die von ihm verdrängte Masse wiegt; somit hebt die Luft der Luft das Gewicht völlig auf; will man also exact verfahren, so müsste man im Vacuum wägen, wo jeder Körper sein Moment unvermindert zur Geltung brächte. Wenn wir also, Herr *Simplicio*, eine Portion Luft im Vacuum wägen würden, hättet Ihr dann Befriedigung?

Simp. Wahrhaftig ja; aber das hiesse das Unmögliche ausführen wollen.

Salv. Nun, dann werdet Ihr mir sehr verbunden sein, wenn ich Euch zu Liebe dieses Unmögliche zu Stande bringe; indess möchte ich Euch eine bereits geschenkte Gabe nicht verkaufen, denn in dem beschriebenen Versuche haben wir Luft im Vacuum gewogen und nicht in der Luft oder einem andern Medium. Dass eine Masse, Herr *Simplicio*, die in ein Medium taucht, einen Gewichtsverlust erleidet, das kommt daher, dass das Medium einer Aushöhlung, Vertreibung und Aufhebung widersteht, wie wir daraus erkannten, dass sofort eine Höhlung geschlossen wird, die ein hineingetauchter Körper hervorgerufen hatte, sobald letzterer entfernt wird: wenn das Medium die Immersion nicht empfände, so würde auch kein Gegenstreben vorhanden sein. Sagt mir nun, wenn Ihr in Luft Euren Ballon, mit natürlicher Luft gefüllt, vor Euch habt, welcherlei Theilung, Verdrängung, und überhaupt welcherlei Veränderung erhielte die äussere umgebende Luft durch jene Mengen, die wir neuerdings mit Gewalt einpressten. Vergrössert sich vielleicht der Ballon, sodass die äussere Luft zurückgedrängt wird? Gewiss nicht; daher können wir sagen, dass die eingepresste Luft nicht in die umgebende eingetaucht sei, da sie keinen Raum verdrängt, sie verhält sich vielmehr wie im Vacuum; und wirklich begiebt sie sich in ein solches, da sie die von der gewöhnlichen Luft nicht ganz ausgefüllten kleinen Hohlräume bei ihrer Verdichtung einnimmt. Wahrlich ich finde keinen Unterschied in dem umgebenden Mittel zwischen beiden Fällen, da hier gar kein Umgebendes vorhanden gedacht wird, während dort ein Umgebendes keinen Druck ausübt: und gleicher Art ist der Aufenthalt eines Körpers im Vacuum, wie die in den Ballon hineingepresste Luft. Das für die verdichtete Luft gefundene Gewicht ist ebendasselbe, welches sie im Vacuum haben würde. Allerdings hätte der Sand im Vacuum etwas mehr gewogen; daher man zugeben muss, dass die comprimirte Luft etwas mehr betragen haben wird als der Sand, aber nur um so viel, als die vom Sande verdrängte kleine Luftmenge im Vacuum gewogen hätte.

Simpl. Mir hatte es so geschienen, als liessen die Versuche etwas zu wünschen übrig; aber jetzt bin ich völlig zufriedengestellt.

Salv. Die bisher von mir vorgebrachten Fragen und insbesondere die über die Bewegung der Körper, die, wenn auch noch so verschieden, doch keinen Unterschied in der Geschwindigkeit beim Falle zeigen, so dass vielmehr alle mit gleicher Geschwindigkeit sich bewegen, sofern nur dieser Gewichtsunterschied in Frage kommt; diese Lehre, sage ich, ist vollkommen neu und auf den ersten Anblick recht unwahrscheinlich, so dass, wenn man sie nicht genug aufhellen und klarer als die Sonne erscheinen lassen könnte, es besser wäre, sie zu verschweigen als ihr Ausdruck zu geben; denn obwohl ich die Sache nun schon habe meinen Lippen entschlüpfen lassen, so muss ich doch noch die beweisenden Experimente nachholen.

Sagr. Nicht bloss diese, auch andere. Eure Sätze sind so fern von den gangbaren Lehren, dass Ihr bei einer Veröffentlichung viel Widersacher finden werdet, denn der natürliche Mensch trotz guter Augen sieht nicht das, was Andere mit ihrer Erfahrung an Wahrem und Irrigem aufgedeckt haben, und was ihnen verschlossen bleibt; mit sehr unliebsamen Titeln benennen sie die Reformatoren der Wissenschaft und suchen die Knoten zu zerhauen, die sie selbst nicht zu lösen verstehen, sie unterminiren jenes Gebäude, das von duldsamen Künstlern errichtet ist: da wir von solchem Ansinnen weit entfernt sind, gewähren uns Eure Versuche und Beweise hohe Befriedigung: wenn Ihr aber noch plausiblere Begründungen habt, würden wir sie gern anhören.

Salv. Der Versuch mit zwei an Gewicht möglichst verschiedenen Körpern, die man fallen lässt, um zu beobachten, ob sie gleiche Geschwindigkeit erlangen, bietet einige Schwierigkeiten dar, weil bei grosser Höhe das Medium, welches stets geöffnet und zur Seite geschoben werden muss, grösseren Einfluss hat auf einen sehr leichten Körper, als auf den heftigen Impuls eines sehr schweren Körpers, denn der sehr leichte wird zurückbleiben, und bei geringer Höhe könnte man zweifeln, ob eine Differenz vorhanden sei, da sie kaum beobachtet werden kann. Deshalb habe ich überlegt, ob man nicht mehrmals das Herabfallen durch geringe Höhen wiederholen könnte, so zwar, dass eine

Accumulation jener kleinen Zeitdifferenzen entstünde zwischen der Ankunft des schwereren und des leichteren Körpers, wodurch ein sogar sehr leicht wahrnehmbarer Unterschied in die Erscheinung träte. Um übrigens langsamere Bewegungen zu untersuchen, bei welchen die Arbeit des Widerstandes, die Wirkung der Schwere zu vermindern, kleiner ist, habe ich die Körper längs einer schwach geneigten Ebene fallen lassen, da auf einer solchen geradeso wie beim freien Fall das beobachtet werden kann, was sich auf Körper verschiedenen Gewichtes bezieht, und weiter gedachte ich mich zu befreien von dem Widerstande, der durch den Contact mit der geneigten Ebene entstehen könnte; endlich habe ich zwei Kugeln genommen, eine aus Blei und eine aus Kork, jene gegen 100 mal schwerer als diese, und habe beide an zwei gleiche feine Fäden von 4 bis 5 Ellen Länge befestigt und aufgehängt; entfernte ich nun beide Kugeln aus der senkrechten Stellung und liess sie zugleich los, so wurden Kreise von gleichen Halbmessern beschrieben, die Kugeln schwangen über die Senkrechte hinaus, kehrten auf denselben Wegen zurück, und nachdem sie wohl 100 mal hin- und hergegangen waren, zeigte sich deutlich, dass der schwerere Körper so sehr mit dem leichten übereinstimmte, dass weder in 100 noch in 1000 Schwingungen die kleinste Verschiedenheit zu merken war; sie bewegten sich in völlig gleichem Schritt. Man bemerkt wohl einen Einfluss des Mediums, welches einen Widerstand darbietet der Bewegung und weit merklicher die Schwingungen der Korkkugel vermindert, als die des Bleies, aber dadurch werden sie nicht mehr oder minder häufig, selbst wenn die vom Kork zurückgelegten Bögen nur 5 oder 6 Grad betragen, und die des Bleies 50 oder 60 Grad, sie werden sämmtlich in ein und derselben Zeit zurückgelegt.

Simp. Wenn das der Fall ist, so muss die Geschwindigkeit des Bleies grösser als die des Korkes sein, da jenes 60 Grad zurücklegt, und dieser kaum 6 beschreibt.

Salv. Was sagt Ihr aber dazu, Herr *Simplicio*, dass beide in gleichen Zeiten ihre Schwingungen ausführen, auch wenn der Kork bei 30 Grad Amplitude 60 Grad durchlaufen müsste, und das Blei bei nur 2 Grad Amplitude nur 4 Grad beschriebe? Alsdann müsste wohl der Kork der geschwinder sich bewegende Körper sein? Und der Versuch bestätigt meine Behauptung: deshalb merkt Euch folgendes: Hat man das Pendel aus Blei um 50 Grad aus dem Loth entfernt, und hat es frei schwingen lassen, so beschreibt es jenseits des Lothes gleichfalls nahezu

50 Grad, im Ganzen also fast 100 Grad, und zurückkehrend einen etwas kleineren Bogen, und nach einer grossen Anzahl von Schwingungen kommt es schliesslich zur Ruhe. Jede dieser Schwingungen kommt in einer gewissen sich stets gleich bleibenden Zeit zu Stande, sowohl die von 90 Grad Weite, als die von 50, 20, 10, 4 Grad: so dass die Geschwindigkeit allmählich abnimmt, da in gleichen Zeiten immer kleinere Bögen beschrieben werden. Einen ähnlichen, ja ganz denselben Vorgang nehmen wir beim Korke wahr, wenn er an einem ebenso langen Faden befestigt ist, nur dass er nach einer kleineren Anzahl von Schwingungen den Ruhezustand erreicht, da er wegen seiner Leichtigkeit weniger Macht hat, den Widerstand der Luft zu überwinden: also alle Schwingungen geschehen in gleichen Zeiten und noch dazu in derselben Zeit, wie die des Bleies. Daher ist es richtig, dass, während die Bleikugel einen Bogen von 50 Grad beschreibt und gleichzeitig die Korkkugel etwa nur 10 Grad, der Kork sich langsamer bewegt als das Blei; aber ebenso kann der Kork 50 Grad zurücklegen, das Blei dagegen 10 oder 6, es ist mithin dort das Blei, hier der Kork in geschwinderer Bewegung; aber wenn die genannten Körper in gleichen Zeiten gleiche Bögen beschreiben, dann wird auch die Geschwindigkeit derselben die gleiche sein.

Simpl. Mir erscheint die Sache bald richtig bald falsch, ich fühle mich so verwirrt, dass mir bald der eine, bald der andere als der schnellere, dann wieder als der langsamere vorkommt, und es mir dunkel bleibt, wie beider Geschwindigkeiten einander gleich sein können.

Sagr. Bitte, Herr *Salviati*, lasst mich zwei Worte entgegnen. Sagt mir, Herr *Simplicio*, kann man als sicher annehmen, dass die Geschwindigkeiten von Kork und Blei dieselben seien, wenn sie in ein und demselben Augenblicke die Ruhelage verlassen, stets gleiche Elongation behalten und gleiche Räume in gleichen Zeiten zurücklegen?

Simpl. Daran lässt sich weder zweifeln, noch kann man dem widersprechen.

Sagr. Nun beschreiben die Pendel 60 Grad oder 50 oder 30, oder 10 oder 8, 4, 2 Grad, und wenn beide 60 Grad zurücklegen, gebrauchen sie dazu gleiche Zeiten: dasselbe geschieht bei Bögen von 50 Grad: wieder dasselbe bei 30, 10 u. s. w.; daraus schliesst man auf die Gleichheit der Geschwindigkeiten beider Körper bei 60 Grad: dasselbe gilt für die Bögen von 50 Grad u. s. f. Aber nicht wird behauptet, die Geschwindigkeit bei 60 Grad sei gleich der bei 50 Grad, noch die letztere gleich der bei 30, sondern die entsprechenden Geschwindigkeiten werden immer kleiner: das erhellt daraus, dass der Körper ebensoviel Zeit für den Durchgang durch 60 Grad braucht, wie für den durch den kleineren Bogen von 50 oder 10, wie überhaupt durch Bögen jeglicher Grösse. Also gehen Kork und Blei mit immer kleineren Geschwindigkeiten, je kleiner die Bögen, aber deswegen ändert sich nicht die Uebereinstimmung beider bei jeder Bogenlänge. Ich fasse dieses mehr deshalb zusammen, um zu sehen, ob ich gut die Darstellung des Herrn *Salviati* verstanden habe, als dass ich glaubte, Herrn *Simplicio* eine bessere Erklärung vorzuführen, als die des Herrn *Salviati*, der stets so vollendet klar spricht und nicht bloss die scheinbaren Schwierigkeiten hebt, sondern auch die wahren Räthsel der Natur löst, mit Ueberlegungen, Beobachtungen und Versuchen, die Jedermann zugänglich sind; freilich hat (wie ich gehört habe) einer der Professoren seine Neuerungen gelegentlich gering geachtet, weil sie gemeinplätzig und auf gar zu niedrigen und populären Grundsätzen erbaut seien, als ob nicht die bewunderungswürdigste und schätzbarste Eigenschaft der demonstrativen Wissenschaften das Hervorquellen und Hervorkeimen aus ganz bekannten gemeinverständlichen und unbestrittenen Principien sei. Lasst uns aber fortfahren, an dieser leichten Speise uns zu erfreuen; und in der Voraussetzung, dass Herr *Simplicio* sich darüber beruhigt hat, dass die den Körpern innewohnende Schwere keine Verschiedenheit der Geschwindigkeiten bedinge, so dass aus diesem Grunde alle gleich schnell sich bewegen würden, bitte ich Herrn *Salviati* uns zu sagen, worauf die beobachteten und scheinbaren Ungleichheiten der Bewegung zurückzuführen seien; auch bitte ich Herrn *Simplicio's* und meinen Einwand zu beachten, demgemäss in einem Medium nicht nur eine Kanonenkugel sich schneller als ein Schrotkorn bewege, mit einer allerdings merklichen Differenz, während andererseits grössere Massen in einem dichteren Medium in einem Pulsschlag eine Strecke zurücklegen, für welche andere kleinere Körper eine Stunde gebrauchen, oder 4 oder 20 Stunden, wie z. B. feinster Sand, der das Wasser trübt, und in vielen Stunden kaum zwei Ellen sinkt.

Salv. Wenn das Medium specifisch leichtere Körper stärker aufhält, so war schon gezeigt, dass dieses durch die Verminderung des absoluten Gewichtes zu erklären sei. Wie aber dasselbe Medium so sehr verschieden die Geschwindigkeit vermindere, wenn die Körper nur der Grösse nach verschieden sind, bei sonst gleichem Material und gleicher Gestalt, das lässt sich nur durch eine feinere Untersuchung erklären, und es genügt nicht der Erkenntnissgrund jenes anderen Falles, wo der grössere Körper mehr Widerstand erfährt. Ich führe die fragliche Erscheinung auf die Rauhigkeit und Porosität zurück, die auf allen Oberflächen fester Körper vorhanden ist, eine Rauhigkeit, welche Reibung erzeugt in der Luft oder in anderem umgebendem Mittel; hieraus entsteht das Brausen der Körper, auch wenn letztere noch so abgerundet sind, sobald sie sehr schnell die Luft durchsetzen, auch vernimmt man ein Pfeifen und Zischen, wenn der Körper eine Höhlung oder eine Erhebung besitzt. Bei der Drehbank verursacht jeder noch so runde Körper einen schwachen Wind. Und weiter: hören wir nicht ein gewaltiges Brausen, und starken Donner den Blitz begleiten, wenn letzterer mit ungeheurer Schnelligkeit in die Erde fährt? Der Pfeifton wird immer tiefer, je langsamer eine Ruthe geschwungen wird; ein Beweis dafür, dass die rauhen Theile der Oberfläche die Luft anstossen, seien sie auch noch so klein. Daher wird unzweifelhaft beim Fall der Körper, durch Reibung an dem umgebenden Medium, eine Verzögerung hervorgerufen und zwar eine um so merklichere, je grösser die Oberflächen der kleineren und grösseren Theile sind.

Simpl. Haltet ein, bitte, es beginnt meine Verwirrung: denn ich gestehe wohl zu, dass die Reibung des Mediums gegen die Oberfläche die Bewegung verzögere, und das zwar (ceteris paribus) um so mehr, je grösser die Oberfläche ist, aber deshalb verstehe ich nicht, weshalb Ihr die Oberfläche der kleineren Körper eine grössere nennt: und dann, wenn, wie Ihr sagt, die grössere Oberfläche mehr Verzögerung erleidet, so müssten doch gerade die grösseren Körper zurückbleiben, und das stimmt nicht: ich denke, diese Schwierigkeit ist leicht zu beseitigen, wenn man sagt, der grössere Körper habe zwar eine grössere Oberfläche, aber auch viel mehr Gewicht (gravità), so dass das Hemmniss gegen die grössere Oberfläche doch nicht den Einfluss hat, wie der Widerstand gegen die kleinere Oberfläche des kleineren Gewichtes, so dass die Geschwindigkeit des grösseren Körpers nicht kleiner ausfallen kann. Ich sehe aber nicht ein, warum die Gleichheit der Geschwindigkeiten gestört werden sollte, da bei kleinerem Gewichte auch die Oberfläche verkleinert wird.

Salv. Euren Einwänden lässt sich leicht begegnen. Ihr behauptet, Herr *Simplicio*, dass zwei gleiche Körper von gleicher

Materie und gleicher Gestalt (die ohne Zweifel gleich schnell sich bewegen würden), wenn man dem einen das Gewicht und die Oberfläche in gleichem Maasse verringerte (wobei die Gestalt immer ähnlich bleiben soll), die Geschwindigkeit des verkleinerten sich nicht vermindern würde.

Simpl. Allerdings scheint mir das zu folgen, da wir annehmen, dass das grössere und das kleinere Gewicht keine verschiedene Geschwindigkeit bedingt.

Salv. Letzteres behaupte ich auch, und zugleich lasse ich die Consequenz gelten, dass, wenn sich das Gewicht in stärkerem Maasse ändert als die Oberfläche, man eine immer wachsende Verzögerung veranlassen würde, in je stärkerem Verhältniss das Gewicht im Vergleich zur Oberfläche abnähme.

Simpl. Das gebe ich ohne Weiteres zu.

Salv. Nun aber wisst Ihr doch, Herr *Simplicio*, dass man bei einem Körper dessen Oberfläche nicht in demselben Verhältniss verkleinern kann, wie das Gewicht, solange die Gestalten ähnlich bleiben sollen. Denn das Gewicht nimmt ebenso ab wie die Masse, und wenn die Masse mehr als die Oberfläche verringert wird, wird auch das Gewicht mehr als die Oberfläche verkleinert werden. Die Geometrie lehrt, dass ein grösseres Verhältniss zwischen den Massen ähnlicher Körper, als zwischen deren Oberflächen besteht. Zu näherer Aufklärung betrachten wir ein Beispiel. Denkt Euch einen Würfel von zwei Zoll Länge, eine Fläche hätte also 4, und alle sechs Flächen, d. h. die ganze Oberfläche 24 Quadratzoll. Zerschneiden wir den Würfel in acht Würfel mit einem Zoll Seite und einem Quadratzoll Fläche, so hat der ganze kleine Würfel sechs, während der grössere 24 Quadratzoll Oberfläche besass, folglich ist die Oberfläche auf $\frac{1}{4}$ herabgemindert, der Inhalt dagegen auf $\frac{1}{8}$; die Masse und mithin das Gewicht schwindet also mehr, als die Oberfläche. Und theilet Ihr nochmals den kleinen Würfel in acht Theile, so hat ein jeder dieser anderthalb Quadratzoll Fläche, also $\frac{1}{16}$ der Oberfläche des ersten; die Masse dagegen ist $^1/_{64}$. Ihr seht also, wie bei bloss zwei Theilungen die Masse viermal stärker schwindet, als die Oberfläche, setzen wir aber die Theilung fort, bis wir ein feines Pulver haben, so wird die Masse um 100 und aber 100mal mehr vermindert worden sein, als die Oberfläche. Was aber für Würfel erkannt wurde, gilt für alle ähnlichen Körperformen, deren Massen stets in anderthalbfacher Potenz zu den Oberflächen stehen [9]. Nun erkennt Ihr auch, in welch' stärkerem Maasse der Widerstand des Mediums gegen kleine, als gegen grosse Körper wächst; ausserdem ist vielleicht die Rauhigkeit in den kleinsten Oberflächen der Pulvertheile nicht geringer als die bei grossen Körpern, die sorgfältig polirt sind, merket daher, wieviel nöthig ist, damit ein Medium flüssig sei und gänzlich frei von Widerstand, um einer so schwachen Kraft zu weichen und sich zu öffnen, um den Durchgang zu ermöglichen. Aus allem seht Ihr, Herr *Simplicio*, dass ich mich nicht geirrt habe bei der Aufstellung der Behauptung, die Oberfläche kleiner Körper sei gross im Vergleich zur Oberfläche grosser Massen.

Simpl. Ich bin vollständig überzeugt worden; und glaubt mir, wenn ich von Neuem meine Studien anfangen könnte, ich würde Plato's Rath befolgen und mit Mathematik beginnen, denn diese Disciplin geht peinlich genau vor und lässt nur das zu, was folgerichtig dasteht

Sagr. Diese Auseinandersetzung hat mir ausserordentlich gefallen; aber ehe wir auf Anderes übergehen, bitte ich auf einen mir neuen Ausdruck zurückzukommen. Ihr sagtet, ähnliche Körper stünden in anderthalbfachem Verhältniss zu ihren Oberflächen, denn, obwohl ich den Satz begriffen habe, demgemäss die Oberflächen ähnlicher Körper im quadratischen, also zweifachen Verhältniss ihrer Seiten stehen, und jenen anderen Satz, dass die Würfel im dreifachen Verhältniss zu den Seiten stehen, so ist mir das Verhältniss zwischen Körper und Oberfläche doch, so viel ich mich entsinne, nie vorgekommen.

Salv. Mein Herr, Ihre Frage enthält schon die Antwort und benimmt jeden Zweifel. Wenn etwas das dreifache, ein anderes das zweifache einer Sache ist, so ist jenes das anderthalbfache von diesem. Da nun die Oberflächen im doppelten, die Körper im dreifachen Verhältniss zu den Linien stehen, können wir alsdann nicht sagen, die Körper stünden im anderthalbfachen Verhältniss zu den Oberflächen?

Sagr. Das ist allerdings ganz richtig. Wenn ich nun auch noch einiges andere vorbrächte, so würden wir uns immer weiter vom Ziele entfernen, ich meine von der Erklärung der Bruchfestigkeit; sollen wir nicht jetzt darauf eingehen, und dann auf die anfänglich aufgestellten Sätze zurückkommen.

Salv. Sie haben, mein Herr, vollkommen Recht, aber die vielen, so verschiedenen bisher erörterten Fragen haben uns so viel Zeit gekostet, dass wir an diesem Tage nur wenig die Hauptfrage werden fördern können, weil sie viel geometrische Beweise voraussetzt. die mit aller Aufmerksamkeit behandelt sein wollen; daher ich meine wir besser auf morgen eine Zusammenkunft vereinbaren; alsdann könnte ich auch einige Blätter mitbringen, wo ich alle Theoreme und Probleme gehörig geordnet habe, denn frei aus dem Gedächtniss würde es mir an der correcten Methode fehlen.

Sagr. Diesem Rathe folge ich gerne, umsomehr, als ich zum Schluss der heutigen Sitzung die Aufklärung einiger Zweifel erbitten würde aus dem letzterörterten Gebiete. Das eine wäre, ob der Widerstand eines Mediums hinreichen könne, die Beschleunigung sehr schwerer Körper aufzuheben, solcher, die eine sehr grosse Masse haben und von sphärischer Gestalt sein mögen; letzteres füge ich hinzu, weil sich die kleinste Oberfläche dabei befindet, die mithin am wenigsten Widerstand erleidet. Ein anderes wäre die Schwingung der Pendel, und zwar in mehrfacher Hinsicht: erstens ob wirklich alle Pendel, grosse, mittlere, und ganz kleine, in genau gleichen Zeiten schwingen: und zweitens, in welchem Verhältniss die Schwingungsdauern bei Pendeln ungleicher Länge stehen.

Salv. Ihr stellet schöne Fragen auf, aber wie man bei allem Wahren stets auf neue interessante Consequenzen stösst, zweifele ich sehr, ob der Rest des heutigen Tages zur Erledigung aller hinreichen wird.

Sagr. Wenn dieselben so schön, wie die bisher erörterten sind, so würde ich denselben lieber so viel Tage widmen, als uns heute Stunden bis Mitternacht bevorstehen, und ich hoffe, Herr *Simplicio* wird die Discussion gerne mitmachen.

Simpl. Ganz gewiss, und besonders wenn neue naturwissenschaftliche Probleme behandelt werden, auf welche andere Philosophen nicht eingegangen sind.

Salv. Gehen wir nun auf den ersten Satz ein, der als gewiss hinstellt, dass eine Kugel nie zu gross, noch zu schwer gedacht werden kann, als dass der Widerstand des Mediums, wenn letzteres auch noch so dünn ist, nicht die Beschleunigung vermindere, und bei fortgesetzter Bewegung dieselbe zuletzt gleichförmig werden lasse, wie solches aus einem Versuch völlig erhellen wird. Denn wenn ein fallender Körper irgend eine Geschwindigkeit erlangen kann, so könnte keine von äussern Kräften ihm ertheilte Bewegung so gross sein, dass er dieselbe nicht annähme und sich ihrer entäussere durch den Widerstand des Mediums. Eine Kanonenkugel falle z. B. 4 Ellen hoch herab und habe 10 Maass Geschwindigkeit erlangt, und trete so in Wasser ein, dann würde, wenn der Widerstand des Wassers solchen Impuls nicht aufheben könnte, die Geschwindigkeit zunehmen, oder sie würde bis zum Boden dieselbe Gewalt behalten; dieses aber geschieht nicht, sondern das Wasser, selbst nur wenige Ellen tief, hemmt die Kugel und schwächt die Bewegung so, dass der Boden nur einen ganz geringen Stoss erfährt. Es ist mithin klar, dass die Geschwindigkeit, die das Wasser auf sehr kurzer Strecke vernichtet hat, auch in der Tiefe von 1000 Ellen nicht dem Körper geblieben wäre. Warum sollen wir annehmen, dass auf 1000 Ellen eine Bewegung gewonnen würde, die auf 4 Ellen ihm genommen wird? Aber noch mehr: sieht man nicht die mit immensem Impulse abgeschossene Kanonenkugel dermaassen durch wenige Ellen Wasser gedämpft werden, dass ein Schiff, geschweige dass es verletzt wurde, kaum einen gelinden Stoss erfährt? Aber auch die Luft, trotz ihrer Nachgiebigkeit, hemmt die Geschwindigkeit jedes schweren Körpers, wie ähnliche Versuche beweisen; denn schiessen wir von der Spitze eines sehr hohen Thurmes eine Kugel ab und zwar nach unten, so wird dieselbe weniger tief in die Erde dringen, als wenn wir dieselbe Flinte nur von 4 oder 6 Ellen Höhe losschiessen, ein Beweis, dass die auf der Thurmspitze ertheilte Geschwindigkeit beim Sinken in der Luft abnimmt: mithin wird auch das Herabfallen von irgend einer sehr bedeutenden Höhe nicht jene Geschwindigkeit erzeugen, weil die Luft hinderlich ist. Es wird der Schaden, den eine aus 20 Ellen Entfernung von einer Feldschlange (24 pfündiges Geschütz) abgeschossene Kugel verursacht, von keiner Höhe irgend welcher Grösse durch freien Fall der Kugel erreicht werden können. Darum glaube ich, dass eine jede Beschleunigung unter natürlichen Verhältnissen ein Ende erreicht, und eine gleichförmige Bewegung eintritt.

Sagr. Die Versuche erscheinen mir durchaus zutreffend; nur könnte man einwenden, dass dieselben mit sehr grossen Geschossen vielleicht anders ausfallen würden und dass eine vom Monde herkommende Kanonenkugel, oder eine von der obersten Luftregion, einen stärkeren Stoss ertheilen würde, als irgend eine abgeschossene.

Salv. Freilich lässt sich stets Manches einwenden, und nicht Alles lässt sich experimentell entscheiden, im vorliegenden Fall jedoch lässt sich etwas erwidern: es ist sehr wahrscheinlich, dass ein von grosser Höhe herabfallender Körper mit ebenso grosser Geschwindigkeit die Erde erreicht, als ihm ertheilt werden müsste, um ihn auf jene Höhe zu heben, wie man das deutlich am Pendel erkennt, welches um 50 oder 60 Grad aus der Ruhelage entfernt solch' eine Geschwindigkeit erlangt, die hinreicht ihn ebenso hoch zu erheben, abgesehen von jenem geringen Verluste, den der Widerstand der Luft bedingt. Um also eine Kanonenkugel auf eine Höhe zu erheben, die zur Ertheilung einer so grossen Geschwindigkeit genügte, wie die beim Austritt aus dem Geschütz, müsste es genügen, sie senkrecht in die Höhe zu schiessen mit ebendemselben Geschütz, und es liesse sich beobachten, ob sie beim Niederfallen dieselbe Wirkung ausübt, wie beim Schuss aus unmittelbarer Nachbarschaft; die Verschiedenheit, wie ich glaube, wird nicht gross sein. Ausserdem, scheint mir, wird die Kanonenkugel beim Verlassen des Geschützes eine Geschwindigkeit haben, welche der Widerstand der Luft zu erreichen verhindern würde, mag sie von noch so bedeutender Höhe aus der Ruhe in natürlicher Weise herabfallen. Betreffs des Pendels bemerke ich, dass dieses Problem Vielen äusserst trocken erscheint, ganz besonders jenen Philosophen, die stets die tiefsten Probleme der Natur behandeln; ich aber schätze das Problem, nach dem Vorgange des *Aristoteles*, bei dem ich stets bewundere, wie er Alles berührt, was einiger Beachtung werth erscheint: ich möchte Euch nun einige Gedanken mittheilen über Probleme der Akustik; ein hochedler Gegenstand, über welchen viel geschrieben worden ist, auch von *Aristoteles* selbst, der mehrere merkwürdige Aufgaben behandelt, so dass, wenn ich auf Grund einiger leichter und sinnreicher Versuche höchst wunderbare Erscheinungen aus der Tonlehre besprechen will, ich hoffen darf, Euren Beifall zu finden.

Sagr. Wir werden sehr dankbar sein, und, was mich betrifft, ich werde einen besonderen Wunsch erfüllt sehen, da ich mich mit allen Musikinstrumeuten abgegeben, auch über die Consonanz viel nachgedacht habe, ohne begreifen zu können, woher es komme, dass mir das Eine mehr als das andere gefällt, und wiederum dass Einiges mir nicht bloss nicht gefällt, sondern vielmehr im höchsten Grade missfällt. Das allbekannte Problem der zwei gleichgestimmten Saiten, demgemäss beim Erklingen der einen die andere sich auch bewegt und mitschwingt, ist mir noch nicht klar, auch verstehe ich nicht recht die Form der Consonanzen und Anderes.

Salv. Lasst uns sehen, ob wir von unseren Pendeln aus einigen Gewinn für diese Probleme schöpfen können. Fragen wir uns zunächst, ob es ganz genau wahr sei, dass ein Pendel alle seine Schwingungen, die grössten, die mittleren und die kleinsten, in völlig gleichen Zeiten vollführe, so beziehe ich mich auf die Angaben unseres Akademikers, der bewies, dass ein Körper, der längs der Sehne über einem beliebigen Bogen herabfällt, stets dieselbe Zeit gebrauche, sei der entsprechende Bogen volle 180 Grad gross, oder 100, 60, 2, $\frac{1}{2}$ oder 4 Minuten: alle diese Körper sollen die Horizontalebene im untersten Punkte erreichen. Weiter fallen aber die Körper, durch die Bögen schwingend, von 90 Grad Elongation an, gleichfalls in gleichen Zeiten; aber diese Zeiten sind kürzer, als die beim Fallen längs der Sehnen; ein in der That sehr merkwürdiges Verhalten, bei dem man das Gegentheil zu erwarten geneigt wäre. Wenn Anfangs- und Endpunkt der Bahnen identisch sind, so ist die gerade Linie der kürzeste Weg zwischen beiden, daher möchte man glauben, der Fall längs dieser Strecke werde die kürzeste Zeit gebrauchen; das ist aber nicht so: die kürzeste Zeit und mithin die rascheste Bewegung ist die längs des Bogens, dessen Sehne jene Gerade ist[10]). Bei Pendeln verschiedener Länge verhalten sich die Zeiten wie die Quadratwurzeln aus den Längen, oder mit a. W. die Pendellängen verhalten sich wie die Quadrate der Schwingungszeiten: soll also ein Pendel doppelt so langsam schwingen, als ein anderes, so muss es die vierfache Länge haben. Ein anderes Pendel wird im Vergleich zum kürzeren die dreifache Schwingungsdauer haben, wenn seine Länge das neunfache beträgt. Hieraus folgt zudem, dass die Pendellängen sich umgekehrt wie die Quadrate der Schwingungszahlen verhalten.

Sagr. Wenn ich wohl verstanden habe, so kann ich sofort die Länge eines Pendels von immenser Ausdehnung berechnen, auch wenn der Aufhängepunkt unsichtbar wäre und man nur das untere Ende beobachten könnte. Ich brauchte bloss ein Gewicht anzuhängen und dasselbe in Schwingungen zu versetzen, und während ein Gehilfe einige Schwingungen zählt, beobachte ich die Schwingungszahl eines anderen Pendels, dessen Länge genau einer Elle gleich. Aus beiden Schwingungszahlen, die in gleicher Zeit erhalten worden, berechne ich die Länge meines Pendels; z. B. mein Gehilfe habe 20 Schwingungen gezählt, während ich 240 erhalten habe; bilden wir die Quadrate 400 und 57600, so erkennen wir, dass das lange Pendel 57600 solcher Theile hat, von denen 400 auf eine Elle gehen; theilen wir 57600 durch 400, so ergiebt sich 144, folglich muss das Pendel 144 Ellen lang sein.

Salv. Ihr werdet keine Spanne Fehler haben, ganz besonders, wenn Ihr eine grosse Menge von Schwingungen zählt.

Sagr. Wie oft gebt Ihr mir Gelegenheit den Reichthum und zugleich die Freigebigkeit der Natur zu bewundern, indem Ihr über einfache, ja fast triviale Dinge so merkwürdige, völlig neue, der Einbildungskraft fernliegende Betrachtungen anstellt. Wohl tausendmal habe ich Schwingungen beobachtet, besonders bei den Kronleuchtern in den Kirchen, die oft so sehr lang sind, aber mehr habe ich nicht gefunden als die Unwahrscheinlichkeit der Ansicht, dass ähnliche Bewegungen vom umgebenden Mittel, hier also von der Luft unterhalten werden; ich denke, die Luft müsste sicheres Urtheil und zugleich wenig sonst zu thun haben, um nur die Zeit zu vertreiben, und die Zeitstunden mit dem Hin und Her eines Gewichtes mit grosser Genauigkeit auszufüllen: dass aber ein und derselbe Körper, an einem 100 Ellen langen Faden, stets gleiche Zeit gebraucht, sei es dass er 90 Grad abweicht, oder 1 Grad, das hätte ich nimmer gefunden, und immer wieder kommt es mir wie unmöglich vor. Nun bin ich begierig zu hören, wie diese einfachen Beziehungen mir jene akustischen Phänomene erklären können.

Salv. Vor allem müssen wir constatiren, dass jedes Pendel eine so feste und bestimmte Schwingungsdauer hat, dass man dasselbe in keiner Weise in einer anderen Periode schwingen lassen kann, als nur in der ihm von Natur eigenen. Man nehme ein beliebiges Pendel in die Hand, und versuche die Zahl der Schwingungen zu vermehren oder zu vermindern, es wird verlorene Mühe sein; aber einem ruhenden, noch so schweren Pendel können wir durch blosses Anblasen eine Bewegung ertheilen, und zwar eine recht beträchtliche, wenn wir das Blasen einstellen, sobald das Pendel zurückkehrt, und immer wieder blasen in der dem Pendel eigenthümlichen Zeit; wenn auch beim ersten Blasen wir das Pendel nur um einen halben Zoll entfernt haben von der Ruhelage, so werden wir, nach der Rückkehr desselben es nochmals anblasend, die Bewegung vermehren, und so weiter; aber zur bestimmten Zeit, und nur nicht wenn das Pendel auf uns zu schwingt (denn in diesem Falle würden wir die Bewegung hemmen uud nicht vermehren), und endlich wird eine so starke Schwingung hervorgerufen sein, dass eine sehr viel grössere Kraft, als die eines einmaligen Anblasens erforderlich wäre, um die Ruhe wiederherzustellen.

Sagr. Schon als Kind habe ich gesehen, wie ein einziger Mann durch rechtzeitige Anstösse eine immense Kirchenglocke zum Läuten brachte, und um sie anzuhalten hingen sich 4 oder 6 andre Männer an, wurden aber sämmtlich mehrere Mal in die

Höhe gehoben, und konnten die Glocke, die ein Einziger in regelmässigen Intervallen bewegt hatte, nicht sogleich zur Ruhe bringen.

Salv. Das ist ein Beispiel, welches ebenso zutreffend mir dienen kann, um das wunderbare Phänomen an den Saiten der Zither und des Klavieres (cimbalo) zu erklären, wo nicht bloss die gleichgestimmten mittönen, sondern auch die im Verhältniss der Octave und der Quinte stehenden. Eine angeschlagene Saite ertönt und klingt fort, solange seine Resonanz andauert: diese Schwingungen versetzen die Luft in Mitbewegung, und das Erzittern derselben erstreckt sich weit fort, und erregt alle Saiten desselben Instrumentes und auch die anderer benachbarter: jede mit der angeschlagenen gleich gestimmte Saite, da sie geneigt ist, in demselben Tempo zu vibriren, fängt bei dem ersten Impulse an sich ein wenig zu bewegen, es wird ein zweiter, ein dritter, ein zwanzigster und mehr hinzugefügt, und dieselben erfolgen alle in der passenden Zeit, so dass schliesslich die Schwingung ebenso ergiebig wird, wie die der ersten Saite; man sieht ihre Elongationen wachsen bis zur Weite der erregenden. Die Luftwellen erschüttern nicht bloss Saiten, sondern auch andere mitschwingungsfähige Körper: sodass, wenn an den Rand des Instrumentes diverse Borstenfäden angeheftet werden, oder anderes biegsames Material, man beim Spielen des Instrumentes bald diesen, bald jenen Körper mitschwingen sieht, je nachdem eine Saite erklingt, deren Schwingungsdauer mit denen der angehängten Substanzen übereinstimmt: andere bleiben hierbei in Ruhe, sowie jene sich nicht bewegen, wenn andere Töne angeschlagen werden. Streicht man mit dem Bogen eine dicke Saite der Viola an, während man einen Becher aus feinem reinem Glase an das Instrument hält, so wird jener erzittern, wenn eine Uebereinstimmung der Schwingungszahl statthat, und laut mitklingen. Wie sehr die Schwingung der umgebenden Luft an den mittönenden Körper abgegeben wird, kann man sehen, wenn man den Becher zum Tönen bringt, indem man den Rand mit der Fingerspitze bestreicht, während sich Wasser im Gefäss befindet; man erkennt alsdann die Wasserwellen in regelmässigster Form, und besser noch gelingt der Versuch, wenn man den Becherfuss auf den Boden eines grossen Gefässes stellt, in welches Wasser fast bis zum Rande eingegossen ist: man sieht alsdann dasselbe in sehr regelmässiger Weise erzittern und mit grosser Geschwindigkeit weit vom Becher sich ansammeln, ja bei einem ziemlich grossen Becher voll Wasser sah ich oft sehr gleichmässig geformte Wellen, dann aber sprang der Ton in die höhere Octave über, und es zerfiel eine Wasserwelle in zwei Wellen: eine Erscheinung, die deutlich zeigt, dass die Form der Octave die doppelte ist (la forma dell' ottava esser la dupla).

Sagr. Ich habe auch solches beobachtet bei Gelegenheit meiner Musikstudien; ich war sehr erstaunt über die Formen der Consonanzen, da es mir schien, als ob die von gelehrten Musikern aufgestellten Verhältnisse und Begründungen zur Erklärung nicht hinreichten. Sie behaupten, der Diapason oder die Octave stehe in der doppelten, die Diapente oder, wie wir es nennen, die Quinte in dem anderthalbfachen Verhältniss, denn die Saite eines Monochordes lässt den Grundton hören, und dessen Octave, wenn eine Stütze in der Mitte angebracht wird; wird aber der Steg bei einem Drittel der ganzen Saite angesetzt, und der innere Theil gedämpft, der äussere angeschlagen, so hört man die Quinte, daher sie behaupten, die Octave bilde das Verhältniss 1 zu 2, die Quinte 2 : 3. Diese Schlussfolgerung schien mir nicht zwingend, um sagen zu können, das doppelte, und das anderthalbfache seien die natürlichen Formen vom Diapason und Diapente. Und zwar aus folgendem Grunde: Auf dreierlei Art können wir den Ton einer Saite erhöhen, durch Verkürzung, durch Spannung und durch Unterstützung. Bei gleicher Spannung und Beschaffenheit bringen wir die Octave hervor durch Verkürzung auf die Hälfte, d. h. wir schlagen erst die ganze, dann die halbe Saite an. Bei gleicher Länge und Beschaffenheit erhalten wir durch Anspannung die Octave, aber es genügt hierzu nicht eine doppelte Kraft, sondern die vierfache; war sie zuerst mit einem Pfund gespannt, so brauchen wir deren vier, um die Octave zu erhalten. Endlich bei gleicher Länge und Spannung muss die Dicke auf einviertel reducirt werden, um die Octave zu erhalten. Was von der Octave gilt, d. h. wenn man ihre Form aus der Spannung oder aus der Dicke der Saite herleitet, wobei das Doppelte von dem sich ergiebt, was man aus der Länge erschliesst, das findet für alle andern Intervalle statt, denn wenn aus dem Längenverhältniss das anderthalbfache sich ergab, so muss man, wenn dasselbe durch veränderte Spannung oder durch eine andere Saitendicke erreicht werden soll, das Verhältniss $^9/_4$ anwenden; wenn z. B. die Saite mit vier Pfund gespannt war, muss sie nicht mit 6, sondern mit 9 Pfund belastet werden, desgleichen muss die Dicke auf $^4/_9$ reducirt werden, wenn man die Quinte erhalten will. Diesen exacten Versuchen gegenüber schien es mir ganz unbegründet, das Verhältniss 1 zu 2 für die Form der Octave anzunehmen, wie die scharfsinnigen Philosophen thun, statt 1 zu 4, desgleichen kann die Quinte eher dem Verhältniss 4 zu 9, als 2 zu 3 entsprechen. Da es nun ganz unmöglich ist, die Schwingungen einer Saite zu zählen, da sie zu zahlreich sind, so würde ich stets zweifelhaft sein, ob wirklich bei der Octave der höhere Ton in gleicher Zeit doppelt so viel Vibrationen vollführt, als der tiefere, wenn nicht bei jenem Becher die beharrlichen Wellen deutlich gezeigt hätten, wie beim plötzlichen Anklingen der Octave neue kleinere Wellen entstehen, die mit vollendeter Reinheit eine jede der ersten Wellen genau halbiren.

Salv. Es ist das ein schöner Versuch, bei dem man einzeln die vom Körper ausgehenden Erzitterungen unterscheiden kann, es sind das dieselben Stösse, die in der Luft sich ausbreiten und unser Trommelfell in Schwingung versetzen, und zuletzt in unserer Seele zum Ton werden. Aber die Erschütterung im Wasser dauert nur so lange, als das Glas mit dem Finger gestrichen wird, und selbst in dieser Zeit sind sie nicht beständig, sondern sie vergehen und entstehen. Wäre es nicht schön, wenn man die Schwingungen lange andauern lassen könnte, selbst Monate und Jahre lang, so dass man im Stande wäre sie zu messen und bequem zu zählen?

Sagr. Solch eine Erfindung würde ich allerdings sehr hoch schätzen.

Salv. Diese Erfindung machte ich zufällig, ich hatte nur zu beobachten und die Sache zu verwerthen, es war eine tiefere Speculation bei Gelegenheit einer recht schlichten Verrichtung. Ich schabte mit einem scharfen eisernen Meissel eine Messingplatte, um einige Flecke fortzuschaffen, und bei schnellem Hinübergleiten über die Platte hörte ich ein oder zwei Mal unter vielen Streichen ein Pfeifen, und zwar einen starken, hellen Ton, und wie ich auf die Platte sehe, erblicke ich eine Menge feiner paralleler Striche, in völlig gleichen Abständen. Bei wiederholtem Streichen bemerkte ich, dass nur dann, wenn ein Ton entstand, der Meissel jene Furchen hervorrief, geschah aber das Streichen ohne Pfeifen, so war nicht die geringste Spur von einer Zeichnung zu sehen. Dieses Spiel wiederholte ich nun, bald mit grösserer, bald mit kleinerer Geschwindigkeit, der Ton wurde bald höher, bald tiefer, beim höheren Tone waren die Striche gedrängter, und selbst dann, wenn das Gleiten gegen Ende des Striches rascher wurde, war auch der Pfeifton ein allmählich höher werdender, zugleich aber die Striche gegen Ende gedrängter, doch stets in vollendeter Zierlichkeit; bei den tönenden Streichzügen fühlte ich den Meissel in meiner Faust erdröhnen und die Hand durchzuckte ein Schauer. Der Vorgang beim Eisen ist genau derselbe, wie wenn wir mit der Flüsterstimme sprechen und dann den Ton laut erklingen lassen, denn senden wir den Athem aus ohne Tonbildung, so fühlen wir in der Kehle und im Munde keine Bewegung im Vergleich zum starken Zittern, das wir im Kehlkopf und im Schlunde empfinden bei lauter Stimme, besonders bei tiefen, starken Tönen. Manchesmal suchte ich auf dem Klavier die Tonhöhe jener Pfeiftöne auf; zwei Töne, die am meisten differirten, bildeten eine Quinte, und als ich nun die Striche und deren Entfernung ausmaass, so fand ich auf 45 Striche des einen Tones 30 Striche des anderen; das entspricht wirklich der Form, die man der Quinte zuschreibt. Ehe ich fortfahre, muss ich bemerken, dass von den drei Arten, Töne höher werden zu lassen, diejenige, die Ihr dem Querschnitt der Saite zuspracht, besser auf das Gewicht derselben zu beziehen wäre. Bei gleichem Material gilt stets dasselbe Verhältniss, so z. B. muss von zwei Darmsaiten die eine 4 mal dicker sein, um die Octave zu geben, aber auch bei Messingsaiten gilt dasselbe. Soll ich aber eine Octave herstellen aus einer Darm- und einer Metallsaite, so ist das Verhältniss nicht das vierfache für die Dicke, wohl aber kann das vierfache Gewicht genommen werden; so dass also die Metallsaite nicht den vierfachen Querschnitt der Darmsaite haben wird, wohl aber das vierfache Gewicht, und sie wird so viel mal dünner sein, als die Darmsaite der entsprechenden höheren Octave. Wenn nun ein Klavier mit Goldsaiten, ein anderes mit Messing bezogen wird, so werden bei gleicher Länge, Spannung und Dicke die Töne des Goldsaitenklavieres doppelt so tief sein und es wird die Stimmung ungefähr eine Quinte tiefer liegen. Hier sieht man, wie der Geschwindigkeit der Bewegung eher das Gewicht des Körpers, als die Dicke desselben widersteht, im Gegensatz zu dem, was man erwarten möchte; denn es scheint doch, als ob eigentlich die Geschwindigkeit von dem Widerstande des Mediums eher gehemmt werden müsste, wenn letzteres einem dicken und leichten Körper auszuweichen hätte, als einem dünnen, schweren; und doch tritt genau das Gegentheil ein. Um aber auf das Erstere zurückzukommen, sage ich, dass das primäre, unmittelbare Verhältniss der akustischen Intervalle weder von der Länge der Saiten, noch von ihrer Spannung, noch von ihrem Querschnitt bedingt ist, sondern von der

Anzahl von Schwingungen und Lufterschütterungen, die unser Trommelfell treffen und letzteres in demselben Tempo erzittern lassen. Halten wir dieses fest, so können wir mit Sicherheit angeben, weshalb uns einige Zusammenklänge angenehm, andere weniger, wieder andere sehr missfällig berühren, d. h. den Grund für die mehr oder minder vollkommene Consonanz und für die Dissonanz. Das Widrige in letzteren entsteht, wie ich meine, aus den nicht zusammentreffenden Erschütterungen, die zwei verschiedene Töne erzeugen, die ohne bestimmtes Verhältniss das Trommelfell afficiren, und unerträglich werden die Dissonanzen sein, wenn die Schwingungsdauern nicht in Zahlen darstellbar werden, wie z. B. wenn von zwei gleichgestimmten Saiten die eine in solchem Theile der ganzen Saite schwingt, wie die Seite eines Quadrates zur Diagonale sich verhält: eine Dissonanz ähnlich dem Tritonus oder der Hälfte einer Quinte. Consonant und wohlklingend werden diejenigen Intervalle sein, deren Töne in einer gewissen Ordnung das Trommelfell erschüttern; wozu vor Allem gehört, dass die Schwingungszahlen in einem rationalen Verhältnisse stehen, damit die Knorpel des Trommelfelles nicht in steter Qual sich befinden, in verschiedenen Richtungen auszuweichen und den auseinandergehenden Schlägen zu gehorchen. Deshalb ist die erste und vollkommenste Consonanz die Octave, weil auf jede Erschütterung des tieferen Tones zwei des höheren kommen; so dass beide abwechselnd zusammenfallen und auseinandergehen; von allen Schwingungen fällt die eine Hälfte zusammen, während beim Einklang alle Erschütterungen zusammenfallen und wie von einer einzigen Saite herstammend sich verhalten und von keiner Consonanz mehr gesprochen werden kann. Die Quinte klingt auch sehr gut, weil auf je 2 Schwingungen der einen Saite die höhere 3 giebt, woraus folgt, dass von den Schwingungen des höheren Tones ein Drittel mit denen des anderen zusammenfällt; also zwei isolirte sind eingeschaltet; und bei der Quarte fallen je drei aus, und je die vierte fällt zusammen. Bei der Secunde trifft nur eine von 9 Schwingungen eine Schwingung des tieferen Tones, alle anderen weichen ab, daher empfindet man bereits eine Dissonanz.

Simpl. Ich bitte noch um einige nähere Erläuterung.

Salv. Es sei AB die Länge der Welle eines tieferen Tones: und CD die des höheren im Verhältniss der Octave; man halbire AB in E. Geht nun die Bewegung von A und von C aus, so schreitet dieselbe gleichzeitig bis E und D fort. In E findet keine Erschütterung statt, wohl aber in D. Kehrt die Schwingung von D nach C zurück, so ist jene von E nach B gelangt, und beide Stösse bei B und C wirken einheitlich aufs Trommelfell; ähnlich ist es mit den folgenden Schwingungen, so dass abwechselnd die Stösse gleichzeitig stattfinden und dazwischen nicht: die Stösse an den Enden sind stets begleitet von solchen bei C, D; denn wenn A und C gleichzeitig anschlagen, und A nach B, C nach D fortschreitet, so kehrt letzteres nach C zurück, so dass A und C gleichzeitig Stösse ertheilen. Wenn aber AB, CD die Quinte geben, mit dem Verhältniss 2 : 3, so theile man AB in drei gleiche Theile, in E und O. Fangen nun die Schwingungen gleichzeitig in C und A an, so wird offenbar, wenn in D ein Stoss erfolgt, die Bewegung von A aus bis O gelangt sein, das Trommelfell erhält mithin nur die Erschütterung von D aus: bei der Umkehr von D nach C geht die Schwingung dort von O bis B und zurück von B bis O, es entstand in B eine Erschütterung, die isolirt blieb, denn da wir an den Enden A, C gleichzeitig den Anfang annahmen, geschah die Erschütterung bei D isolirt um so viel später, als der Uebergang bis CD oder AO erfordert. Aber die Erregung bei B findet nunmehr bloss um die Hälfte dieser Zeit später statt, da OB gleich der Hälfte von AO; zuletzt läuft die Bewegung von O nach A und gleichzeitig von C nach D, so dass in A und D die Erschütterungen zusammenfallen. Es folgen andere ähnliche Perioden, d. h. solche mit Einschaltung zweier Stösse des höheren Tones, isolirt, und ein ebenfalls isolirter des tieferen Tones zwischen jenen beiden. Theilen wir die Zeit in kleine gleiche Theile, und nehmen wir an, dass in den ersten beiden Zeittheilchen von A, C aus eine Fortpflanzung nach O und D statthat, und in D ein Stoss erfolgt: dann kehrt im dritten und vierten Zeitmoment die Bewegung von D nach C zurück, giebt in C einen Stoss, dort dagegen von O nach B, wo ein Stoss erfolgt, und zurück von B nach O, endlich im fünften und sechsten Zeittheil von O und C nach A und D, an beiden Punkten Stösse erzeugend; so haben wir auf dem Trommelfell die Stösse in solch einer Reihenfolge, dass, wenn anfänglich dieselben zusammentreffen, nach zwei Zeittheilchen ein isolirter Stoss eintritt, nach dem dritten wieder ein isolirter Stoss, im vierten wiederum, und

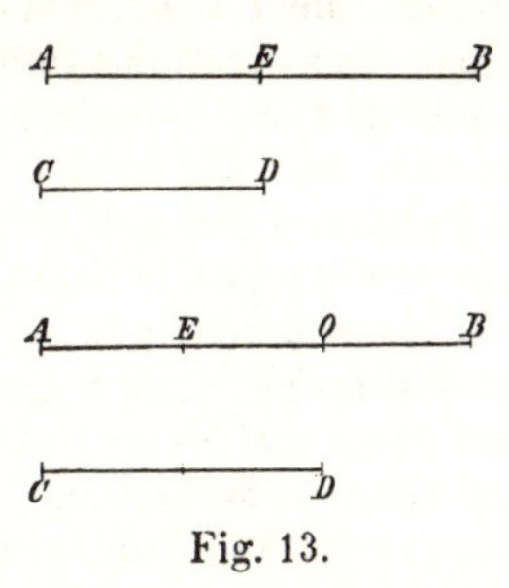

Fig. 13.

noch zwei Zeittheilchen später zwei gemeinsame Stösse: jetzt ist die Periode beendet, und das Spiel beginnt von Neuem.

Sagr. Ich kann nicht mehr schweigen, ich muss meinen Beifall äussern zu einer so trefflichen Begründung von Erscheinungen, die mich so lange in Finsterniss und Blindheit gefangen hielten. Jetzt verstehe ich, warum der Einklang gar nicht von einem einzelnen Tone abweicht: ich begreife, warum die Octave die beste Consonanz ist, und dabei so ähnlich dem Einklange, dass sie wie ein solcher erscheint, denn die Erschütterungen fallen stets zusammen, die des tieferen Tones werden sämmtlich von solchen des höheren unterstützt, und von letzteren tritt je eine dazwischen in stets gleichen Zeiten und gewissermaassen ohne Störung, daher diese Consonanz äusserst milde erscheint und ohne viel Feuer. Aber die Quinte mit ihren Contratempis, mit ihrer Einschaltung zweier isolirter Stösse des höheren Tones zwischen zwei vereinigte Erschütterungen, während ein isolirter Stoss des tieferen jene beiden unterbricht, wobei alle drei isolirte Stösse nach gleichen Zeitintervallen erfolgen, und zwar je nach der Hälfte des Betrages, der zwischen jedem Paare und dem isolirten Stosse des hohen Tones verstreicht, das Alles erzeugt einen solchen Reiz auf das Trommelfell, dass Weichheit und Schärfe innig verschmolzen erscheinen und ein Kuss und zugleich ein sanfter Stich empfunden wird.

Salv. Da ich Euren Beifall über diese Kleinigkeiten in so hohem Grade ernte, muss ich Euch zeigen, wie auch das Auge, ähnlich wie das Ohr, sich an demselben Spiele erfreut. Hänget Bleikugeln oder andere schwere Körper an drei Fäden verschiedener Länge an, so zwar, dass, wenn der längste zwei Schwingungen vollführt, der kürzeste vier, der mittlere drei zu Stande bringt, was geschehen wird, wenn der erste 16 Maass lang ist, der mittlere 9 und der kleinste 4; alle zugleich aus dem Loth entfernt und losgelassen, zeigen sie ein wirres Durcheinander der Fäden, aber bei jeder vierten Schwingung des langen Pendels kommen alle drei zugleich an, und beginnen alsdann eine neue Periode: diese Vermischung entspricht der Empfindung, welche drei Saiten als Octave und Quinte dem Gehörsinn vermitteln. Wenn wir ähnlich die Länge anderer Fäden bestimmen, entsprechend gewissen consonanten Tonintervallen, so wird ein solch neues Gewirr entstehen, so jedoch, dass nach einer gewissen Anzahl von Schwingungen alle in demselben Momente ankommen und wieder ausgehen, um eine neue Periode anzuheben. Sind aber die Schwingungsdauern der Fäden incommensurabel, so dass sie nie wieder in demselben Momente zurückkommen, oder nur wenn andernfalls sie nach langer Zeit und nach vielen Schwingungen eine neue Periode beginnen, dann verwirrt sich der Anblick gänzlich, während entsprechend das Ohr mit Pein die Lufterschütterungen empfängt, die ohne Ordnung und Regel das Trommelfell treffen.

Aber wohin, meine Herren, haben wir uns durch die mannigfaltigsten Probleme hindurch unversehens verirrt? Die Nacht ist herbeigekommen; von dem Stoff, den wir uns vorgesetzt, ist nur sehr wenig oder nichts erledigt; wir sind dermaassen von unserer Bahn abgewichen, dass ich kaum des Ausgangspunktes und der ersten Betrachtungen mich entsinne, die wir als Hypothese und Basis den späteren Erläuterungen zu Grunde legten.

Sagr. So wollen wir denn heute schliessen, und unseren Geist der besänftigenden Nachtruhe sich erfreuen lassen, um morgen, wenn es Ihnen, geehrter Herr, gefällig sein sollte, zu den Hauptfragen zurückzukehren.

Salv. Ich werde nicht ermangeln, zur selben Stunde, wie heute hier zu erscheinen, um Ihnen, meine Herren, dienstbar zu sein und Ihnen Vergnügen zu bereiten.

Ende des ersten Tages.

Zweiter Tag.

Sagr. Während wir, Herr *Simplicio* und ich, Euch erwarteten, versuchten wir unsere letzten Discussionen uns ins Gedächtniss zurückzurufen und namentlich jene Sätze, die uns dazu dienen sollten, den Widerstand zu erklären, den alle festen Körper gegen ein Zerbrechen derselben ausüben; der Widerstand wurde einem Bindemittel zugeschrieben, welches die Theile zusammenhält, so dass sie nur einer beträchtlichen Kraft weichen und sich von einander trennen. Wir hatten uns gefragt, was das Wesen solcher Cohärenz sein könne, die in manchen Körpern sehr gross ist, und wir versuchten sie hauptsächlich auf das Vacuum zurückzuführen; hierdurch entstanden die vielen Abschweifungen, die uns den übrigen Tag beschäftigten und weit ablenkten von der ursprünglich gestellten Aufgabe, die Bruchfestigkeit aufzuklären.

Salv. Kehren wir denn zum Ausgangspunkte zurück: Worin nun auch die Bruchfestigkeit bestehen mag, jedenfalls ist sie vorhanden und zwar sehr beträchtlich als Widerstand gegen Zug, geringer bei einer transversalen Verbiegung; ein Stahlstab z. B. könnte 1000 Pfund tragen, während 50 Pfund denselben zerbrechen, wenn er horizontal senkrecht in einer Wand befestigt ist. Von dieser letztern Art Widerstand wollen wir sprechen und feststellen, in welchen Beziehungen sie steht in ähnlichen und unähnlichen Prismen und Cylindern, die nach Länge und Dicke variiren, bei gleichem Stoff. Als bekannt setze ich den Satz vom Hebel voraus, demgemäss die Kraft zur Last sich umgekehrt verhält, wie die Entfernungen der Angriffspunkte vom Unterstützungspunkte.

Simpl. Ein Satz, den *Aristoteles* zuerst vor allen Anderen bewiesen hat.

Salv. Er hat ihn zuerst ausgesprochen, den Beweis aber gab *Archimedes* auf Grund eines Lehrsatzes über das Gleichgewicht, wobei er ausser dem Hebelgesetz noch eine grosse Menge anderer Verhältnisse an mechanischen Vorrichtungen darlegte.

Sagr. Da das Hebelgesetz die feste Grundlage für das noch zu Beweisende ist, so wäre es doch schön, wenn Ihr uns eine tadellose vollkommene Herleitung geben wolltet.

Salv. Es wird gut sein, einen etwas anderen Weg als *Archimedes* einzuschlagen, als Einleitung in alles Folgende, und nur eines vorauszusetzen, dass nämlich gleiche Gewichte an gleich langen Armen im Gleichgewicht seien (was auch *Archimedes* annimmt), woraus gefolgert werden kann, dass ungleiche Gewichte im Gleichgewicht sich befinden, wenn sie sich umgekehrt wie die Arme verhalten; zugleich erkennt man, dass kein wesentlicher Unterschied besteht zwischen diesem Fall und jenem gleicher Gewichte in gleichen Entfernungen. Denken wir uns ein Prisma oder einen Cylinder AB, der an den Enden bei H, I aufgehängt sei an zwei Fäden AH, IB (Fig. 14). Wird das Ganze bei C aufgehängt, mitten zwischen H, I, so findet offenbar Gleichgewicht statt nach unserer Voraussetzung. Es sei nun das Prisma bei D in ungleiche Theile getheilt, und zwar sei DA grösser, DB kleiner, und damit die Theile in unveränderter Lage beharren in Bezug auf HI, bringen wir einen Faden ED an, der bei E befestigt ist und die Theile der Prismen AD, DB hält; da keine Veränderung in Bezug auf HI eingetreten ist, ist das Gleichgewicht nicht gestört. Aber dasselbe findet statt, wenn statt der beiden Fäden AH, DE ein einziger Faden in der Mitte *GL* zwischen beiden angebracht wird, und ebenso auf der anderen Seite in *FM* mitten zwischen *ED* und *IB*. Nehmen wir nun *HA*, *ED*, *IB* fort und belassen blos *GL*, *FM*, so beharrt das Gleichgewicht, während *C* der Unterstützungspunkt geblieben ist. Jetzt aber haben wir zwei Körper *AD*, *DB*, hängend an *G*, *F* eines Wagebalkens *GF*, mit dem Unterstützungspunkt *C*. Die Distanzen der Aufhängepunkte sind *CG*, *CF*. Wir müssen nun beweisen, dass die genannten Strecken sich umgekehrt wie die Gewichte verhalten, d. h. dass *CG* zu *CF* wie Prisma *DB* zum Prisma *DA*: es ist nun *GE* gleich $^1/_2$ *EH* und *EF* gleich $^1/_2$ *EI*, folglich ist *GF* gleich $^1/_2$ *HI*, folglich gleich *CI*; zieht man von beiden gleichen Strecken den gemeinsamen Theil *CF* ab, so bleibt der Rest *GC* gleich dem Rest *FI* oder gleich *FE*; fügt man beiderseits *CE* hinzu, so kommt *GE* gleich *CF*; folglich wie *GE* zu *EF*, so verhält sich *FC* : *CG*; wie ferner *GE* zu *EF*, so auch

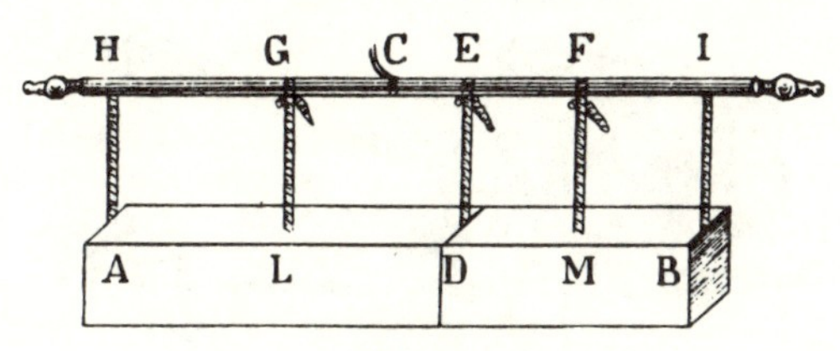

Fig. 14.

die doppelten Strecken zu den doppelten, d. h. wie *HE* zu *EI* und folglich wie Prisma *AD* zu Prisma *DB*. Folglich weiter wie *GC* zu *CF*, so das Gewicht *BD* zum Gewicht *DA*, was zu beweisen war. Ich hoffe, Ihr findet keine Schwierigkeit in der Behauptung, die beiden Prismen *AD*, *DB* seien im Gleichgewicht in Bezug auf *C*, da die Hälfte des ganzen Cylinders *AB* rechts, die andere links liegt, in welchem Sinne sie zwei gleiche äquidistante Gewichte vorstellen. Verwandeln wir nun die beiden Prismen *AD*, *DB* in zwei Würfel oder in zwei Kugeln oder in irgend zwei andere Formen, so beharrt das Gleichgewicht in Bezug auf *C*, denn zweifelsohne ändert die Gestalt nicht das Gewicht, wenn gleichviel Materie beibehalten wird. Hieraus können wir allgemein schliessen, dass stets zwei Gewichte bei wechselseitig entsprechender Distanz im Gleichgewichte stehen. Nachdem wir dieses klar erkannt haben, müssen wir überlegen, wie solche Kräfte, Widerstände, Momente und Gestalten abstract gedacht werden können, losgetrennt von aller Materie, und andererseits concret und bedingt durch Materie; Eigenschaften, die den immateriell betrachteten Gestalten zukommen, werden eine gewisse Aenderung erleiden durch Hinzunahme von Materie und Schwere. Wenn wir z. B. einen Hebel betrachten AB (Fig. 15) mit dem Unterstützungspunkte C, und zwar so disponirt, dass der Felsblock D gehoben werden könne, so ist es klar, dass in B eine Kraft denkbar wäre, die dem Widerstand der Last D Gleichgewicht hielte, wenn die Kraft zur Last sich verhielte, wie die Strecke AC zu CB, und das ist richtig, wenn man von anderen Momenten, als der Kraft in B absieht, mit anderen Worten, wenn man den Hebel AB für immateriell ansieht. Berücksichtigen wir aber das Gewicht des Hebelarmes selbst, sei er nun aus Holz oder Eisen gefertigt, so wird das zu B hinzugefügte Gewicht die Proportion verändern. Zukünftig

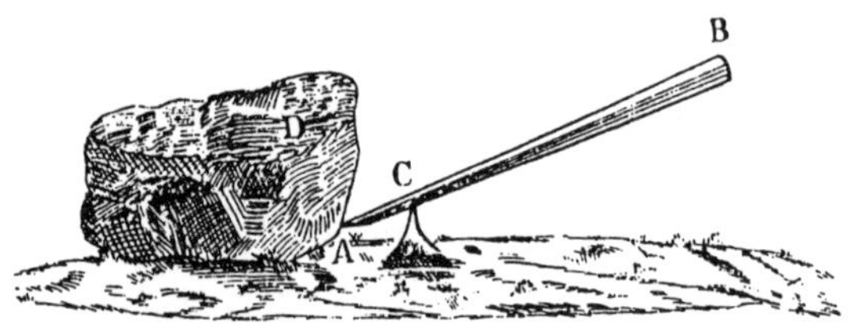

Fig. 15.

wollen wir diese zwei Arten der Betrachtung sondern; wir sprechen von einem absoluten Verhalten, wenn das Instrument abstract behandelt wird, ohne Rücksicht auf das Gewicht der Theile des Instrumentes: fügen wir alsdann letzten Einfluss hinzu, so wollen wir die Bezeichnung »zusammengesetzte« Momente oder Kräfte gebrauchen.

Sagr. Meiner ursprünglichen Absicht entgegen muss ich wieder abschweifen, allein ich könnte nicht aufmerksam folgen, wenn mir ein Zweifel bliebe. Ich verstehe nicht, mit welchem Recht Ihr die Kraft B mit der gesammten Last D in Beziehung setzt, da ein Theil der letzteren, und zwar vielleicht der grössere, sich auf die Erde stützt; so dass ....

Salv. Versteht sich. Ihr habt völlig recht; allein ich sprach nicht von der ganzen Last des Steines, sondern von dem Momente, welches dieselbe auf A ausübt, und welches stets kleiner ist als das Gewicht des ganzen Blockes; ja es variirt je nach der Form des Steines und je nach seiner Lage.

Sagr. Schön, aber noch eines; ich möchte nun wissen, ob es sich bestimmen liesse, wie gross das wirksame, und wie gross das von der Unterlage getragene Moment des Steines wäre.

Salv. Mit wenig Worten kann das geschehen; es sei A (Fig. 16) der Schwerpunkt der Last, die in B sich auf die Unterlage stützt, und andererseits vom Hebebaum CG gehalten wird, durch Anbringung einer Unterstützung bei N, und einer Kraft in G; wir construiren die zum Horizonte senkrechten Geraden AO, CF. Ich behaupte das Moment der ganzen Last verhalte sich zum Moment der Kraft in G wie das zusammengesetzte Verhältniss der Strecken GN zu NC und der Strecken FB zu BO. Wie FB zu BO, so mache man NC zu X; da das ganze Gewicht auf B und C ruht, so verhalten sich die Kräfte bei B und C wie die Strecken FO zu OB, und vereinigen wir die beiden

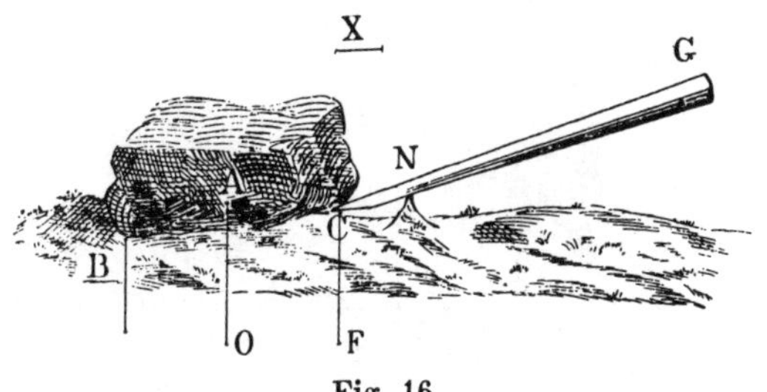

Fig. 16.

Potenzen bei B und C, d. h. nehmen wir das Gesammtgewicht A, so verhält sich dieses zur Potenz in C, wie FB zu BO, oder wie NC zu X; aber das Moment der Kraft in C verhält sich zu dem in G wie in GN zu NC; folglich auch umgekehrt das Totalgewicht A zum Moment der Kraft in G, wie GN zu X; aber GN zu X ist zusammengesetzt aus den Verhältnissen GN zu NC und NC zu X, oder FB zu BO, folglich verhält sich die Gesammtlast bei A zur äquilibrirenden Potenz in G wie das zusammengesetzte Verhältniss von GN zu NC und von FB zu BO, was zu beweisen war. Kehren wir nun zu unserer Aufgabe zurück. Es wird uns jetzt ein Leichtes sein zu verstehen, weshalb ein Cylinder aus Glas, Stahl, Holz oder aus einem anderen zerbrechbaren Material, wenn man ihn herabhängen lässt, ein sehr grosses Gewicht zu tragen vermag, während derselbe in transversaler Lage von einem um so kleineren Gewichte zerbrochen werden kann, je grösser seine Länge im Vergleich zur Dicke.

Denn sei das Prisma $ABCD$ (Fig. 17) mit der Seite AB in einer Mauer fest angebracht, während am anderen Ende das Gewicht E wirkt (vorausgesetzt einen senkrechten Stand der Mauer und das Prisma rechtwinklig zu derselben); offenbar wird das Prisma bei B zerbrechen, wo die Mauergrenze als Stützpunkt dient, und BC wird der Hebelarm der Kraft sein; die Dicke BA des Prismas bildet den anderen Hebelarm, an welchem der Widerstand wirkt, der die Theile von BD trennen will von den Theilen, die in der Mauer stecken: und dem Erläuterten gemäss verhält sich das Moment der Kraft C zu den Widerständen, die in der Dicke des Prismas enthalten sind, wie die Länge CB zur Hälfte von AB;[11]) und die absolute Zugfestigkeit des Körpers BD (die man findet bei gerader

Fig. 17.

Streckung in der Richtung BC, wobei die ziehende Kraft der widerstehenden gleich ist) verhält sich zur relativen oder Bruchfestigkeit (mit Hülfe des Hebels BC) wie die Länge BC zur Hälfte von AB, welch letztere beim Cylinder gleich dem Radius der Basis wäre. Und das ist unser erster Satz. Dasselbe gilt mit Rücksicht auf das Eigengewicht des Körpers BD, das wir bisher vernachlässigt haben. Combiniren wir dasselbe mit dem Gewichte E, so müssen wir nur die Hälfte des Gewichtes von BD zu E hinzufügen, so dass, wenn z. B. BD zwei Pfund wiegt und E 10 Pfund, man 11 Pfund als wirksam erkennen muss.

Simpl. Und warum nicht 12 Pfund?

Salv. Das Gewicht E, Herr *Simplicio*, wirkt am Ende C entsprechend einem Arme BC mit einem Moment von 10 Pfund;

wäre der Körper BD in C angebracht, so hätten wir ein volles Moment von 2 Pfund, allein der Körper ist über die ganze Strecke gleichförmig vertheilt, daher die näher zu B liegenden Theile weniger wirken; gleicht man alles aus, so wirkt das Prisma wie wenn es im Schwerpunkt concentrirt wäre, also wie das halbe Gewicht am Ende C; denn es hat hier ein doppeltes Moment; also ist das halbe Gewicht von BD der Kraft E hinzuzufügen.

Simpl. Ich bin vollständig überzeugt, und zudem, scheint mir, haben beide Gewichte BD und E, so disponirt, dasselbe Moment, wie wenn in der Mitte von BC der ganze Körper BD und das Doppelte von E angebracht würde.

Salv. Ganz richtig, und das ist bemerkenswerth. Jetzt können wir sofort angeben, wie und in welchem Verhältnisse eine Ruthe oder besser ein Prisma dem Bruch widerstehen könne,

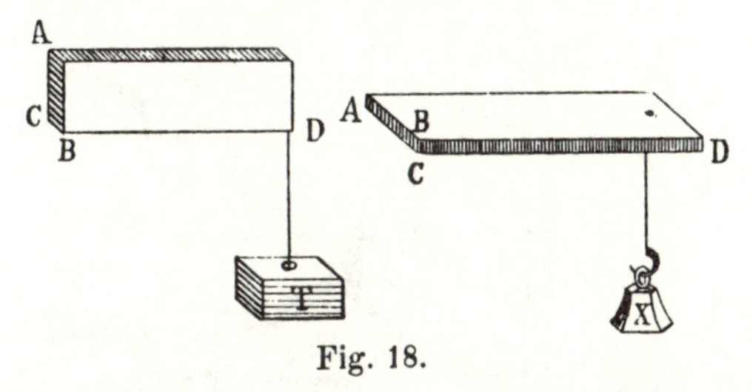

Fig. 18.

wenn es mehr Breite als Dicke hat, je nachdem es in dieser oder jener Richtung gebogen wird. Nehmen wir z. B. ein Lineal AD (Fig. 18), dessen Breite AC, und dessen Dicke CB weit geringer sei; auf schmaler Basis wird es einem grossen Gewichte T widerstehen, flach gehalten wird es einem geringeren Gewichte X kaum widerstehen; dort findet eine Unterstützung längs der Linie BC statt, hier längs CA, während in beiden Fällen die Länge BD ein und dieselbe bleibt. Dort aber ist der Abstand des Widerstandes von der Unterstützung gleich der Hälfte von CA, und daher weit grösser als im andern Falle, wo nur die Hälfte von BC in Betracht kommt: mithin muss T grösser sein als X in dem Verhältniss der Hälften von CA und CB, denn dieses sind die Hebelarme des Widerstandes, der in beiden Fällen denselben Betrag hat, nämlich den aller Fasern der Basis AB. Das Linial widersteht also in steiler Lage eher, als wenn es flach liegt, und zwar genau im Verhältniss der Breite zur Dicke.

Wollen wir nun untersuchen, in welchem Grade das Moment

des Eigengewichtes im Verhältniss zur Festigkeit in einem Prisma oder Cylinder zunimmt, wenn letzterer horizontal steht und allmählich verlängert wird: wir finden, dass dieses Moment proportional dem Quadrat der Länge wächst. Es sei AD (Fig. 19) das Prisma oder der Cylinder, bei A in der Mauer angebracht in horizontaler Lage; es werde der Körper verlängert bis E durch Hinzufügung des Stückes BE. Offenbar ist der Hebelarm auch um BC gewachsen, daher die brechende Kraft im Verhältniss CA zu BA stärker wirkt, ausserdem ist das Gewicht im Verhältniss von $AE : AB$ gewachsen, welches dasselbe ist wie AC zu AB, folglich werden beide Wirkungen der Verlängerung sich geltend machen, die Vermehrung des Gewichtes und

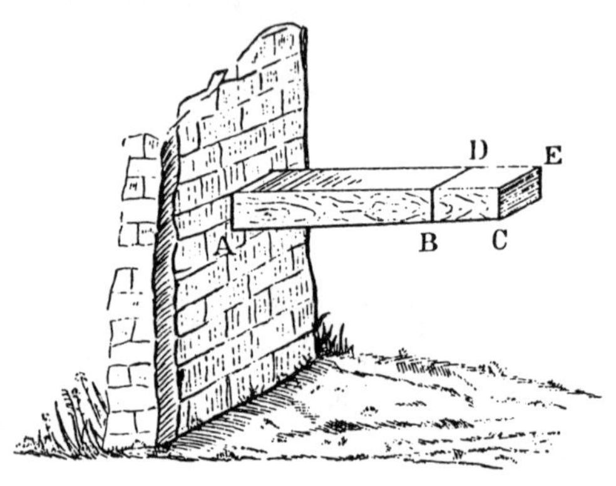

Fig. 19.

die Verlängerung des Armes, folglich wächst das wirksame Moment der Kraft im quadratischen Verhältniss zur Länge. Bei ungleich langen, sonst gleichen Cylindern wirken also die Kräfte proportional dem Quadrat ihrer Längen.

Zweitens wollen wir zeigen, wie die Bruchfestigkeit bei Prismen oder Cylindern gleicher Länge aber verschiedener Dicke sich verhält. Ich behaupte, »dass in gleich langen Prismen oder Cylindern bei ungleicher Dicke die Bruchfestigkeit im cubischen Verhältniss zur Dicke steht«. Die beiden Cylinder seien A und B (Fig. 20), deren Längen DG, FH, einander gleich seien, bei ungleicher Basis, deren Kreisdurchmesser CD, EF. Ich behaupte, der Widerstand von B verhält sich zu dem von A, wie die dritte Potenz des Verhältnisses von FE zu DC. Der absolute Widerstand wächst nämlich in dem Maasse als die

Basis grösser ist, denn so viel mehr Fasern halten die Körpertheilchen zusammen. Nun findet ausserdem eine Hebelwirkung statt, die Kräfte wirken an Armen DG, FH, die Widerstände an Halbmessern von CD, EF, wenn man den Widerstand aller Fasern auf die Mittelpunkte concentrirt, daher der Widerstand im Centrum von EF soviel stärker wirkt im Vergleich zum Widerstande im Centrum von CD, als der Halbmesser selbst grösser ist; aus beiden Gründen wächst das Moment der Widerstände mit den Durchmessern, und da die Widerstände selbst schon proportional dem Quadrate der Durchmesser wachsen, so steht das Moment im cubischen Verhältniss zu denselben, denn Cuben stehen in eben diesem Verhältniss zu ihren Seiten.

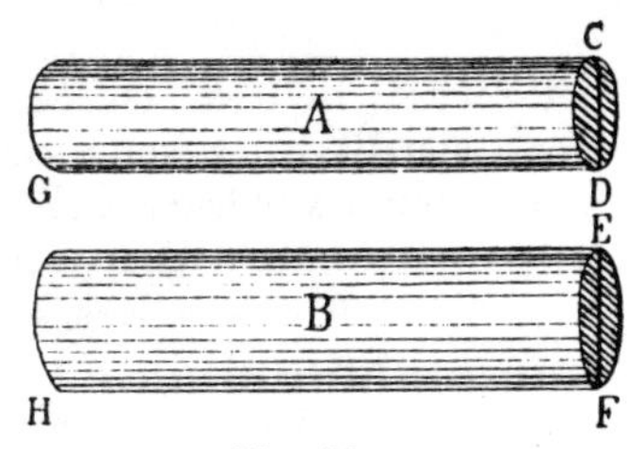

Fig. 20.

Weiter folgt hieraus, dass die Bruchfestigkeit von gleich langen Prismen oder Cylindern in der anderthalbfachen Potenz zu den Gewichten sich verhalten, denn die Gewichte verhalten sich wie die Quadrate der Seiten oder Durchmesser, die Festigkeiten wie die Cuben der Seiten: mithin verhalten sich die Festigkeiten wie die anderthalbfache Potenz der Massen; und folglich auch der Gewichte.

Simpl. Ehe wir weiter gehen, benehmen Sie uns ein Bedenken, sofern bis jetzt von einer anderen Art Widerstand nicht die Rede war, ein Widerstand, der mit Verlängerung kleiner wird, sowohl beim Zuge als beim Biegen, denn ein langer Strick ist weniger geeignet eine Last zu tragen als ein kurzer: und ich glaube, dass ein Holz- oder Eisenstab mehr aushalten kann, wenn er kurz, als wenn er lang ist; dieses Alles gilt nur, wenn von Streckung die Rede ist; und zudem kommt beim längeren Stabe noch das Eigengewicht hinzu.

Salv. Ich glaube, Herr *Simplicio*, dass Ihr hier denselben Irrthum begeht, wie viele Andere, wenn Ihr etwa meint, dass ein 40 Ellen langer Strick weniger tragen kann als ein ebensolcher von 2 Ellen Länge.

Simpl. Ich glaube doch, und halte es für sehr wahrscheinlich.

Salv. Ich halte es für falsch und für unmöglich; ich glaube Euch überzeugen zu können. Es sei AB (Fig. 21) oben bei A befestigt, unten das Gewicht C angebracht, so dass der Strick gerade zerreisst. Wo glaubt Ihr, Herr *Simplicio*, dass der Strick zerreissen wird?

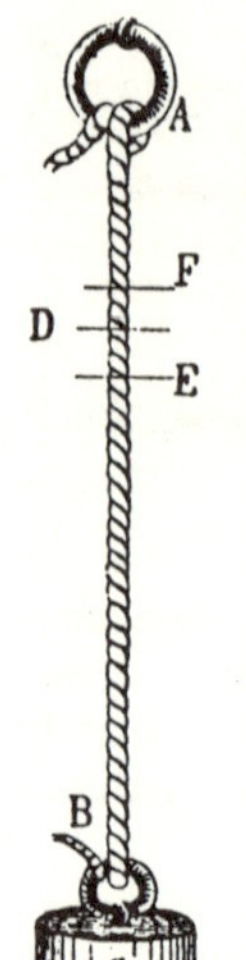

Fig. 21.

Simpl. Angenommen, es sei in *D*.

Salv. Ich frage, warum in *D*?

Simpl. Offenbar, weil an dieser Stelle der Strick die 100 Pfund nicht tragen konnte, d. h. die Strecke *DB* mitsammt der Last.

Salv. Nun, dann wird der Strick stets an dieser Stelle *D* reissen, sobald er mit 100 Pfund gespannt wird.

Simpl. Ich denke ja.

Salv. Aber sagt, wenn man nun dasselbe Gewicht nicht am Ende *B*, sondern dicht unter *D*, etwa in *E*, anbrächte, oder wenn der Strick nicht in *A*, sondern tiefer über *D*, etwa in *F*, befestigt würde, würde der Punkt *D* nicht demselben Zuge ausgesetzt sein?

Simpl. Allerdings, wenn man nur das Stück *EB* der Last *C* hinzugefügt hat.

Salv. Gut; wenn nun der Strick in *D* mit 100 Pfund gezerrt wird, so wird er reissen; *FE* aber ist ein kleines Stück im Vergleich mit *AB*, wie wollt Ihr noch den langen Strick für schwächer halten, als den kurzen? Lasst also Euren Irrthum fahren, den Ihr mit vielen Anderen, darunter recht Intelligenten, getheilt habt. Und weiter: Da die Prismen oder Cylinder im Verhältniss des Quadrates ihrer Längen ihr Moment anwachsen lassen, (bei gleicher Dicke) und da bei gleich langen, aber ungleich dicken Körpern die Widerstände mit dem Cubus der Dicken wachsen, so können wir das Verhalten bei ungleicher Länge und Dicke zusammenfassen, und ich behaupte: »Prismen und Cylinder ungleicher Länge und Dicke haben eine Bruchfestigkeit proportional den Cuben ihrer Dicken, und umgekehrt proportional ihren Längen.«[12])

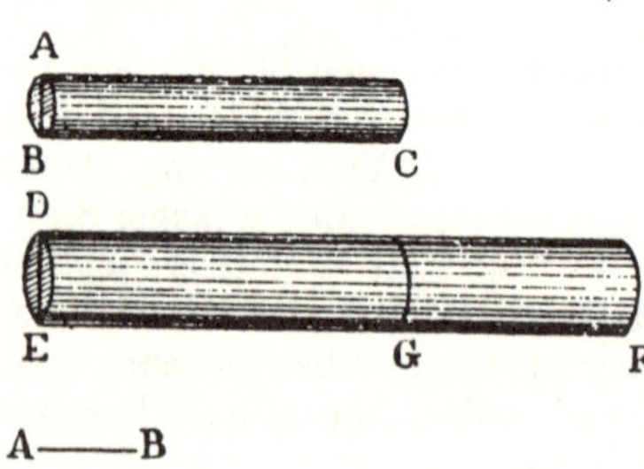

Fig. 22.

Es seien ABC, DEF die beiden Cylinder (Fig. 22). Ich behaupte, die Festigkeit des Cylinders AC verhält sich zur Festigkeit von DF, wie das zusammengesetzte Verhältniss aus den Cuben von AB und DE, und den Längen EF und BC. Es sei $EG = BC$, und die dritte Proportionale zu AB, DE sei H

$$\left[H = \frac{DE^2}{AB}\right]$$

die vierte Proportionale sei J

$$\left[\frac{J}{H} = \frac{DE}{AB}; \quad J = \frac{DE^3}{AB^2}\right]$$

und wie EF zu BC, so verhalte sich J zu S.

$$\left[\frac{EF}{BC} = \frac{J}{S}\right]$$

Da nun die Festigkeit von AC zu der von DG sich verhält wie der Cubus von AB zum Cubus von DE, oder wie die Linie AB zur Linie J

$$\left[\frac{\text{Fest. } AC}{\text{Fest. } DG} = \frac{AB^3}{DE^3} = \frac{AB}{J}\right]$$

und die Festigkeit von GD zu der Festigkeit von DF wie die Linie FE zu EG, das heisst wie J zu S

$$\left[\frac{\text{Fest. } DG}{\text{Fest. } DF} = \frac{FE}{EG} = \frac{J}{S}\right]$$

so verhält sich die Festigkeit von AC zu der von DF, wie AB zu S, welches gleich AB zu J mal J zu S

$$\left[\frac{\text{Fest. } AC}{\text{Fest. } DF} = \frac{AB}{S} = \frac{AB}{J} \cdot \frac{J}{S}\right]$$

folglich verhält sich die Festigkeit von AC zu der Festigkeit von DF wie AB zu J, d. h. wie der Cubus von AB zum Cubus von DE mal J zu S, oder EF zu BC, was zu beweisen war:

$$\left[\frac{\text{Fest. } AC}{\text{Fest. } DF} = \frac{AB}{J} = \frac{AB^3}{DE^3} \cdot \frac{J}{S} = \frac{AB^3}{DE^3} \cdot \frac{EF}{BC}\right]$$

Endlich betrachten wir noch den Fall, wo die Prismen oder Cylinder einander ähnlich sind:

»Bei ähnlichen Prismen und Cylindern haben die zusammengesetzten Momente, wie sie durch Gewicht und Länge bedingt sind, ein Verhältniss gleich der anderthalbten Potenz der Zugfestigkeiten ihrer Grundflächen.«

Es seien *AB*, *CD* (Fig. 23) die beiden ähnlichen Cylinder. Ich behaupte das Moment von *AB*, das den Widerstand der Basis *B* überwindet, verhält sich zum Moment von *CD*, welches dem Widerstande der Basis *D* entgegenwirkt, wie die anderthalbte Potenz von dem Verhältniss der Zugfestigkeiten der Grundflächen *B* und *D*; denn die erstgenannten Momente der Körper *AB*, *CD* und der Widerstände ihrer

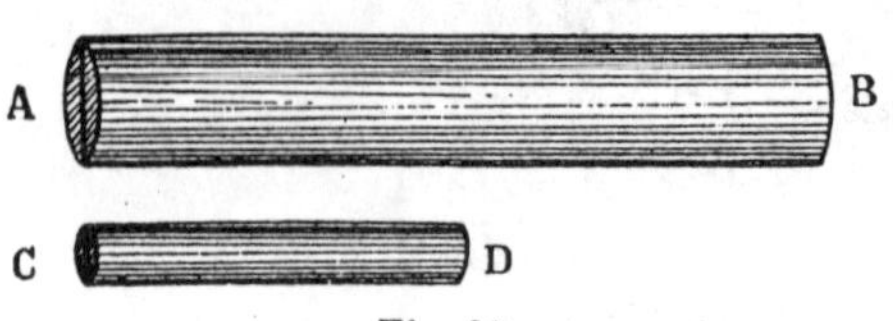

Fig. 23.

Flächen werden gebildet aus ihren Gewichten einerseits und den Widerständen, die an den Hebeln wirken; die Hebelarme von *AB* haben gleiches Verhältniss wie die von *CD*, weil die Strecke *AB* zum Halbmesser bei *A* in demselben Verhältnisse steht, wie die Länge *CD* zum Halbmesser bei *C* (wegen der Aehnlichkeit der Figuren); folglich verhält sich das Totalmoment des Cylinders *AB* zum Totalmoment von *CD*, wie das Gewicht *AB* zum Gewicht *CD* oder wie die Masse *AB* zur Masse *CD*; diese aber verhalten sich wie die Cuben der Basisdurchmesser von *A* und *C*, während die Zugfestigkeiten der Grundflächen diesen letzteren oder dem Quadrate der Durchmesser proportional sind: folglich verhalten sich die Momente der Cylinder wie die drittehalbte Potenz der Zugfestigkeiten ihrer Grundflächen.[13)]

Simpl. Dieser Satz ist mir völlig neu und ich hätte ihn nicht erwartet, denn ich hätte bei völliger Aehnlichkeit der Figuren geglaubt, dass auch das Verhältniss der Momente zu den Zugwiderständen dasselbe bleiben müsse.

Sagr. Indess war es doch gerade dieser Satz, von dem wir ausgingen, und den ich als völlig dunkel bezeichnete.

Salv. Was Herr *Simplicio* eben bemerkte, das habe ich selbst vor einiger Zeit erlebt, insofern ich die Zugwiderstände ähnlicher Cylinder für ähnlich hielt, bis eine gelegentliche Beobachtung mich vermuthen liess, dass die Festigkeit ähnlicher Körper nicht gleichen Schritt mit der Gestalt einhalte, sondern dass grössere Körper heftigen Angriffen weniger gut widerstehen können, wie auch grosse Menschen beim Fall sich mehr beschädigen, als kleine Kinder und wie beim Fall aus grosser Höhe ein Balken in Stücke zerbrechen kann, während eine kleine

Latte oder ein kleiner Cylinder aus Marmor unversehrt bleibt. Solch eine Erscheinung war es, die mich zur Untersuchung der vorliegenden Fragen trieb: es handelt sich um eine wirklich merkwürdige Erscheinung, sofern unter den unendlich vielen, einander ähnlichen Figuren keine zwei angetroffen werden, bei denen die Momente und Zugwiderstände in ein und demselben Verhältnisse stehen.

Simpl. Dieses erinnert mich an eine gewisse Stelle bei *Aristoteles*, wo er bei den mechanischen Problemen darüber nachdenkt, woher es komme, dass Holzstäbe, je länger sie genommen werden, um so schwächer und leichter verbiegbar erscheinen, obwohl die kurzen dünner, die langen dicker sind, und wenn ich mich recht entsinne, findet er ein einfaches directes Verhältniss.

Salv. Das ist ganz richtig; und weil die dort gegebene Lösung keineswegs alle Zweifel benahm, so hat Herr *Guevara*, der durch seine hochgelehrten Commentare jenes Werk sehr bereichert und erhellt hat, sich über andere Fragen ausgesprochen, um weitere Schwierigkeiten fortzuräumen; doch blieb er in dem einen Punkte im Irrthum, ob nämlich, wenn man Länge und Dicke in gleichem Verhältniss vermehre, auch Festigkeit und Widerstandskraft gegen das Zerbrechen und Zerbiegen unverändert bleiben. Ich habe nach langem Nachdenken noch Einiges gefunden, das ich Euch mittheilen will. Zunächst werde ich folgendes beweisen:

»Von schweren Prismen oder Cylindern ähnlicher Gestalt giebt es nur einen einzigen, der bei Belastung durch das eigene Gewicht sich an der Grenze zwischen Zerbrechen und Heilbleiben befindet, so dass jeder grössere Körper, unfähig sein eigenes Gewicht zu tragen, zerbrechen, und jeder kleinere widerstehen wird.«

Es sei AB das schwere Prisma (Fig. 24) von der hinreichenden Länge, um, bei der geringsten Verlängerung, den Bruch erfolgen zu lassen. Ich behaupte, dieses Prisma sei unter allen anderen

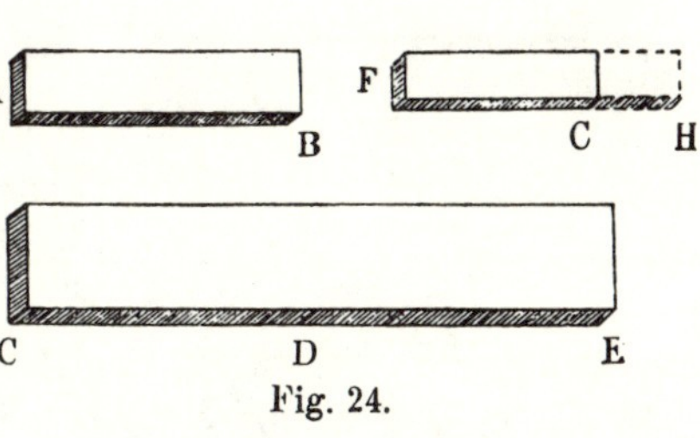

Fig. 24.

von ähnlichen Dimensionen (und deren Anzahl ist unendlich gross), das einzige, welches bei einer Vergrösserung zerbrechen wird, während jedes kleinere noch belastet werden darf, ehe es zerbricht. Es sei CE dem AB ähnlich, aber grösser als letzteres; ich behaupte also, es müsse durch sein eigenes Gewicht zerbrechen. Sei CD ebenso lang wie AB. Die Bruchfestigkeit von CD verhält sich zu der von AB, wie der Cubus der Dicke von CD zum Cubus der Dicke von AB, folglich auch wie das Prisma CE zum Prisma AB (weil sie ähnlich sind), folglich ist das Gewicht von CE das grösste, das in der Länge des Prisma CD getragen werden kann; da nun CE länger ist, so muss es zerbrechen. Sei andererseits FC ein Prisma, kleiner als AB: macht man $FH = AB$, so wird die Bruchfestigkeit von FC zu der von AB sich verhalten wie das Prisma FC zum Prisma AB, wenn der Arm AB oder FH gleich FC wäre: allein er ist länger, folglich genügt nicht das Moment von FC in C angebracht, um das Prisma FC zu zerbrechen.[14])

Sagr. So wird denn die Richtigkeit der Behauptung kurz und klar erwiesen, wie sehr dieselbe auf den ersten Anblick uns unwahrscheinlich dünkt. — Nun müsste man die Länge so mit der Breite zugleich verändern, dass mit der Verlängerung und mit der Verkürzung eine solche Breite dem Cylinder gegeben werde, dass die Grenze der Bruchfestigkeit erhalten bliebe; ein Problem, das wohl Beachtung verdiente.

Salv. Es ist durchaus nützlich und ich habe mich wohl bemüht, es zu lösen. Ich will Euch die Sache mittheilen:

Es sei ein Cylinder von solcher Länge und Dicke gegeben, dass er an der Grenze der Bruchfestigkeit liege. Bei gegebener Länge eines anderen Cylinders soll diejenige Dicke desselben ermittelt werden, die ihn auf die genannte Grenze bringt, so dass er gerade noch seinem Eigengewichte Widerstand leistet.

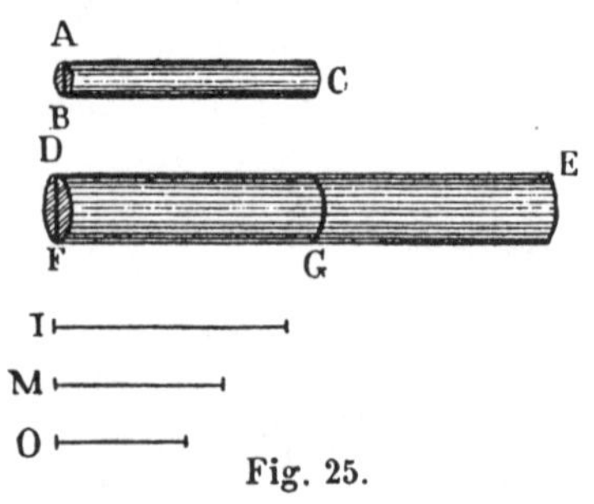

Fig. 25.

Sei BC (Fig. 25) dieser Cylinder, und DE die gegebene Länge des gesuchten Cylinders und DE grösser als AC, es soll die Dicke des Cylinders DE gefunden werden, so dass dem Eigengewicht gerade noch Widerstand geleistet werde.

Zu DE und AC sei J die dritte Proportionale, ferner bestimme man FD so, dass das Verhältniss FD zu BA gleich

DE zu *J* sei. Nun denke man sich den Cylinder *FE*. Dieser Cylinder von der Länge *DE* und dem Durchmesser *DF* ist, behaupte ich, der gesuchte. Denn es verhalte sich *DE* zu *J*, wie *M* zu *O*. Und es sei $FG = AC$. Da der Durchmesser *FD* zum Durchmesser *AB*, wie die Linie *DE* zu *J*, und da zu *DE* und *J* die vierte Proportionale *O* ist, so wird sich der Cubus von *FD* zum Cubus von *AB* verhalten, wie *DE* zu *O*; aber wie diese Cuben, so verhalten sich die Bruchfestigkeiten von *DG* und *BC*; folglich verhalten sich die Bruchfestigkeiten der Cylinder *DG* und *BC* wie die geraden *DE* und *O*. Da nun das Moment des Cylinders *BC* gleich ist seiner Bruchfestigkeit, so werden wir unseren Zweck erreichen, wenn wir beweisen, dass die Momente der Cylinder *FE* und *BC* sich verhalten, wie die Bruchfestigkeiten von *DF* und *BA*, oder wie die Cuben von *FD* und *BA* oder wie die Gerade *DE* zu *O*, mit anderen Worten, wenn wir beweisen, dass das Moment des Cylinders *FE* gleich sei der Bruchfestigkeit in *FD*. Nun verhalten sich die Momente der Cylinder *FE* und *DG*, wie die Quadrate von *DE* und *AC*, oder wie die Gerade *DE* zu *J*; und die Momente der Cylinder *DG* und *BC*, wie die Quadrate von *DF* und *BA*, d. h. wie die Quadrate von *DE* und *J*, folglich auch wie die Quadrate von *F* und *M*, oder wie *J* zu *O*: mithin endlich verhalten sich die Momente der Cylinder *FE* und *BC*, wie die Gerade *DE* und *O*, d. h. wie die Cuben von *DF* und *BA*, oder wie die Bruchfestigkeiten der Grundflächen *DF* und *BA*, was zu beweisen war.[15])

Sagr. Das aber, Herr *Salviati*, ist ein sehr langer Beweis, der schwer dem Gedächtniss einzuprägen ist, daher bitte ich um eine gefällige Wiederholung desselben.

Salv. Wie Ihr beliebt, allein lieber bringe ich Euch einen kürzeren expediteren: nur brauche ich dazu eine andere Figur:

Sagr. Ich wäre Euch indess sehr dankbar, wenn Ihr den ersten Gang mir schriftlich geben wolltet, damit ich in meiner Mussezeit ihn wieder durchnehmen könnte.

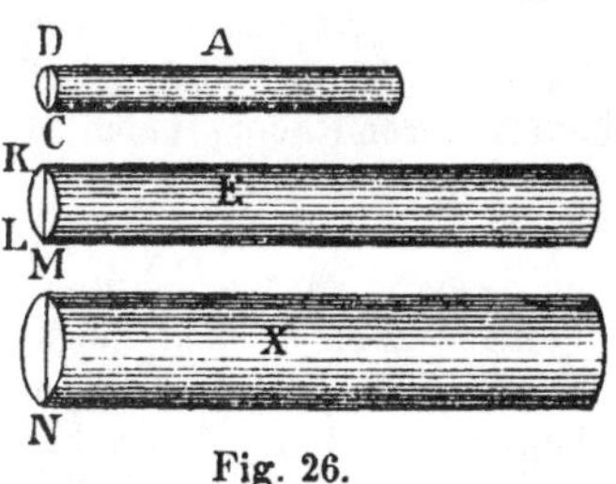

Fig. 26.

Salv. Recht gern. Jetzt also nehmen wir einen Cylinder *A* (Fig. 26) mit der Basis *DC*, und *A* befinde sich an der Grenze der Bruchfestigkeit. Wir suchen einen grösseren von der Länge *E* mit solchem Durchmesser, dass er dieselbe

Bedingung erfülle. Zunächst denken wir uns einen Cylinder von der Lange E und solcher Basis KL, dass derselbe dem Cylinder A ähnlich sei. Ferner sei zu DC und KL die dritte Proportionale MN, welches zugleich der Durchmesser des Cylinders X sei, von einer Länge gleich E. Ich behaupte, X sei der gesuchte Cylinder. Denn die Widerstände von DC und KL verhalten sich wie die Quadrate von DC und KL oder wie die Quadrate von KL und MN, folglich wie die Cylinder E und X, also auch wie die Momente von E und X; aber die Widerstände von KL und MN verhalten sich wie die Cuben von KL und MN, mithin auch wie die Cuben von DC und KL oder wie die Cylinder A und E, mithin auch wie die Momente von A und E; woraus umgekehrt folgt, dass die Widerstände von DC und MN sich verhalten wie die Momente von A und X; mithin hat X dasselbe Verhältniss von Moment und Widerstand wie A.[16])

Jetzt wollen wir die Aufgabe verallgemeinern:

Es habe AC irgend ein Verhältniss zwischen Moment und Widerstand, man soll die Dicke eines Cylinders von gegebener Länge DE finden, so dass das genannte Verhältniss denselben Werth habe.

In Fig. 25 verhalten sich die Momente von FE und DG, wie die Quadrate von ED und FG, oder wie die Geraden DE und J, und die Momente der Cylinder DG und AC verhalten sich wie die Quadrate von FD und AB, also wie die Quadrate von DE und J, oder wie die Quadrate von J und M, folglich wie die Geraden J und O, d. h. wie die Cuben von DE und J, oder auch wie die Cuben von FD und AB, mithin wie die Bruchfestigkeiten der Grundflächen FD und AB, was zu beweisen war.[17])

Hieraus erkennen wir nun, wie weder Kunst noch Natur ihre Werke unermesslich vergrössern können, so dass es unmöglich erscheint, immense Schiffe, Paläste oder Tempel zu erbauen, deren Ruder, Raaen, Gebälk, Eisenverkettung und andere Theile bestehen könnten: wie andererseits die Natur keine Bäume von übermässiger Grösse entstehen lassen kann, denn die Zweige würden schliesslich durch das Eigengewicht zerbrechen; auch können die Knochen der Menschen, Pferde und anderer Thiere nicht übergross sein und ihrem Zweck entsprechen, denn solche Thiere könnten nur dann so bedeutend vergrössert werden, wenn die Materie fester wäre und widerstandsfähiger, als gewöhnlich; sonst müssten bedeutende Verdickungen der Knochen gedacht werden, damit keine Deformationen einträten, wie denn ein scharfsinniger Dichter solches erkannte, wenn er einen Riesen folgendermaassen beschrieb:

»Man kann nicht sagen wie lang er war,
»So über alles Maass war Alles dick an ihm.

Zur Erläuterung habe ich Euch einen Knochen gezeichnet, der die gewöhnliche Länge ums Dreifache übertrifft und der in dem Maasse verdickt wurde, dass er dem entsprechend grossen Thiere ebenso nützen könnte, wie der kleinere Knochen dem kleineren Thiere. In Fig. 27 erkennt Ihr, in welches Missverhältniss der grosse Knochen gerathen ist. Wer also bei einem Riesen die gewöhnlichen Verhältnisse beibehalten wollte, müsste entweder festere Materie finden, oder er müsste verzichten auf die Festigkeit, und den Riesen schwächer als Menschen von gewöhnlicher Statur werden lassen; bei übermässiger Grösse müsste er durch das Eigengewicht zerdrückt werden und fallen. Im Gegentheil finden wir, dass bei Verminderung des Körpers die Kräfte nicht in demselben Maasse abnehmen, ja es findet sogar ein relatives Wachsthum der Stärke statt. Daher glaube ich, würde ein kleiner Hund zwei oder drei andere von gleicher Grösse tragen können, während ein Pferd wohl kaum im Stande wäre, auch nur ein einziges Pferd auf seinem Rücken zu tragen.

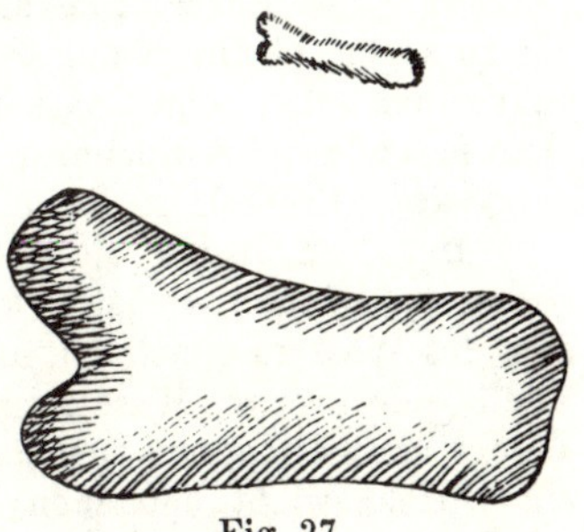
Fig. 27.

Simpl. Wie steht es aber mit den ungeheuren Massen, die wir bei Fischen finden? Ein Walfisch hat, wie ich glaube, zehnmal so viel Masse als ein Elephant, und doch kann er bestehen.

Salv. Euer Einwand, Herr *Simplicio*, veranlasst mich nachzuholen, dass es noch eine andere Möglichkeit giebt, Riesen und Riesenthieren die Existenz zu ermöglichen mit einer freien Beweglichkeit, gleich der der kleineren Geschöpfe. Es braucht dazu die Materie nicht, wie oben erwähnt wurde, fester zu sein, um das Eigengewicht zu tragen; man könnte unter Beibehaltung aller Verhältnisse das Gewicht der Knochen und des Fleisches verkleinern, auch das anderer Körpertheile, die sich auf die Knochen stützen; und dieses Princip hat die Natur bei den Fischen verwerthet, da sie deren Knochen und Fleischtheile nicht bloss sehr leicht machte, sondern sogar ohne alles Gewicht.

Simpl. Ich errathe schon, Herr *Salviati*, worauf Ihr hinsteuert: Ihr meinet, dass, da die Fische im Wasser leben, und da das Wasser durch seine Dichtigkeit, oder wie andere sagen, durch sein Gewicht das der eingetauchten Körper vermindert, die Materie der Fische kein Gewicht habe und sich ohne Belastung der Knochen im Wasser erhalten könne; allein das reicht doch nicht hin, denn wenn auch die Knochen nicht belastet werden sollten, so sind dieselben doch selbst schwer. Und sollte eine Walfischrippe, gross wie ein Balken, nicht schwer genug sein und auch im Wasser sich senken? Nach Eurer Meinung dürfte solch eine grosse Masse sich nicht erhalten können.

Salv. Um Eurem Einwande zu begegnen, bitte ich Euch mir zu sagen, ob Ihr jemals Fische völlig unbewegt im Wasser habt ruhen sehen, ohne dass sie sinken, oder aufsteigen sehen ohne besondere Schwimmanstrengung?

Simpl. Freilich ist dies eine sehr bekannte Erscheinung.

Salv. Nun, wenn die Fische völlig unbewegt im Wasser verharren können, so ist es klar, dass ihr specifisches Gewicht dem des Wassers gleich sei, und wenn in ihrem Körper einzelne Theile schwerer als Wasser sind, so müssen nothwendiger Weise andere von geringerem specifischen Gewicht vorkommen, damit ein Gleichgewicht entstehen könne. Sind also die Knochen schwerer, so müssen das Fleisch oder andere Organe leichter sein, und diese letzteren wirken mit ihrer Leichtigkeit gegen die Schwere der Knochen; also wird bei Wasserthieren das Gegentheil von dem gelten, was für die Erdthiere gefunden ward, nämlich dass bei letzteren den Knochen obliegt, ihr Eigengewicht und das des umlagernden Fleisches zu tragen. Daher schwindet nun der Widerspruch und wir erkennen, dass im Wasser Riesenthiere bestehen können, nicht aber auf der Erde, d. h. in der Luft.

Simpl. Ich bin völlig beruhigt, und möchte nur bemerken, dass wir statt von Erdthieren richtiger von Luftthieren sprechen sollten, denn in Luft leben dieselben. von Luft sind sie umgeben und Luft athmen sie.

Sagr. Herrn *Simplicio*'s Einwand und Eure Widerlegung hat mir sehr gefallen. Ich glaube hinzufügen zu müssen, dass eins der riesenhaften Wasserthiere, ans Land gezogen, sich vielleicht nicht lange erhalten würde, dass die Verbindungen der Knochen erschlaffen und der Körper zerquetscht werden würde.

Salv. Ich möchte dasselbe glauben; und ähnliches würde sich mit den Riesenschiffen ereignen, die im Wasser nicht durch das Eigengewicht zerstört werden, trotz der Belastung mit Waaren und Geschossen, während sie auf dem Trocknen bersten würden. Aber kehren wir zu unserem Problem zurück und beweisen wir folgenden Satz:

Das Gewicht eines Prismas oder Cylinders sei gegeben und das Maximalgewicht, das noch getragen werden kann; es soll die Maximallänge gefunden werden, bei welcher der Bruch eintreten würde.

Es sei AC (Fig. 28) das Prisma und D das Maximalgewicht, das dasselbe bei C tragen kann, man sucht die Maximallänge, bei welcher das Prisma durch das Eigengewicht brechen würde. Man bilde ein Verhältniss, demgemäss sich das Gewicht von AC zur Summe der Gewichte von AC und dem doppelten Betrage von D verhält, wie die Länge CA zur Länge AH, deren mittlere Proportionale AG sei. Letzteres ist die gesuchte Länge; denn das wirksame Moment von D am Orte C ist gleich dem doppelten Momente von D in der Hälfte von AC angebracht, wo auch das Moment vom Prisma AC wirkt; daher ist das Moment des Widerstandes von AC, welches bei A wirkt, gleich dem doppelten Gewicht von D mit AC zusammengenommen, letztere in $^1/_2\,AC$ angebracht. Und da man $2D$ sammt AC zum Momente AC sich verhalten liess, wie HA zu AC, deren mittlere Proportionale AG war, so verhält sich $2D$ sammt AC zu AC, wie das Quadrat von GA zum Quadrat von AC: aber die wirkenden Momente der Prismen GA und AC verhalten sich wie die Quadrate von GA und AC: folglich ist die Länge AG das gesuchte Maximum, über welches hinaus eine jede Verlängerung den Bruch zur Folge hätte.[18]

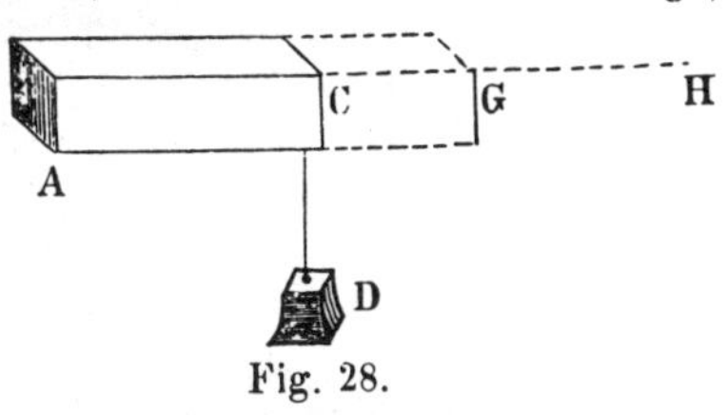

Fig. 28.

Bis jetzt wurden Momente und Widerstände fester Prismen und Cylinder betrachtet, bei welchen ein Ende fest war und das andere belastet wurde, sei es nun, dass bloss das Eigengewicht oder noch eine andere Last ausserdem wirksam war. Jetzt wollen wir beide Enden unterstützt sein lassen, oder einen Unterstützungspunkt zwischen beiden Enden annehmen. Ich behaupte, ein Cylinder auf einer mittleren oder zwischen zwei Endstützen dürfe die doppelte Länge jenes haben, der bei einer Unterstützung am Ende die Maximallänge besass. Dieses ist leicht einzusehen, denn sei der Cylinder ABC (Fig. 29) gegeben, und die Hälfte desselben bei B, so wird die Hälfte AB von der anderen Hälfte BC gerade noch im Gleichgewichte gehalten, wenn der Cylinder in G aufruht. Wenn ebenso DEF so lang ist, dass nur eine Hälfte, bei D befestigt, sich erhalten könnte, wie die andere Hälfte bei F, so ist es klar, dass wenn D und F gestützt werden, jede kleinste Zulage bei E den Bruch herbeiführen müsste.

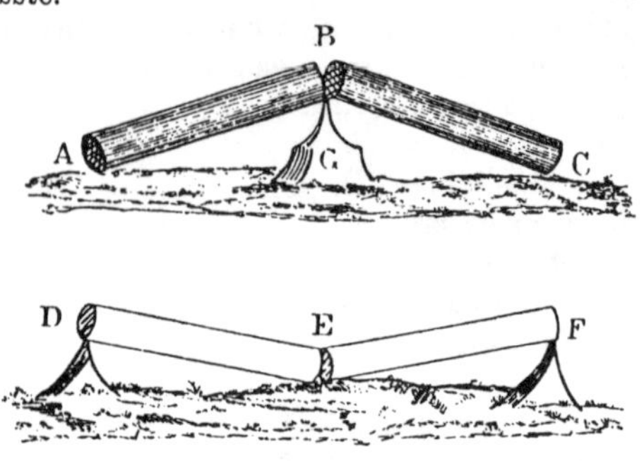

Fig. 29.

Eine etwas verfeinerte Untersuchung lässt uns vom Eigengewichte absehen, und fragen, ob jenes in der Mitte angebrachte Gewicht, welches hinreicht, den Bruch zu veranlassen, solches noch thäte, wenn es an irgend einer anderen Stelle, näher zum Ende, angehängt würde. Wenn wir z. B. eine Masse zerbrechen wollen, indem wir sie an den Enden anfassen und in der Mitte an das Knie stützen, würde die hierzu nöthige Kraft auch dann noch genügen, wenn man das Knie näher zum Ende des Stabes anstemmte?

Sagr. Ich glaube, *Aristoteles* hat dieses Problem unter seinen Untersuchungen über Mechanik berührt.

Salv. Das Problem bei *Aristoteles* ist nicht ganz dasselbe; er fragt, warum es weniger Kraft kostet, den Stab zu zerbrechen, wenn man die Enden zwängt, also weit entfernt vom Knie, als wenn man nahebei anfasst, und dazu stellt er einen allgemeinen Satz auf über die Länge der Hebelarme. Unsere Frage dagegen bringt etwas Neues hinzu, da wir stets die Kraft an den Enden anbringen, und den Stützpunkt des Kniees wechseln, und alsdann fragen, ob dieselben Kräfte nöthig sein werden.

Sagr. Auf den ersten Blick möchte man die Frage bejahen, denn die beiden Hebel bleiben in gewissem Verhältniss, da der eine sich gerade um ebensoviel verkürzt, als der andere länger wird.

Salv. Seht, wie leicht man sich versehen kann, und wie viel Vorsicht und Umsicht nöthig ist zur Vermeidung von Irrthümern. Eure zunächst so plausible Ansicht ist dermaassen falsch, dass im Vergleich zu der bei mittlerer Stütze angewandten Kraft, unter Umständen der vierfache, zehnfache, hundert- und tausendfache Betrag nicht hinreichen würde. Wir wollen die Frage allgemein behandeln, und dann verschiedene Fälle betrachten:

Es sei AB (Fig. 30) ein Holzprisma, welches in der Mitte bei C, und DE ein ebensolches, welches in F, näher an dem einen Ende, gebrochen werden soll. Zunächst da AC gleich CB, wird die Kraft in A gleich der in B sein. Aber je kleiner DF gegen AC, um so kleiner ist das Moment der Kraft bei D, und zwar in dem Maasse, als DF kleiner ist als AC; daher muss man das Moment bei D vermehren, um den bei F gedachten Widerstand zu überwinden; nun aber kann DF ohne Grenzen vermindert werden; in demselben Maasse müsste die bei D angebrachte Kraft vermehrt werden, um den Widerstand in F zu überwinden. Umgekehrt aber je grösser FE, um so mehr muss die Kraft bei E vermindert werden; allein FE kann nicht über alle Grenze hinaus vermehrt werden, sondern höchstens bis zum doppelten Betrage von BC; daher wird die in E anzubringende Kraft stets grösser als die Hälfte der in B angewandten sein. Man sieht daher ein, dass die Gesammtkraft von E und D immer mehr vergrössert werden muss, um den Widerstand in F zu überwinden, je näher F zum Ende D liegt.

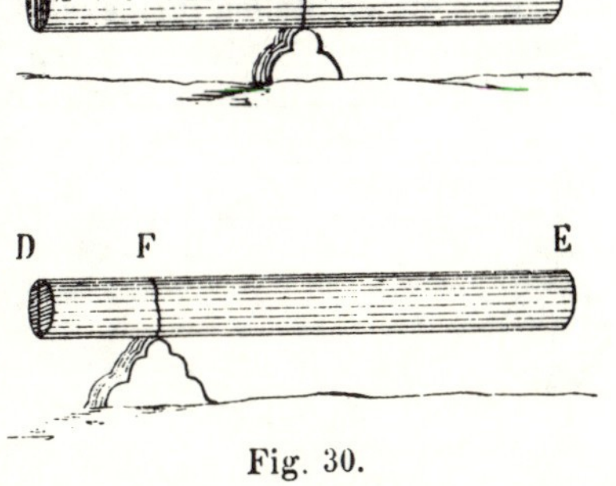

Fig. 30.

Sagr. Was sollen wir hierzu sagen, Herr *Simplicio*? Ist nicht die Geometrie das mächtigste Werkzeug zur Schärfung des Verstandes, das uns zu jeglicher Untersuchung befähigt? Wie hatte doch Plato Recht, wenn er allem zuvor seine Schüler gründlich in der Mathematik unterrichtete? Ich hatte doch vollkommen das Hebelgesetz erfasst, das Zunehmen und Abnehmen der Momente der Kraft und des Widerstandes mit den Armeslängen: trotzdem habe ich im vorliegenden Problem mich geirrt, und der Fehler ist nicht klein, sondern unendlich gross.

Simpl. Wahrlich ich fange an zu begreifen, dass die Logik, obwohl sie ein ausserordentliches Hülfsmittel der Dialectik ist, uns doch nicht zur Erfindung bringt und zur Denkschärfe der Geometrie.

Sagr. Mir scheint, die Logik lehrt uns erkennen, ob bereits angestellte Untersuchungen urtheilskräftig seien, aber dass sie den Gang derselben bestimme und die Beweise finden lehre, das glaube ich nicht. Indess wird es besser sein, wenn Herr *Salviati* uns jetzt zeigt, in welchem Maasse die angestrengten Kräfte zunehmen, je nachdem der Stützpunkt variirt.

Salv. Das finden wir folgendermaassen: Wenn auf der Länge eines Cylinders zwei Stellen bezeichnet werden, an welchen der Bruch stattfinden soll, dann verhalten sich die Widerstände an diesen Stellen (umgekehrt,) wie die Rechtecke aus den Abständen dieser Stellen von den beiden Enden. Es seien A, B (Fig. 31) die kleinsten Kräfte, die hinreichen, den Bruch in C, und E, F ebenfalls die kleinsten, um den Bruch in D hervorzubringen. Ich behaupte, die Kräfte A, B verhalten sich zu den Kräften E, F wie das Rechteck ADB zum Rechteck ACB. Denn die Kräfte $A + B$ haben zu den Kräften $E + F$ das zusammengesetzte Verhältniss der Kräfte $A + B$ zu B, der Kraft B zu F, und der Kraft F zu den Kräften $E + F$. Aber $A + B$ zu B wie die Arme BA zu AC, und B zu F wie die Linie DB zu BC, und F zu $F + E$, wie die Linie DA zu AB, folglich haben die Kräfte $A + B$ zu $E + F$ ein aus drei Factoren zusammengesetztes Verhältniss, nämlich BA zu AC, DB zu BC und DA zu AB; aber die Factoren DA zu AB und AB zu AC ergeben das einfache Verhältniss DA zu AC; folglich verhalten sich die Kräfte $A + B$ zu $E + F$, wie die zusammengesetzten Verhältnisse DA zu AC und DB zu BC; aber die Rechtecke ADB und ACB haben dasselbe zusammengesetzte Verhältniss; folglich verhalten sich $A + B$ zu $E + F$ wie das Rechteck ADB zu ACB. Mit anderen Worten die Bruchfestigkeit in C verhält sich zu der in D, wie das Rechteck ADB zum Rechteck ACB, was zu beweisen war. [19])

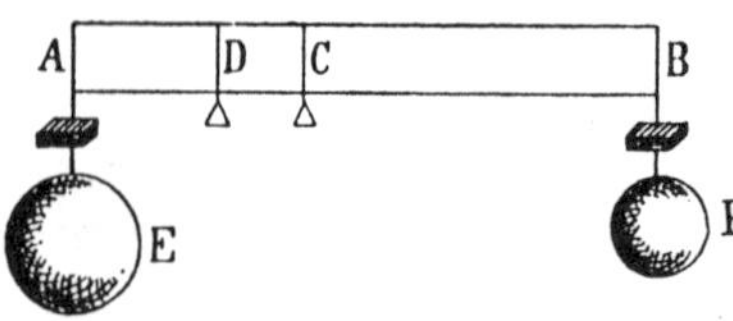

Fig. 31.

Auf Grund dieses Theorems können wir ein interessantes Problem lösen:

Es sei gegeben das Maximalgewicht, das in der Mitte eines Cylinders oder Prismas angebracht (wo der Widerstand den kleinsten Werth hat) den Bruch hervorbringt, es sei ferner ein gewisses grösseres Gewicht gegeben; es soll der Punkt angegeben werden, wo das letztere gerade den Bruch veranlasst:

Es habe das grössere Gewicht zum Maximalgewicht, das in der Mitte von AB (Fig. 32) angebracht war, das Verhältniss der Linien E und F; der Punkt ist zu bestimmen, für welchen ersteres das Maximalgewicht ist. Zu E und F sei die mittlere Proportionale G, und wie E zu G, so mache man AD zu S; offenbar wird S kleiner als AD sein. Ueber AD als Durchmesser construire man den Halbkreis AHD, mache AH gleich S; man ziehe HD und theile RD gleich HD ab. Ich behaupte, R sei der gesuchte Punkt, an welchem das gegebene Gewicht gerade den Bruch zu Wege brächte. Ueber BA als Durchmesser errichte man den Halbkreis ANB, construire das Loth RN und ziehe ND. Die Quadrate über NR und RD sind gleich dem über ND oder dem über AD, folglich sind sie auch gleich der Summe der Quadrate über AH, HD, und da HD gleich DR, so ist das Quadrat über NR, d. h. das Rechteck ARB gleich dem Quadrat über AH, also auch über S; aber die Quadrate über S und AD verhalten sich wie die Linie F zu E, oder wie das eine Maximalgewicht zum anderen; also ist das gegebene Gewicht in R anzubringen, was zu beweisen war. [20])

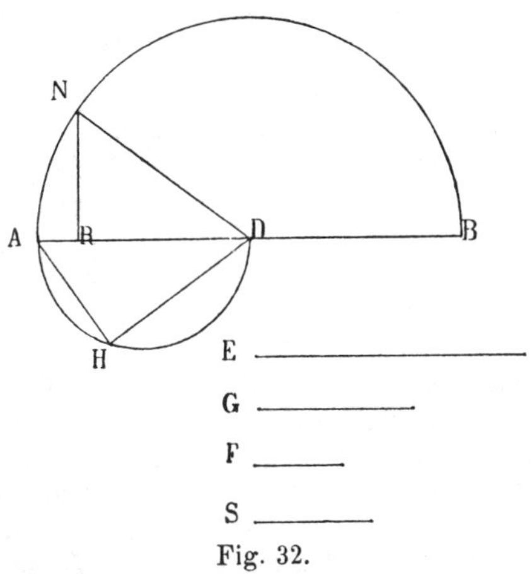

Fig. 32.

Sagr. Ich verstehe vollkommen und finde soeben, dass das Prisma AB um so fester und widerstandsfähiger gegen Druck seiner Belastung sein wird, je weiter aus der Mitte jener Druck angebracht wird; sehr schwere grosse Balken könnte man nach dem Ende hin mit einer grossen Last beschweren und bedeutend den Druck des Eigengewichts vermindern, was beim Gebälk grosser Räume bequem und sehr nützlich sein dürfte. Schön wäre es, könnte man die Form eines Körpers bestimmen, der in allen seinen Theilen gleichen Widerstand besässe, so dass er ebenso leicht in der Mitte, wie an irgend einer anderen Stelle mit ein und demselben Gewicht belastet bräche.

Salv. Ich war eben im Begriff, Euch eine wichtige Bemerkung von grosser Tragweite zu machen. Es sei *DB* (Fig. 33) ein Prisma, dessen Bruchfestigkeit in *AD*, bei einer in *B* angebrachten Kraft sich so zur Bruchfestigkeit bei *CI* verhalten wird, wie *CB* zu *CA*, wie schon bewiesen war; sei nun das Prisma diagonal längs *FB* durchschnitten, so dass die entgegengesetzten Seiten aus zwei Dreiecken bestehen, deren eines *FAB* uns zugekehrt ist. Solch ein Prisma erlangt eine dem vorigen entgegengesetzte Eigenschaft, sofern es leichter bei *C* als bei *A* von einer Kraft in *B* zerbrochen wird,

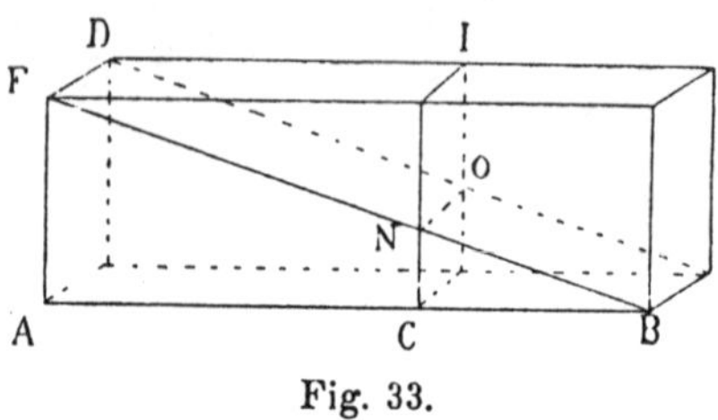

Fig. 33.

und zwar in dem Verhältniss von *BC* zu *AB*, was leicht zu beweisen ist; denn da *CNO* parallel *AFD* ist, so verhält sich *FA* zu *CN* im Dreiecke *FAB*, wie *AB* zu *BC*, und wenn wir *A* und *C* aufstützen, und die Hebelarme *BA*, *AF*, sowie *BC* und *CN* betrachten, so werden diese letztern ähnlich sein, folglich wird das Moment der Kraft *B* am Arme *AB* gegen den Widerstand am Arme *AF* gleich sein dem Moment von *B* mit dem Arme *BC* gegen denselben Widerstand in *CN*: allein der Widerstand, wenn *C* Stützpunkt ist, wirkt am Arme *CN* und ist kleiner als der Widerstand in *A*, um soviel als das Rechteck *CO* kleiner ist als *AD*, d. h. im Verhältniss *CN* zu *AF*, oder *CB* zu *BA*; also ist der Widerstand gegen Bruch des Theiles *OCB* in *C* um so viel kleiner als der Widerstand des Theiles *DAO* in *A*, als *CB* kleiner ist als *AB*. Wir haben also einmal den Balken oder das Prisma *DB*, und wenn wir die eine Hälfte fortnehmen, indem wir das Prisma diagonal durchschneiden und den Keil behalten, das dreieckige Prisma *FBA*, also zwei Körper von entgegengesetzten Eigenschaften; jener widersteht um so mehr, je kürzer er ist, dieser verliert mit der Verkürzung seine Stärke. Wenn dieses feststeht, so muss es nothwendig einen solchen Schnitt geben, bei welchem, nach Fortnahme des überflüssigen Theiles, ein Körper von solcher Gestalt nachbleibt, dass er überall denselben Widerstand besitzt.[21])

Simpl. Das ist freilich klar, denn wenn wir vom grösseren zum kleineren übergehen, so muss es dazwischen ein gleiches geben.

Sagr. Nun aber muss gefunden werden, wie die Säge zu führen sei, um solch einen Schnitt herauszubringen.

Simpl. Ich denke, das müsste ganz leicht sein, denn wenn wir genau die Hälfte fortnehmen, durch einen Diagonalschnitt, und alsdann die übrigbleibende Gestalt die entgegengesetzte Eigenschaft des vollen Prismas hat, sodass an allen Stellen, wo der eine Körper an Festigkeit zunahm, der andere ebensoviel gewann, dann werden wir überall das Mittel nehmen, d. h. wir werden nur die Hälfte der Hälfte fortnehmen, also ein Viertel des Ganzen, und dann wird die zurückbleibende Gestalt weder gewinnen noch verlieren an allen Stellen, wo Gewinn und Verlust der andern beiden Figuren einander stets gleich waren.

Salv. Fehlgeschossen, Herr *Simplicio*: ich werde Euch zeigen, dass das, was vom Prisma weggenommen werden kann, ohne dasselbe zu schwächen, nicht ein Viertel beträgt, sondern ein Drittel. Wir wollen nun, wie Herr *Sagredo* sagte, den Weg bestimmen, den die Säge zu durchlaufen hat: es ist das eine Parabel. Zunächst aber beweisen wir folgenden Hülfssatz:

Wenn zwei Hebel so unterstützt sind, dass diejenigen beiden Arme, an welchen die Kräfte wirken, sich verhalten wie die Quadrate derjenigen Arme, an welchen die Widerstände wirken, welche letztere zugleich proportional denselben Armen seien, so sind die wirkenden Kräfte einander gleich.

Es seien die Hebel AB, CD (Fig. 34) unterstützt in E, F, so dass sich EB zu FD verhält, wie das Quadrat von EA zum Quadrat von FC. Ich behaupte, dass die in B, D angebrachten Kräfte, welche die Widerstände in A, C aufheben, einander gleich seien. — Sei EG die mittlere Proportionale zu EB und FD: alsdann verhal-

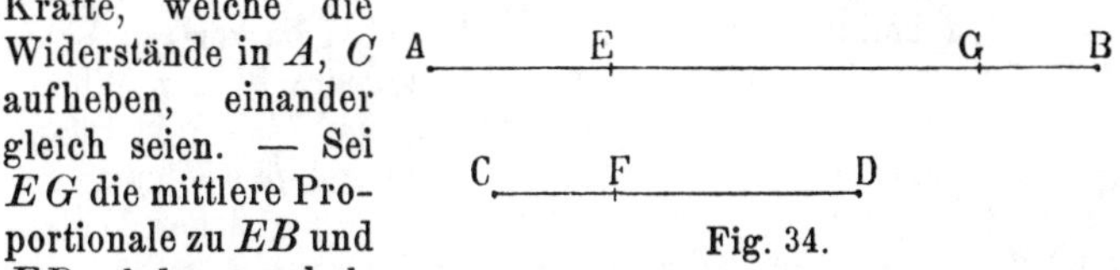

Fig. 34.

ten sich BE zu EG, wie EG zu FD, oder wie AE zu CF und ebenso verhalten sich der Annahme gemäss die Widerstände in A und in C. Da ferner EG zu FD, wie AE zu CF, so ist auch GE zu EA, wie DF zu FC; (die Hebel DC und GA sind in den Punkten F und E proportional getheilt), wenn mithin die Kraft, welche in D angebracht den Widerstand in C aufhebt, nach G versetzt würde, so würde dieselbe denselben

Widerstand von C aufheben, wenn dieser nach A gebracht würde; aber es war angenommen, die Widerstände in A und C verhielten sich zu einander wie AE zu CF, oder wie BE zu EG, folglich wird die Kraft G, oder besser D bei B angebracht, den Widerstand in A aufheben, was zu beweisen war.[22])

Dieses vorausgesetzt, sei auf der Prismenseite FB (Fig. 35) die parabolische Linie FNB verzeichnet, deren Scheitel in B, und deren Krümmung gemäss das Prisma ausgesägt sei, so dass der feste Körper von der Basis DA, dem Rechteck AG, der Geraden BG und der Fläche $DGBF$ längs der Parabel FNB gebildet werde. Ich behaupte, dieser Körper habe überall

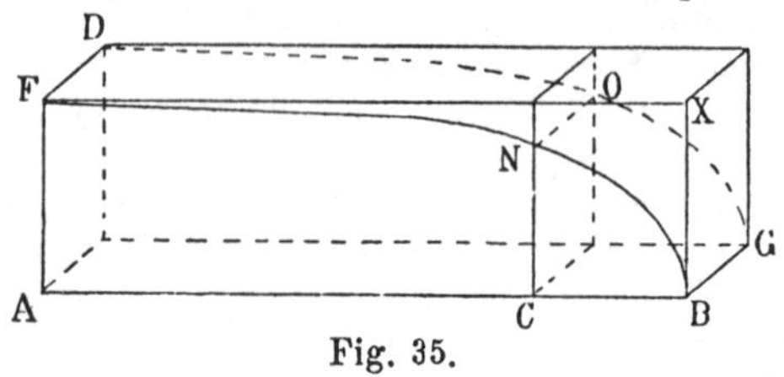

Fig. 35.

gleichen Widerstand. Man vollführe den Schnitt CO parallel zu AD, und fasse nun zwei Hebel auf mit den Stützen A und C, so dass die Arme des einen BA und AF, die des andern BC und CN seien. In der Parabel FBA verhalten sich AB und BC wie die Quadrate von FA und CN, folglich verhalten sich die Arme BA und BC der beiden Hebel wie die Quadrate von NF und CN. Da nun die im Gleichgewicht vorhandenen Widerstände von BA und BC sich verhalten wie die Rechtecke DA und OC d. h. wie die Linien AF und NC, welches die beiden andern Arme sind, so ist nach dem vorigen Satze klar, dass dieselbe Kraft, die, bei BG angebracht, den Widerstand bei DA im Gleichgewicht erhält, auch den Widerstand bei CO balancirt. Dasselbe gilt für jeden anderen Schnitt: daher bietet solch ein parabolisches Prisma stets gleichen Widerstand dar. Dass aber beim Schnitt FNB stets ein Drittel fortgenommen sei, ist klar; denn die Halbparabel $FNBA$ und das Rechteck FB sind Grundflächen zweier Körper zwischen parallelen Ebenen, nämlich den Rechtecken FB und DG; die Körper stehen stets in demselben Verhältniss, wie ihre Grundflächen; aber das Rechteck FB ist das anderthalbfache der Halbparabel $FNBA$; folglich nimmt der parabolische Schnitt den dritten Theil hinweg. Hieraus ersieht man, wie mit einer Gewichtsverminderung von 33 Procent man Gebälke errichten kann, ohne die Festigkeit zu schädigen, was bei grossen Schiffen, zur Festigung des Verdeckes sehr nützlich sein kann; denn bei solchen Bauwerken ist die Leichtigkeit von grosser Bedeutung.

Sagr. Man kann kaum den gesammten Nutzen erschöpfen. Indess wäre es mir von hohem Interesse zu erkennen, dass die Gewichtsverminderung thatsächlich dem genannten Verhältnisse entspricht. Dass der Diagonalschnitt die Hälfte der Masse entfernt, ist klar; dass aber der parabolische Schnitt ein Drittel fortnimmt, kann ich zwar Herrn *Salviati*, der stets zuverlässig ist, glauben, indess wäre mir eine selbsteigene Ueberzeugung mehr werth, als das blosse Vertrauen auf die Versicherung eines Anderen.

Salv. Ihr wünscht also den Beweis dafür, dass der Ueberschuss des Prismas über unsern parabolischen Körper ein Drittel des ganzen Prismas betrage. Ich habe Euch dieses schon früher einmal bewiesen; ich will den Gang Euch ins Gedächtniss zurückrufen; ich bediente mich eines Hülfssatzes von *Aristoteles* aus seinem Buche über die Spiralen; wenn nämlich beliebig viele Linien um gleich viel von einander abweichen, und die Abweichungen gleich der kürzesten Linie seien, und wenn ebensoviele Linien gleich der längsten vorhanden sind; so werden die Quadrate aller dieser Linien weniger betragen, als das dreifache der Quadrate aller jener unter einander verschiedenen Linien, zugleich aber werden sie mehr als das Dreifache von denjenigen Linien betragen, die nachbleiben nach Fortnahme des grössten Quadrates. Dies vorausgesetzt; sei im Rechteck *ACBP* (Fig. 36) die Parabel *AB* eingezeichnet; wir müssen beweisen, dass das gemischte Dreieck *BPA*, dessen Seiten *BP*, *PA* und dessen Grundlinie die Parabel *BA* ist, gleich sei einem Drittel des Rechteckes *CP*. Wenn dem nicht so wäre, so müsste es grösser oder kleiner sein. Angenommen es sei kleiner, und zwar um ein Stück *X*. Theilt man nun das Rechteck in immer mehr gleiche Theile, durch

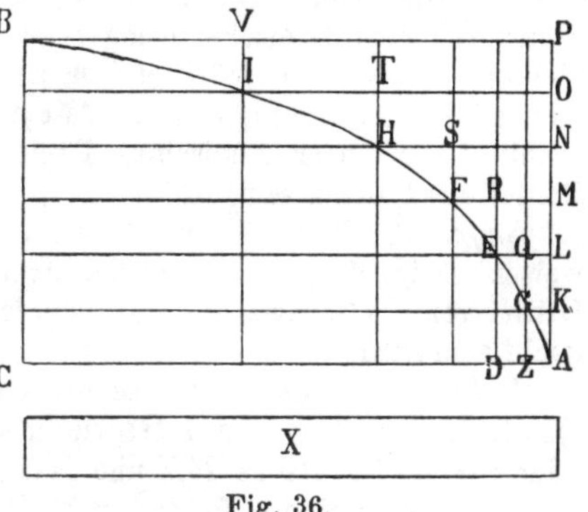

Fig. 36.

Parallelen zu BP und CA, bis wir solche Theile erhalten, dass jeder einzelne derselben kleiner als X sei. Ein solcher Theil sei OB. Durch den Schnittpunkt mit der Parabel errichten wir eine Senkrechte parallel AP, und denken uns um unser gemischtes Dreieck eine Menge von Rechtecken beschrieben, wie BO, JN, HM, FL, EK und GA, deren Summe durchaus noch kleiner als ein Drittel des ganzen Rechteckes CP sein wird, denn der Ueberschuss dieser Summe über das gemischte Dreieck ist kleiner als BO, und BO ist kleiner als X.

Sagr. Bitte, nicht so schnell, ich verstehe nicht, warum der fragliche Ueberschuss kleiner sein soll als das Rechteck BO.

Salv. Das Rechteck BO ist gleich der Summe der kleinen Rechtecke, durch welche unsere Parabel hindurchstreicht, nämlich BI, IH, HF, FE, EG und GA. Von diesen bleibt nur ein Theil ausserhalb des gemischten Dreieckes; aber das Rechteck BO sollte kleiner als X sein. Wenn also das Dreieck mit X zusammen gleich einem Drittel von CP sein sollte, so wird die umschriebene Figur, die dem Dreiecke weniger als X zufügt, immer noch kleiner bleiben als ein Drittel vom Rechteck CP; das aber ist unmöglich, da diese Figur mehr als ein Drittel von CP beträgt; mithin kann unser gemischtes Dreieck nicht kleiner als ein Drittel des Ganzen sein.

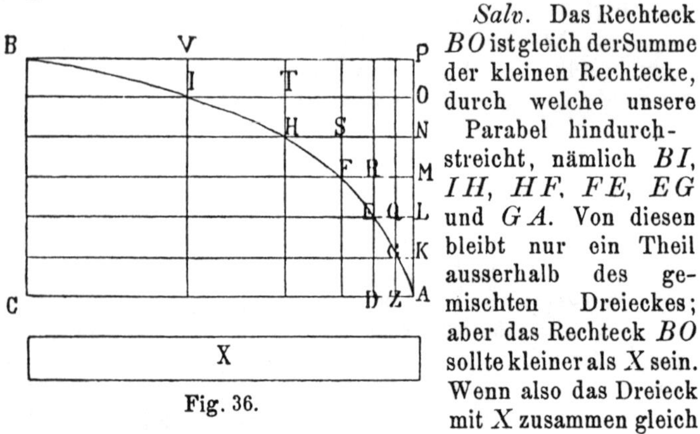

Fig. 36.

Sagr. Mein Zweifel ist gehoben. Nun bleibt noch zu beweisen übrig, dass die umschriebene Figur nicht mehr als ein Drittel von CP ausmache, was, wie ich glaube, Euch weniger leicht sein wird.

Salv. Durchaus nicht. In der Parabel verhalten sich die Quadrate von DE und ZG, wie die Strecken DA und AZ oder wie die Rechtecke KE und AG (da die Höhen AK, KL einander gleich sind); folglich verhalten sich die Quadrate von ED und ZG, d. h. die Quadrate von LA und AK, wie die Rechtecke KE und KZ. Ganz ebenso findet man, dass die anderen Rechtecke LF, MH, NI, OB sich verhalten wie die Quadrate der Linien MA, NA, OA und PA. Nun überlegen wir, dass die umschriebene Figur aus Stücken zusammengesetzt ist, die sich verhalten, wie die Quadrate der Linien, die um stets gleich viel die kleinste überragen, und dass das Rechteck CP aus ebensoviel Stücken zusammengesetzt ist, deren jedes gleich dem grössten ist, d. h. dass diese Alle gleich dem Rechteck BO sind. Folglich ist nach dem Aristotelischen Hülfssatz die umschriebene Figur mehr als ein Drittel von CP; aber sie war zugleich kleiner als dieses, was unmöglich ist; mithin ist das zusammengesetzte Dreieck nicht kleiner als ein Drittel des Rechteckes CP. Ich behaupte, es ist auch nicht grösser, denn wenn es das wäre, so sei X gleich dem Ueberschuss über ein Drittel von CP; nach vollbrachter wiederholter Theilung in lauter gleiche Rechtecke, wird man wiederum ein solches erhalten, das kleiner ist als X. Sei nun BO kleiner als X, und beschreiben wir ebensolche Linien, wie vorhin, so erhalten wir im gemischten Dreieck eine eingeschriebene Figur, die aus Rechtecken VO, TN, SM, RL und QK zusammengesetzt ist, welche auch noch nicht kleiner als ein Drittel von CP sein wird. Denn das gemischte Dreieck übertrifft die eingeschriebene Figur um weniger, als ebendasselbe den dritten Theil von CP der Annahme gemäss übertrifft, denn der Ueberschuss des Dreieckes über jenes Drittel von CP ist gleich X, und X ist kleiner als BO, und BO ist viel kleiner als der Ueberschuss des Dreiecks über die eingeschriebene Figur; denn dem Rechteck BO sind die Rechtecke AG, GE, EF, FH, HI, IB gleich, von letzteren aber ist weniger als die Hälfte gleich dem Ueberschuss des Dreiecks über die gemischte Figur. Da nun das Dreieck den dritten Theil von CP um mehr übertrifft (nämlich um X), und die eingeschriebene Figur nicht um soviel übertrifft, so müsste die eingeschriebene Figur grösser als ein Drittel von CP sein; allein sie ist kleiner nach unserem Hülfssatz; denn das Rechteck CP ist ein Aggregat von grössten Rechtecken und hat zu den Rechtecken, die die eingeschriebene Figur bilden, dasselbe Verhältniss, wie die Summe aller Quadrate der grössten Linien zu den Quadraten derjenigen Linien, die um gleichviel von einander abweichen, nach Abzug des Quadrates der grössten Linie; ferner ist die Gesammtsumme der grössten Rechtecke (d. h. das Rechteck CP) mehr als das Dreifache der Summe der Rechtecke, die die eingeschriebene Figur bilden, nach Abzug des grössten. Folglich ist das gemischte Dreieck weder grösser noch kleiner als ein Drittel des Rechteckes *CP*; mithin demselben gleich.

Sagr. Ein schöner sinnreicher Beweis, besonders weil er uns zugleich die Quadratur (la quadratura) der Parabel giebt; die Fläche derselben ist gleich vier Drittheilen des eingeschriebenen Dreieckes, was *Archimedes* auf zweierlei Art in bewundernswerther Weise bewies. Auch hat kürzlich *Luca Valerio*, der neue *Archimedes* unserer Zeit, einen neuen Gang eingeschlagen, den man in seinem Lehrbuche über den Schwerpunkt fester Körper findet.

Salv. In der That, das ist ein Buch, das den Werken der berühmtesten Geometer der Gegenwart und Vergangenheit nicht nachgestellt werden kann: als unser Akademiker dasselbe sah, liess er seine eigenen Forschungen liegen, die er über denselben Gegenstand begonnen hatte, denn Alles erschien bereits so trefflich gelöst und bewiesen von demselben *Valerio*.

Sagr. Davon hat mir der Akademiker selbst Mittheilung gemacht; ich bat ihn, er möge mir doch einmal seine bis dahin entdeckten Sätze zeigen; aber es war vergeblich.

Salv. Ich besitze dieselben in Abschrift, und kann sie Euch zeigen, denn Ihr schätzet die Verschiedenheit der Methoden, durch welche diese beiden Autoren zu gleichen Resultaten gelangen, und die Art ihrer Beweisführung; einige Schlüsse erfahren ganz verschiedene Deutung, obwohl sie im Wesen ganz gleich wahr und richtig sind.

Sagr. Ich möchte sie wohl gerne einsehen, und wenn Ihr zu unseren Zusammenkünften wiederkehrt, so bringt sie gütigst mit. Da indessen das parabolisch ausgeschnittene Stück für viele mechanische Vorrichtungen nützlich sein kann, so wäre den Künstlern sehr gedient mit einer schlichten Regel, nach welcher sie auf einer Prismenseite die Parabel aufzeichnen könnten.

Salv. Man kann auf viele Arten solche Linien verzeichnen, ich will Euch nur zwei der expeditesten mittheilen. Die eine ist in der That wunderbar, da ich in kürzerer Zeit, als ein anderer mittels des Zirkels vier oder sechs Kreise verschiedener Grösse verzeichnet, dreissig oder vierzig Parabeln construiren kann, deren Zug nicht minder richtig, fein und sauber ausgeführt ist als der der Kreise. Ich habe eine Broncekugel, die völlig rund gearbeitet ist, nicht grösser als eine Nuss; wirft man dieselbe auf einen Metallspiegel, der nicht ganz horizontal liegt, sondern ein wenig geneigt ist, so dass die Kugel in ihrem Laufe einen leichten Druck ausübt, so beschreibt sie eine feine parabolische

Linie, die mehr oder weniger gestreckt sein wird, je nach der Neigung der Metallplatte. Zugleich lässt sich demonstriren, dass geworfene Körper in Parabeln sich bewegen: eine Thatsache, die unser Freund entdeckt hat, sammt dem Beweise, den er in seinem Buche über die Bewegung bringt, und den wir bei der nächsten Zusammenkunft kennen lernen werden. Die Kugel, die Parabeln beschreiben soll, muss man ein wenig mit der Hand erwärmen und anfeuchten, da sie alsdann auf dem Metallspiegel deutlichere Spuren hinterlässt. Die andere Art, Parabeln zu beschreiben auf dem Prisma, ist folgende: An einer Wand befestigt man in gleicher Höhe über dem Horizonte zwei Nägel, in einer Entfernung von einander, die gleich ist der doppelten Breite des Rechteckes, auf welchem die Halbparabel construirt werden soll; von beiden Nägeln hängt eine feine Kette herab, die so lang ist, dass ihr tiefster Punkt sich um die Länge des gegebenen Rechteckes vom Horizonte der Nägel entfernt: Diese Kette hat die Gestalt einer Parabel, so dass, wenn man dieselbe durch Punktirung abmalt, man eine richtige Parabel erhält: das mittlere Loth theilt dieselbe in gleiche Theile.[23]) Das Uebertragen derselben auf beide Seiten des Prisma hat keine Schwierigkeit; Jedermann kann es leicht ausführen. Man könnte auch mit Hülfe der geometrischen Linien, die auf dem Zirkel unseres Freundes verzeichnet sind, ohne Weiteres auf dem Prisma die parabolische Linie punktiren.

Wir haben bisher Vieles betrachtet, was auf die Bruchfestigkeit der Körper Bezug hatte, indem wir die Gesetze des Zuges als bekannt voraussetzten, und so könnten wir fortfahren und immer neue Beziehungen aufdecken, deren es in der Natur unendlich viele giebt. Zum Schluss der heutigen Erläuterungen will ich einiges über den Widerstand der hohlen festen Körper hinzufügen, deren sich die Kunst und die Natur in tausend Fällen bedient; hier wird ohne Gewichtsvermehrung die Festigkeit bedeutend gesteigert: so z. B. bei den Knochen der Vögel und bei vielen Rohren, die leicht sind und doch sehr bieg- und bruchfest: so dass, wenn ein Strohhalm, der eine Aehre trägt, die schwerer ist als der ganze Halm, aus derselben Masse bestünde aber massiv wäre, er viel weniger bieg- und bruchfest sein würde. So hat man künstlich beobachtet und durch den Versuch bestätigt, dass eine hohle Lanze oder ein Rohr aus Holz oder Metall viel fester ist, als wenn diese Körper bei gleichem Gewicht und gleicher Länge massiv wären, wobei sie feiner und dünner sein müssten; daher erfand man das Aushöhlen der Lanzen, um sie fest und zugleich leicht zu machen. Wir wollen folgenden Satz beweisen: Die Widerstände zweier Cylinder von gleicher Masse und Länge, deren einer hohl, der andere massiv sei, verhalten sich zu einander, wie die Durchmesser. Es sei *AE* (Fig. 37) der Hohlcylinder, der an Gewicht gleich sei dem massiven Cylinder *IN*, beide von gleicher Länge. Ich behaupte, die Bruchfestigkeiten beider Körper verhalten sich zu einander wie die Durchmesser *AB* und *IL*. Da beide Cylinder gleiche Masse und Länge haben, muss die Grundfläche *IL* gleich der Grundfläche des Rohres, also gleich dem Ringe *AB*, sein. Mithin werden die Zugfestigkeiten oder absoluten Widerstände einander gleich sein. Bei der Biegung wird aber für den Cylinder *IN* die Länge *LN* als Hebelarm dienen, während *L* der Unterstützungspunkt ist und der Halbmesser von *LI* als zweiter Hebelarm dient; beim Rohr ist der eine Arm *BE* gleich *LN*, aber der Gegenarm über dem Unterstützungspunkte *B* ist der Halbmesser von *AB*; folglich wird der Widerstand des Rohres den des Cylinders übertreffen, in dem Maasse als *AB* grösser ist als *IL*, was zu beweisen war. Man gewinnt also beim Rohre an Festigkeit in dem Verhältniss der Durchmesser, sobald beide Körper gleiche Masse, Gewicht und Länge haben. Untersuchen wir noch die anderen Fälle, den Unterschied zwischen gleich langen Rohren und Cylindern, die an Gewicht verschieden, mehr oder weniger ausgehöhlt sind. Zunächst folgende Aufgabe:

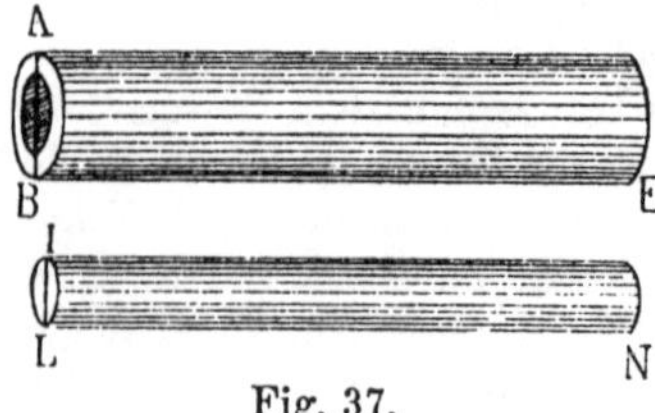

Fig. 37.

Den einem gegebenen Rohre an Masse gleichen massiven Cylinder zu finden.

Die Lösung ist sehr leicht. Es sei *AB* (Fig. 38) der äussere, *CD* der innere Durchmesser des Rohres. Mit *AE*, gleich *CD*, schlage man von *A* aus einen Kreis und bestimme den Schnittpunkt *E*, und verbinde *E* mit *B*. Da im Halbkreise der Winkel *AEB* ein rechter ist, so ist die Kreisfläche, deren Durchmesser *AB* ist, gleich der Summe zweier Kreise mit den Durchmessern *AE* und

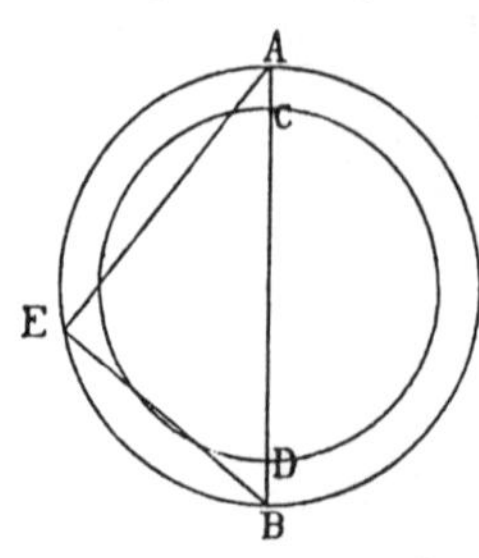

Fig. 38.

EB; aber *AE* ist der innere Rohrdurchmesser, folglich ist *EB* der Durchmesser des gesuchten massiven Cylinders, dessen Grundfläche gleich der des Ringes *ACBD* ist; mithin ist auch ein fester Cylinder mit dem Durchmesser *EB* an Masse gleich dem Rohre, die beide gleiche Länge haben. Nun kann weiter leicht folgende allgemeinere Aufgabe gelöst werden:

Das Verhältniss der Bruchfestigkeiten eines Rohres und eines Cylinders, beide von gleicher Länge, zu bestimmen:

Es sei *ABE* (Fig. 39) das Rohr und der Cylinder *RSM* von gleicher Länge; wie verhalten sich ihre Bruchfestigkeiten? Der vorigen Aufgabe gemäss findet man den Cylinder *ILN* an Masse und Länge gleich dem Rohre, die Linien *IL* und *RS* sind die Durchmesser der beiden massiven Cylinder *IN* und *RM*. Zu *IL* und *RS* sei die vierte Proportionale *V*[24]). Ich behaupte, die Festigkeit des Rohres *AE* verhalte sich zu der des Cylinders *RM*, wie die Linie *AB* zu *V*. Das Rohr *AE* und der Cylinder *IN* haben gleiche Masse und Länge, folglich

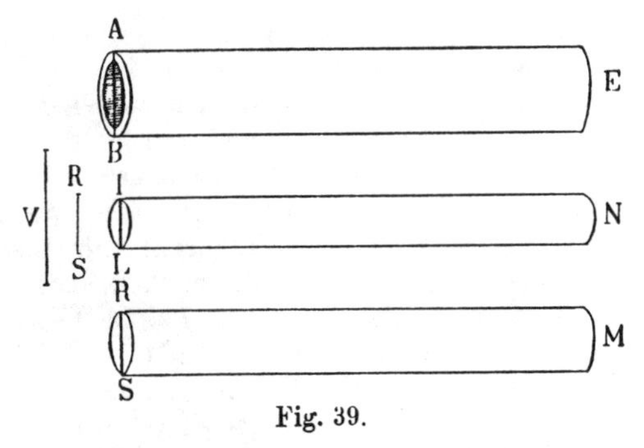

Fig. 39.

verhalten sich ihre Festigkeiten, wie *AB* zu *IL*; aber die Festigkeiten der Cylinder *IN* und *RM* verhalten sich wie die Cuben von *IL* und *RS*, d. h. wie die Linie *IL* zur Linie *V*; folglich verhält sich ex aequali die Festigkeit des Rohres *AE* zur Festigkeit des Cylinders *RM*, wie die Linie *AB* zur Linie *V*, womit die gestellte Aufgabe gelöst ist.[25])

Ende des zweiten Tages.

Nachwort.

»Malgré les effets d'une persécution acharnée, Galilée nous apparait comme un des esprits les plus vastes et les plus sublimes qui aient jamais paru sur la terre. Grand astronome et grand géomètre, créateur de la véritable physique et de la mécanique, réformateur de la philosophie naturelle, il fut en même temps un des plus illustres écrivains de l'Italie.«

Libri, »hist. d. sc. math. en Italie.« T. IV, p. 291.

»Enchainer le génie, effrayer les penseurs, arrêter les progrès de la philosophie, voilà ce que tentèrent de faire les persécuteurs de Galilée. C'est là une tache dont ils ne se laveront jamais.«

Libri, »hist. des sc. math. en Italie.« T. IV. p. 293.

Galileo Galilei, geboren zu Pisa am 18./8. Februar 1564, starb zu Arcetri am 8. Jan. 1642/29. Dec. 1641. Es ist schwer zu bestimmen, wann er das Material zu den vorliegenden »Discorsi« zusammengestellt hat. Gedruckt wurden sie 1638, als er bereits unter Aufsicht der Inquisition in Arcetri gefangen gehalten wurde. Einen Theil seiner hier erläuterten Entdeckungen hatte er schon von 1602 an seinen Zuhörern mitgetheilt. Wir haben das Original textgetreu übersetzt nach Grundsätzen, wie sie für Uebertragungen dieser Art von *Fr. C. Wolff* in der Vorrede zu *Cicero*'s de Oratore, Altona 1801, so trefflich entwickelt werden, wenn er sagt: Unsere Kenntnisse haben sich unstreitig in neueren Zeiten erweitert; aber die Kunst, unsere Gedanken mit Lebhaftigkeit und Anmuth vorzutragen, werden wir noch lange von den Römern und Griechen erlernen müssen. Und schon deshalb haben Uebersetzungen aus den Alten ihren unverkennbaren Nutzen, weil sie unsre Sprache bereichern, und uns Muster zur Nachahmung aufstellen; aber diesen Zweck können nur solche Uebersetzungeu befördern, die sich dem Original mit möglichster Treue anschliessen.« »Treu übersetzen heisst den Gedanken des Schriftstellers richtig und bestimmt ausdrücken. Treu übersetzen heisst zweitens, sich im Ausdruck der Kürze der Urschrift befleissigen und sich beeifern, dass man die Wortfolge des Originals, so viel möglich, erhalte. Drittens, die Wörter nach ihren Hauptbegriffen und Nebenbegriffen ausdrücken. Viertens: Keine Periode ohne Noth zerstückeln. Endlich: Den Rhythmus und Wohlklang der Urschrift auch in der Uebersetzung ausdrücken.« Als oberstes Gesetz fordert *Wolff* ferner mit Recht Verständlichkeit, daher Uebersichtlichkeit. Die Wendungen und Ausdrücke »müssen völlig deutsch, natürlich und von Steifheit entfernt« in »edler Sprache« gehalten sein.

Das Original von 1638 haben wir leider nicht zu Gesicht bekommen, und kennen daher auch nicht das Aussehen der Figuren im Text. Uns lag zu Grunde die Bologna-Ausgabe von 1655, die wörtlich übereinstimmt mit der bekannten Mailänder-Ausgabe von 1811. Die erste lateinische Uebersetzung aus dem italienischen Original erschien 1699. Diese Ausgabe ist schön ausgestattet, die Textfiguren erinnern zwar sehr in ihrem Aussehen an die Ausgabe von 1656, sind aber ornamental nicht identisch. Ziemlich stark weicht in der Figurenzeichnung die Mailänder Edition ab. Wir haben uns der letzteren vollkommen angeschlossen, da in dem Rahmen unserer Ausgabe die stattliche Ornamentik der Originalfiguren viel Raum beansprucht hätte.

Die »Discorsi« sind zu wenig gekannt. Der Leser wird manchen ihm aus Lehrbüchern geläufigen Beispielen begegnen, die hier zuerst behandelt worden; wie selten wird in solchen Fällen des genialen Mannes gedacht, der der Schöpfer der Physik war und zahlreiche Gebiete bahnbrechend betrat. Die Lectüre *Galilei*'s wird jedem Studirenden nützlich sein, aber auch der Lehrer und Docent wird sich die freie populäre Sprechweise zum Muster nehmen und zur Nacheiferung sich angeregt fühlen. Die Berücksichtigung gangbarer Irrthümer und im Volke verbreiteter fehlerhafter Anschauungen wird noch heute volles Interesse finden.

Einzelne Lehren in den »Discorsi« sind zwar veraltet. Bedenkt man aber, wie wenig noch heutzutage das Wesen der elastischen Kräfte geklärt ist, so wird man stets mit Spannung den geistvollen Erörterungen *Galilei*'s folgen. Mit Freude lässt man sich von den Gedankenassociationen leiten, die in classisch behaglicher Ruhe unser kaum übertroffener Geistesheld uns vorbringt.

Ob *Galilei* lange vor 1638 seine Discorsi geschrieben oder, da er 1637 erblindet war, sie dictirt hat, lässt sich schwer feststellen. Der vollendet schöne Styl sowohl in den vorliegenden beiden Tagen (»Giornate«), die durchweg italienisch abgefasst sind, als auch in den späteren in classischem Latein gehaltenen

Discorsi lassen vermuthen, dass diese Schriften einer späten Zeit angehören.« Jedenfalls befanden sie sich schon vor 1638 in den Händen des Grafen *di Noailles*. Ferner wissen wir, dass *Galilei* immer sehr spät seine Entdeckungen veröffentlichte, was durch die unvergesslich barbarischen Verfolgungen, denen er sich ausgesetzt sah, bedingt war. — *Libri* nennt *Galilei* den ersten italienischen Schriftsteller seines Jahrhunderts, der dazu bestimmt war, eine völlige Umwälzung in den Wissenschaften zu bewirken. Auf *Lagrange*'s Urtheil über die Bedeutung *Galilei*'s für die Mechanik kommen wir bei der dritten »Giornata« zurück.

Der Druck sämmtlicher »Discorsi« war dem Grafen *di Noailles* zu verdanken. Dem Original ist eine Dedication vorangestellt, die hier in wortgetreuer Uebersetzung folge:

An den hochberühmten Herren

Grafen *di Noailles*

Ritter des Ordens vom heiligen Geist, Feldmarschall Seneschal und Gouverneur von Roerga und Statthalter S.M. in Orvegna,

meinem hochehrwürdigen Herrn und Gönner.

Ich erkenne es als einen Act Eurer Grossmuth, hochehrwürdiger Herr, an, dass Ihr über dieses mein Werk verfügt habt, ungeachtet dessen, dass ich, wie Euch bekannt ist, verwirrt und niedergeschlagen bin wegen der Misserfolge meiner anderen Arbeiten und beschlossen hatte, fortan keine meiner Studien zu veröffentlichen, sondern nur, damit dieselben nicht gänzlich begraben blieben, sie handschriftlich niederzulegen an einem Orte, der vielen Fachkennern zugänglich wäre. Meine Wahl traf den passendsten, hervorragendsten Ort, wenn ich an Eure Hand dachte. Ihr habt mit ganz besonderer Güte gegen mich Euch die Erhaltung meiner Studien und Arbeiten angelegen sein lassen. Als Ihr von Eurer Botschaft nach Rom zurückkehrtet, hatte ich die Ehre, Euch persönlich begrüssen zu dürfen, nachdem ich schon oft brieflich mich an Euch gewandt. Bei solcher Begegnung überreichte ich Euch in Abschrift die vorliegenden beiden Werke, die ich damals fertig hatte. Ihr geruhtet sie huldvoll zu würdigen und in sicheren Gewahrsam zu nehmen. Ihr habt sie in Frankreich Euren Freunden und Interessenten mitgetheilt und habt Gelegenheit genommen zu beweisen, dass ich zwar schweige, dennoch aber mein Leben nicht ganz müssig hinbringe. Ich wollte soeben einige Abschriften fertigen, um dieselben nach Deutschland, Flandern, England, Spanien und in einige Orte Italiens zu senden, als ich unversehens von der Firma Elzeviri benachrichtigt wurde, dass meine Arbeit unter der Presse, und dass es Zeit sei, betreffs der Widmung Beschluss zu fassen und den Entwurf der Druckerei zu übersenden. Tief bewegt durch diese unverhoffte und unerwartete Nachricht, überlegte ich, dass Euer Hochehrwürden Wunsch, meinen Namen zu erheben und meinen Ruf zu erweitern, und Eure Theilnahme an meinen Leistungen meine Arbeit zum Druck befördert hat. Dieselbe Werkstatt hat schon meine anderen Werke veröffentlicht und sie mit ihrer glänzenden geschmackvollen Ausstattung ans Licht gebracht. Und so sollen denn meine Schriften wieder auferstehen, denn sie haben das glückliche Schicksal gehabt, durch Euer gediegenes Urtheil werthgeschätzt zu werden. Ihr seid wohlgekannt durch den Reichthum Eurer Talente, die Jedermann an Euch bewundert; Euer unvergleichlicher Edelmuth, Euer Eifer für das allgemeine Wohl, dem Ihr auch diese meine Arbeit zugänglich machen wollt, hat auch meinen Ruhm vermehrt und ausgebreitet. So ist es denn wohl geschickt, dass auch ich mit einem allsichtbaren Zeichen mich dankbar erweise für Eure edle That. Ihr habt meinen Ruhm die Flügel frei ausbreiten lassen wollen unter offenem Himmel, während es mir als hohe Gunst erschien, dass er auf engere Räume eingeschränkt blieb. Darum sei Eurem Namen mein Werk gewidmet, und dazu drängt mich nicht nur das Bewusstsein einer Fülle von Verpflichtungen gegen Euch, sondern auch, — wenn ich so sagen darf — die Verbindlichkeit, die Ihr übernehmt, mein Ansehen zu vertheidigen gegen meine Widersacher: Ihr seid es, der mich wieder auf den Kampfplatz stellt. So will ich denn kämpfen unter Eurer Fahne, ich beuge mich ehrerbietig unter Euern Schutz und ersehne Euch in tiefgefühltem Dank alles denkbare Glück und Heil.

Arcetri, 6. März 1638.

Ich verbleibe

Hochehrwürdiger Herr

gehorsamster Diener

Galileo Galilei.

Anmerkungen.

1) zu S. 20. Es ist auffallend, dass *Galilei* die Cohäsion fester Körper doch noch auf Hohlräume zurückführen will nach den soeben vorgeführten interessanten Versuchen mit dem Wasser. Wie die unendliche Zahl unendlich kleiner Hohlräume eine Kraft hergeben solle, die grösser ist, als die beim Wasser gemessene (S. 15), wird nicht angedeutet. Hier wie dort kann der endliche Querschnitt des gedehnten Körpers allein maassgebend sein und für die Cohäsion des Marmors, die 5 mal grösser als die Cohärenz des Wassers sein soll, wird keine Erklärung gewonnen.

2) zu S. 25. Die Erläuterung des Herrn *Salviati* ist fein und sinnig und steht nicht fern unseren modernen in der *Steiner*schen synthetischen Geometrie vorgetragenen Anschauungen. Zwei verschiedene, beliebig grosse Strecken können stets gleich viel Punkte haben; dazu brauchen sie nur von einem Punkte aus projicirt zu werden, der durch den Durchschnitt derjenigen beiden Geraden bestimmt wird, die die Enden der gegebenen Strecken verbinden. So haben in der projectivischen Geometrie auch zwei concentrische Kreise beliebiger Grösse gleich viel Punkte, wenn sie von einem Punkte im Innern auf einander bezogen werden. Soviel Radien, soviel Bogendifferentiale sind denkbar, würden wir heute sagen. Immerhin bleibt *Galilei*'s Wälzung der Polygone und Kreise (Fig. 5) ein sinnreicher Einfall.

3) zu S. 28. Heute würden wir sagen, Kegelbasis und Band schrumpfen ein zu Punkt und Kreis, allein der Punkt ist ein Kreis mit unendlich kleinem Radius r, das Band dagegen hat bei endlichem, beliebig grossem Umfange $2\pi l$ eine Breite b, die unendlich klein zweiter Ordnung ist, so dass

$$2\pi . l . b = \pi r^2$$

also $2 b . l = r^2$, wodurch die Paradoxie schwindet. Aehnlich ist es mit dem unendlich kleinen Kegelrest und dem unendlich kleinen Rasirmesserrund. Letzteres hat eine unendlich kleine Dicke zweiter Ordnung, weil eine dementsprechende Osculation in A und B (Fig. 6) zwischen Kugel und Cylinder statthat.

4) zu S. 36. Das hier beschriebene System unendlich vieler Kreise wird jetzt ein hyperbolisches Kreissystem genannt. Auf der unendlich langen Geraden AB sind einerseits A und B als feste, andererseits C und E als variable Punkte einander zugeordnet und bilden stets vier harmonische Punkte. Die gesammte Schaar einander zugeordneter Punktenpaare C und E bildet ein hyperbolisches Punktensystem. Insbesondere fällt ein zugeordnetes Paar mit B, ein anderes mit A zusammen, und die Mitte O ist dem unendlich fernen Punkte der Geraden zugeordnet. Inwiefern *Galilei* mit letzterem Verhalten und dem zugehörigen unendlich grossen Kreise ein Widerstreben der Natur, eine endliche Grösse unendlich werden zu lassen, kund thun will, ist nicht recht abzusehen; die Unendlichkeit im Begriff der Einheit enthält ferner etwas Mystisches, wie solches selten bei *Galilei* vorkommen mag.

5) zu S. 40. Der vorliegend erörterte Gedanke, die Lichtgeschwindigkeit zu messen, ist beachtenswerth und zeigt, dass geraume Zeit vor allen astronomischen Methoden eine terrestrische ersonnen und ins Werk gesetzt war. Die Rohheit der Hülfsmittel allein liess den Versuch scheitern.

6) zu S. 50. Hier ist es am Orte zu zeigen, wodurch allein bei *Galilei* schwerfällige Beweise bedingt sind, während unser Autor sonst sich stets einer gefälligen, klaren Sprache bedient. Diese Schwerfälligkeit tritt überall sofort ein und nur da, wo Proportionen angesetzt werden. Auf diese überaus wichtige Frage sei es gestattet, näher einzugehen. Die ältere Zeit gestattete nur gleiche Qualitäten mit einander zu vergleichen, während es eine Errungenschaft späterer Zeit ist, heterogene Grössen, also verschiedene Qualitäten auf einander zu beziehen, sie mit mathematischen Operationen zu verknüpfen und bei Wahrung des »Dimensionsbegriffes« in Gleichung zu setzen. Auf beiden Seiten einer Gleichung durften damals nur reine Zahlen stehen, wir fordern nur, dass die physischen Qualitäten oder Dimensionen sich aufheben. Nach angesetzter »Gleichung« finden wir durch Rechnung ein Resultat, welches dort eine lange Reihe einzelner Schlussfolgerungen be-

anspruncht; einem jeden Gliede solch einer Reihe, also einer jeden Proportion, entspricht eine bestimmte Vorstellung physischer Verhältnisse. Man wird es lehrreich finden, dass Beweise, die im Texte eine ganze Seite einnehmen, heutzutage mit zwei Zeilen abgethan sind, wobei zu bemerken wäre, dass durch jene alte Beweismethode der innere Zusammenhang des Resultates mit den Prämissen keinesweges klarer wird, sondern oft der Art verworren erscheint, dass *Galilei* selbst das Empfinden dieses Umstandes mehrmals Herrn *Sagredo* in den Mund legt. *Simplicio* wird nie solch ein Bekenntniss äussern, er beschränkt sich im Bewusstsein seiner philosophischen Bildung auf eine hartnäckige Skepsis, die schliesslich in Befriedigung sich auflöst, bisweilen mit merklicher Zurückhaltung.

Uebrigens sind wir noch heutzutage durchaus Erben unserer Vorzeit. Es herrscht im Gymnasialunterricht der Ansatz nach Proportionen vor. Ein allgemeines Beispiel mag dieses erläutern: Man lehrt y verhalte sich zu y', wie x zu x', und vielleicht auch noch y zu x wie y' zu x'. — Statt beider Behauptungen und mindestens neben beiden sollte der Schüler angewiesen werden, jede erkannte Proportion mit: $y = a.x$, sowie die umgekehrte Proportion mit $y = \frac{a}{x}$ anzusetzen. Hier repräsentirt a einen aus den Qualitäten von y und x gebildeten neuen Begriff: $a = \frac{y}{x}$, resp. $a = y.x$. So geringfügig die Frage erscheinen mag, so folgereich ist sie für den Unterricht. Wer dieses nicht einräumt, den verweisen wir auf die folgenden Anmerkungen 12—17. — Im vorliegenden Falle haben wir die Proportionen in Klammern dem Texte hinzugefügt, so dass der Leser das Ganze leichter übersieht. Es seien die Höhen H und h, die Radien R und r, die Oberflächen O und o, so ist der Voraussetzung gemäss:

$$H.\pi R^2 = h.\pi.r^2$$

$$\text{also } HR^2 = h.r^2$$

$$\text{und } \frac{HR}{h.r} = \frac{r}{R}, \text{ sowie } \frac{r^2}{R^2} = \frac{H}{h}$$

$$\text{folglich } \frac{r}{R} = \sqrt{\frac{H}{h}} \text{ und}$$

$$\frac{O}{o} = \frac{2\pi R.H}{2\pi r.h} = \frac{r}{R} = \sqrt{\frac{H}{h}}$$

7) zu S. 51. Es seien M und m die Mantelflächen, J und i die Inhalte der Cylinder, R und r die Radien, H und h die Höhen, so ist der Voraussetzung nach $M = m = 2\pi . R . H = 2\pi . r . h$ folglich $\frac{R}{r} = \frac{h}{H}$. Ferner $I = \pi R^2 H$, $i = \pi r^2 . h$

folglich $$\frac{I}{i} = \frac{R^2 H}{r^2 h} = \frac{R}{r} = \frac{h}{H}, \text{ q. e. d.}$$

8) zu S. 54. Es seien die Peripherien der Polygone um A, B gleich P, p; die Inhalte der Polygone A, B und des Kreises gleich I_A, I_B, I_K, so ist

$$I_A : I_K = P : p$$
$$\text{ferner } I_A : I_B = P^2 : p^2 \text{ (weil ähnlich)}$$
$$\text{folglich } I_A : I_B = I_A^2 : I_K^2$$
$$\text{und mithin } I_K^2 = I_A . I_B \text{ q. e. d.}$$

9) zu S. 80. *Galilei* gebraucht nicht den Ausdruck »anderthalbfache Potenz«, er sagt wörtlich, der Rauminhalt stehe in anderthalbfachem Verhältniss zur Oberfläche (in sequialtera proporzione). Aehnlich hiess es schon früher für das Verhältniss der Quadratwurzel: la subdupla proporzione.

10) zu S. 84. Auf diesen nur angenähert richtigen Satz kommt *Galilei* in späteren Gesprächen zurück.

11) zu S. 98. Der Ausdruck ist nicht ganz correct. Der Autor will betonen, dass E am Hebelarme C wirkt, der Widerstand am Arme $\frac{1}{2}$ AB. Er spricht also nicht vom Gleichgewicht der Kräfte, denn sonst hätte er das umgekehrte Verhältniss finden müssen. Er will offenbar sagen, dass E im Vergleich zum Widerstande im Verhältniss C zu $\frac{1}{2}AB$ stärker wirke.

12) zu S. 102. Der Lehrsatz und der Beweis (S. 103) sind textgetreu wiedergegeben. Das Wort »resistenza« haben wir mit Festigkeit übersetzt. Man wird indess bemerken, dass der Begriff in diesem Lehrsatze völlig abweicht von dem Gebrauch desselben Wortes im Gange des Beweises, wie auch in den anderen Sätzen, denn bisher und später ist die Bruchfestigkeit (resistenza a esser rotti) proportional den Cuben der Dicken, und die Zugfestigkeit (assoluta resistenza, che si fa col tirarlo per diritto) proportional den Quadraten der Dicken. Hier aber wird die Festigkeit zugleich von der Länge abhängig gedacht,

wobei nicht zu verstehen ist, weshalb der Autor dieselbe umgekehrt proportional den Längen annimmt, während noch wenige Zeilen vorher eine Abhängigkeit nach dem umgekehrten Verhältniss der Quadrate der Längen behauptet worden war (S. 102). Ein Versehen im Druck kann nicht vorliegen, da im Beweise die These noch zweimal vorkommt »die Festigkeit von GD zur Festigkeit von DF verhalte sich wie die Linie FE zu EG« und ebenso die letzte Klammer S. 103. Hier müsste überall stehen das Quadrat der Längen. Versucht man den Begriff der resistenza durch Solidität wiederzugeben, und bezeichnen wir sie mit S, so wäre $S = K \cdot \frac{AB^3}{AB^2 . L^2}$, weil S direct proportional dem Cubus des Radius, und umgekehrt dem Gewicht $AB^2 . L$ mal dem Hebelarm L, also auch

$$S = K \cdot \frac{AB^3}{AB^2 . L^2} = K \cdot \frac{AB}{L^2}$$

$S = 1$ bezeichnet die Bruchfestigkeitsgrenze, und sobald $S > 1$ ist, darf der Cylinder noch belastet werden, bei $S < 1$ findet Ueberlastung und Bruch statt.

Mit solcher Deutung aber entfernen wir uns noch mehr vom Autor, da er den Factor AB^2 im Nenner fortlässt, und ausserdem L statt L^2 schreibt. Schliesslich bleibt nur eine Deutung übrig. *Galilei* sieht vom Eigengewichte der Cylinder vollständig ab, ohne solches aber ausdrücklich hervorzuheben, alsdann wirkt eine beliebige Last stets am Ende der Cylinder am Arme L, also wird $S = K \cdot \frac{AB^3}{L}$. Für diese Deutung spricht ein Satz, den wir später zu Fig. 33 und 35 kennen lernen werden, bei welchem der Autor sich auf den Satz Fig. 22 zurückbezieht und ausdrücklich von Belastungen am Ende des Hebels spricht.

13) zu S. 104. Im Original steht nur resistenza. Dieselbe bedeutet hier sicher Zugfestigkeit. Der Satz wird sich so gestalten: Es seien die Gewichte mit M_A und M_C, die Zugfestigkeiten mit F_A und F_C bezeichnet. Dann ist

$$\frac{M_C}{M_A} = \frac{C^3}{A^3} \text{ und } \frac{F_C}{F_A} = \frac{C^2}{A^2}$$

Das Verhältniss der Hebelarme wegen Aehnlichkeit der Cylinder bleibt unverändert, folglich

$$\frac{M_C}{M_A} = \left(\frac{F_C}{F_A}\right)^{\frac{3}{2}}.$$

Aber noch einfacher:

$$M = K . C^3$$
$$F = K'. C^2$$

folglich $M = K'' F^{\frac{3}{2}}$

vergleiche auch Anm. 16.

14) zu S. 106. Die Sätze sind völlig correct und bemerkenswerth. Aber einfacher wäre, wenn die Bruchfestigkeit B und r der Radius ist:

$$B = K . r^3$$

und das Moment M, wenn l die Länge ist:

$$M = K' . r^2 . l^2 = K'' . r^4 ,$$

weil l proportional r, also $l = c . r$ (wegen der vorausgesetzten Aehnlichkeit. Mithin die Solidität:

$$S = \frac{K r^3}{K'' . r^4} = K''' . \frac{1}{r} .$$

Dieser Ausdruck lehrt alle Specialfälle, die im Texte discutirt werden, leicht unterscheiden. Ist die Grenze der Solidität erreicht, so kann r nicht mehr vergrössert werden, weil dadurch S kleiner werden müsste. Auch erkennt man, dass das Moment des Cylinders mit der vierdrittelten Potenz der Bruchfestigkeit zunimmt, $M = a . B^{\frac{4}{3}}$, und mit dem Quadrat der Zugfestigkeit $M = a . z^2$.

15) zu S. 107. Der Beweis fällt schwerfällig aus und Herr *Sagredo* klagt. Es wird eben nicht mit Gleichungen operirt, dagegen mit mehrfachen Hülfsgrössen. Es seien die Momente mit M, die Bruchfestigkeiten mit B bezeichnet. Nun ist

$$\frac{M_{FE}}{M_{DG}} = \frac{DE^2}{AC^2}$$

und

$$\frac{M_{DG}}{M_{BC}} = \frac{FD^2}{AB^2}$$

folglich

$$\frac{M_{FE}}{M_{BC}} = \frac{DE^2}{AC^2} \cdot \frac{DF^2}{AB^2}$$

während

$$\frac{B_{FE}}{B_{BE}} = \frac{DF^3}{AB^3}$$

sollen nun die letztgenannten Verhältnisse links einander gleich sein, so muss

$$DF = AB \cdot \frac{DE^2}{AC^2}$$

genommen werden.

Viel einfacher statt in Proportionen, in Gleichungen, wie in Anm. 16, wo derselbe Satz gebracht wird.

Galilei's »dritte und vierte Proportionale« sind folgendermaassen zu verstehen. Wenn es heisst, »zu DE und AC sei J die dritte Proportionale, so ist gemeint

$$J = \frac{AC^2}{DE}.$$

Wenn es heisst: »zu DE und J sei M die dritte und O die vierte Proportionale«, so ist gemeint:

$$M = \frac{J^2}{DE} \text{ und } O = \frac{J^3}{DE^2},$$

so dass auch $DE : J = M : O$.

Alle im Text vorkommenden Beziehungen sind alsdann ganz richtig.

16) zu pag. 108. Der Cylinder A an der Grenze der Bruchfestigkeit giebt die Bedingung

$$K.DC^3 = DC^2.DA^2.$$

Wir verlangen

$$K.x^3 = x^2.E^2$$

wo x der gesuchte Durchmesser und E die gegebene Länge bedeutet. Folglich auch

$$K.DC = DA^2$$

$$K.\ x = E^2$$

und

$$x = DC.\frac{E^2}{DA^2}.$$

Galilei macht

$$\frac{KL}{CD} = \frac{E}{DA}$$

daher wird

$$x = \frac{KL^2}{CD} = MN,$$

also MN die dritte Proportionale zu CD, KL. Im Text wird Zugfestigkeit und Bruchfestigkeit einfach mit resistenza bezeichnet, das eine Mal proportional den Quadraten und gleich darauf proportional den Cuben gesetzt. Der scheinbare Widerspruch wird gehoben, indem das erstemal die Cylinder A und E ähnlich sind, und das Verhältniss der Arme fortgelassen wird, daher die Gewichte ohne Hebelarm mit den Zugwiderständen verglichen werden.

17) zu S. 108. Vergleiche Anm. 15, wo derselbe Gedankengang wie hier im Text in Gleichung gesetzt ist mit Vermeidung der Hülfsgrössen J, M und O. Soll FD construirt werden, so braucht man eine einzige Hülfsgrösse, etwa $x = \frac{AC^2}{AB}$, dann ist $FD = \frac{DE^2}{x}$ die Lösung (Fig. 25), oder man bildet $z = AB$. $\frac{DE}{AC}$, wie *Galilei* thut (Anm. 16).

18) zu S. 111. Man verlangt $AC.(AC + 2D) = AG^2$. Da $AH = AC + 2D$ gemacht worden ist, so wird $AG^2 = AC.AH$ die Aufgabe lösen.

19) zu S. 114. Auf Zeile 12 von oben haben wir in Klammern das Wort »umgekehrt« hinzugefügt, entsprechend dem Schlussresultat, Zeile 9 und 10 von unten. Uebersichtlicher geschrieben ist:

$$\frac{A+B}{E+F} = \frac{A+B}{B} \cdot \frac{B}{F} \cdot \frac{F}{E+F}$$

aber

$$\frac{A+B}{B} = \frac{BA}{AC}$$

$$\frac{B}{F} = \frac{DB}{BC}$$

und

$$\frac{F}{E+F} = \frac{DA}{AB}$$

folglich

$$\frac{A+B}{E+F}=\frac{BA}{AC}\cdot\frac{DB}{BC}\cdot\frac{DA}{AB}=\frac{DA.DB}{AC.BC}=\frac{\text{Rechteck}\,ADB}{\text{Rechteck}\,ACB}.$$

20) zu S. 115. Uebersichtlicher wäre:

$$E:G=G:F=AD:S$$

und $S < AD$; ferner $AH = S$ in den Halbkreis AHD eingetragen, $RD = HD$ gemacht. Dann ist

$$AD^2 = AH^2 + HD^2.$$

In R ein Loth NR bis zum Halbkreis errichtet, giebt

$$\begin{aligned} AD^2 &= NR^2 + RD^2 \\ &= AH^2 + HD^2 \\ &= AH^2 + RD^2 \text{ (weil } HD = RD) \end{aligned}$$

folglich

$$NR^2 = AH^2$$

und

$$NR^2 = AR.RB = AH^2 = S^2$$

da nun

$$\frac{S^2}{AD^2}=\frac{F}{E}$$

so ist

$$\frac{AR.RB}{AD^2}=\frac{F}{E}, \text{ q. e. d.}$$

21) zu S. 116. Im Gegensatz zu dem auf Fig. 22 behandelten Problem wird hier ausdrücklich von einer in B angebrachten neuen Kraft gesprochen. Es handelt sich also nicht um das Tragen des Eigengewichtes. Die Soliditäten bei DA und JC verhalten sich wie BA zu BC. Die Festigkeiten bei OC und DA dagegen wie BC^2 zu BA^2. Von dem Verhältniss der Arme darf abgesehen werden, weil CB zu CN wie AB zu AN, daher ist AD bruchfester als CO im Verhältniss von BC zu AB.

22) Der Voraussetzung gemäss ist:

$$\frac{BE}{FD}=\frac{AE^2}{CF^2} \text{ und } \frac{A}{C}=\frac{AE}{CF}$$

ferner

$$\begin{aligned} F.FD &= C.FC \\ B.EB &= A.AE \end{aligned}$$

wenn die Kräfte an dem Hebel mit dem entsprechenden Buchstaben bezeichnet werden; mithin ist

$$\frac{B}{D} \cdot \frac{EB}{FD} = \frac{A}{C} \cdot \frac{AE}{FC} = \frac{AE^2}{FC^2} = \frac{EB}{FD}$$

folglich

$$B = D\text{ , q. e. d.}$$

23) zu S. 123. Bekanntlich ist das ein Irrthum, da die Kette die Form der sogenannten Kettenlinie bildet, welche nur äussere Aehnlichkeit mit der Parabel hat.

24) zu S. 125. Zu JL und RS die 4. Proportionale heisst:

$$V = \frac{RS^3}{JL^2} \text{ oder } V : RS = RS^2 : JL^2.$$

25) zu S. 125. Nennen wir die Widerstände von AE, JN, RM — w_1, w_2, w_3, so ist

$$\frac{w_1}{w_2} = \frac{AB}{JL}\text{ ; } \frac{w_2}{w_3} = \frac{JL^3}{RS^3} = \frac{JL}{V}$$

folglich

$$\frac{w_1}{w_3} = \frac{AB}{V}\text{ , wo } V = \frac{RS^3}{JL^2}$$

gesetzt ist.

Dritter Tag.

Ueber die örtliche Bewegung.

Ueber einen sehr alten Gegenstand bringen wir eine ganz neue Wissenschaft. Nichts ist älter in der Natur als die Bewegung, und über dieselbe giebt es weder wenig noch geringe Schriften der Philosophen. Dennoch habe ich deren Eigenthümlichkeiten in grosser Menge und darunter sehr wissenswerthe, bisher aber nicht erkannte und noch nicht bewiesene, in Erfahrung gebracht. Einige leichtere Sätze hört man nennen: wie zum Beispiel, dass die natürliche Bewegung fallender schwerer Körper eine stetig beschleunigte sei. In welchem Maasse aber diese Beschleunigung stattfinde, ist bisher nicht ausgesprochen worden; denn so viel ich weiss, hat Niemand bewiesen, dass die vom fallenden Körper in gleichen Zeiten zurückgelegten Strecken sich zu einander verhalten wie die ungeraden Zahlen. Man hat beobachtet, dass Wurfgeschosse eine gewisse Curve beschreiben; dass letztere aber eine Parabel sei, hat Niemand gelehrt. Dass aber dieses sich so verhält und noch vieles andere, nicht minder Wissenswerthe, soll von mir bewiesen werden, und was noch zu thun übrig bleibt, zu dem wird die Bahn geebnet, zur Errichtung einer sehr weiten, ausserordentlich wichtigen Wissenschaft, deren Anfangsgründe diese vorliegende Arbeit bringen soll, in deren tiefere Geheimnisse einzudringen Geistern vorbehalten bleibt, die mir überlegen sind.

In drei Theile zerfällt unsere Abhandlung. In dem ersten betrachten wir die gleichförmige Bewegung. In dem zweiten beschreiben wir die gleichförmig beschleunigte Bewegung. In dem dritten handeln wir von der gewaltsamen Bewegung oder von den Wurfgeschossen.

Ueber die gleichförmige Bewegung.

Die gleichförmige Bewegung müssen wir allem zuvor beschreiben.

Definition.

Ich nenne diejenige Bewegung gleichförmig, bei welcher die in irgend welchen gleichen Zeiten vom Körper zurückgelegten Strecken unter einander gleich sind.

Erläuterung.

Der althergebrachten Definition (welche einfach von gleichen Strecken in gleichen Zeiten sprach) haben wir das Wort »irgend welchen« hinzugefügt, d. h. zu jedweden gleichen Zeiten: denn es wäre möglich, dass in gewissen Zeiten gleiche Strecken, dagegen in kleineren gleichen Theilen dieser selben Zeiten ungleiche Strecken zurückgelegt werden. Die vorliegende Definition enthält vier Axiome oder Grundwahrheiten: nämlich

I. Axiom.

Die bei ein und derselben Bewegung in längerer Zeit zurückgelegte Strecke ist grösser als die in kürzerer Zeit vollendete.

II. Axiom.

Bei gleichförmiger Bewegung entspricht der grösseren Strecke eine grössere Zeit.

III. Axiom.

In gleichen Zeiten wird bei grösserer Geschwindigkeit eine grössere Strecke zurückgelegt als bei kleinerer Geschwindigkeit.

IV. Axiom.

Die Geschwindigkeit, bei welcher in einer gewissen Zeit eine grössere Strecke zurückgelegt wird, ist grösser, als die Geschwindigkeit, bei welcher in derselben Zeit eine kleinere Strecke vollendet wird. [1])

Theorem I. Proposition I.

»Wenn ein gleichförmig bewegter Körper mit gleicher Geschwindigkeit zwei Strecken zurücklegt, so verhalten sich die Zeiten wie die Strecken.«

Es lege der Körper mit gleichen Geschwindigkeiten zwei Strecken AB, BC zurück (Fig. 40) und es werde die für AB

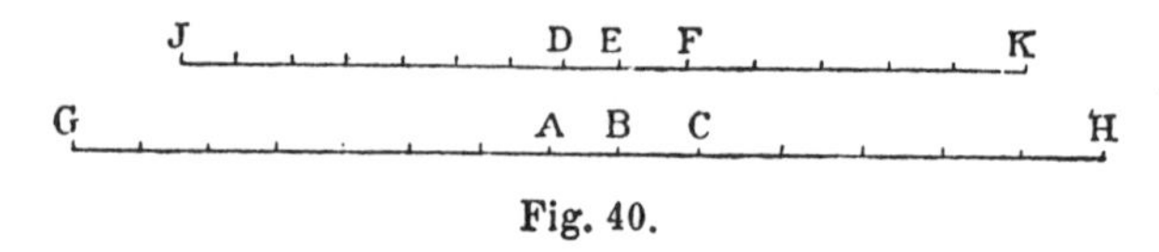

Fig. 40.

nöthige Zeit durch DE dargestellt; die Zeit für die Strecke BC sei EF. Ich behaupte, wie AB zu BC, so wird die Zeit DE zu EF sich verhalten. Verlängert man nach beiden Seiten die Strecken und die Zeiten gegen GH, JK, und theile man auf AG beliebig viel gleiche Strecken ab gleich AB, und eben so viel Zeiten gleich DE auf DJ; andererseits auf CH beliebig viele Theile gleich BC und eben so viele Zeiten in FK gleich EF. Alsdann wird die Strecke BG und die Zeit EJ dasselbe willkürlich gewählte Vielfache von BA und DE sein, und ähnlich wird die Strecke HB und die Zeit KE dasselbe beliebige Vielfache der Strecke CB und der Zeit FE sein. Und weil DE die Zeit der Bewegung durch AB, so wird die Gesammtzeit EJ sich auf die gesammte Strecke BG beziehen, und es wird in EJ eben so viel Zeittheile gleich DE geben, wie Theile BA in BG, und ähnlich findet man, dass KE die Bewegungszeit durch die Strecke HB sei. Wenn aber eine gleichförmige Bewegung angenommen wird, und GB gleich BH ist, so wird auch die Zeit JE gleich der Zeit EK sein, und wenn GB grösser als BH, so wird auch JE grösser als EK sein, und wenn weniger, dann weniger. Vier Grössen kommen in Betracht: 1. AB, 2. BC, 3. DE, 4. EF, und die ersten und die dritten, nämlich die Strecken, die gleich AB gemacht sind, und die

Zeiten gleich DE, sind gleich oft in beliebiger Anzahl genommen in der Strecke GB und in der Zeit JE, und es war bewiesen worden, dass diese letzteren entweder beide zugleich gleich seien den Zeiten EK und der Strecke BH, oder beide zugleich grösser oder beide kleiner, daher haben auch die zweiten und vierten Strecken gleiches Verhältniss. Daher verhält sich die erste zur zweiten, d. h. Strecke AB zur Strecke BC, wie die dritte zur vierten Grösse, nämlich die Zeit DE zur Zeit EF, was zu beweisen war.

Theorem II. Proposition II.

»Wenn ein Körper in gleichen Zeiten zwei Strecken zurücklegt, so verhalten sich diese Strecken wie die Geschwindigkeiten. Und wenn umgekehrt die Strecken wie die Geschwindigkeiten sich verhalten, so sind die Zeiten gleich.«

In derselben Figur 40 seien AB, BC in gleichen Zeiten zurückgelegt, und zwar AB mit der Geschwindigkeit DE und die Strecke BC mit der Geschwindigkeit EF. Ich behaupte, die Strecken AB und BC verhalten sich zu einander wie die Geschwindigkeiten DE und EF; nimmt man nämlich, wie oben geschah, beiderseits beliebige Vielfache der Strecken und der Geschwindigkeiten, also GB und JE, jenes aus AB-, dieses aus DE-Strecken, und ähnlich HB, KE, so wird in ganz analoger Weise wie vorhin geschlossen werden, dass die Vielfachen GB, JE entweder zugleich eben so viel oder weniger oder mehr betragen werden als die Strecken BH, EK; daher die Aufgabe gelöst ist. [2])

Theorem III. Proposition III.

»Bei ungleichen Geschwindigkeiten verhalten sich bei gleichen Strecken die Geschwindigkeiten umgekehrt wie die Zeiten.«

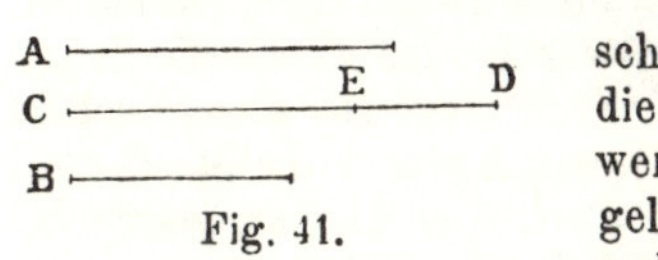

Fig. 41.

A und B (Fig. 41) seien Geschwindigkeiten, A die grössere, B die kleinere, und beiden gemäss werde eine Strecke CD zurückgelegt. Ich behaupte, die Zeit, in welcher mit der Geschwindigkeit A die Strecke CD vollendet wird, verhalte sich zu der Zeit für Zurücklegung derselben Strecke CD mit der Geschwindigkeit B, wie die Geschwindigkeit B zur Geschwindigkeit A. Denn wie A zu B, so verhalte sich CD zu CE; daher wird nach dem früheren Satze die Zeit, mit der die Geschwindigkeit A die Strecke CD überwindet, gleich sein der Zeit, in der CE mit B zurückgelegt wird; aber die Zeiten, in welchen mit B-Geschwindigkeit CE und CD überwunden werden, verhalten sich wie CE zu CD; folglich verhält sich die Zeit, mit welcher die Geschwindigkeit A die Strecke CD überwindet, zu der Zeit, mit welcher B dieselbe Strecke zurücklegt, wie CE zu CD, das heisst wie die Geschwindigkeiten B zu A, was zu beweisen war.

Theorem IV. Proposition IV.

»Wenn zwei gleichförmig bewegte Körper ungleiche Geschwindigkeit haben, so verhalten sich die in ungleichen Zeiten zurückgelegten Strecken wie das zusammengesetzte Verhältniss aus den Geschwindigkeiten und Zeiten.«

Zwei Körper E, F (Fig. 42) seien gleichförmig bewegt und die Geschwindigkeiten seien A und B; die Zeiten dagegen sollen

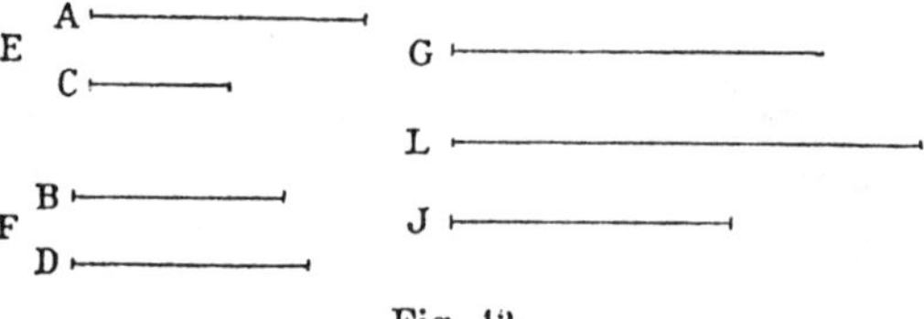

Fig. 42.

sich verhalten wie C zu D. Ich behaupte, dass die von E mit Geschwindigkeit A in der Zeit C zurückgelegte Strecke zu der von F mit Geschwindigkeit B in der Zeit D zurückgelegten Strecke sich verhalte, wie das Verhältniss von A zu B, multiplicirt mit dem Verhältniss von C zu D. Denn habe E mit der Geschwindigkeit A in der Zeit C die Strecke G überwunden, und sei G zu J wie A zu B; sei ferner J zu L wie die Zeiten C zu D: so weiss man, dass J die Strecke ist, durch welche F in derselben Zeit bewegt wird, wie E durch die Strecke G, da die Strecken G zu J wie die Geschwindigkeiten A zu B; und da J zu L wie die Zeiten C zu D, wenn J die Strecke, die der Körper F in der Zeit C zurücklegt, so wird L die Strecke sein, die der Körper F mit B-Geschwindigkeit in der Zeit D überwindet: aber das Verhältniss G zu L ist zusammengesetzt aus den Verhältnissen G zu J und J zu L, oder aus den Verhältnissen der Geschwindigkeiten A zu B und der Zeiten C zu D; womit die Aufgabe gelöst ist.[3])

Theorem V. Proposition V.

»Wenn zwei Körper sich gleichförmig bewegen, mit ungleichen Geschwindigkeiten, und wenn auch die Strecken ungleich sind, so werden sich die Zeiten verhalten wie das Verhältniss der Strecken multiplicirt mit dem umgekehrten Verhältniss der Geschwindigkeiten.«

Es seien A, B (Fig. 43a) die beiden Körper, ihre Geschwindigkeiten verhalten sich wie V zu T, die zurückgelegten Strecken wie S zu R. Ich behaupte, die Bewegungszeiten der

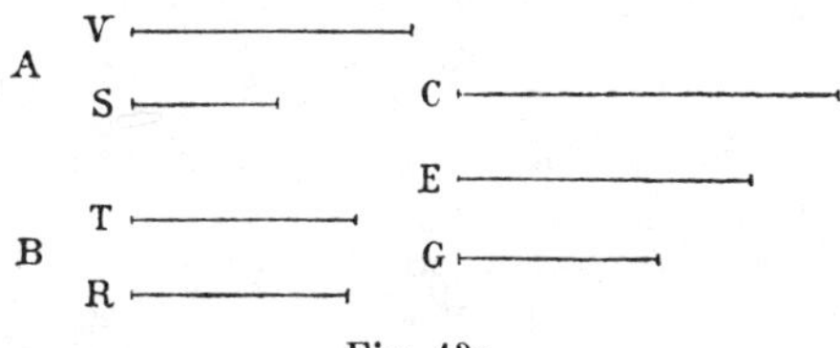

Fig. 43a.

Körper A und B verhalten sich zu einander wie das Verhältniss der Geschwindigkeiten T zu V multiplicirt mit dem Verhältniss der Strecken S zu R. Es gebrauche A die Zeit C und es sei C zu E wie T zu V. Da C die Zeit ist, in welcher A mit der Geschwindigkeit V die Strecke S überwindet, so wird, wenn C zu E wie die Geschwindigkeiten T zu V, auch E diejenige Zeit sein, in welcher der Körper B die Strecke S zurücklegt. Sei drittens das Verhältniss der Zeiten E zu G wie die Strecken S zu R; offenbar ist G die Zeit, in welcher B die Strecke R überwinden würde. Da nun C zu G gleich C zu E, multiplicirt mit E zu G (denn C verhält sich zu E umgekehrt wie die Geschwindigkeiten der Körper A, B, d. h. wie T zu V); aber E zu G wie die Strecken S zu R, so ist die Aufgabe gelöst.

Theorem VI. Proposition VI.

»Wenn zwei Körper sich gleichförmig bewegen, so ist das Verhältniss ihrer Geschwindigkeiten gleich dem Verhältniss der

Strecken multiplicirt mit dem umgekehrten Verhältniss der Zeiten.«

A, *B* (Fig. 43b) sollen sich mit gleichförmiger Geschwindigkeit bewegen, die Strecken sollen sich wie *V* zu *T* verhalten, die Zeiten aber wie *S* zu *R*. Ich behaupte, die Geschwindigkeiten von *A* und *B* verhalten sich wie *V* zu *T*, multiplicirt mit *R* zu *S*.

Es sei *C* die Geschwindigkeit, mit der *A* die Strecke *V* in der Zeit *S* überwindet, und es sei *C* zu *E* wie die Strecken *V*

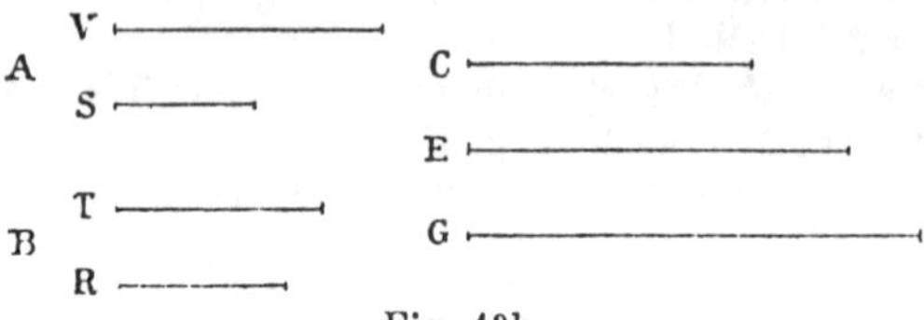

Fig. 43b.

zu *T*; es wird alsdann *E* die Geschwindigkeit sein, mit welcher der Körper *B* die Strecke *T* in derselben Zeit *S* überwindet: wenn nun *E* zu *G* wie die Zeiten *R* zu *S*, so wird *G* jene Geschwindigkeit sein, mit welcher der Körper *B* die Strecke *T* in der Zeit *R* zurücklegt. So haben wir also die Geschwindigkeit *C*, mit welcher der Körper *A* die Strecke *V* in der Zeit *S* überwindet, und die Geschwindigkeit *G*, mit welcher der Körper *B* die Strecke *T* in der Zeit *R* zurücklegt, und es ist *C* zu *G* gleich *C* zu *E* mal *E* zu *G*, aber *C* zu *E*, wie die Strecken *V* zu *T*, und *E* zu *G* wie die Zeiten *R* zu *S*; folglich ist die Aufgabe gelöst.

Salv. Soviel hat unser Autor über die gleichförmige Bewegung geschrieben. Wir gehen nun über zu einer feineren und durchaus neuen Betrachtung über die gleichförmig beschleunigte Bewegung, wie eine solche die fallenden schweren Körper vollführen. Hier folgt der Titel und die Einleitung.

Ueber die natürlich beschleunigte Bewegung.

Bisher war die gleichförmige Bewegung behandelt worden, jetzt gehen wir zur beschleunigten Bewegung über. Zunächst muss eine der natürlichen Erscheinung genau entsprechende Definition gesucht und erläutert werden. Obgleich es durchaus gestattet ist, irgend eine Art der Bewegung beliebig zu ersinnen und die damit zusammenhängenden Ereignisse zu betrachten (wie z. B. Jemand, der Schraubenlinien oder Conchoiden aus gewissen Bewegungen entstanden gedacht hat, die in der Natur gar nicht vorkommen mögen, doch aus seinen Voraussetzungen die Haupteigenschaften wird erschliessen können), so haben wir uns dennoch entschlossen, diejenigen Erscheinungen zu betrachten, die bei den frei fallenden Körpern in der Natur vorkommen, und lassen die Definition der beschleunigten Bewegung zusammenfallen mit dem Wesen einer natürlich beschleunigten Bewegung. Das glauben wir schliesslich nach langen Ueberlegungen als das Beste gefunden zu haben, vorzüglich darauf gestützt, dass das, was das Experiment den Sinnen vorführt, den erläuterten Erscheinungen durchaus entspreche. Endlich hat uns zur Untersuchung der natürlich beschleunigten Bewegung gleichsam mit der Hand geleitet die aufmerksame Beobachtung des gewöhnlichen Geschehens und der Ordnung der Natur in allen ihren Verrichtungen, bei deren Ausübung sie die allerersten einfachsten und leichtesten Hülfsmittel zu verwenden pflegt; denn wie ich meine, wird Niemand glauben, dass das Schwimmen oder das Fliegen einfacher oder leichter zu Stande gebracht werden könne als durch diejenigen Mittel, die die Fische und die Vögel mit natürlichem Instinct gebrauchen. Wenn ich daher bemerke, dass ein aus der Ruhelage von bedeutender Höhe herabfallender Stein nach und nach neue Zuwüchse an Geschwindigkeit erlangt, warum soll ich nicht glauben, dass solche Zuwüchse in allereinfachster, Jedermann plausibler Weise zu Stande kommen? Wenn wir genau aufmerken, werden wir keinen Zuwachs einfacher finden, als denjenigen, der in immer gleicher Weise hinzutritt. Das erkennen wir leicht, wenn wir an die Verwandtschaft der Begriffe der Zeit und der Bewegung denken: denn wie die Gleichförmigkeit der Bewegung durch die Gleichheit der Zeiten und Räume bestimmt und erfasst wird (denn wir nannten diejenige Bewegung gleichförmig, bei der in gleichen Zeiten gleiche Strecken zurückgelegt wurden), so können wir durch ebensolche Gleichheit der Zeittheile die Geschwindigkeitszunahmen als einfach zu Stande gekommen erfassen: mit dem Geiste erkennen wir diese Bewegung als einförmig und in gleichbleibender Weise stetig beschleunigt, da in irgend welchen gleichen Zeiten gleiche Geschwindigkeitszunahmen sich addiren. So dass, wenn man vom Anfangspunkte der Zeit an ganz gleiche Zeittheilchen nimmt von der Ruhelage aus, die Fallstrecke hindurch, die Geschwindigkeit des ersten

Zeittheils mitsammt dem Zuwachs des zweiten, auf den doppelten Werth hinansteigt: in drei Zeittheilchen ist der Werth der dreifache, in vieren der vierfache vom ersten. Deutlicher zu reden. wenn der Körper seine Bewegung nach dem ersten Zeittheile in gleicher Weise mit der erlangten Geschwindigkeit fortsetzte, so würde er halb so langsam gehen, als wenn in zwei Zeittheilchen die Geschwindigkeit erzeugt worden wäre; und so werden wir nicht fehlgehen, wenn wir die Vermehrung der Geschwindigkeit (intentionem velocitatis) der Zeit entsprechen lassen; hieraus folgt die Definition der Bewegung, von welcher wir handeln wollen. Gleichförmig oder einförmig beschleunigte Bewegung nenne ich diejenige, die von Anfang an in gleichen Zeiten gleiche Geschwindigkeitszuwüchse ertheilt.

Sagr. Ich würde mich durchaus gegen diese oder gegen jede andere Definition, die irgend ein Schriftsteller ersonnen hätte, sträuben, weil sie alle willkürlich sind; ich darf meinen Zweifel aufrecht erhalten, ohne Jemand zu nahe zu treten, und fragen, ob solch eine völlig abstract aufgestellte Definition auch zutreffe, und ob sie bei der natürlich beschleunigten Bewegung statthabe. Da es scheint, dass unser Autor uns versichert, dass das, was er definirt, als natürliche Bewegung der schweren Körper sich offenbare, so würde ich gern einige Bedenken gehoben sehen, die mich verwirren; nachher könnte ich mich mit um so grösserer Aufmerksamkeit den Demonstrationen hingeben.

Salv. Wohlan, mögen Sie, mein Herr, und auch Herr *Simplicio* die Schwierigkeiten hervorheben; ich glaube, es werden dieselben sein, deren ich mich selbst noch entsinne, als ich zum ersten Male diese Abhandlung sah, und die theils vom Autor selbst unterdrückt wurden, theils durch eigenes Nachdenken schwanden.

Sagr. Denke ich mir einen schweren Körper aus völliger Ruhe in die Bewegung eintreten, und zwar so, dass die Geschwindigkeit vom ersten Zeittheil an so wächst, wie die Zeit; und habe der Körper in acht Pulsschlägen acht Geschwindigkeitsgrade erlangt, von welchen im vierten Pulsschlage er nur deren vier hatte, in dem zweiten zwei, im ersten einen, so würde, da die Zeit ohne Ende theilbar ist, daraus folgen, dass, wenn wir die vorangehenden Geschwindigkeiten in entsprechendem Verhältniss vermindert denken wollten, es keine noch so kleine Geschwindigkeit, oder besser keine noch so grosse Langsamkeit gäbe, in welcher der Körper sich nicht befunden haben müsste nach seinem Abgange aus der Ruhe. Wenn er mit der in vier Pulsschlägen erlangten Geschwindigkeit, wenn sie sich gleich bliebe, in einer Stunde zwei Meilen, und mit der in zwei Pulsschlägen erlangten Geschwindigkeit er eine Meile in der Stunde zurückgelegt hätte, so muss man behaupten, dass in Zeittheilchen, die sehr nahe seiner ersten Erregung liegen, die Bewegung so langsam gewesen sein muss, dass (wenn er diese Geschwindigkeit beibehielte) er eine Meile weder in einer Stunde, noch in einem Tage, noch in einem, noch in tausend Jahren, und selbst in grösserer Zeit nicht einmal einen Fingerbreit zurückgelegt hätte: eine Erscheinung, der wir schwer mit unserer Phantasie folgen können, da unsere Sinne uns lehren, dass ein schwerer Körper sofort grosse Geschwindigkeit erlangt.

Salv. Ebendieselbe Schwierigkeit hat mir Anfangs zu denken gegeben, aber bald habe ich sie überwunden; und zwar gelang mir das durch denselben Versuch, den Ihr soeben vorbrachtet. Ihr sagtet, dass der Körper, alsobald nachdem er die Ruhelage verlassen, eine sehr merkliche Geschwindigkeit habe; ich sage nun, derselbe Versuch lehrt mich die ersten Anläufe eines noch so schweren Körpers als sehr langsam erkennen. Setzt einen schweren Körper auf eine Unterlage; diese giebt nach, bis sie gedrückt wird mit dem vollen Gewicht; nun ist es klar, dass, wenn wir den Körper eine Elle hoch heben oder zwei, und wenn wir ihn auf dieselbe Unterlage fallen lassen, beim Aufprallen ein neuer und stärkerer Druck hervorgerufen werden wird, als vorhin allein durch den Druck; und die Wirkung wird vom fallenden Körper verursacht sein, d. h. von seinem Gewichte im Verein mit der im Fall erlangten Geschwindigkeit, eine Wirkung, die um so grösser sein wird, von je grösserer Höhe der Körper herabfällt, d. h. je grösser die Geschwindigkeit beim Aufprallen ist. Welches nun auch die Geschwindigkeit eines fallenden Körpers sei, wir können dieselbe mit Sicherheit erschliessen aus der Art und Intensität des Stosses. Aber sagt mir, meine Herren, wenn ein Block auf einen Pfahl aufschlägt aus 4 Ellen Höhe herabfallend, und letzteren etwa vier Finger tief in die Erde treibt, so wird derselbe, von zwei Ellen Höhe fallend, ihn weniger antreiben, und noch weniger von einer Elle Höhe, desgleichen von einer Spanne Höhe; und wenn endlich der Block nur einen Finger breit fällt, was wird er mehr thun, als wie wenn man ohne Stoss ihn niedergesetzt hätte? gewiss recht wenig und völlig unmerkbar wäre die Wirkung, wenn der Block um eines Blattes Dicke erhoben worden wäre. Wenn nun die Wirkung des Stosses von der erlangten Geschwindigkeit abhängt, wer wird alsdann zweifeln, dass die Bewegung sehr langsam und mehr als sehr klein die Geschwindigkeit sei, bei welcher die Wirkung unmerklich ist? Man erkennt hier die Macht der Wahrheit, da derselbe Versuch, der eine gewisse Ansicht beim ersten Anblick zu beweisen schien, bei genauerer Betrachtung uns das Gegentheil lehrt. Aber auch ohne Berufung auf solch einen Versuch (der wohl sehr überzeugend ist) scheint mir, kann man durch einfache Ueberlegung solch eine Wahrheit erkennen. Denken wir uns einen schweren Stein in der Luft in Ruhelage; man nimmt ihm die Stütze und versetzt ihn in Freiheit; da er schwerer als Luft ist, fällt er hinab, und nicht mit gleichförmiger Bewegung, sondern anfänglich langsam, dann stetig beschleunigt; und da Geschwindigkeit ohne Grenze vermehrt und vermindert werden kann, was sollte mich zur Annahme bringen, dass solch ein Körper, der mit unendlich grosser Langsamkeit beginnt (denn so ist die Ruhe beschaffen), weit eher ganz plötzlich zehn Geschwindigkeitsgrade erlange, als vier, oder eher diese als eine von zwei Graden, oder von einem, oder einem halben, oder einem hundertstel? und überhaupt irgend einem der noch vorhandenen unendlich vielen kleineren Geschwindigkeitsgrade? Merket auf, ich bitte. Ich glaube nicht, dass Ihr mir widerstreben werdet zuzugeben, dass die Erlangung der Geschwindigkeit des fallenden Steines vom Zustand der Ruhe an in derselben Ordnung vor sich gehen könne, wie die Verminderung und der Verlust jener Geschwindigkeitsgrade, wenn er von einer antreibenden Kraft in die Höhe geschleudert worden wäre bis zu derselben Höhe; aber wenn dem so ist, so erscheint es mir unzweifelhaft, dass bei der Verminderung der Geschwindigkeit des aufsteigenden Steines, da sie schliesslich ganz vernichtet wird, derselbe nicht früher zur Ruhe kommen könne, als bis er alle Grade von Langsamkeit durchgemacht hat.

Simpl. Aber wenn die Grade immer grösserer und grösserer Langsamkeit unendlich an Zahl sind, dann werden sie niemals sämmtlich erschöpft sein; daher solch ein aufsteigender schwerer Körper niemals zur Ruhe gelangen könnte, sondern sich unendlich lange wird bewegen müssen, dabei immer langsamer werdend, was denn doch nicht in Wirklichkeit zutrifft.

Salv. Es würde zutreffen, Herr *Simplicio*, wenn der Körper einige Zeit hindurch sich in jedem Geschwindigkeitsgrade bewegen würde; allein er geht über einen jeden Werth sofort hinaus, ohne mehr als einen Augenblick bei demselben zu verweilen, und da in einem jeden auch noch so kleinen Zeittheilchen es unendlich viele Augenblicke giebt, so sind diese letzteren recht wohl hinreichend, den unendlich vielen Graden von verminderter Geschwindigkeit zu entsprechen. Dass zudem ein solch aufsteigender Körper keine endliche Zeit hindurch bei irgend einem Geschwindigkeitswerthe beharrt, kann auch folgendermaassen gezeigt werden: gesetzt es könnte eine endliche Zeit hierfür angegeben werden, so würde sowohl in dem ersten Augenblicke einer solchen Zeit, als auch in dem letzten der fragliche Körper ein und denselben Geschwindigkeitswerth haben und von diesem zweiten Werthe ganz ebenso hinauf geschafft werden, wie vom ersten zum zweiten, und aus demselben Grunde würde er vom zweiten zum dritten Werthe gelangen, und endlich in gleichförmiger Bewegung bis ins Unendliche verharren.

Sagr. Auf Grund dieser Ueberlegung, scheint mir, könnte man eine recht zutreffende Lösung der von Philosophen erörterten Frage gewinnen, welches die Ursache der Beschleunigung bei der natürlichen Bewegung schwerer Körper sei. Denn ich finde, dass beim emporgeworfenen Körper die anfänglich mitgetheilte Kraft (virtu) stetig abnimmt, und den Körper fortwährend erhebt, bis sie gleich der entgegenwirkenden Schwerkraft geworden ist, und nachdem beide ins Gleichgewicht gelangt sind, der Körper aufhört zu steigen und in den Zustand der Ruhe gelangt, in welchem der mitgetheilte Schwung nicht anders vernichtet ist, als in dem Sinne, dass der Ueberschuss verzehrt ist, der Anfangs das Gewicht des Körpers übertraf und mittelst dessen der Aufstieg zu Stande kam. Indem nun die Verminderung dieses fremden Antriebes fortdauert, und indem späterhin das Uebergewicht zu Gunsten der Schwere des Körpers eintritt, beginnt das Niedersinken, aber sehr langsam im Gegensatz zum mitgetheilten Antriebe, der zum grossen Theile dem Körper noch verbleibt; da derselbe aber stetig vermindert wird, da in immer höherem Maasse die Schwere überwiegt, so entsteht hierdurch die stetige Beschleunigung der Bewegung.

Simpl. Der Gedanke ist scharfsinnig, aber eher fein gedacht als stichhaltig (saldo). Denn was da zutreffend erscheint, entspricht nur jener natürlichen Bewegung, der eine heftige Bewegung voranging, und bei welcher noch ein bedeutender Theil des äusseren Antriebes beharrt; wo aber kein solcher Rest vorhanden ist, der Körper vielmehr von einer länger bestehenden Ruhe aus sich bewegt, da hat alle jene Ueberlegung keine Geltung (cessa la forza).

Sagr. Ich glaube, Ihr seid im Irrthum, und die von Euch beliebte Unterscheidung ist überflüssig, oder besser, sie ist nichtig. Denn sagt mir, ob nicht im aufgeworfenen Körper bald viel, bald wenig Antrieb vorhanden sein kann, so dass er 100 Ellen aufsteigen kann, oder auch 20, 4 oder eine?

Simpl. Das ist gewiss.

Sagr. Es wird also die mitgetheilte Kraft auch so wenig den Widerstand der Schwere überragen können, dass der Körper nur einen Finger breit aufsteigt; und endlich kann der mitgetheilte Antrieb nur so gross sein, dass er genau gleich ist dem Widerstand der Schwere, so dass der Körper nun nicht mehr aufsteigt, sondern blos unterstützt bleibt. Wenn Ihr also einen Stein haltet, was thut Ihr anderes, als ihn so stark empor anzutreiben, als die Schwerkraft ihn hinabzieht? Und unterhaltet Ihr nicht immerfort dieselbe Auftriebskraft so lange, als Ihr den Körper in der Hand haltet? Nimmt sie vielleicht in dieser langen Zeit ab? Diese Unterstützung aber, die den Stein am Fallen hindert, was macht es aus, ob Eure Hand dieselbe leistet, oder ein Tisch, oder ein Seil, an dem er angehängt ist? Doch gewiss gar nichts. Also folgert daraus, Herr *Simplicio*, dass die Frage, ob eine kurze oder lange Ruhezeit dem Falle vorangeht, oder eine nur augenblickliche, gar keinen Unterschied bedingt, denn der Stein bleibt in Ruhe, so lange der Antrieb seiner Schwere entgegen wirkt, in dem Betrage, wie er zum Hervorbringen der Ruhe nöthig war.

Salv. Es scheint mir nicht günstig, jetzt zu untersuchen, welches die Ursache der Beschleunigung der natürlichen Bewegung sei, worüber von verschiedenen Philosophen verschiedene Meinungen vorgeführt worden sind: einige führen sie auf die Annäherung an das Centrum zurück, andere darauf, dass immer weniger Theile des Körpers auseinander gehen wollen; wieder andere auf eine gewisse Vertreibung des umgebenden Mittels, welches hinter dem fallenden Körper sich wieder schliesst und den Körper antreibt und von Stelle zu Stelle verjagt; alle diese Vorstellungen und noch andere müssen geprüft werden und man wird wenig Gewinn haben. Für jetzt verlangt unser Autor nicht mehr, als dass wir einsehen, wie er uns einige Eigenschaften der beschleunigten Bewegung untersucht und erläutert (ohne Rücksicht auf die Ursache der letzteren), so dass die Momente seiner Geschwindigkeit vom Anfangszustande der Ruhe aus stets anwachsen jenem einfachsten Gesetze gemäss, der Proportionalität mit der Zeit, d. h. so, dass in gleichen Zeiten gleiche Geschwindigkeitsanwüchse statt haben. Sollte sich zeigen, dass die später zu besprechenden Erscheinungen mit der Bewegung der beschleunigt fallenden Körper übereinstimmen, so werden wir annehmen dürfen, dass unsere Definition den Fall der schweren Körper umfasst und dass es wahr sei, dass ihre Beschleunigung proportional der Zeit sei, so lange die Bewegung andauert.

Sagr. So viel ich gegenwärtig verstehe, hätte man vielleicht deutlicher ohne den Grundgedanken zu ändern so definiren können: Einförmig beschleunigte Bewegung ist eine solche, bei welcher die Geschwindigkeit wächst proportional der zurückgelegten Strecke; so dass z. B. nach einer Fallstrecke von vier Ellen die Geschwindigkeit doppelt so gross sei, als wenn er durch zwei Ellen gesunken wäre, und diese das doppelte von der bei einer Elle Fallstrecke erlangten Geschwindigkeit. Denn ohne Zweifel wird ein von sechs Ellen herabfallender Körper den doppelten Antrieb durch Stoss hervorrufen im Vergleich zu dem von drei Ellen Höhe herabkommenden, und den dreifachen Antrieb im Vergleiche zur Fallhöhe von zwei Ellen, den sechsfachen zu der von einer Elle Höhe.

Salv. Es ist mir recht tröstlich, in diesem Irrthum einen solchen Genossen gehabt zu haben; überdies muss ich Euch sagen, dass Eure Ueberlegung so wahrscheinlich zu sein scheint, dass selbst unser Autor eine Zeitlang, wie er mir selbst gesagt hat, in demselben Irrthum befangen war. Was mir aber am meisten Staunen erregt hat, war die Thatsache, dass zwei sehr wahrscheinlich klingende Behauptungen, die mir von Vielen, denen ich sie vorlegte, ohne weiteres zugestanden waren, — mit nur vier ganz schlichten Worten als ganz falsch und ganz unmöglich erwiesen wurden.

Simpl. Wahrlich, auch ich würde jenen Annahmen beipflichten; der fallende Körper erlangt im Falle seine Kräfte, indem die Geschwindigkeit proportional der Fallstrecke anwächst, und das Moment des Stosses ist doppelt so gross, wenn die Fallhöhe die doppelte: diesen Sätzen kann man ohne Widerstreben beipflichten.

Salv. Und dennoch sind sie dermaassen falsch und unmöglich, wie wenn jede Bewegung instantan wäre. Folgendes ist die allerdeutlichste Erläuterung. Wenn die Geschwindigkeiten proportional den Fallstrecken wären, die zurückgelegt worden sind oder zurückgelegt werden sollen, so werden solche Strecken in gleichen Zeiten zurückgelegt; wenn also die Geschwindigkeit, mit welcher der Körper vier Ellen überwand, das doppelte der Geschwindigkeit sein solle, mit welcher die zwei ersten Ellen zurückgelegt wurden, so müssten die zu diesen Vorgängen nöthigen Zeiten einander ganz gleich sein; aber eine Ueberwindung von vier Ellen in derselben Zeit wie eine von zwei Ellen kann nur zu Stande kommen, wenn es eine instantane Bewegung giebt; wir sehen dagegen, dass der Körper Zeit zum Fallen gebraucht, und zwar weniger für zwei als für vier Ellen Fallstrecke; also ist es falsch, dass die Geschwindigkeiten proportional der Fallstrecke wachsen. Auch die andere Behauptung kann ebenso deutlich als irrig erwiesen werden. Der stossende Körper ist in beiden Fällen derselbe; die Differenz des Stossmomentes kann daher nur auf den Unterschied der Geschwindigkeit bezogen werden. Wenn der von doppelter Höhe fallende Körper einen Stoss von doppeltem Moment erzeugt, so müsste er mit doppelter Geschwindigkeit aufprallen; aber die doppelte Geschwindigkeit überwindet die doppelte Strecke in derselben Zeit, während wir die Fallzeit mit der Höhe zunehmen sehen.

Sagr. Mit zu viel Evidenz und Gewandtheit erklärt Ihr uns die verborgensten Dinge; diese Fertigkeit macht, dass wir die Erkenntniss weniger schätzen, als wir damals zu thun glaubten, als wir noch der Wahrscheinlichkeit des Gegentheils huldigten. Die mit wenig Mühe errungenen allgemeinen Kenntnisse würdigt man wenig im Vergleich zu denen, die mit langen unerklärbaren Vorstellungen umgeben sind.

Salv. Es wäre sehr traurig, wenn denjenigen, welche kurz und deutlich die Irrthümer allgemein für wahr gehaltener Sätze aufdecken, statt Beifall nur Missachtung gezollt würde; aber eine bittere und lästige Empfindung wird bei denjenigen erweckt, die auf demselben Studiengebiet sich jedem Anderen gewachsen glauben und dann erkennen, dass sie das als richtige Schlussfolgerung zugelassen haben, was später von einem Anderen mit kurzer leichter Ueberlegung aufgedeckt und als irrig gekennzeichnet wurde. Ich möchte solch eine Empfindung nicht Neid nennen, der gewöhnlich in Hass und Zorn gegen den Aufdecker der Irrthümer ausartet, viel eher wird es eine Sucht und ein Verlangen sein, altgewordene Irrthümer lieber aufrecht zu erhalten, als zuzugestehen dass neuentdeckte Wahrheiten vorliegen, und dieses Verlangen verführt die Leute oft, gegen vollkommen von ihnen selbst erkannte Wahrheiten zu schreiben, blos um die Meinung der grossen und wenig intelligenten Menge gegen das Ansehen des Anderen aufzustacheln. Von solchen falschen Lehren und leichtfertigen Widerlegungen habe ich oft unseren Academiker reden gehört, und ich habe sie mir wohl gemerkt.

Sagr. Sie sollten uns dieselben nicht vorenthalten, sondern gelegentlich mittheilen, selbst wenn wir in diesem Interesse eine besondere Zusammenkunft vereinbaren müssten.

Unser Gespräch wieder aufnehmend, will mir scheinen, dass wir bis jetzt die Definition der gleichförmig beschleunigten Bewegung festgestellt haben, auf welche die folgenden Untersuchungen sich beziehen, nämlich:

Die gleichförmig oder einförmig beschleunigte Bewegung ist eine solche, bei welcher in gleichen Zeiten gleiche Geschwindigkeitsmomente hinzukommen.

Salv. Nach Feststellung dieser Definition stellt unser Autor eine Voraussetzung als wahr auf, nämlich:

Die Geschwindigkeitswerthe, welche ein und derselbe Körper bei verschiedenen Neigungen einer Ebene erlangt, sind einander gleich, wenn die Höhen dieser Ebenen einander gleich sind.

Der Autor nennt »Höhe einer geneigten Ebene« das Loth, welches vom höchsten Punkte der Ebene auf ein und dieselbe horizontale Ebene gefällt werden kann, welche durch die untersten Punkte der Ebene gelegt wird. Wenn also BA parallel dem Horizont (Fig. 44), über welchem die geneigten Ebenen CA, CD sich erheben, so wird das Loth CB, senkrecht zur Horizontalen BA, die Höhe beider Ebenen CA, CD genannt. Er nimmt an, dass der längs CA, CD sich bewegende Körper, wenn er in A und D anlangt, gleiche Geschwindigkeit habe, weil sie gleiche Höhe CB haben. Und zwar ist die Geschwindigkeit dieselbe, wie der Körper sie bei freiem Falle von C aus in B erlangt hätte.

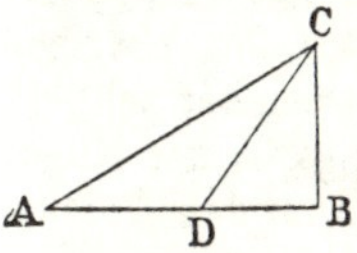

C

A D B

Fig. 44.

Sagr. Wahrlich, diese Annahme scheint mir dermaassen wahrscheinlich, dass sie ohne Controverse zugestanden werden müsste, vorausgesetzt immer, dass alle zufälligen und äusseren Störungen fortgeräumt seien, und dass die Ebenen durchaus fest und glatt seien, und der Körper von vollkommenster Rundung sei, kurz Körper und Ebene frei von jeder Rauhigkeit seien. Wenn alle Hindernisse fortgeräumt sind, sagt mir mein natürlicher Verstand, dass ein schwerer, vollkommen runder Stab längs den Linien CA, CD, CB mit gleichen Geschwindigkeiten in A, D, B ankommen würde.

Salv. Ihr findet das sehr wahrscheinlich; allein über die Wahrscheinlichkeit hinaus will ich Euch so sehr die Argumente vermehren, dass Ihr es fast für einen zwingenden Beweis anerkennen sollt. Es stelle dieses Blatt eine auf der Horizontalebene errichtete Wand dar, und an einem in derselben befestigten Nagel hänge eine Kugel aus Blei von 1 oder 2 Unzen Gewicht, befestigt an einem dünnen Faden *AB* (Fig. 45) von 2 oder 3 Ellen Länge; auf der Wand verzeichne man eine horizontale Linie *DC*, senkrecht zum Faden *AB*, welcher ungefähr 2 Finger breit von der Wand abstehen mag. Bringt man den Faden *AB* mit der Kugel nach *AC*, und lässt man die Kugel los, so wird dieselbe fallend den Bogen *CBD* beschreiben, indem sie so schnell den Punkt *B* durcheilt, dass sie um den Bogen *BD* ansteigt fast bis zur Horizontalen *CD*, indem sie um ein sehr kleines Stück zurückbleibt, da in Folge des Widerstandes der Luft und des Fadens sie an der präcisen Wiederkehr gehindert wird. Hieraus können wir sicher schliessen, dass die im Punkte *B* erlangte Geschwindigkeit der Kugel beim Hinabfallen durch den Bogen *CB* genüge, um den Anstieg um einen gleich grossen Bogen *BD* zu bewirken zu gleicher Höhe; nach häufiger Anstellung dieses Versuches wollen wir in der Wand bei *E* einen Nagel anbringen oder in *F*, 5 oder 6 Finger breit nach vorne, damit der Faden *AC*, wenn er mit der Kugel nochmals nach *CB* gelangt und den Punkt *B* erreicht hat, beim Nagel *E* festgehalten, und die Kugel gezwungen wird, den Bogen *BG* zu beschreiben um den Mittelpunkt *E* herum, wobei wir erkennen werden, was ebendieselbe Geschwindigkeit leistet, die vorhin denselben Körper durch den Bogen *BD* hinauf bis zum Horizonte *CD* förderte. Nun, meine Herren, werden Sie mit Wohlgefallen bemerken, dass die Kugel im Punkte *G* wiederum den Horizont erreicht, und ebendasselbe geschieht, wenn das Hemmniss sich tiefer befände, wie in *F*, wobei die Kugel den Bogen *BJ* beschreibt, den Aufstieg stets im Horizonte *CD* beendend, und wenn der hemmende Nagel so tief stünde, dass der Rest des Fadens nicht mehr den Horizont *CD* erreichen könnte (was offenbar einträte, wenn er näher zu *B* als zum

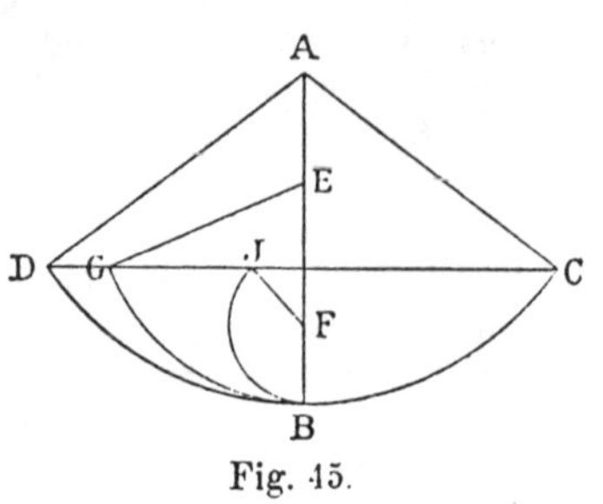

Fig. 45.

Durchschnitt von *AB* mit *CD* läge), so würde der Faden den Nagel umschlingen. Dieser Versuch lässt keinen Zweifel aufkommen hinsichtlich der Wahrheit des aufgestellten Satzes. Denn, da die Bögen *CB*, *DB* einander gleich sind und symmetrisch (similmente) liegen, so wird das beim Sinken durch den Bogen *CB* erlangte Moment ebenso gross sein, wie die Wirkung durch den Bogen *DB*; aber das in *B* erlangte, durch *CB* hindurch erzeugte Moment vermag denselben Körper durch den Bogen *BD* zu heben; folglich wird auch das beim Fallen durch *DB* hervorgerufene Moment gleich sein demjenigen, welches denselben Körper vorher von *B* bis *D* zu fördern vermochte, sodass allgemein jedes beim Fallen erzeugte Moment gleich demjenigen ist, welches den Körper durch denselben Bogen zu erheben im Stande ist: aber alle Momente, die den Körper durch die Bögen *BD*, *BG*, *BJ* zu heben vermochten, sind einander gleich, da sie stets durch das Fallen durch *CB* entstanden waren, wie der Versuch es lehrt: folglich sind auch alle Momente, die durch die Senkung durch die Bögen *DB*, *GB*, *JB* hervorgerufen werden, einander gleich.

Sagr. Diese Erläuterung erscheint so folgerichtig und der Versuch ist so sehr geeignet, die Behauptung zu bewähren, dass die letztere so gut wie bewiesen erscheinen muss.

Salv. Ich denke, Herr *Sagredo*, wir werden uns darüber keine Sorge machen, dass wir unseren Satz anwenden wollen auf die Bewegung längs ebenen Flächen, und nicht längs gekrümmten, auf welchen die Beschleunigung in ganz anderen Beträgen zunimmt, als wie wir sie auf ebenen Flächen annehmen. Wenn also auch das Experiment uns lehrt, dass der Fall durch den Bogen *CB* dem Körper solch einen Impuls ertheilt, dass derselbe auf dieselbe Höhe gehoben werden kann durch irgend einen Bogen *BD*, *BG*, *BJ*, so können wir nicht mit gleicher Evidenz zeigen, dass ebendasselbe geschehe, wenn eine durchaus vollkommene Kugel längs ebener Flächen hinabfiele, die geneigt sind wie die Sehnen eben dieser Bögen; im Gegentheil ist es wahrscheinlich, dass, da diese ebenen Flächen Winkel bilden im Endpunkte *B*, die Kugel nach dem Fall längs der Sehne *CB* einen Widerstand erleidet an der ansteigenden Ebene längs den Sehnen *BD*, *BG*, *BJ*, daher ein Theil des Impulses beim Anprall verloren gehen müsste, sodass der Anstieg nicht mehr bis zum Horizonte *CD* erfolgen könnte. Schafft man das Hinderniss fort, welches den Versuch beeinträchtigt, so scheint es mir wohl verständlich, dass der Impuls (der in sich den Effekt der gesammten Fallkraft birgt), hinreichen müsste, den Körper auf dieselbe Höhe zu erheben. Wollen wir nunmehr dieses gelten lassen als Postulat; die absolute Richtigkeit wird uns später einleuchten, wenn wir die Folgerungen aus solcher Hypothese eintreffen und genau mit dem Versuch übereinstimmen sehen. Nachdem der Autor dieses eine Princip vorausgesetzt, geht er zu strengen Schlussfolgerungen über, deren erste hier folge.

Theorem I. Propos. I.

»Die Zeit, in welcher irgend eine Strecke von einem Körper von der Ruhelage aus mittelst einer gleichförmig beschleunigten Bewegung zurückgelegt wird, ist gleich der Zeit, in welcher dieselbe Strecke von demselben Körper zurückgelegt würde mittelst einer gleichförmigen Bewegung, deren Geschwindigkeit gleich wäre dem halben Betrage des höchsten und letzten Geschwindigkeitswerthes bei jener ersten gleichförmig beschleunigten Bewegung.« 4)

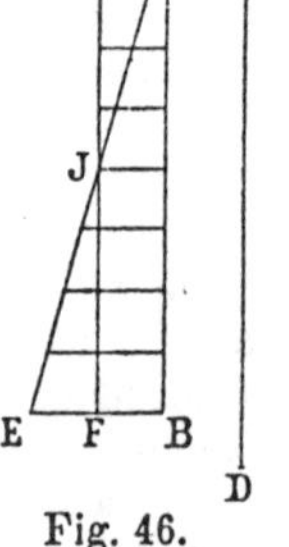

Fig. 46.

Es stelle AB (Fig. 46) die Zeit dar, in welcher der Körper aus der Ruhelage C bei gleichförmig beschleunigter Bewegung die Strecke CD zurücklegt; man verzeichne die während der Zeit AB in einzelnen Zeittheilchen allmählich vermehrten Geschwindigkeitsbeträge, zuletzt EB (senkrecht auf AB): man ziehe AE sowie mehrere zu EB parallele äquidistante Linien, so werden diese die wachsenden Geschwindigkeitswerthe darstellen. Man halbire EB in F, ziehe die Parallelen FG zu BA und GA zu FB. Das Parallelogramm $AGFB$ wird dem Dreieck AEB gleich sein, da die Seite GF die Linie AE halbirt im Punkte J: denn wenn die Parallelen im Dreieck AEB bis nach GJF verlängert werden, so wird die Summe aller Parallelen, die im Viereck enthalten sind, gleich denen im Dreieck AEB sein; denn was in JEF liegt, ist gleich dem in GJA Enthaltenen; während das Trapez $AJFB$ beiden gemeinsam ist. Da ferner einem jeden Zeittheilchen innerhalb AB eine Linie entspricht, und alle Punkte von AB, von denen aus in AEB Parallelen gezogen wurden, die wachsenden Geschwindigkeitswerthe darstellen, während dieselben Parallelen innerhalb des Parallelogramms ebensoviel Werthe gleichförmiger Geschwindigkeit abbilden: so ist es klar, dass die sämmtlichen Geschwindigkeitsmomente bei der beschleunigten Bewegung dargestellt sind in den wachsenden Parallellinien von AEB, und bei der gleichförmigen Bewegung in denjenigen des Parallelogramms GB: denn was an Bewegungsmomenten in der ersten Zeit der Bewegung fehlt (d. h. die Werthe von AGJ), wird ersetzt durch die Parallelen in JEF. Folglich werden zwei Körper gleiche Strecken in ein und derselben Zeit zurücklegen, wenn der eine aus der Ruhe gleichförmig beschleunigt sich bewegt, der andere mit gleichförmiger Geschwindigkeit gleich dem halben Betrage des bei beschleunigter Bewegung erreichten Maximalwerthes, w. z. b. w.

Theorem II. Propos. II.

»Wenn ein Körper von der Ruhelage aus gleichförmig beschleunigt fällt, so verhalten sich die in gewissen Zeiten zurückgelegten Strecken wie die Quadrate der Zeiten.«[5])

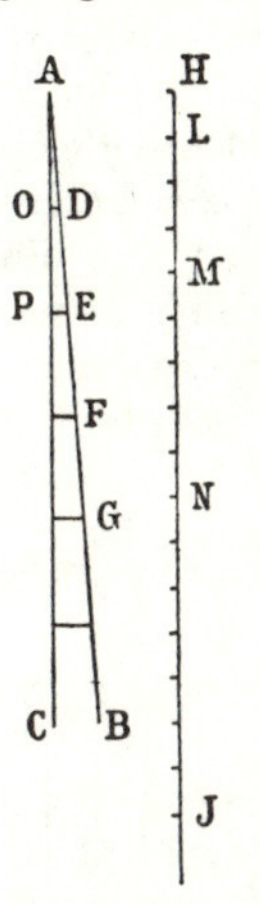

Fig. 47.

Man stelle den Verlauf der Zeit von einem Augenblick A an dar durch die Linie AB (Fig. 47), in welcher zwei Theilchen AD, AE gedacht werden mögen; sei ferner HJ die Strecke, die der Körper aus der Ruhelage H zurücklegt mit gleichförmiger Beschleunigung; sei ferner HL zurückgelegt im ersten Zeittheilchen AD, dagegen HM in der Zeit AE. Ich behaupte, MH verhalte sich zur Strecke HL, wie die Quadrate der Zeiten EA und AD. Man verzeichne AC unter irgend einem Winkel geneigt gegen AB; aus den Punkten D, E ziehe man Parallelen DO, EP, und sei DO die Endgeschwindigkeit (maximus gradus velocitatis) im Augenblick D; desgleichen PE die Endgeschwindigkeit im Augenblicke E am Ende der Zeit AE. Da oben bewiesen worden ist, dass die zurückgelegten Strecken bei gleichförmig beschleunigter Bewegung und bei gleichförmiger Bewegung mit halber Endgeschwindigkeit gleich sind, so ist es klar, dass die Strecken MH, LH ebenso gross sind, wie sie bei gleichförmiger Bewegung mit Geschwindigkeiten $\frac{1}{2}PE$ und $\frac{1}{2}OD$ in Zeiten EA, DA zurückgelegt worden wären. Wenn man nun zeigen könnte, dass diese Strecken MH, LH sich verhalten wie die Quadrate von EA, DA, so ist der Satz bewiesen. Aber im vierten Satze des ersten Buches ward gezeigt, dass bei gleichförmiger Bewegung die Strecken ein zusammengesetztes Verhältniss haben aus dem Verhältniss der Geschwindigkeiten und dem Verhältniss der Zeiten: hier aber verhalten sich die Geschwindigkeiten wie die Zeiten (denn wie $\frac{1}{2}PE$ zu $\frac{1}{2}OD$, oder wie PE zu OD, so verhält sich AE zu AD), folglich verhalten sich die Strecken wie die Quadrate der Zeiten, w. z. b. w.

Hieraus erhellt, dass die Strecken sich verhalten, wie die Quadrate der Endgeschwindigkeiten: d. h. von PE und OD, da PE zu OD wie EA zu DA.

Zusatz I.

»Aus dem Vorhergehenden folgt, dass, wenn vom Anfangspunkte der Bewegung an gleiche Zeitgrössen genommen werden, wie AD, DE, EF, FG, in denen die Fallstrecken HL, LM, MN, NJ zurückgelegt werden, die letzteren sich wie die Reihe der ungeraden Zahlen, also wie 1, 3, 5, 7 verhalten. Denn so gross ist das Verhältniss der Excesse der Quadrate von Linien, die gleichviel von einander differiren, und deren Zuwüchse gleich sind der kleinsten aller Linien: mit anderen Worten, der Unterschied der Quadrate aller Zahlen von 1 an. Während also die Geschwindigkeit wie die einfache Zahlenreihe in gleichen Zeiten anwächst, werden die in diesen einzelnen Zeiten zurückgelegten Strecken wie die Reihe der ungeraden Zahlen sich verhalten.«

Sagr. Bitte, unterbrechet ein wenig die Lektüre, weil ich einen wunderlichen Einfall habe, den ich mit einer Zeichnung erläutern möchte. Mit der Linie AJ (Fig. 48) bezeichne ich die Zeit vom Augenblicke A an. Unter einem beliebigen Winkel trage ich die Gerade AF bei A an, vereinige die Endpunkte J, F, halbire AJ in C und ziehe CB parallel JF. Nun betrachte ich CB als Maximum der Geschwindigkeit, die von A an gleichförmig gewachsen ist bis BC, sodass das Dreieck ABC entsteht (demgemäss die Geschwindigkeit anwächst wie die Zeit); ich nehme auf Grund unserer Erläuterungen ohne Weiteres an, dass die bei beschleunigter Bewegung zurückgelegte Strecke gleich sei der bei gleichbleibender Geschwindigkeit, deren Betrag EC gleich $\frac{1}{2}BC$ wäre. Nachdem nun ferner der Körper in C die Geschwindigkeit BC erlangt hat, so würde er,

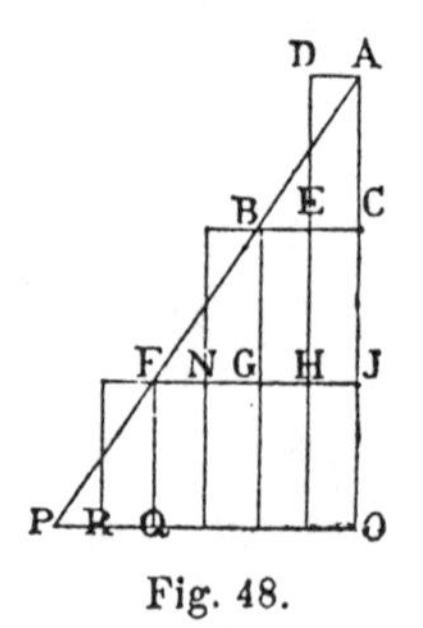

Fig. 48.

wenn er diese letztere behielte ohne neue Beschleunigung, in dem folgenden Zeittheile CJ den doppelten Weg zurücklegen im Vergleich zu dem, den er in der ebenso grossen Zeit AC beschrieb mit der Geschwindigkeit EC gleich $\frac{1}{2}BC$. Da aber der Körper in allen gleichen Zeiten gleiche Beschleunigungen erfährt, wird er vom Werthe CB an in dem folgenden Zeittheil CJ dieselben Geschwindigkeitszuwüchse erfahren entsprechend den Parallelen des Dreieckes BFG, gleich Dreieck ABC. Fügt man zum Werthe GJ die Hälfte von FG, dem in der beschleunigten Bewegung erreichten Maximum, so erhalten wir den Werth JN, mit welchem gleichförmig der Körper während der Zeit CJ sich bewegt hätte; dieser Werth JN ist das Dreifache von EC und entspricht der Strecke, die in dem zweiten Zeittheil CJ zurückgelegt wird, und ist zugleich dem Dreifachen der im ersten Zeittheil zurückgelegten Strecke gleich. Und lassen wir auf AJ einen neuen Zeittheil JO folgen, und das Dreieck bis APO anwachsen, so wird bei fortgesetzter Bewegung durch die Zeit JO mit einem Geschwindigkeitswerthe JF, der bei beschleunigter Bewegung in der Zeit AJ erlangt ist, da JF das Vierfache von EC, die in der Zeit JO zurückgelegte Strecke das Vierfache betragen von dem Wege in der ersten Zeit AC; bei fortgesetzter Vergrösserung des Dreieckes bis FPQ, welches ähnlich ABC sein wird, muss, auf gleichförmige Bewegung bezogen, ein Werth gleich EC hinzukommen, und wenn wir den Zuwachs QR gleich EC hinzufügen, so haben wir für die ganze gleichförmige Bewegung in der Zeit JO das Fünffache der gleichförmigen Bewegung im ersten Zeittheil AC, mithin wird der Weg das Fünffache des im ersten Zeittheil AC zurückgelegten sein. Man sieht also auch in dieser einfachen Ueberlegung, dass bei gleichförmiger Beschleunigung die in gleichen Zeiten durchlaufenen Wege sich wie die ungeraden Zahlen 1, 3, 5 verhalten, und fasst man die Gesammtstrecken zusammen, so wird in doppelter Zeit der vierfache Weg, in dreifacher Zeit der neunfache Weg zurückgelegt, und allgemein werden die Wege wie die Quadrate der Zeiten sich verhalten.

Simpl. Ich habe wirklich mehr Geschmack gefunden an der einfachen und klaren Ueberlegung des Herrn *Sagredo* als an der mir etwas dunklen Beweisführung unseres Autors: so dass ich recht fest davon überzeugt bin, dass der Vorgang ein solcher sein müsse, vorausgesetzt nur, die Definition der gleichförmig beschleunigten Bewegung sei zugelassen. Ob aber die Beschleunigung, deren die Natur sich bedient, beim Fall der Körper eine solche sei, das bezweifele ich noch, und deshalb würden ich und Andere, die mir ähnlich denken, es für sehr erwünscht halten, jetzt einen Versuch herbeizuziehen, deren es so viele geben soll, und die sich mit den Beweisen decken sollen.

Salv. Ihr stellt in der That, als Mann der Wissenschaft, eine berechtigte Forderung auf, und so muss es geschehen in den Wissensgebieten, in welchen auf natürliche Consequenzen mathematische Beweise angewandt werden; so sieht man es bei Allen, die Perspective, Astronomie, Mechanik, Musik und Anderes betreiben; diese alle erhärten ihre Principien durch Experimente, und diese bilden das Fundament des ganzen späteren Aufbaues: lasst uns es nicht für überflüssig halten, wenn wir mit grosser Ausführlichkeit diesen ersten und fundamentalen Gegenstand behandelt haben, auf welchem das immense Gebiet zahlloser Schlussfolgerungen ruht, von denen ein kleiner Theil von unserem Autor im vorliegenden Buche behandelt wird; genug, dass er den Eingang und die bisher den spekulativen Geistern verschlossene Pforte geöffnet hat. Der Autor hat es nicht unterlassen, Versuche anzustellen, und um mich davon zu überzeugen, dass die gleichförmig beschleunigte Bewegung in oben geschildertem Verhältniss vor sich gehe, bin ich wiederholt in Gemeinschaft mit unserem Autor in folgender Weise vorgegangen:

Auf einem Lineale, oder sagen wir auf einem Holzbrette von 12 Ellen Länge, bei einer halben Elle Breite und drei Zoll Dicke, war auf dieser letzten schmalen Seite eine Rinne von etwas mehr als einem Zoll Breite eingegraben. Dieselbe war sehr gerade gezogen, und um die Fläche recht glatt zu haben, war inwendig ein sehr glattes und reines Pergament aufgeklebt; in dieser Rinne liess man eine sehr harte, völlig runde und glattpolirte Messingkugel laufen. Nach Aufstellung des Brettes wurde dasselbe einerseits gehoben, bald eine, bald zwei Ellen hoch; dann liess man die Kugel durch den Kanal fallen und verzeichnete in sogleich zu beschreibender Weise die Fallzeit für die ganze Strecke: häufig wiederholten wir den einzelnen Versuch, zur genaueren Ermittelung der Zeit, und fanden gar keine Unterschiede, auch nicht einmal von einem Zehntheil eines Pulsschlages. Darauf liessen wir die Kugel nur durch ein Viertel der Strecke laufen, und fanden stets genau die halbe Fallzeit gegen früher. Dann wählten wir andere Strecken, und verglichen die gemessene Fallzeit mit der zuletzt erhaltenen und mit denen von $\frac{2}{3}$ oder $\frac{3}{4}$ oder irgend anderen Bruchtheilen; bei wohl hundertfacher Wiederholung fanden wir stets, dass die Strecken sich verhielten wie die Quadrate der Zeiten: und dieses zwar für jedwede Neigung der Ebene, d. h. des Kanales, in dem die Kugel lief. Hierbei fanden wir ausserdem, dass auch die bei verschiedenen Neigungen beobachteten Fallzeiten sich genau so zu einander verhielten, wie weiter unten unser Autor dasselbe andeutet und beweist. Zur Ausmessung der Zeit stellten wir einen Eimer voll Wasser auf, in dessen Boden ein enger Kanal angebracht war, durch den ein feiner Wasserstrahl sich ergoss, der mit einem kleinen Becher aufgefangen wurde, während einer jeden beobachteten Fallzeit: das dieser Art aufgesammelte Wasser wurde auf einer sehr genauen Waage gewogen; aus den Differenzen der Wägungen erhielten wir die Verhältnisse der Gewichte und die Verhältnisse der Zeiten, und zwar mit solcher Genauigkeit, dass die zahlreichen Beobachtungen niemals merklich (di un notabile momento) von einander abwichen.

Simpl. Wie gern hätte ich diesen Versuchen beigewohnt; aber da ich von Eurer Sorgfalt und Eurer wahrheitsgetreuen Wiedergabe überzeugt bin, beruhige ich mich und nehme dieselben als völlig sicher und wahr an.

Salv. Nun, so können wir unsere Lektüre wieder aufnehmen und weiter gehen.

Zusatz II.

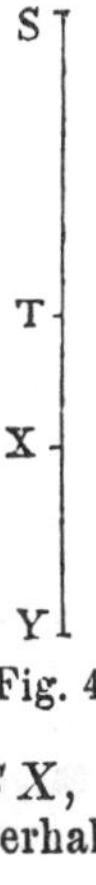

S, T, X, Y

Fig. 49.

»Es folgt zweitens, dass, wenn vom Anfangspunkte der Bewegung an irgend zwei Strecken genommen werden, die in irgend zwei Zeiten zurückgelegt sind, diese Zeiten sich zu einander verhalten werden, wie die eine Strecke zur mittleren Proportionale aus beiden Strecken. Denn nimmt man vom Anfangspunkt S (Fig. 49) zwei Strecken ST, SY; construire ferner deren mittlere Proportionale SX; alsdann wird die Fallzeit durch ST sich zur Fallzeit durch SY verhalten, wie ST zu SX; mit anderen Worten die Fallzeit durch SY zur Fallzeit durch ST, wie SY zu SX. Denn da bewiesen ist, dass die Strecken sich verhalten wie die Quadrate der Zeiten, das Verhältniss aber der Strecken YS und ST gleich dem Quadrate des Verhältnisses YS zu SX, so ist es klar, dass die Fallzeiten durch SY, ST sich verhalten wie die Strecken YS, SX[6]).

Scholium.

Das was für senkrechten Fall bewiesen ist, gilt auch für den in beliebig geneigten Ebenen; in solchen wird die Geschwindigkeit nach demselben Gesetz vermehrt, nämlich dem Wachsthum der Zeit gemäss, d. h. wie die Reihe ganzer Zahlen [7].

Salv. Hier, Herr *Sagredo*, möchte ich, dass Sie mir, selbst auf die Gefahr hin, Herrn *Simplicio* zu langweilen, gestatten, die Lection ein wenig zu unterbrechen, um erklären zu können, wie viel auf Grund des bisher Bewiesenen, und auf Grund einiger Bemerkungen und Schlussfolgerungen unseres Akademikers, ich aus dem Gedächtniss hinzufügen kann zu weiterer Bekräftigung des oben durch Ueberlegung und Experimente dargestellten Verhaltens; denn es ist für die geometrische Beweisführung wichtig, einen elementaren Hülfssatz aus der Lehre von den Impulsen zu beweisen.

Sagr. Wenn die Errungenschaft eine solche ist, wie Sie es in Aussicht stellen, so ist mir keine Zeit zu lang, um sie nicht gern der Vertiefung unserer Erkenntniss zu widmen in der Bewegungslehre: und ich für mein Theil kann Euch nicht nur beipflichten, sondern bitte Euch dringend, meine erregte Wissbegierde baldmöglichst zu befriedigen; auch glaube ich, dass Herr *Simplicio* eben so denkt.

Simpl. Ich stimme dem völlig bei.

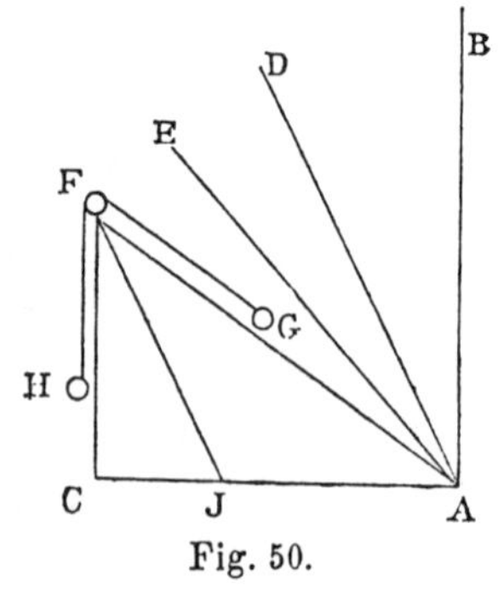

Fig. 50.

Salv. Mit Eurer Erlaubniss denn lasst uns die sehr bekannte Thatsache betrachten, dass die Momente oder Geschwindigkeiten ein und desselben Körpers bei verschiedenen Neigungen der Ebene verschieden sind, und dass sie den höchsten Werth hat bei senkrechter Richtung gegen den Horizont, dass aber bei geneigter Ebene die Geschwindigkeit um so geringer ist, je mehr die Ebene vom Loth abweicht, daher der Impuls (l'impeto), die Fähigkeit (il talento), die Energie (l'energia), oder sagen wir die Tendenz zum Fall (il momento del descendere) im Körper vermindert wird von der Ebene, auf welche er sich stützt, und hinabgleitet. Zu besserem Verständniss sei AB (Fig. 50) eine senkrecht zum Horizonte AC errichtete Linie, darauf bringe man dieselbe in verschiedene Neigungen gegen den Horizont, wie in AD, AE, AF etc.; alsdann wird der Körper längs der Senkrechten BA den Maximalimpuls beim Fallen erhalten, einen geringeren längs DA, noch geringer längs EA, u. s. f. noch geringer längs FA, um schliesslich ganz zu verlöschen längs einer Horizontalen CA, in welcher der Körper sowohl bei Bewegung wie in der Ruhe sich indifferent verhält und von sich aus keine Tendenz zur Bewegung nach irgend einer Seite hat, wie er auch keinen Widerstand einer Bewegung entgegensetzt; denn da es unmöglich ist, dass ein Körper sich von selbst nach oben bewegt und sich vom allgemeinen Schwerpunkt (centro commune) entfernt, nach welchem alle schweren Körper hinstreben, so ist es auch unmöglich, dass er von selbst sich bewege, wenn bei solcher Bewegung sein eigener Schwerpunkt sich nicht dem allgemeinen Schwerpunkt nähert: daher auf der Horizontalen, die hier eine Fläche bedeutet, die überall gleich weit vom allgemeinen Schwerpunkt absteht und deshalb thatsächlich frei von jeglicher Neigung ist, der Körper keinen Impuls erfährt.

In Hinsicht auf diese Aenderungen der Impulse will ich hier das anführen, was in einer alten Abhandlung über Mechanik, die unser Akademiker schon in Padua nur zum Gebrauch für seine Schüler abgefasst hat, ausführlich und gründlich bewiesen ist. Dort geschah es bei Erläuterung des Zusammenhanges und der Natur des wunderbaren Schraubeninstrumentes, nämlich, in welchem Verhältniss der Wechsel der Impulse zu Stande komme, bei verschiedenen Neigungen der Ebenen, wie z. B. von AF, wobei das eine Ende um FC erhoben worden. Längs der letzteren wäre die Tendenz zum Falle im Maximum, man sucht nun, in welchem Verhältniss diese Tendenz steht zu derjenigen längs der Ebene FA. Ich behaupte, diese Tendenzen ständen im umgekehrten Verhältniss zu den erwähnten Längen, und das ist der Satz, den ich dem später zu beweisenden Theorem voranstellen will. Es ist klar, dass die Tendenz eines Körpers zum Fall so gross ist, wie der Widerstand oder wie die geringste Kraft, die hinreicht, den Fall zu verhindern und den Körper in Ruhe zu erhalten. Diese Kraft, diesen Widerstand zu messen, bediene ich mich des Gewichtes eines anderen Körpers. Auf der Ebene FA ruht der Körper G mit einem Faden versehen, der über F geschlungen ein Gewicht H trage. Ueberlegen wir ferner, dass die senkrechte Fallstrecke des letzteren stets gleich sei der ganzen Fortbewegung des anderen Körpes G längs der Geneigten AF, nicht aber gleich der Senkung von G in senkrechter Richtung, in welcher der Körper G (wie jeder andere Körper) seinen Druck ausübt; denn betrachten wir im Dreieck AFC die Bewegung von G, in der Richtung von A nach F hinauf, so ist diese zusammengesetzt aus einer horizontalen AC und einer perpendiculären CF, und da der ersteren kein Widerstand entgegenwirkt, so ist der der Bewegung entgegenstehende Widerstand nur längs der Senkrechten CF zu überwinden; (denn bei der horizontalen Bewegung findet gar kein Verlust statt, auch ändert sich nicht die Entfernung vom gemeinsamen Schwerpunkt aller Körper, da diese im Horizonte unverändert bleibt). Wenn also der Körper G bei der Bewegung von A nach F nur den senkrechten Widerstand CF überwindet, und weil der andere Körper H durchaus senkrecht eine eben so lange Strecke wie auf FA fällt, und weil dieses Verhalten beim Auf- oder Absteigen immer dasselbe bleibt, ob die Körper viel oder wenig Bewegung ausführen (da sie mit einander verbunden sind), so können wir zuversichtlich behaupten, dass, wenn das Gleichgewicht bestehen und die Körper in Ruhe bleiben sollen, die Momente, die Geschwindigkeiten oder ihre Tendenzen (propensioni) zur Bewegung, d. h. die Strecken, die sie in gleicher Zeit zurücklegen würden, sich umgekehrt wie ihre Gewichte (le loro gravità) verhalten müssen, was für alle mechanische Bewegung bewiesen ist, so dass es den Fall von G zu hindern hinreicht, wenn H so viel mal weniger als G wiegt, wie das Verhältniss von CF zu FA beträgt. Macht man also G zu H, wie FA zu FC, so wird das Gleichgewicht eintreten, denn H, G werden gleiche Momente haben und in Ruhe verharren. Da wir nun einverstanden sind, dass eines Körpers Impuls, Energie, Moment, oder Bewegungstendenz eben so gross ist wie die Kraft oder wie der geringste Widerstand, der hinreicht zum Gleichgewicht, und wenn es ferner erwiesen ist, dass der Körper H die Bewegung von G zu hindern vermag, so wird das kleinere Gewicht H, welches in der senkrechten Richtung sein totales Moment wirken lässt, das genaue Maass sein desjenigen Partialmomentes, das das grössere Gewicht G längs der geneigten Ebene FA ausübt; aber das totale Moment desselben Körpers G ist G selbst (denn um den senkrechten Fall zu hindern, muss die Gegenkraft eben so gross sein, wie wenn der Körper völlig frei wäre); folglich wird der Impuls oder das Partialmoment von G längs FA sich zum Maximal- oder Totalimpuls von G längs FC sich verhalten, wie das Gewicht H zum Gewicht G, d. h. nach der Construction wie die Erhebung der geneigten Ebene *FC* zur Ebene *FA* selbst, was unsere Behauptung war, und welcher Satz von unserem Akademiker, wie wir sehen werden, vorausgesetzt wird im zweiten Theile der sechsten Aufgabe in dieser Ahandlung[8]).

Sagr. Aus dem, was Sie bis jetzt gebracht haben, kann, wie mir scheint, leicht geschlossen werden, wenn man mehrere umgekehrte Proportionen betrachtet, dass die Momente ein und desselben Körpers längs Ebenen verschiedener Neigung wie *FA*, *FJ* bei gleicher Höhe, sich umgekehrt verhalten wie die Längen dieser Ebenen[9]).

Salv. Vollkommen richtig. Dieses festgestellt, will ich nun folgendes Theorem beweisen:

Die Geschwindigkeiten eines mit natürlicher Bewegung von gleichen Höhen über verschieden geneigte Ebenen herabfallenden Körpers sind bei der Ankunft am Horizonte stets gleich gross, wenn man die Widerstände entfernt hat.

Hier muss zunächst bemerkt werden, dass, wenn es feststeht, dass bei jedweder Neigung der Körper von der Ruhelage mit wachsender Geschwindigkeit sich bewegt oder dass die Impulse proportional der Zeit wachsen (der Definition gemäss, die der Autor von der natürlich beschleunigten Bewegung gegeben hat), dass dann auch, wie in dem vorigen Satze bewiesen ward, die Strecken sich wie die Quadrate der Zeiten, mithin auch wie die Quadrate der Geschwindigkeiten verhalten, — dass ebenso wie die Impulse bei senkrechter Bewegung, so auch die im anderen Falle erlangten Geschwindigkeitswerthe sich gestalten werden, weil in jedem Falle die Geschwindigkeiten in gleichen Zeiten in gleichen Verhältnissen anwachsen.

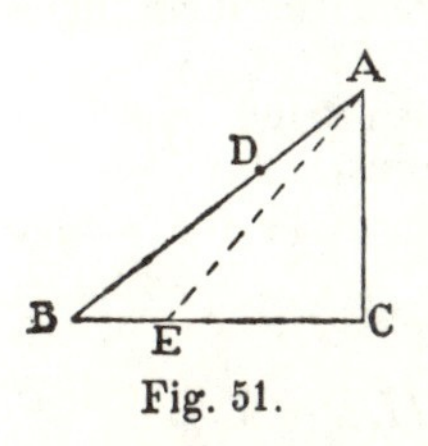

Fig. 51.

Sei nun *AB* (Fig. 51) eine geneigte Ebene, deren senkrechte Erhebung über den Horizont *AC* und *CB* der Horizont sei; und da wir kürzlich sahen, dass der Impuls eines Körpers in der Senkrechten *AC* sich zu dem längs *AB* verhält, wie *AB* zu *AC*, so nehme man in der geneigten Ebene *AB* die Strecke *AD* als dritte Proportionale zu *AB*, *AC*; der Impuls in der Richtung *AC* verhält sich zu dem längs *AB* oder längs *AD* wie *AC* zu *AD*, folglich wird der Körper in der Zeit, die er gebrauchen würde, die Senkrechte *AC* zu durchlaufen, längs der geneigten Ebene bis *AD* gelangen (da die Momente wie diese Strecken sich verhalten), und die Geschwindigkeiten in *C* und

D werden sich verhalten wie *AC* zu *AD*; aber die Geschwindigkeit in *B* verhält sich zu der in *D*, wie die Fallzeit durch *AB* zu der durch *AD*, der Definition der beschleunigten Bewegung gemäss, und die Fallzeit für *AB* verhält sich zu der für *AD* wie *AC*, die mittlere Proportionale zwischen *BA*, *AD* zu *AD* (dem letzten Corollar zum zweiten Lehrsatz gemäss), folglich verhalten sich die Geschwindigkeiten in *B* und in *C* zu der in *D*, wie *AC* zu *AD*, und mithin sind sie einander gleich; und das war das zu beweisende Theorem.[10])

Jetzt können wir leichter das folgende dritte Theorem des Autors beweisen, in welchem er sich auf den Satz stützt, dass die Fallzeit längs der geneigten Ebene zu der in senkrechter Richtung sich wie die Länge derselben Ebene zur Höhe verhält. Denn wenn *BA* die Fallzeit für die Strecke *AB* ist, so wird die Fallzeit für *AD* das Mittel aus diesen beiden Grössen, mithin gleich *AC* sein, nach dem zweiten Corollar des zweiten Satzes; während aber *AC* die Fallzeit für *AD* ist, wird dasselbe auch die Fallzeit für *AC* selbst sein, sodass *AD*, *AC* in gleichen Zeiten durchlaufen werden, und wenn *BA* die Fallzeit für *AB* ist, wird *AC* die Fallzeit für *AC* sein; wie mithin *AB* zu *AC*, so verhält sich die Zeit längs *AB* zur Zeit längs *AC*.[11])

Ebenso wird bewiesen, dass die Zeit längs *AC* zur Fallzeit längs einer anders geneigten Strecke *AE* sich verhält, wie *AC* zu *AE*; folglich »ex aequali« die Fallzeit längs *AB* zu der längs *AE*, wie *AB* zu *AE* etc.

Man könnte durch ähnliche Schlussfolgerung, wie Herr *Sagredo* sogleich einsehen wird, unmittelbar den sechsten Satz des Autors beweisen; doch lassen wir jetzt die Abschweifung, die Ihnen vielleicht gar zu lang erschien, obwohl sie denn doch nützlich war in der vorliegenden Frage.

Sagr. Im Gegentheil, sie hat meinen vollen Beifall und dient durchaus zur vertieften Erkenntniss des Sachverhaltes.

Salv. So lasst uns denn die Lektüre unseres Textes wieder aufnehmen.

Theorem III. Propos. III.

»Wenn längs einer geneigten Ebene, sowie längs der Senkrechten gleicher Höhe ein und derselbe Körper aus der Ruhelage sich bewegt, so verhalten sich die beiden Fallzeiten zu einander wie die Länge der geneigten Ebene zur Länge der Senkrechten« (oder wie die Weglängen).

Es sei AC die geneigte Ebene, und AB (Fig. 52) die Senkrechte, beide in gleicher Höhe über dem Horizonte CB, nämlich AB: Ich behaupte, die Fallzeit längs AC verhalte sich zu der längs der Senkrechten AB, wie AC zu AB. Ziehen wir nämlich mehrere zum Horizont parallele Linien DG, EJ, FL, so ist schon bewiesen, dass die in den Punkten G, D erlangten Geschwindigkeiten einander gleich seien, da die Annäherung an den Horizont gleich gross ist; ebenso sind die Geschwindigkeiten in J, E einander gleich: sowie in L und in F. Erfasst man nicht blos diese Parallelen, sondern nur irgend denkbare zwischen AB und AC, so werden immer an Endpunkten irgend welcher Parallelen die Geschwindigkeiten dieselben sein. Es werden mithin zwei Strecken AC, AB mit denselben Geschwindigkeitswerthen durchlaufen. Allein es ist bewiesen, dass, wenn zwei Strecken mit denselben Geschwindigkeitswerthen durchmessen werden, diese Strecken sich wie die Zeiten verhalten, folglich verhält sich die Fallzeit längs AC zu der längs AB, wie die Länge AC zur Höhe AB, q. e. d.[12])

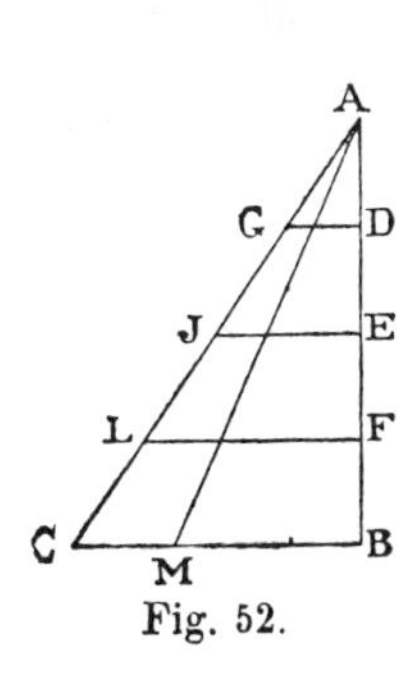

Fig. 52.

Sagr. Mir scheint, man hätte ebendasselbe klar und kurz erschliessen können auf Grund des Satzes, dass die bei beschleunigter Bewegung längs AC, AB zurückgelegten Strecken gleich den mit gleichförmiger Geschwindigkeit durchlaufenen Wegen seien, deren Betrag dem halben Maximalwerth CB gleichkommt; da nun AC, AB mit ein und derselben gleichförmigen Geschwindigkeit durchmessen werden, so folgt schon aus dem ersten Satze, dass die Fallzeiten sich wie die Fallstrecken verhalten werden.

Corollar.

Hieraus folgt, dass die Fallzeiten längs verschieden geneigten Ebenen bei gleichen Höhen sich wie die Längen dieser Ebenen verhalten. Denn wenn eine beliebige Ebene AM von demselben Anfangspunkte A anhebt und in demselben Horizonte CB endigt, so wird ähnlich bewiesen, dass die Fallzeiten längs AM und AB sich verhalten, wie die Strecken AM zu AB. Wie aber die Zeiten längs AB und AC, so verhalten sich die Linien

AB und *AC*; folglich »ex aequali« wie *AM* zu *AC*, so die Fallzeiten längs *AM* und *AC*.[13])

Theorem IV. Propos. IV.

»Die Fallzeiten längs gleich langen, ungleich geneigten Ebenen verhalten sich umgekehrt wie die Quadratwurzeln aus den Höhen.«

Es seien von demselben Anfangspunkte *B* an (Fig. 53) zwei gleich lange, ungleich geneigte Ebenen *BA*, *BC*; deren Horizonte *AE*, *CD* (bis zur Senkrechten *BD*). Die Höhe von *BA* sei *BE*, die von *BC* sei *BD*, und die mittlere Proportionale beider sei *BJ*; alsdann ist bekanntlich das Verhältniss *DB* zu *DJ* gleich der Wurzel aus dem Verhältniss *DB* zu *BE*. Nun behaupte ich, dass die Fallzeiten längs *BA* und *BC* sich zu einander umgekehrt verhalten wie *BE* zu *BJ*:

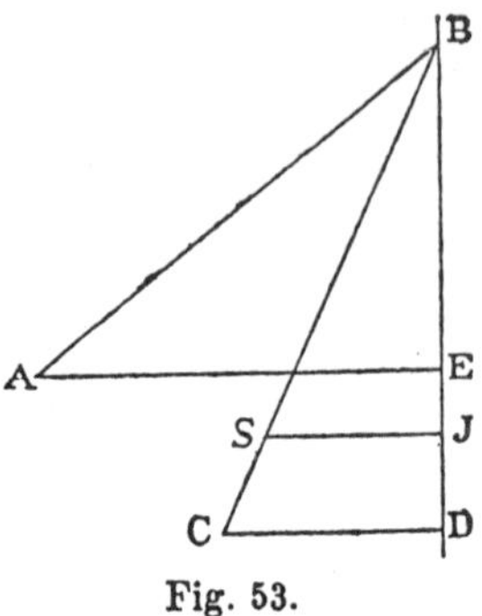

Fig. 53.

da nämlich zur Fallzeit *BA* die Höhe *BD* der anderen Ebene *BC* gehört, zur Fallzeit *BC* hingegen die Höhe *BJ*. Es muss also bewiesen werden, dass die Fallzeiten durch *BA* und *BC* sich verhalten wie *DB* zu *BJ*. Man ziehe *JS* parallel *CD*; alsdann ist bereits erwiesen, dass die Fallzeiten für *BA* und *BE* sich verhalten wie die Strecken *BA*, *BE*; allein die Zeiten für *BE* und *BD* verhalten sich wie *BE* zu *BJ*, und die Zeiten für *BD* und *BC*, wie *BD* zu *BC* oder wie *BJ* zu *BS*; folglich »ex aequali« die Zeiten längs *BA* und *BC*, wie *BA* zu *BS* oder wie *CB* zu *BS*, denn *CB* verhält sich zu *BS*, wie *DB* zu *BJ*; woraus der Lehrsatz erhellt.[14])

Theorem V. Propos. V.

Das Verhältniss der Fallzeiten längs Ebenen verschiedener Neigung verschiedener Länge und verschiedener Höhe setzt sich zusammen aus dem Verhältniss der Längen und dem umgekehrten Verhältniss der Wurzeln aus den Höhen.

Es seien *AB*, *AC* (Fig. 54) verschieden geneigte Ebenen, deren Längen und Höhen ungleich. Ich behaupte, das Verhältniss der Fallzeiten für AC und AB sei zusammengesetzt aus dem Verhältniss der Strecken AC und AB, und der Wurzel aus dem umgekehrten Verhältniss ihrer Höhen. Man ziehe die Senkrechte AD, welche von den Horizontalen BG, CD getroffen wird, und es sei AL die mittlere Proportionale zu AG, AD; eine durch L gezogene Parallele treffe die Ebene AC in F, alsdann wird auch AF die mittlere Proportionale sein zwischen CA und EA. Und da die Fallzeiten für AC und AE sich verhalten wie die Strecken FA und AE, die Fallzeiten für AE und AB aber, wie eben diese Strecken AE, AB: so folgt, dass die Fallzeiten für AC, AB sich verhalten wie AF zu AB. Mithin erübrigt zu beweisen, dass das Verhältniss AF zu AB zusammengesetzt sei aus dem Verhältniss CA zu AB und aus GA zu AL, welches letztere gleich der Wurzel

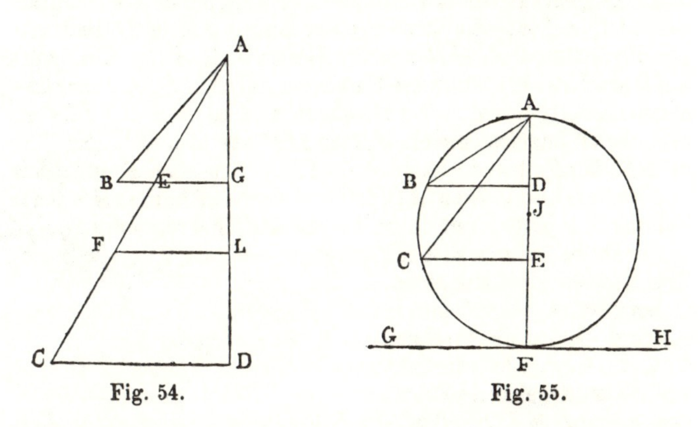

Fig. 54. Fig. 55.

aus dem umgekehrten Verhältniss der Höhen DA, AG. Dieses aber ist leicht einzusehen, denn nimmt man zur Betrachtung des Verhältnisses FA zu AB das Glied AC hinzu, so ist FA zu AC wie LA zu AD, oder wie GA zu AL, welches die Wurzel aus dem Verhältniss der Höhen GA, AD ist, und das Verhältniss von CA und AB ist eben dasjenige der Längen, woraus das Theorem folgt.[15])

Theorem VI. Propos. VI.

»Wenn von dem höchsten Punkte oder von dem Gipfel eines Kreises nach dem Horizonte hin geneigte Ebenen bis zur Kreisperipherie errichtet werden, so sind die Fallzeiten längs derselben einander gleich.«

Auf dem Horizonte *GH* (Fig. 55) erhebe sich ein Kreis, auf dessen Berührungspunkte *F* mit dem Horizonte der Durchmesser *AF* senkrecht errichtet sei; vom Gipfel seien nach irgend welchen Punkten der Peripherie geneigte Ebenen gezogen *AB*, *AC*. Ich behaupte, die entsprechenden Fallzeiten seien einander gleich. Man ziehe *BD*, *CE* senkrecht zum Durchmesser, und die mittlere Proportionale zu den Höhen *EA*, *AD* sei *AJ*. Da die Rechtecke *FA*, *AE* und *FA*, *AD* gleich sind den Quadraten von *AC*, *AB* und da mithin die Rechtecke *FA*, *AE*, *FA*, *AD* sich zu einander verhalten wie *EA* zu *AD*, so verhalten sich die Quadrate von *CA* und *AB* wie die Linien *EA*, *AD*. Wie aber *EA* zu *DA*, so verhält sich das Quadrat von *JA* zum Quadrat von *AD*; folglich verhalten sich die Quadrate von *CA*, *AB* wie die Quadrate der Linien *JA*, *AD*, und mithin die Linien *CA*, *AB* wie die Linien *JA*, *AD*. Aber vorhin ward bewiesen, dass die Fallzeiten durch *AC*, *AB* sich zusammensetzen aus den Verhältnissen *CA* zu *AB* und *DA* zu *AJ*, welch letzteres gleich *BA* zu *AC* ist; also wird das Verhältniss der Fallzeiten längs *AB* und *AC* zusammengesetzt aus *CA* zu *AB* und *AB* zu *AC*, folglich geht das Verhältniss jener Fallzeiten in Gleichheit über, woraus das Theorem folgt.[16])

Dasselbe findet man nach Grundsätzen der Mechanik, denen gemäss der Körper in gleichen Zeiten die Strecken *CA*, *DA* (Fig. 56) zurücklegt. Denn es sei $BA = DA$, und seien *BE*, *DF* Senkrechte, so ist aus den Elementen der Mechanik bekannt, dass das Moment des Gewichtes auf der Ebene *ABC* sich zu seinem totalen Momente verhält, wie *BE* zu *BA*, und das Moment desselben Gewichtes auf der Ebene *AD* zum totalen Momente, wie *DF* zu *DA* oder wie *DF* zu *BA*: folglich verhalten sich die Momente ein und desselben Körpers längs *DA* und längs *CBA*, wie die Linie *DF* zu *BE*. Daher werden die in gleichen Zeiten längs den Ebenen *CA*, *DA* zurückgelegten Strecken sich verhalten

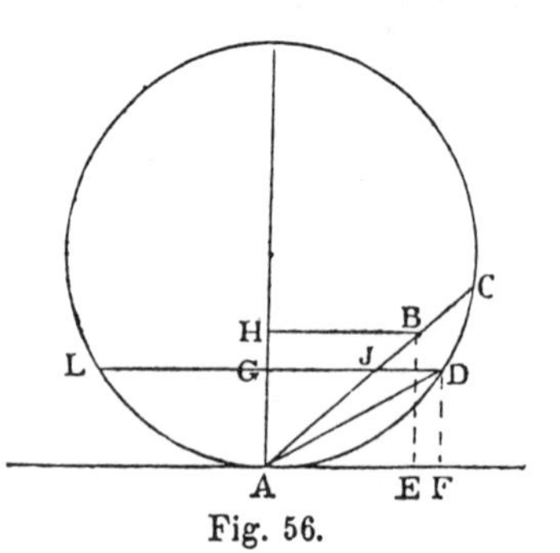

Fig. 56.

wie BE, DF, gemäss der II. Propos. des ersten Buches. Aber wie BE zu DF, so verhält sich, wie bewiesen werden wird, AC zu DA; folglich durchläuft der Körper die Strecken CA, DA in gleichen Zeiten.

Dass aber BE zu DF sich verhält, wie CA zu DA, folgt auf folgende Weise:

Man verbinde C mit D, und durch D und B ziehe man Parallelen zu AF, nämlich DGL, welche CA in J trifft und BH: alsdann wird der Winkel ADJ gleich sein dem Winkel DCA, da dieselben gleiche Bögen LA, AD umfassen, da ferner der Winkel DAC gemeinsam ist, so werden in den gleichwinkligen Dreiecken CAD, DAJ die Seiten, die gleichen Winkeln anliegen, einander proportional sein, wie mithin CA zu AD, so verhält sich AD zu AJ, oder auch BA zu AJ, also auch HA zu AG, d. h. wie BE zu DF, w. z. b. w.

Expediter ist folgender Beweis:

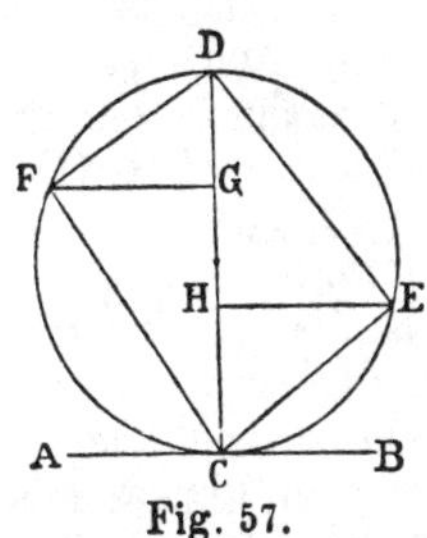

Fig. 57.

Ueber dem Horizonte AB (Fig. 57) sei ein Kreis errichtet, dessen Durchmesser CD senkrecht stehe. Vom Gipfel D werde irgend eine geneigte Ebene DF errichtet bis zur Peripherie. Ich behaupte, die Fallzeit längs DF sei gleich der Zeit des freien Falles längs DC. Man ziehe FG parallel zum Horizonte AB, mithin senkrecht zum Durchmesser DC, und ziehe FC; da die Fallzeiten für DC, DG sich verhalten wie die mittlere Proportionale von CD und DG zu DG selbst (denn die mittlere Proportionale von CD und DG ist DF, da der Winkel DFC im Kreise ein Rechter ist, und FG senkrecht steht auf DC): so werden sich die Fallzeiten längs DC und DG verhalten wie die Linien FD und DG; mithin werden die Fallzeiten für DF und DC zur Fallzeit für DG das gleiche Verhältniss haben, folglich sind sie einander gleich.[17])

Aehnlich lässt sich beweisen, dass, wenn vom untersten Punkte des Kreises eine Sehne CE und eine Parallele EH zum Horizonte gezogen und auch E mit D verbunden wird, die Fallzeit für EC gleich der für DC sei.

I. Corollar.

Hieraus folgt, dass die Fallzeiten längs allen durch C oder D gezogenen Sehnen einander gleich seien.

II. Corollar.

Auch folgt, dass, wenn von einem Punkte eine senkrechte und eine geneigte Ebene sich hinab erstrecken, längs welcher die Fallzeiten gleich gross seien, alle solche Strecken in einem Halbkreis liegen, dessen Durchmesser die lothrechte Fallstrecke selbst ist.

III. Corollar.

Ferner folgt, dass die Fallzeiten längs geneigten Ebenen dann einander gleich seien, wenn die Höhen gleicher Strecken auf diesen Ebenen sich verhalten, wie die Fallstrecken auf eben diesen Ebenen: denn es wurde gezeigt, dass in der vorletzten Figur 56 die Fallzeiten für CA, DA einander gleich seien, wenn die Höhe von AB, welches gleich AD war, nämlich die Linie BE, sich zur Höhe DF verhält, wie CA zu DA.

Sagr. Unterbrechet, bitte, ein wenig den Vortrag, bis ich einen Gedanken geklärt habe, der mir soeben beikam und der entweder einen Irrthum birgt oder ein anmuthiges Spiel (scherzo grazioso), wie wir solchem so oft in der Natur oder in dem Gebiete der Nothwendigkeit begegnen.

Es ist klar, dass, wenn man von einem Punkte einer Horizontalen unendlich viele gerade Linien nach allen Richtungen hinzieht, auf denen allen ein Punkt mit gleicher Geschwindigkeit sich bewege, dass, im Falle alle in ein und demselben Augenblicke sich zu bewegen beginnen in dem genannten Punkte mit gleichen Geschwindigkeiten, alle diese Punkte stets immer wachsende Kreisperipherien bilden werden, die sämmtlich concentrisch um den Anfangspunkt herumliegen, ganz so, wie man Wellen im stehenden Wasser von einem Punkte aus sich ausbreiten sieht, nachdem aus der Höhe ein Steinchen hineingefallen war, dessen Stoss den Antrieb zur Bewegung nach allen Richtungen abgiebt, und dieser Punkt bleibt der Mittelpunkt aller Kreise, welche die kleinen Wellen in immer wachsendem Umfange bilden. Wenn wir aber eine Ebene senkrecht zum Horizont errichten, und in dieser irgend einen Punkt als höchsten annehmen, von welchem aus nach allen möglichen Richtungen geneigte Linien ausgehen, längs welchen Körper mit natürlich beschleunigter Bewegung mit dem einer jeden Neigung zukommenden Geschwindigkeitsbetrage fallen, in welcher Gestalt wären diese Körper geordnet, vorausgesetzt, dass sie stets sichtbar blieben? Das erregt mein Erstaunen, dass, den vorigen

Erörterungen gemäss, alle Punkte auf immer wachsenden Kreisperipherien angeordnet bleiben werden, die sämmtlich immer mehr vom Anfangspunkte der Bewegung sich entfernen; zur deutlicheren Erklärung sei A (Fig. 58) der höchste Punkt, von welchem aus die Körper nach beliebigen Richtungen AF, AH sich bewegen, und auch längs der Vertikalen AB, in welcher die Mittelpunkte C, D der beiden durch A gezogenen Kreise beliebig angenommen wurden, Kreise, welche die geneigten Linien in FHB, EGJ schneiden. Es ist nach den vorigen Sätzen klar, dass, wenn gleichzeitig von A aus Körper in jenen Richtungen sich bewegen, sie auch gleichzeitig der eine in E, der zweite in G, der dritte in J sein werden, und weiter fallend werden sie gleichzeitig in F, H, B eintreffen u. s. f. würden unendlich viel Körper auf immer grösser werdenden Peripherien gleichzeitig ankommen bis in die Unendlichkeit. Die beiden Arten von Bewegung also, deren die Natur sich bedient, erzeugen mit einer wunderbar correspondirenden Verschiedenheit unendlich viel Kreise. Dort sehen wir den Sitz und Ursprung im Mittelpunkt unendlich vieler concentrischer Kreise, hier findet am höchsten Punkt ein Contakt unendlich vieler excentrischer Kreise statt. Jene entstehen aus gleichförmiger und gleicher Bewegung; diese aus lauter ungleichen Bewegungen, in jeder Richtung von der anderen verschieden. Ferner aber, wenn wir von den beiden genannten Punkten aus vier Linien ziehen, nicht blos in einer vertikalen und horizontalen Ebene, sondern nach allen Richtungen des Raumes hin, so werden wir gerade so, wie vorhin von einem Punkte aus Kreise erzeugt wurden, jetzt unendlich viele Kugeln entstehen sehen, oder besser eine Kugel, die bis ins Unendliche anwächst. Und das zwar auf zweierlei Art, nämlich mit dem Anfangspunkt der Bewegung im Centrum oder in der Peripherie aller Kugeln.

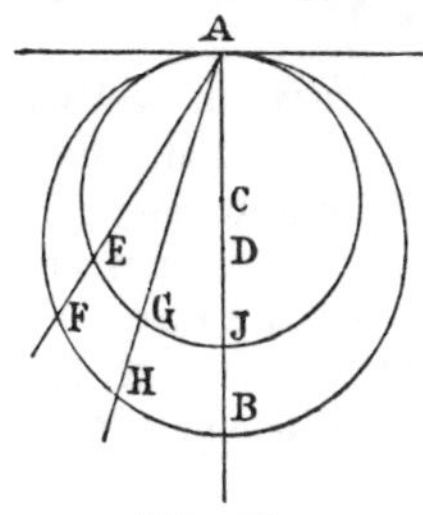

Fig. 58.

Salv. Das ist fürwahr ein sehr schöner Gedanke, der dem Scharfsinn des Herrn *Sagredo* entspricht.

Simpl. Ich habe völlig den Gedanken erfasst in Betreff der beiden Arten, wie die Kreise oder Kugeln erzeugt werden, entsprechend den beiden Arten natürlicher Bewegung, obwohl ich die Entstehung der Kreise bei der beschleunigten Bewegung nicht ganz verstanden habe; immerhin will mir der Umstand, dass sowohl das Centrum wie der Gipfel Ausgangspunkt der Bewegung sein könne, die Vermuthung erwecken, dass ein grosses Mysterium in diesen wahren und wunderbaren Sätzen verborgen sei; ich meine ein Mysterium hinsichtlich der Erschaffung der Welt, — welch letztere man für eine Kugel hält, und hinsichtlich der ersten Ursache.

Salv. Ich stehe nicht an, ebendasselbe zu vermuthen, allein ähnliche tiefe Betrachtungen knüpfen sich an viele und an höhere Lehren an, als die unserigen es sind. Uns muss es genügen, dass wir jene weniger erhabenen Werkleute sind, die aus dem Schachte den Marmor hervorsuchen und herbeischaffen, aus welchem später die genialen Bildhauer Wunderwerke erzeugen, die unter rauher ungeformter Hülle verborgen lagen. Setzen wir nun, wenns beliebt, den Vortrag fort.

Theorem VII. Propos. VII.

»Wenn die Höhen zweier geneigten Ebenen sich verhalten wie die Quadrate der Längen, so werden letztere in gleichen Zeiten zurückgelegt.«

Es seien AE, AB (Fig. 59) zwei ungleich lange, ungleich geneigte Ebenen, deren Höhen FA, DA sich verhalten wie die Quadrate von AE zu AB. Ich behaupte, die Fallzeiten längs AE, AB von der Ruhe aus seien einander gleich. Man ziehe die Parallelen EF, BD horizontal, wobei AE in G geschnitten wird. Da FA zu AD gleich dem Quadrate von EA zu AB, und da FA zu AD, wie EA zu AG, so verhält sich EA zu AG wie das Quadrat von EA zu AB; folglich ist AB die mittlere Proportionale zu EA, AG, und da die Fallzeiten längs AB, AG sich verhalten, wie AB zu AG, die Fallzeit längs AG aber zu der längs AE sich verhält, wie AG zur mittleren Proportionale aus AG, AE, nämlich zu AB, so wird die Fallzeit längs AB zu der längs AE sich verhalten, wie AB zu AB; folglich sind die Zeiten einander gleich; q. e. d.[18])

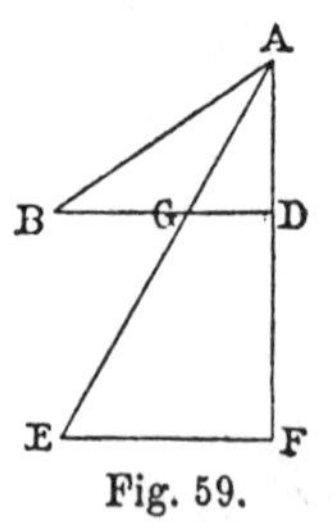

Fig. 59.

Theorem VIII. Propos. VIII.

»Auf Ebenen, die von Peripheriepunkten eines und desselben Kreises nach dem Horizonte hin sich neigen, sind die

Fallzeiten in denjenigen Ebenen, die nach dem untersten oder obersten Punkte des Kreises gerichtet sind, einander gleich und gleich der Fallzeit längs des senkrechten Durchmessers: auf Ebenen dagegen, welche den Durchmesser nicht schneiden, sind die Fallzeiten kürzer, dagegen länger auf solchen, die den Durchmesser schneiden.«

Der senkrechte Durchmesser des auf dem Horizonte errichteten Kreises sei AB (Fig. 60). Es ward schon bewiesen, dass die Fallzeiten längs Ebenen, die in A oder B endigen, einander gleich seien. Längs DF, welches den Durchmesser nicht erreicht, soll die Fallzeit kürzer sein. Dass die Fallzeit längs DF kürzer sei, als längs DB, wird leicht erkannt, da letzteres länger und dabei weniger geneigt ist, mithin ist auch die Fallzeit kürzer als längs AB. Längs CO dagegen, welches den Durchmesser schneidet, muss die Fallzeit aus demselben Grunde länger sein, da es länger und stärker geneigt ist, als CB; woraus das Theorem folgt.

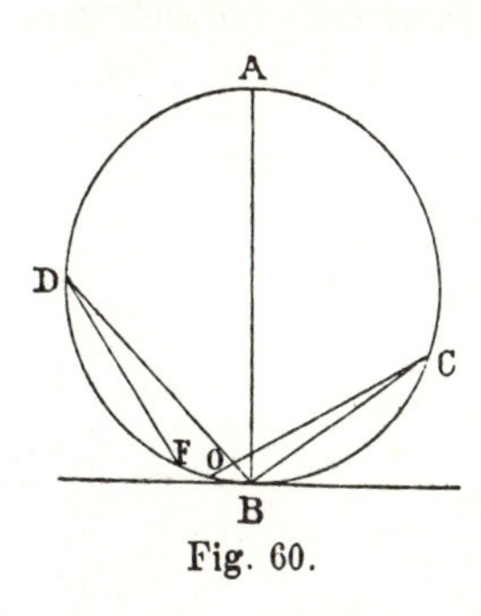

Fig. 60.

Theorem IX. Propos. IX.

»Wenn aus einem Punkte einer horizontalen Linie zwei Ebenen beliebig geneigt angenommen werden, und diese Ebenen von einer Linie geschnitten werden, welche mit den Ebenen Winkel bildet, die wechselweise den Neigungen der Ebenen gegen den Horizont gleich sind, so werden die Fallzeiten vom Anfangspunkte bis zu den Schnittpunkten mit der schneidenden Linie einander gleich sein.«

Aus dem Punkte C (Fig. 61) der horizontalen Linie X werden zwei beliebig geneigte Ebenen CD, CE construirt, und von einem beliebigen Punkte der Linie CD ein Winkel CDF, gleich XCE, angetragen: DF schneidet die Ebene CE in F, so dass die Winkel CDF, CFD den Winkeln XCE, LCD wechselweise gleich sind. Ich behaupte, die Fallzeiten für CD, CF seien einander gleich. Da nämlich CDF gleich XCE gemacht ist, so muss auch der Winkel CFD gleich dem Winkel DCL sein. Denn nach Fortnahme des gemeinsamen Winkels DCF, einmal aus den drei Winkeln des Dreieckes CDF, die gleich zwei Rechten sind, dann von der Summe der Winkel, die bei C unterhalb X zusammenliegen, bleiben vom Dreiecke die Winkel CDF, CFD nach, die mithin gleich sind den beiden XCE, LCD: da nun CDF gleich XCE gemacht ist, so muss der Rest CFD gleich dem Reste DCL sein. Man mache nun CE gleich CD und errichte in den Punkten D, E Senkrechte DA, EB zum Horizonte XL, aus C aber ziehe man CG senkrecht zu DF. Da nun der Winkel CDG gleich dem

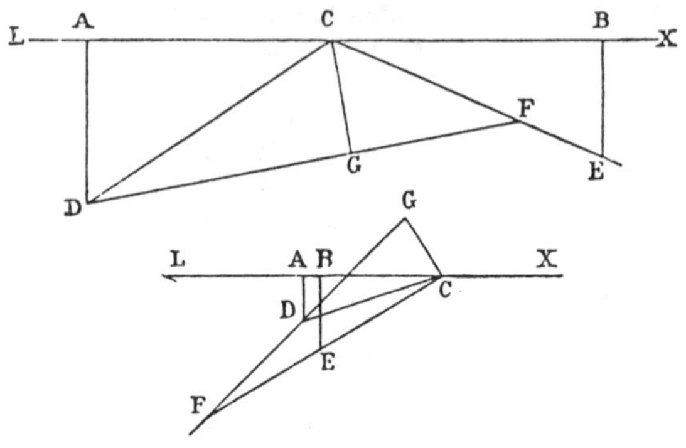

Fig. 61.

Winkel ECB, und DGC, CBE rechte Winkel sind, so sind die Dreiecke CDG, CBE gleichwinklig, mithin DC zu CG, wie CE zu EB, DC aber ist gleich CE, folglich muss auch CG gleich BE sein. Da ferner in den Dreiecken DAC, CGF die Winkel DCA, CAD den Winkeln GFC, CGF gleich sind, so verhält sich FC zu CG wie CD zu DA und umgekehrt auch wie DC zu CF so DA zu CG, welch letztes gleich BE. Die Höhen der Ebenen DC, CE verhalten sich also wie die Längen DC, CE: folglich sind, dem ersten Corollar der sechsten Proposition gemäss, die Fallzeiten einander gleich, q. e. d.[19])

Auf anderem Wege: man ziehe FS (Fig. 62) senkrecht zum Horizonte AS. Da das Dreieck CSF ähnlich dem DGC, so verhält sich SF zu FC, wie GC zu CD. Da ferner das Dreieck CFG ähnlich dem DCA, so verhält sich FC zu CG, wie CD zu DA: folglich auch SF zu CG, wie CG zu DA. Daher ist CG die mittlere Proportionale zu SF, DA, und wie DA zu SF, so verhält sich das Quadrat von DA zum Quadrat von CG. Da andererseits das Dreieck ACD dem CGF ähnlich ist, so verhält sich DA zu DC, wie GC zu CF, also auch durch Tausch der Glieder DA zu CG, wie DC zu CF, und wie das Quadrat von DA zum Quadrat von CG, so verhalten sich die Quadrate von DC, CF. Aber es ist bewiesen, dass die Quadrate von DA, CG sich verhalten, wie die Linien DA, FS; folglich wie die Quadrate von DC, CF, so verhalten sich die Linien DA, FS; mithin folgt gemäss der siebenten Proposition, dass, weil die Höhen der Ebenen CD, CF, nämlich DA, FS sich verhalten, wie die Quadrate der Längen, die Fallzeiten längs den letzteren einander gleich seien.

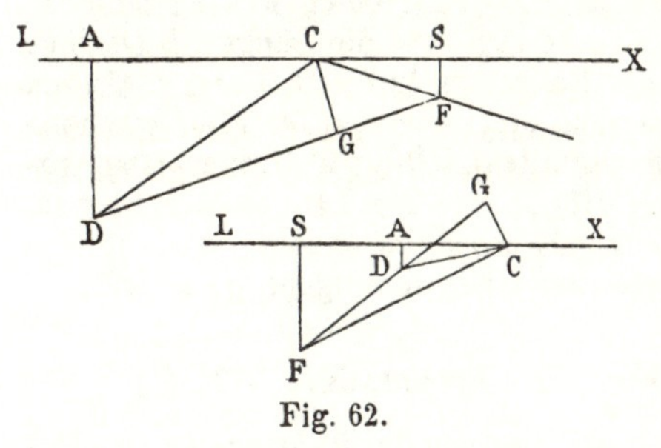

Fig. 62.

Theorem X. Propos. X.

»Die Fallzeiten längs Ebenen verschiedener Neigung, aber gleicher Höhe, verhalten sich wie die Längen dieser Ebenen, einerlei ob die Bewegung von der Ruhelage an beginnt, oder ob eine Bewegung aus gleichen Höhen voraufging.«

Es mögen die Bewegungen längs ABC (Fig. 63) und längs ABD bis an den Horizont DC vor sich gehen, so dass die Bewegung durch AB den weiteren BD, BC voraufgeht. Ich behaupte, die Fallzeiten längs BD und BC verhalten sich wie die Strecken DB und BC. Man ziehe AF dem Horizonte parallel, verlängere DB bis zum Schnittpunkte F, ferner sei die mittlere Proportionale zu DF, FB gleich FE; zieht man EO parallel DC, so wird AO die mittlere Proportionale zu CA, AB sein. Sei nun die Fallzeit durch AB gleich AB, so ist die Fallzeit durch FB gleich FB. Die Fallzeit längs AC wird alsdann durch AO, diejenige längs FD durch FE ge-

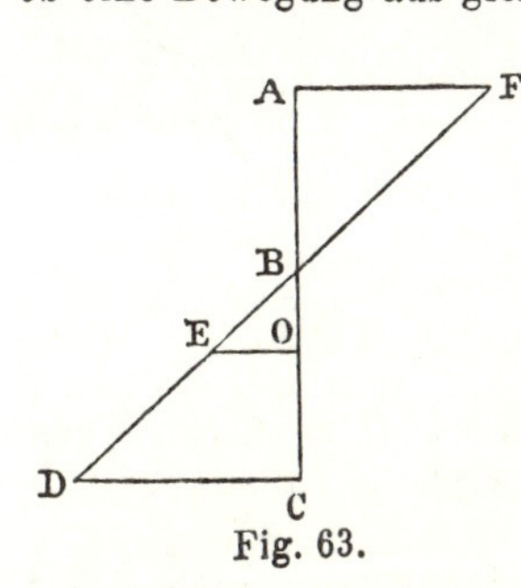

Fig. 63.

messen. Daher ist die Fallzeit für den Rest BC gleich BO, und für den Rest BD gleich BE. Wie aber BE zu BO, so verhält sich BD zu BC; folglich verhalten sich die Fallzeiten für BD, BC nach dem Falle durch AB, FB, oder, was dasselbe ist, durch die gemeinsame Strecke AB, wie die Längen BD, BC. Aber das Verhältniss der Fallzeiten durch BD und BC, von der Ruhe aus, ist gleich dem der Längen BD, BC, wie oben bewiesen ward. Mithin verhalten sich die Fallzeiten längs geneigten Ebenen gleicher Höhe, wie die Längen der Ebenen, einerlei ob die Bewegung mit der Ruhe anhebt, oder ob eine andere Bewegung aus gleicher Höhe voraufgeht, q. e. d.[20])

Theorem XI. Propos. XI.

»Wenn eine Ebene, in welcher von der Ruhelage an eine Bewegung geschieht, irgend wie getheilt wird, so verhält sich die Fallzeit in den beiden getrennten Strecken, wie die erste Strecke zum Ueberschuss des geometrischen Mittels aus der ersten und ganzen Strecke über der ersten.«[21])

Es geschehe die Bewegung längs AB (Fig. 64) von A aus, und sie werde irgendwo in C getheilt; das geometrische Mittel aus BA und dem ersten Theile sei AF: alsdann ist CF der Ueberschuss des Mittels FA über den Theil AC: Ich behaupte, die Fallzeiten durch AC und CB verhalten sich wie AC zu CF. Es verhalten sich nämlich die Fallzeiten durch AC und AB, wie AC zu AF; folglich durch Vertheilung die Fallzeit durch AC zu der durch den Rest CB, wie AC zu CF. Wenn nun AC die Fallzeit für AC ist, so wird die Fallzeit für CB gleich CF sein, w. z. b. w.

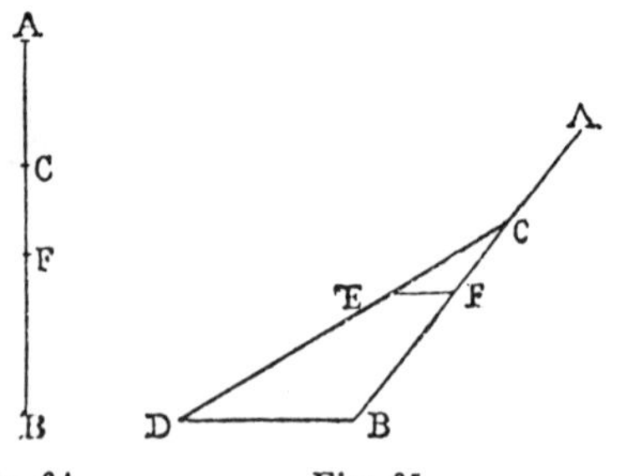

Fig. 64. Fig. 65.

Wenn aber die Bewegung nicht in einer geraden Linie ACB (Fig. 65), sondern längs einer gebrochenen ACD vor sich geht bis an den Horizont BD, welch letzterem parallel FE gezogen sei vom Punkte F aus, so lässt sich ebenso zeigen, dass die Fallzeit längs AC zu der längs CD sich verhält, wie AC zu CE

Denn die Fallzeiten für AC, CB verhalten sich wie AC zu CF, die Fallzeiten für CB, nach Zurücklegung von AC, zu der für CD, gleichfalls nach zurückgelegten AC, wie CB zu CD oder wie CF zu CE; folglich die Fallzeiten für AC und CD, wie die Linien AC, CE.

Theorem XII. Propos. XII.

»Wenn eine senkrechte und eine beliebig geneigte Ebene von zwei Horizontalen geschnitten werden, und wenn man die mittleren Proportionalen bildet zwischen ihnen und ihren Stücken von ihrem Durchschnittspunkte an bis zu den Schnittpunkten mit der oberen Horizontalen, so verhält sich die Fallzeit längs der Senkrechten zu der längs einer Linie, die aus dem oberen Theile der Senkrechten und dem unteren Theile der geneigten Ebene zusammengesetzt ist, wie die gesammte Länge der Senkrechten zu der Summe zweier Strecken, deren eine die mittlere Proportionale in der Senkrechten, deren andere gleich dem Ueberschuss der ganzen geneigten Ebene über der mittleren Proportionale in derselben.«

Die obere Horizontale sei AF (Fig. 66), die untere CD, zwischen welchen die Senkrechte AC und die Geneigte DF sich in B schneiden; die mittlere Proportionale zwischen CA und AB sei AR, dagegen zwischen DF und BF sei sie FS. Ich behaupte, die Fallzeit für AC verhalte sich zu der für AB sammt BD, wie AC zur mittleren Proportionale im Lothe, nämlich AR sammt SD, welches der Ueberschuss der Geneigten DF über der Mittleren SF ist. Man verbinde R mit S, dem Horizonte parallel. Da die Fallzeiten durch AC, AB sich verhalten wie die Linien AC, AR, so wird, wenn AC als Maass der Fallzeit für AC genommen wird, AR die Fallzeit AB sein, also RC diejenige für den Rest BC. Wenn aber AC die Fallzeit für AC ist, so wird auch FD die Fallzeit für FD und mithin DS die Fallzeit für BD, nach Zurücklegung von FB oder AB, sein. Folglich ist die Fallzeit für AC gleich

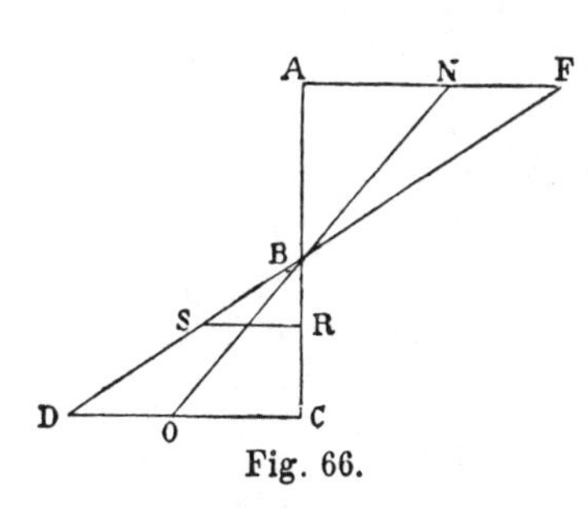

Fig. 66.

AR sammt *RC*; längs der Gebrochenen *ABD* dagegen gleich *AR* sammt *SD*; q. e. d.[22])

Aehnliches Verhalten findet man, wenn statt der Senkrechten irgend eine andere Ebene, wie *NO*, angenommen wird; der Beweis bleibt derselbe.

Probl. I. Propos. XIII.

»Wenn eine Senkrechte gegeben ist, so soll eine Ebene in solcher Neigung construirt werden, dass bei gleicher Höhe nach dem Fall in der Senkrechten, die Bewegung in derselben Zeit geschehe, wie in der Senkrechten vom Ruhezustande an.«

Die Senkrechte *AB* (Fig. 67) sei gegeben, und es werde derselben ein gleich grosses Stück *BC* hinzugefügt, dann ziehe

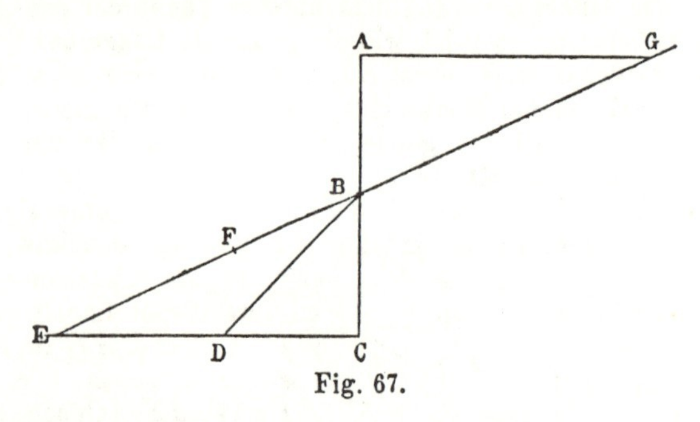

Fig. 67.

man die Horizontalen *CE*, *AG*. Es soll von *B* aus eine geneigte Ebene so gelegt werden, dass in derselben nach dem Fall durch *AB* die Bewegung längs der Ebene, deren Höhe auch gleich *AB* ist, in derselben Zeit geschehe, wie in der Strecke *AB* von der Ruhe in *A* an. Man mache *CD* gleich *CB*, verbinde *B* mit *D* und bringe *BE* an gleich der Summe von *BD* und *DC*. Ich behaupte, *BE* sei die geforderte Ebene. Man verlängere *BE* bis zur oberen Horizontalen *AG* in *G*; die Mittlere zu *EG*, *GB* sei *GF*. Es wird sich *EF* zu *FB* verhalten, wie *EG* zu *GF*, und die Quadrate von *EF* und *FB*, wie die Quadrate von *EG*, *GF*, mithin wie die Linien *EG*, *GB*; aber *EG* ist das Doppelte von *GB*; folglich ist das Quadrat von *EF* das Doppelte vom Quadrate von *FB*: aber auch das Quadrat von *DB* ist das Doppelte des Quadrates von *BC*; folglich verhält sich die Linie *EF* zu *FB*, wie *DB* zu BC und wenn man verbindet und verwechselt, so verhält sich EB zur Summe der Beiden DB und BC, wie BF zu BC; aber BE ist gleich der Summe von DB und BC; folglich ist BF gleich BC, gleich BA. Wenn also AB als Maass der Fallzeit für AB angenommen wird, so ist GB die Fallzeit für GB, und GF die für die ganze Strecke GE; folglich ist BF die Fallzeit für den Rest BE, nach dem Fall von G oder A aus; [23]) q. e. d.

Probl. II. Propos. XIV.

»Eine Senkrechte und eine geneigte Ebene seien gegeben, es soll im oberen Theile der Senkrechten das Stück bestimmt werden, welches vom Ruhezustand aus in derselben Zeit zurückgelegt wird, wie dasjenige längs der geneigten Ebene nach einer Bewegung längs der gesuchten Strecke.«

Die Senkrechte DB (Fig. 68) sei gegeben, sowie die geneigte Ebene AC. Man soll in dem Lothe AD ein Stück bestimmen, welches von der Ruhe aus in derselben Zeit zurückgelegt wird, wie das Stück AC längs der Geneigten, nach dem Falle in der gesuchten senkrechten Strecke. Man ziehe die Horizontale CB, und wie BA sammt $2AC$ sich zu AC verhält, so sei AC zu AE und wie BA zu AC, so verhalte sich EA zu AR. Von R aus ziehe man die Horizontale RX gegen DB hin; so wird X der gesuchte Punkt sein. Denn wie BA sammt $2AC$ zu AC, so verhält sich CA zu AE; mithin wie BA sammt AC zu AC, so CE zu EA, und weil BA zu AC sich verhält, wie EA zu AR, so wird BA sammt AC zu AC sich verhalten, wie ER zu RA. Aber wie BA sammt AC zu AC, so verhält sich CE zu EA; folglich wie CE zu EA, so ER zu RA, also auch wie die Summe der Vorderglieder zur Summe der Hinterglieder, d. h. wie CR zu RE. Folglich ist ER die mittlere Proportionale zu CR und AR. Weil ferner BA zu AC, wie EA zu AR, und wegen Aehnlichkeit der Dreiecke BA zu AC, wie XA zu AR, so ist EA zu AR wie XA zu AR: folglich sind EA, XA einander gleich. Wenn nun die Fallzeit für RA mit RA bemessen wird, so ist

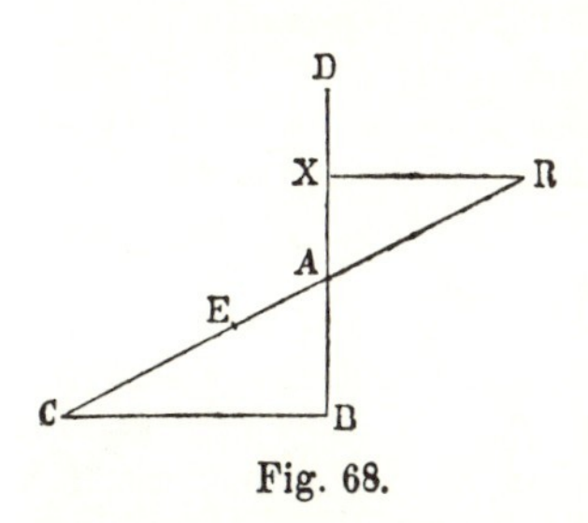

Fig. 68.

die Fallzeit für RC gleich RE, der Mittleren zu CR, RA: folglich ist AE die Fallzeit für AC nach RA oder nach XA; aber die Fallzeit für XA ist XA, weil RA die Fallzeit für RA ist. Folglich sind, da XA gleich AE ist, die Fallzeiten einander gleich, q. e. d.[24])

Probl. III. Propos. XV

»Eine Senkrechte und eine geneigte Ebene seien gegeben; es soll in der unteren Strecke der Senkrechten [vom Schnittpunkte mit der geneigten Ebene an] ein Stück bestimmt werden, welches in derselben Zeit durchlaufen wird, wie das gegebene Stück längs der Geneigten nach dem Fall durch die gegebene Senkrechte.«

Die Senkrechte AB (Fig. 69) sei gegeben und die geneigte Ebene BC. Im unteren Theile des Lothes AB soll ein Stück gefunden werden, welches beim Falle von A aus in derselben Zeit durchlaufen wird, wie BC, gleichfalls von A aus. Man ziehe die Horizontale AD, der die verlängerte geneigte Ebene CB in D begegne. Die mittlere Proportionale zu CD, DB sei DE, alsdann mache man BF gleich BE, endlich construire man AG als dritte Proportionale zu BA, AF,

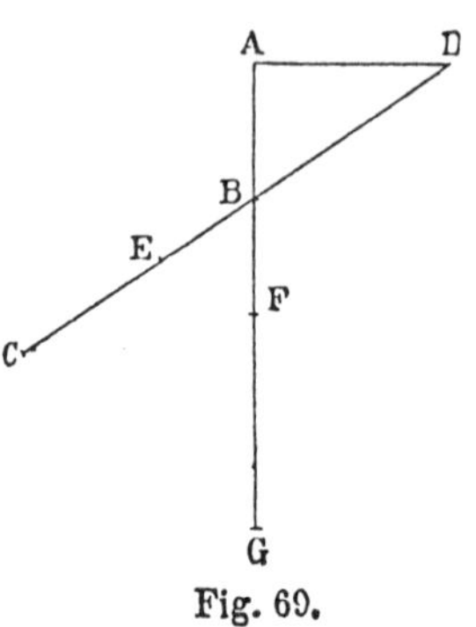

Fig. 69.

$$(BA : AF = AF : AG).$$

Ich behaupte, BG sei die Strecke, die nach dem Fall durch AB in derselben Zeit durchlaufen wird, wie die Strecke BC unter derselben Bedingung. Denn sei die Fallzeit durch AB durch AB bemessen, so ist die Fallzeit durch DB gleich DB, und da DE die mittlere Proportionale ist zu BD, DC, so ist DE die Fallzeit für die ganze Strecke DC, und BE diejenige für den Rest BC, wenn der Fall in D beginnt oder durch AB erfolgt war; ähnlich findet man BF als Fallzeit durch BG, unter denselben Vorbedingungen; aber BF ist gleich BE, wodurch die Behauptung erwiesen ist.

Theorem XIII. Propos. XVI.

»Wenn Stücke einer geneigten Ebene und der Senkrechten, deren Fallzeiten von der Ruhelage an gleich sind, von einem Punkte ausgehen, so wird ein aus irgend welcher Höhe fallender Körper das Stück längs der geneigten Ebene schneller durcheilen, als das Stück längs der Senkrechten.«

Es sei EB (Fig. 70) die Senkrechte, und am Punkte E schliesse sich die geneigte Ebene CE an, zugleich seien die Fallzeiten von der Ruhe in E einander gleich. In der Senkrechten werde ein beliebiger höher gelegener Punkt A angenommen, von welchem aus die Körper fallen mögen. Ich behaupte, die Strecke EC werde in kürzerer Zeit durchlaufen, als die Senkrechte EB, nach dem Fall durch AE. Man verbinde C mit B, construire eine Horizontale AD, verlängere CE bis zum Schnittpunkte D; die mittlere Proportionale zu CD, DE sei DF und die zu BA, AE sei AG; man verbinde F und D mit G. Da die Fallzeiten durch EC, EB, von E aus, einander gleich sind, so ist der Winkel bei C ein Rechter, gemäss dem zweiten Corollar der sechsten Proposition; auch A ist ein rechter Winkel und die Scheitelwinkel bei E sind einander gleich;

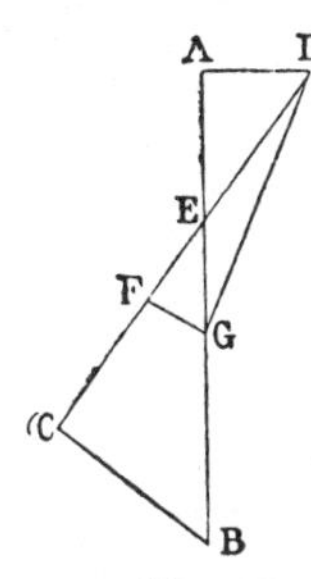

Fig. 70.

folglich sind die Dreiecke AED, CEB gleichwinkelig, und die gleiche Winkel umschliessenden Seiten einander proportional: folglich verhält sich DE zu EA, wie BE zu EC. Das Rechteck BE, EA ist mithin gleich dem Rechteck CE, ED: $(BE \times EA = CE \times ED)$. Da das Rechteck CD, DE grösser ist als das Rechteck CE, ED um das Quadrat von DE, dagegen das Rechteck BA, AE das Rechteck BE, EA um das Quadrat von EA übertrifft, so ist der Ueberschuss des Rechteckes CD, DE über dem Rechtecke BA, AE, oder was dasselbe ist, der Ueberschuss des Quadrates von FD über das Quadrat von AG gleich dem Ueberschuss des Quadrates von DE über dem Quadrat von AE, welcher Ueberschuss gleich ist dem Quadrat von AD; folglich ist das Quadrat von FD gleich der Summe der beiden Quadrate über GA, AD, und auch gleich dem Quadrat von GD: mithin sind die Linien DF, DG einander gleich und der Winkel DGF ist gleich dem Winkel DFG, und Winkel EGF kleiner als

EFG, und die gegenüberliegende Seite EF kleiner als EG. Wenn nun die Fallzeit durch AE mit AE bemessen wird, so ist die für DE gleich DE, und da AG die mittlere Proportionale zu BA, AE ist, wird AG die Fallzeit für die ganze Strecke AB sein, und der Rest EG wird die Fallzeit sein für den Rest EB, wenn der Körper von A aus fällt; ähnlich findet man EF als Fallzeit für EC nach einem Fall durch DE oder AE: da aber gezeigt ist, dass EF kleiner als EG ist, so ist das Theorem bewiesen.«[25])

Corollar.

Aus vorigem und früheren Sätzen ist bekannt, dass diejenige Strecke, welche nach dem Fall aus dem höchsten Punkte in derselben Zeit durchlaufen wird, wie diejenige längs der geneigten Ebene, kleiner sei als der in gleicher Zeit wie auf der Geneigten, ohne vorhergehenden Fall, durchlaufene Weg, grösser dagegen als die geneigte Strecke selbst: denn da soeben bewiesen ist, dass, nach dem Fall aus dem höchsten Punkte A, die Fallzeit für EC kürzer sei als die für EB, so ist die Strecke, die in der Fallzeit längs EB (gleich der Fallzeit für EC) durchlaufen wird, kleiner als die ganze Strecke EB. Dass aber diese senkrechte Strecke grösser sei, als EC, wird klar, wenn man die Figur der vorhergehenden Proposition nimmt, für welche bewiesen ward, dass die senkrechte Strecke BG (Fig. 71) in derselben Zeit durchlaufen wird, wie BC nach dem Fall durch AB: dass aber BG grösser als BC sei, wird folgendermaassen gezeigt. Da BE und FB einander gleich sind, BA aber kleiner als BD ist, so ist FB zu BA grösser als EB zu BD, mithin auch FA zu AB grösser als ED zu DB; aber es ist FA zu AB, wie GF zu FB (denn AF war die mittlere Proportionale zu BA, AG); und ähnlich wie ED zu BD, so verhält sich CE zu EB; mithin auch GB zu BF oder zu BE grösser als CB zu BE; folglich ist GB grösser als BC.

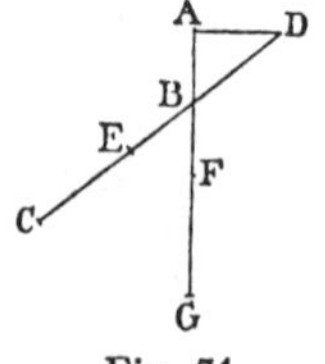

Fig. 71.

Probl. IV. Propos. XVII.

»Eine Senkrechte und eine sich anschliessende geneigte Ebene seien gegeben. In letzterer soll der Weg bestimmt werden, der nach dem Fall durch das senkrechte Stück, in derselben Zeit durchlaufen wird, wie in der Senkrechten.«

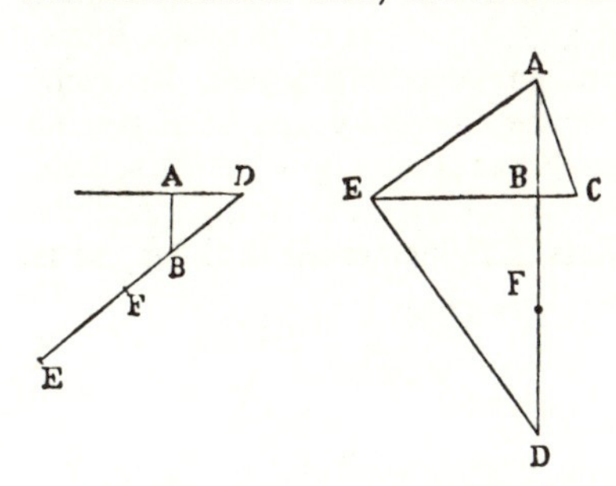

Fig. 72. Fig. 73.

Es sei AB (Fig. 72) die Senkrechte, und BE die geneigte Ebene: es soll BE so lang gemacht werden, dass nach dem Fall durch AB die Fallzeit gleich der für AB, von der Ruhelage an, sei.

Es sei AD die Horizontale, der in D die geneigte Ebene begegnet; man mache FB gleich BA und mache DE zu FD wie FD zu BD. Ich behaupte, die Fallzeit für BE, nach dem Fall durch AB sei gleich der Fallzeit durch AB von A aus. Wenn AB die Fallzeit für AB ist, so ist DB diejenige für DB. Da ferner BD zu DF wie FD zu DE, so ist DF die Fallzeit für die ganze Strecke DE, und BF diejenige für den Theil BE, von D aus; aber die Fallzeit für BE nach DB ist dieselbe wie die für BE nach AB; folglich ist die Zeit für BE, nach AB, gleich BF, mithin gleich der Zeit AB, von A aus; q. e. d.[26])

Probl. V. Propos. XVIII.

»Wenn in einer Senkrechten von der Ruhelage aus eine Fallstrecke bezeichnet ist, die in gegebener Zeit durchlaufen wird, so soll derjenige Weg bestimmt werden, der [an Länge jener Strecke gleich] in einer gegebenen kürzeren Zeit zurückgelegt wird.«

Es sei AD (Fig. 73) die Senkrechte und AB die Strecke, deren entsprechende Fallzeit, von A aus, gleich AB sei, CBE sei horizontal, und die gegebene kürzere Zeit, gleich BC, sei im Horizonte aufgetragen: es soll in der Senkrechten eine Strecke gleich AB gefunden werden, die in der Zeit BC durchlaufen wird. Man ziehe AC. Da BC kleiner als BA, so ist der Winkel BAC kleiner als der Winkel BCA. Man trage CAE gleich ECA an, die Linie AE trifft den Horizont in E. In E erreicht man senkrecht ED, so dass das Loth in D

getroffen wird und trage DF gleich BA ab. Ich behaupte, FD sei diejenige Strecke der Senkrechten, in welcher die Bewegung in der gegebenen Zeit BC geschieht, vorausgesetzt die Bewegung beginne in A. Da nämlich im rechtwinkligen Dreiecke AED vom rechten Winkel E aus eine zur gegenüberliegenden Seite AD gehende Gerade EB senkrecht steht, so wird AE die mittlere Proportionale sein zu DA, AB; nun ist BE die mittlere Proportionale zu DB, BA oder zu FA, AB (denn FA ist gleich DB). Wenn nun AB die Fallzeit durch AB bemisst, so ist AE oder EC die Zeit für AD, und EB die Zeit für AF; folglich ist der Rest BC die Fallzeit für den Rest FD, was behauptet wurde.[27])

Probl. VI. Propos. XIX.

»In einer Senkrechten sei vom Anfangspunkte der Bewegung eine Fallstrecke mit der entsprechenden Fallzeit gegeben: es soll die Zeit gefunden werden, in welcher eine ebenso grosse beliebig in der Senkrechten liegende Strecke gleicher Grösse durchlaufen wird.«

In der Senkrechten AB (Fig. 74) sei eine beliebige Strecke AC gegeben, der Anfangspunkt der Bewegung in A; es sei AC gleich in irgend einer Stelle DB angenommen, die Fallzeit für AC sei AC. Es soll die Fallzeit für DB bestimmt werden nach dem Falle von A aus. Ueber AB als Durchmesser beschreibe man den Kreis AEB, und errichte von C aus die Gerade CE senkrecht zu AB, ziehe AE, welches grösser als EC sein wird. Man schneide EF gleich EC ab; ich behaupte, der Rest FA sei die Fallzeit für DB. Es ist nämlich AE die mittlere Proportionale zu BA, AC; und da AC die Fallzeit für AC ist, so wird AE die Fallzeit für AB sein. Da ferner CE die mittlere Proportionale zu DA, AC (denn DA ist gleich BC), so wird CE oder EF die Fallzeit für AD sein; folglich ist der Rest AF die Fallzeit für DB; q. e.d.

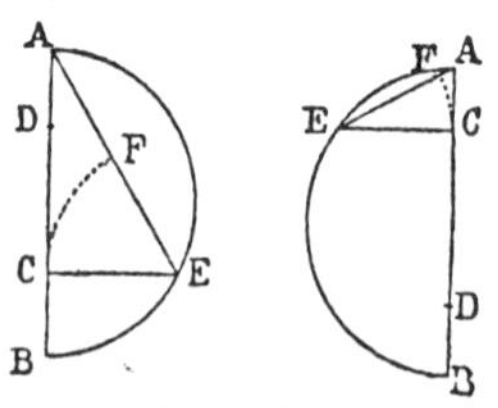

Fig. 74.

Corollar.

Daraus folgt, dass, wenn die Fallzeit einer Strecke von der Ruhe aus gleich dieser Strecke gesetzt wird; die Fallzeit längs derselben Strecken nach Zurücklegung eines darüber angefügten Stückes gleich sein wird dem Ueberschuss der mittleren Proportionale zur Summe beider und der ursprünglichen Strecke über der mittleren Proportionale zu beiden einzelnen Stücken.

Denn, es sei die Fallzeit für AB (Fig. 75), von der Ruhe A an, gleich AB; man füge AS hinzu, so wird die Fallzeit für AB, nach Durchlaufung von SA, gleich sein dem Ueberschuss der mittleren Proportionalen zu SB, BA über der zu BA, AS.

Probl. VII. Propos. XX.

»Eine beliebige Strecke sei gegeben, und in derselben ein Theil, nach dem Ruhepunkte hin gelegen; ein anderer Theil gegen das Ende hin soll bestimmt werden, der in derselben Zeit zurückgelegt wird, wie die erste Theilstrecke.«

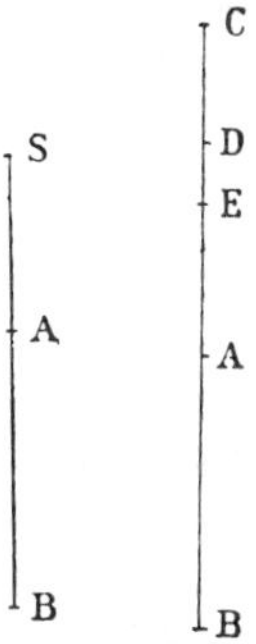

Es sei CB (Fig. 76) die Senkrechte, und CD der gegebene Theil, nach der Ruhelage hin. Ein anderes Stück, das bis B reicht, zu finden, mit derselben Fallzeit wie die für CD. Man bilde die mittlere Proportionale zu BC, CD und trage, derselben gleich, BA ab; zu BC, CA sei die dritte Proportionale gleich CE ($BC : CA = CA : CE$). Ich behaupte, EB sei diejenige Strecke, welche, von C aus, in derselben Zeit durchlaufen wird, wie CD selbst. Wenn nämlich die Fallzeit für CB gleich CB, so wird BA (die mittlere Proportionale zu BC, CD) die Fallzeit für CD sein. Und da CA die mittlere Proportionale zu BC, CE, so wird CA die Fallzeit für CE sein. Aber BC ist die Zeit für CB; folglich ist der Rest BA die Fallzeit für den Rest EB nach dem Fall von C aus; allein dasselbe BA war die Fallzeit für CD; folglich werden CD und EB in gleichen Zeiten durchlaufen, von der Ruhe in C aus, was verlangt war.

S A B

Fig. 75.

C D E A B

Fig. 76.

Theorem XIV. Propos. XXI.

»Wenn in der Senkrechten der Fall von der Ruhelage aus geschieht, und es wird ein von Anfang an bezeichnetes Stück in gewisser Zeit durchlaufen, während nach demselben eine

Bewegung in einer beliebig geneigten Ebene erfolgt: so ist die Strecke, die in solch geneigter Ebene in derselben Zeit zurückgelegt wird, wie das Stück in der Senkrechten, mehr als das Doppelte und weniger als das Dreifache der senkrechten Strecke.« —

Unterhalb des Horizontes AE (Fig. 77) sei die Senkrechte AB gegeben; der Fall beginne in A und man wähle ein Stück AC; alsdann folge beliebig geneigt CG, längs welches der Fall bei C fortgesetzt werde. Ich behaupte, die bei solcher Bewegung in gleicher Zeit wie durch AC zurückgelegte Strecke CG sei mehr als das Doppelte und weniger als das Dreifache der Strecke AC. Man trage CF gleich AC ab, verlängere die Ebene GC bis zum Horizonte in E, so verhalte sich CE zu EF, wie FE zu EG. Wenn nun die Fallzeit für AC gleich AC gesetzt wird, so ist EC die Fallzeit für EC und CF oder CA die Fallzeit für CG. Es muss daher nachgewiesen werden, dass die Strecke CG mehr als das Doppelte und weniger als das Dreifache von CA sei. Es ist nämlich CE zu EF, wie FE zu EG, folglich auch wie CF zu FG. Aber EC ist kleiner als EF, daher ist auch CF kleiner als FG und GC grösser als das Doppelte von FC oder AC. Da andererseits FE kleiner als das Doppelte von EC (denn EC ist grösser als CA oder CF), so ist auch GF kleiner als das Doppelte von FC, und GC kleiner als das Dreifache von CF oder CA. q. e. d.

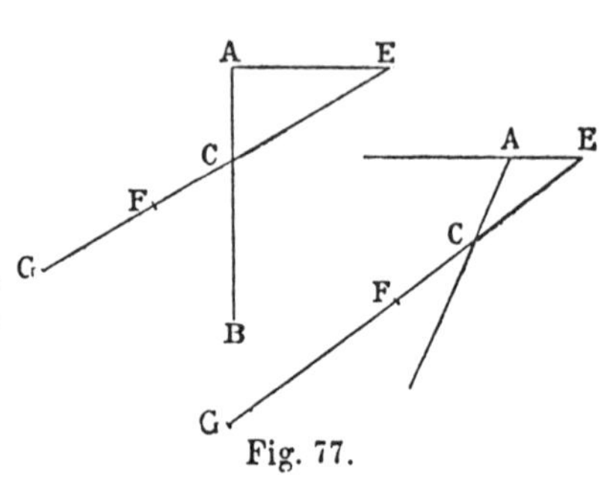

Fig. 77.

Man konnte auch allgemeiner den Satz aufstellen: denn was für die Senkrechte gilt und für eine geneigte Ebene, gilt ebenso, wenn nach der Bewegung in einer irgendwie geneigten Ebene eine stärker geneigte durchlaufen wird; wie solches in der anderen Figur ersichtlich ist; der Beweis bleibt derselbe.

Probl. VIII. Propos. XXII.

»Zwei ungleiche Zeitgrössen seien gegeben und der Weg, der in der kürzeren von beiden von der Ruhe aus durchlaufen wird: es soll durch den obersten Punkt eine geneigte Ebene so gelegt werden, dass sie bis zum Horizonte reicht, und ihre Länge in dem längeren Zeitbetrage zurückgelegt wird.«

Die gegebenen Zeitgrössen seien die grössere A, die kleinere B (Fig. 78); die senkrecht von der Ruhe aus durchlaufene Strecke sei CD. Man soll von C aus bis zum Horizonte eine geneigte Ebene so bestimmen, dass ihre Länge in der Zeit A durchmessen wird. Wie B zu A, so verhalte sich CD zu einer Linie, der CX gleich gemacht ist, welch letztere vom Punkte C

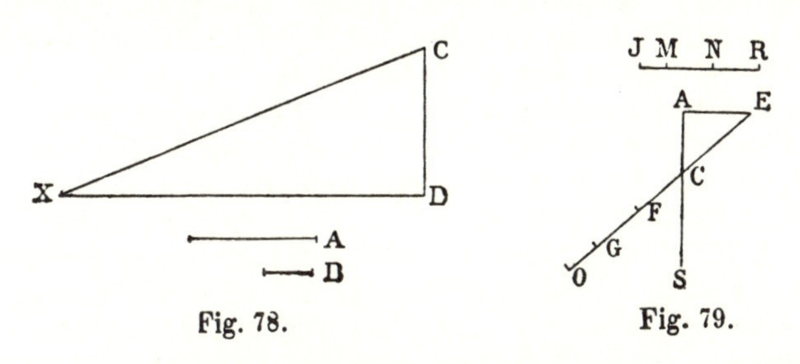

Fig. 78. Fig. 79.

nach dem Horizonte geneigt angebracht sei: offenbar wird CX die verlangte Ebene sein. Denn es ist bewiesen, dass die Fallzeiten längs der geneigten Ebene und längs ihrer Höhe sich verhalten wie die Länge zur Höhe. Die Fallzeiten für CX und für CD verhalten sich somit wie CX zu CD, also wie die Zeiten A zu B; aber B ist die Fallzeit für CD; folglich A jene, in welcher die Länge der Ebene durchmessen wird.

Probl. IX. Propos. XXIII.

»Die senkrechte, von der Ruhelage aus in gegebener Zeit durchlaufene Strecke sei gegeben: durch den untersten Punkt der letzteren soll eine geneigte Ebene so gelegt werden, dass nach dem Fall durch die senkrechte Strecke in derselben Zeit eine gegebene Strecke längs der geneigten durchmessen werde: doch muss letztere Strecke mehr als das Doppelte und weniger als das Dreifache der senkrechten Fallstrecke betragen.«

In der Senkrechten AS (Fig. 79) werde in der Zeit AC die Strecke AC durchlaufen, von A aus: es sei ferner JR grösser als $2 \times AC$ und kleiner als $3 \times AC$. Man soll von C aus eine geneigte Ebene so legen, dass ein Körper, nach dem Falle durch AC, in derselben Zeit AC einen Weg gleich JR durchmisst.

Es seien RN, NM gleich AC; und wie der Rest JM zu MN so verhalte sich AC zu einer anderen Strecke CE, die von C, aus bis zum Horizonte in E reiche. Man verlängere dieselbe gegen O hin und trage CF, FG, GO an, gleich RN, NM, MJ. Ich behaupte, die Fallzeit für CO, nach dem Falle durch AC, sei gleich der Fallzeit für AC, von A aus. Da nämlich OG zu GF, wie FC zu CE, so ist durch Zusammensetzung OF zu FG oder FC, wie FE zu EC, und wie eines der Vorderglieder zu einem der entsprechenden Hinterglieder, so verhalten sich die Summen zu den Summen, also OE zu EF wie FE zu EC. Folglich ist EF die mittlere Proportionale zu OE und EC. Wenn nun AC die Fallzeit für AC ist, so ist CE diejenige für EC; EF aber ist die Fallzeit für die ganze Strecke EO, und der Rest CF für den Rest CO; aber CF ist gleich CA; folglich ist das Verlangte ausgeführt; denn CA ist die Fallzeit für AC von A aus, CF dagegen (welches gleich CA ist) ist die Fallzeit für CO, nach dem Falle durch EC oder durch AC; q. e. p. Es muss indess bemerkt werden, dass dasselbe statthat, wenn die vorangehende Bewegung nicht in der Senkrechten, sondern in einer geneigten Ebene vor sich geht, wie in der Fig. 80, wo die erste Bewegung längs AS unterhalb des Horizontes AE geschieht; im Uebrigen ist der Beweis derselbe.

Scholium.

Bei aufmerksamer Betrachtung erkennt man, dass, je weniger die gegebene Linie JR abweicht von $3\,AC$, um so näher die geneigte Ebene CO in die Richtung des Lothes fällt, in welchem in der Zeit AC schliesslich der volle Weg $3\,AC$ durchlaufen wird. Denn je mehr JR dem dreifachen Betrage von AC sich nähert, um so näher wird JM gleich MN. Und da JM zu MN sich verhält, wie AC zu CE (nach der Construction), so wird CE etwas grösser als CA werden, und mithin wird der Punkt E ganz nahe bei A liegen und CO mit CS einen sehr spitzen Winkel einschliessen, sodass sie beinahe sich decken. Wenn aber andererseits JR nur wenig grösser als $2\,AC$, so wird JM sehr klein sein: daher auch AC klein gegen CE ausfällt, welch letzteres sehr lang wird, und fast mit einer durch C gehenden Horizontalen sich deckt. Hieraus erkennen wir, dass, wenn in Fig. 80 nach dem Fall durch die geneigte Strecke AC ein Bruch in C längs CT statthat, in der Fallzeit gleich AC eine Strecke gleich $2\,AC$ durchlaufen wird. Die Schlussfolgerung ist ähnlich der obigen: denn da OE zu EF sich verhält, wie FE zu EC, so bemisst FC die Fallzeit für CO. Ist aber eine horizontale Strecke TC gleich $2\,CA$, so halbire man sie in V; ihre Verlängerung nach X hin wird unendlich sein, denn der Schnittpunkt auf AE verlangt, dass die Unendliche TX zur Unendlichen VX sich ebenso verhalte, wie die Unendliche VX zur Unendlichen XC.

Ebendasselbe hätten wir in anderer Weise erschliessen können, indem wir dem in der ersten Proposition vorliegenden Ge-

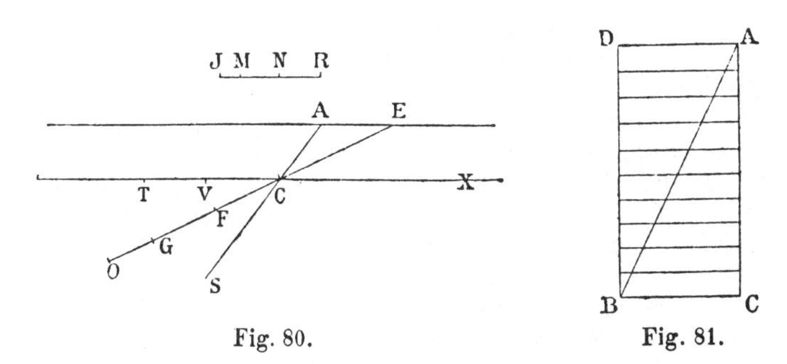

Fig. 80. Fig. 81.

dankengange folgen. Denn nehmen wir ein Dreieck ABC, in welchem die der Basis BC parallelen Linien (Fig. 81) uns die den wachsenden Zeiten entsprechenden Geschwindigkeitsgrade darstellen, so sind dieselben unendlich ihrer Zahl nach, wie die Punkte der Geraden AC, entsprechend den Momenten zu irgend welchen Zeiten, und füllen das Dreieck aus, wenn wir annehmen, dass die Bewegung um eine ebenso lange Zeit fortgesetzt werde wie zuvor, aber nicht mehr beschleunigt, sondern gleichförmig, mit einem Werthe, entsprechend dem durch BC dargestellten Maximum. Aus diesen letzten Geschwindigkeiten würde ein Parallelogramm $ADBC$ gebildet werden; dieses aber ist das Doppelte vom Dreieck ABC. Daher ist die mit gleichförmiger Geschwindigkeit zurückgelegte Strecke gleich dem Doppelten der bei beschleunigter Bewegung durch das Dreieck ABC dargestellten. Aber in einer Horizontalebene ist die Bewegung eine gleichförmige, da weder eine Beschleunigung noch eine Verzögerung verursacht wird, mithin wird eine Strecke CD, die in einer Zeit AC zurückgelegt wird, das Doppelte der Strecke AC betragen, denn bei beschleunigter Bewegung wird die Bewegung den Parallelen des Dreiecks entsprechen, bei jener gleichförmigen dagegen den Parallelen des Parallelogramms, welche, unendlich an Zahl, das Doppelte betragen jener Parallelen des Dreiecks.

Indess ist zu beachten, dass der Geschwindigkeitswerth, den der Körper aufweist, in ihm selbst unzerstörbar enthalten ist (impresso), während äussere Ursachen der Beschleunigung oder Verzögerung hinzukommen, was man nur auf horizontalen Ebenen bemerkt, denn bei absteigenden nimmt man Beschleunigung wahr, bei aufsteigenden Verzögerung. Hieraus folgt, dass die Bewegung in der Horizontalen eine unaufhörliche sei: denn wenn sie sich stets gleich bleibt, wird sie nicht geschwächt oder aufgehoben, geschweige denn vermehrt. Und ferner, da die beim freien Fall erlangte Geschwindigkeit unzerstörbar und unaufhörlich ihm eigen ist, so erhellt, dass, wenn nach dem Fall längs einer geneigten Ebene eine Ablenkung nach einer ansteigenden Ebene statthat, in dieser letzteren die Ursache einer Verzögerung auftritt, denn in eben solch einer Ebene findet auch natürliche Beschleunigung statt; deshalb tritt eine Vereinigung entgegengesetzter Impulse ein, indem der beim Fallen erlangte Geschwindigkeitswerth, der den Körper unaufhörlich fortbewegen würde, sich zu dem durch den Fall erzeugten hinzugesellt. Es scheint daher verständlich, wenn wir die neuauftretenden Ursachen untersuchen, und nachdem der Körper längs der geneigten Ebene gefallen ist, gezwungen wird, anzusteigen, annehmen, dass er die beim Fall erlangte Maximalgeschwindigkeit auch beim Anstieg behalte, dass er aber hierbei der natürlichen Verzögerung unterliege in dem Betrage, wie er bei natürlicher Beschleunigung von der Ruhelage aus ihm ertheilt würde. Um dieses leichter einzusehen, diene nebenstehende Zeichnung. Es sei der Fall längs der geneigten Ebene AB (Fig. 82) geschehen, und die Fortsetzung gehe in der ansteigenden BC vor sich; zunächst seien die Ebenen einander gleich, unter gleichen Winkeln zum Horizonte GH geneigt. Nun ist es bekannt, dass der Körper von der Ruhe in A aus längs AB Geschwindigkeiten erlangt, proportional der Zeit, der Werth in B wird der grösste sein, und würde unabänderlich dem Körper innewohnen, wenn neue Ursachen der Beschleunigung oder Verzögerung fehlten; der Beschleunigung, wenn der Körper noch weiter fiele, der Verzögerung, wenn

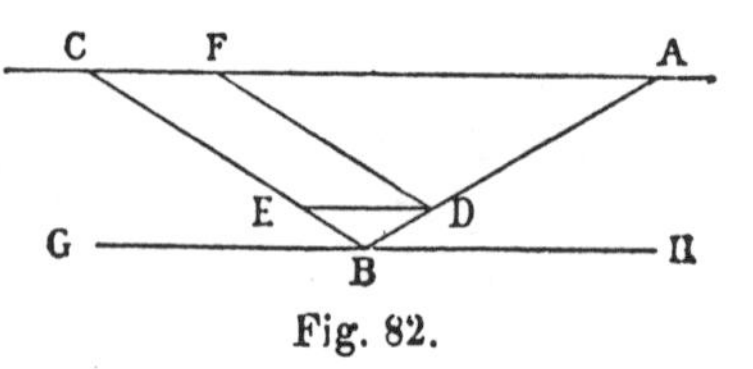

Fig. 82.

er längs BC anstiege; längs der Horizontalen GH würde also die in B erlangte Geschwindigkeit ohne Ende beharren. Der Betrag derselben ist ein solcher, dass in einer Zeit, die gleich ist der Fallzeit längs AB, längs der Horizontalen eine Strecke gleich $2AB$ zurückgelegt würde. Nun aber nehmen wir an, dass der Körper mit ebendieser Geschwindigkeit längs BC sich bewegte, sodass in derselben soeben genannten Zeit eine Strecke gleich $2BC$ zurückgelegt würde. In Wirklichkeit aber sehen wir ihn dabei sofort ansteigen, er unterliegt ähnlichen Einflüssen, wie beim Falle längs AB, denn beim Falle längs CB würde er dieselben Geschwindigkeiten erlangen und in denselben Zeiten dieselben Wege zurücklegen, wie längs AB: woraus erhellt, dass durch Summation (mixtio) der gleichförmigen aufsteigenden und der beschleunigt absteigenden Bewegung der Körper längs BC den Punkt C erreichen wird in Folge zweier Geschwindigkeitswerthe, die einander gleich sind. Nimmt man beiderseits Punkte DE gleichweit von B, so ist die Fallzeit längs DB gleich der Anstiegzeit längs BE. Denn, wenn DF parallel BC gezogen wird, so wissen wir, dass nach dem Fall längs AD der Anstieg längs DF geschieht. Wenn aber in D der Körper sich horizontal längs DE fortbewegt, so ist die Geschwindigkeit in E dieselbe wie in D, folglich steigt der Körper von E bis C. Hieraus erkennen wir zuversichtlich, dass, wenn der Fall längs irgend einer geneigten Ebene statthat und alsdann ein Anstieg eintritt, der Körper stets in Folge der erlangten Geschwindigkeit bis zu derselben Höhe oder Erhebung über den Horizont sich bewegen wird. Fällt er längs AB (Fig. 83), so steigt er längs BC bis C, d. h. bis zur Horizontalen ACB; nicht nur, wenn beide Ebenen gleich geneigt sind, sondern auch, wenn sie ungleiche Winkel bilden, wie BD. Denn die Geschwindigkeitsgrade sind dieselben bei jedweder Neigung bei gleicher Höhe. Wenn EB, BD gleich geneigt sind, so vermag der Fall längs EB den Körper bis D zu bewegen. Ob nun der Körper längs AB oder EB fällt, die Geschwindigkeit in B ist ein und dieselbe, mithin steigt der Körper bis D, sowohl nach dem Fall längs AB, wie längs BE. Die Zeit des Anstieges längs BD ist grösser, als die längs BC, wie auch die Fallzeit für EB grösser ist, als die für AB: denn

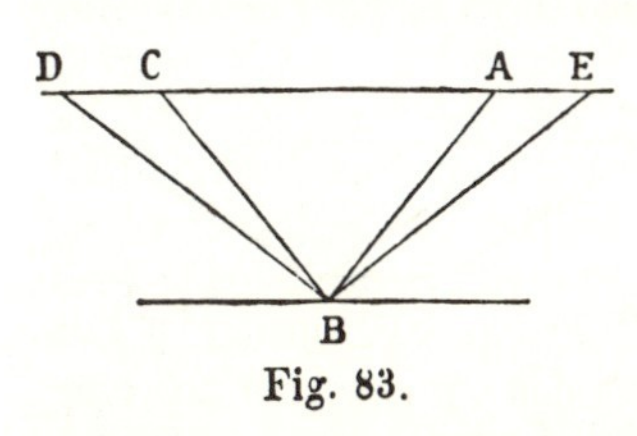

Fig. 83.

es war schon bewiesen, dass diese Fallzeiten sich wie die Längen der entsprechenden Ebenen verhalten. Wir müssen noch untersuchen das Verhältniss der in gleichen Zeiten längs Ebenen verschiedener Neigung und gleicher Höhe zurückgelegten Strecken, also den Fall zwischen einander parallelen Horizontalen, worauf sich das Folgende bezieht.

Theorem XV. Propos. XXIV.

»Zwischen zwei einander parallelen Horizontalen sei eine Senkrechte gegeben, von deren unterstem Punkte eine Ebene errichtet sei. Nach dem Fall längs der Senkrechten ist die in derselben Fallzeit beim Anstieg zurückgelegte Strecke grösser als die Senkrechte und kleiner als das Doppelte derselben.«

Zwischen den Horizontalen BC, HG (Fig. 84) sei die Senkrechte AE und die Geneigte EB gezogen. Nach dem Fall durch AE geschehe ein Reflex in E nach B hin. Ich behaupte, die in der Fallzeit für AE längs EB zurückgelegte Strecke sei grösser, als AE und kleiner als $2AE$.

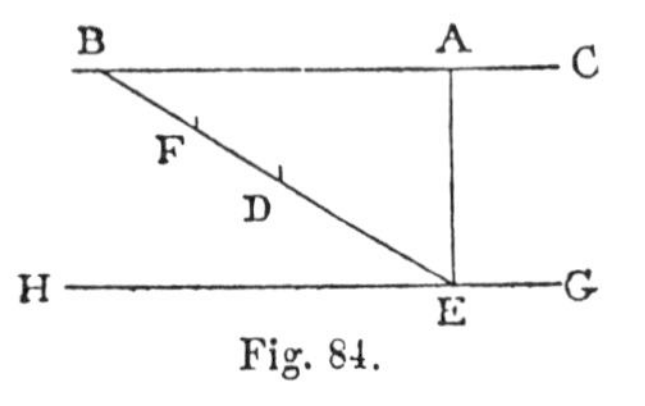

Fig. 84.

Es sei ED gleich AE, und wie EB zu BD, so verhalte sich DB zu BF. Es werde zuerst bewiesen, dass der Punkt F in der Fallzeit längs AE erreicht werde, dann, dass EF grösser sei als EA, und kleiner als $2EA$. Es sei die Fallzeit längs AE gleich AE, alsdann ist die Fallzeit längs BE oder die Anstiegzeit längs EB gleich der Linie BE: und da DB die mittlere Proportionale zwischen EB, BF, und da BE die Fallzeit längs BE ist, so ist BD die Fallzeit längs BF, und der Rest DE die Fallzeit längs des Restes FE. Aber ebenso gross ist die Fallzeit längs FE von der Ruhelage in B aus, und auch die Anstiegzeit längs EF, wenn der Körper in E mit der längs BE oder AE erlangten Geschwindigkeit ansteigt: mithin ist DE die Zeit, in welcher der Körper nach dem Fall von A längs AE, nach dem Reflex in B den Punkt F erreicht. Aber ED ist gleich AE. Und da EB zu BD, wie DB zu BF, so verhält sich auch EB zu BD, wie ED zu DF. Aber EB ist grösser als BD, folglich ist auch ED grösser als DF und EF kleiner als $2DE$ oder als $2AE$; w. z. b. w. Ganz dasselbe gilt, wenn der anfängliche Fall nicht in der Senkrechten, sondern in einer Geneigten vor sich geht; der Beweis ist derselbe, solange nur die Reflexebene weniger geneigt und mithin länger ist als die Fallebene.

Theorem XVI. Propos. XXV.

»Wenn nach dem Fall längs einer geneigten Ebene die Bewegung in der Horizontalen fortgesetzt wird, so verhält sich die Fallzeit längs der Geneigten, zur Zeit der Bewegung längs irgend einer Strecke in der Horizontalen, wie die doppelte Länge der geneigten zur horizontalen Strecke.« —

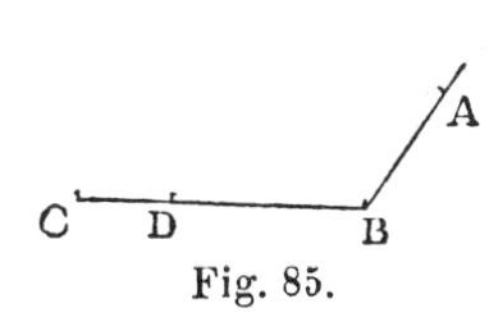

Fig. 85.

Es sei CB (Fig. 85) die Horizontale, AB die Geneigte, und nach der Bewegung längs AB folge die im Horizont, in welchem die Strecke BD beliebig angenommen sei. Ich behaupte, die Fallzeit für AB verhalte sich zu der für BD, wie $2AB$ zu BD. Man nehme BC gleich $2AB$, so ist bewiesen, dass die Fallzeit längs AB gleich BC sei: aber die Fallzeiten für BC und DB verhalten sich wie die Linien CB und BD; folglich verhält sich die Fallzeit für AB zur Zeit der Bewegung längs BD, wie $2AB$ zu BD, w. z. b. w.

Probl. X. Propos. XXVI.

»Eine Senkrechte zwischen zwei Horizontalen sei gegeben, desgleichen eine Strecke, grösser als die Länge der Senkrechten, aber kleiner als das Doppelte derselben; es soll vom untersten Punkte der Senkrechten eine Ebene so geneigt werden, dass beim Aufstieg, nach dem Falle durch die Senkrechte der Körper eine der gegebenen gleiche Strecke zurücklege in derselben Zeit, in welcher er gefallen war.«

Zwischen den Parallelen AO, BC (Fig. 86) sei die Senkrechte AB; FE sei ferner grösser als BA und kleiner als $2BA$. Es soll von B aus eine Ebene so geneigt werden, dass der Körper nach dem Falle längs AB in derselben Fallzeit beim Ansteigen eine Strecke EF zurücklegt. Man mache ED gleich AB, alsdann wird der Rest DF kleiner als AB sein, da die ganze Strecke EF kleiner als $2AB$ war. Es sei ferner DJ gleich DF und wie EJ zu JD, so mache man DF zu FX. Von B ziehe man BO gleich EX. Ich behaupte, BO sei jene

Ebene, auf welcher nach dem Falle längs AB der Körper in derselben Zeit ansteigt um eine Strecke gleich EF. Man mache den Strecken ED, DF gleich BR, RS. Da nun EJ zu JD, wie DF zu FX, so ist auch ED zu DJ wie DX zu XF; also wie ED zu DF, so auch DX zu XF und EX zu XD, folglich wie BO zu OR, so RO zu OS. Wenn nun die Fallzeit für AB gleich AB, so ist die für OB gleich OB und RO

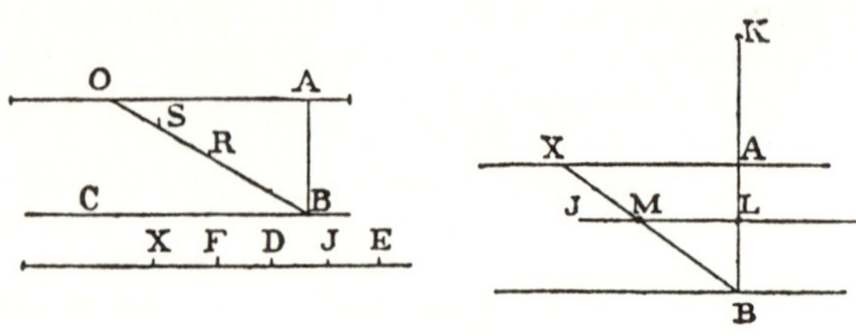

Fig. 86.

die für OS; mithin der Rest BR gleich der Fallzeit für den Rest SB beim Fallen von O bis B. Aber die Fallzeit für SB, von der Ruhelage in O aus, ist gleich der Anstiegzeit von B bis S nach dem Fall durch AB; folglich ist BO die bei B anhebende Ebene, auf welcher nach dem Fall durch AB in der Zeit BR oder BA eine Strecke BS gleich der gegebenen EF zurückgelegt wird.[28])

Theorem XVII. Propos. XXVII.

»Wenn ein Körper längs zwei Ebenen verschiedener Neigung, aber gleicher Höhe herabfällt, so ist die Strecke, die im unteren Theile der längeren Ebene in derselben Zeit durchlaufen wird, wie die ganze kürzere Ebene, gleich der Summe zweier Strecken, deren eine die kürzere Ebene selbst, die andere ein Betrag, der sich zur kürzeren Ebene verhält, wie die längere zum Ueberschuss der längeren über die kürzere Ebene.«

Es sei AC (Fig. 87) die längere, und AB die kürzere Ebene, deren beider Höhe gleich AD; es werde von C aus ein Stück CE gleich AB abgetragen; und wie CA zu AE (d. h. zum Ueberschuss der

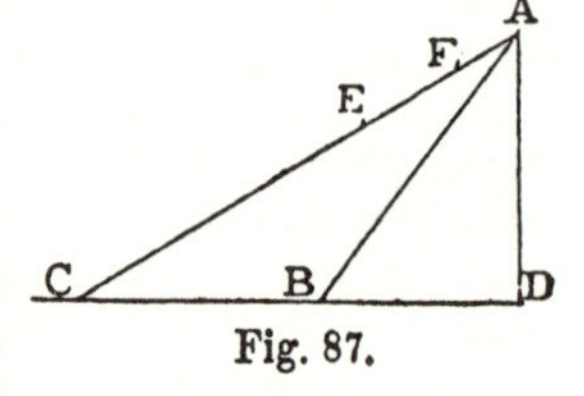

Fig. 87.

längeren Ebene über der kürzeren), so verhalte sich CE zu EF. Ich behaupte, die Strecke FC werde nach einem Fall von A aus in derselben Zeit durchlaufen wie AB. Weil nämlich CA zu AE, wie das Stück CE zu EF, so ist der Rest EA zum Rest AF, wie das Ganze CA zum Ganzen AE. Folglich sind die drei Strecken CA, AE, AF einander folgweise proportional. [continue proportionales, d. h. CA zu AE wie AE zu AF.] Wenn nun die Fallzeit für AB gleich AB ist, so ist diejenige für AC gleich AC, die für AF aber ist gleich AE und die Fallzeit für den Rest FC ist gleich EC; aber EC ist gleich AB; w. z. b. w. —

Theorem XVIII. Propos. XXVIII.

»Die Horizontale AG (Fig. 88) berühre einen Kreis; vom Berührungspunkte aus ziehe man den senkrechten Durchmesser AB und zwei Sehnen wie AE, EB. Es soll das Verhältniss der Fallzeit durch AB zu der durch AE und EB bestimmt werden.« Man verlängere BE bis zur Tangente in G, und halbire den Winkel BAE, indem man AF zieht. Ich behaupte, die Fallzeit längs AB verhalte sich zu der längs AEB, wie AE zu AEF. Da nämlich der Winkel FAB gleich ist dem Winkel FAE, der Winkel EAG aber gleich dem Winkel ABF, so wird der gesammte Winkel GAF gleich FAB sammt ABF, mithin auch gleich GFA sein; folglich ist die Linie GF gleich der Linie GA.

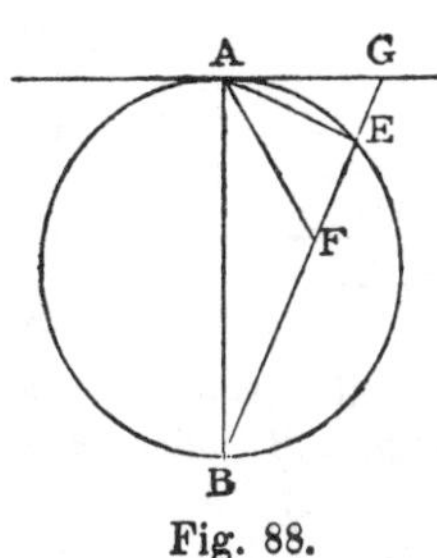

Fig. 88.

Und weil das Rechteck BG, EG gleich dem Quadrate von GA, so ist es auch gleich dem Quadrate von GF, und die drei Linien BG, GF, GE bilden eine Proportion (BG zu GF wie GF zu GE). Wenn nun die Fallzeit längs AE gleich AE ist, so ist diejenige für GE gleich GE; GF ist die Fallzeit für die ganze Strecke GB, und EF diejenige für EB nach dem Falle von G, oder von A aus längs AE. Mithin verhält sich die Fallzeit längs AE oder längs AB zu der längs AEB, wie AE zu AEF, was zu bestimmen war.

Kürzer folgendermaassen: Man schneide GF gleich GA ab; GF ist die mittlere Proportionale zwischen BG, GE. Das Uebrige wie vorhin.

Probl. XI. Propos. XXIX.

»Es sei eine horizontale Strecke gegeben, von deren einem Ende aus eine Senkrechte errichtet sei, von welcher ein Stück gleich der halben horizontalen Strecke aufgetragen sei. Ein aus solcher Höhe fallender und alsdann in die Horizontale abgelenkter Körper wird diese beiden Strecken in kürzerer Zeit durchlaufen, als irgend eine andere senkrechte, mitsammt derselben sich gleichbleibenden horizontalen Strecke.«

In einer Horizontalen sei eine Strecke BC (Fig. 89) gegeben. In der Senkrechten, im Punkte B errichtet, sei BA gleich $\frac{1}{2}BC$ abgetragen. Ich behaupte, die Fallzeit längs beiden Strecken AB, BC sei die kürzeste unter allen, die möglich sind bei derselben horizontalen Strecke BC und irgend welchen grösseren oder kleineren senkrechten Strecken, als AB. Es sei diese Strecke grösser, wie in der ersten Figur, oder kleiner, wie in der zweiten, gleich EB. Es soll gezeigt

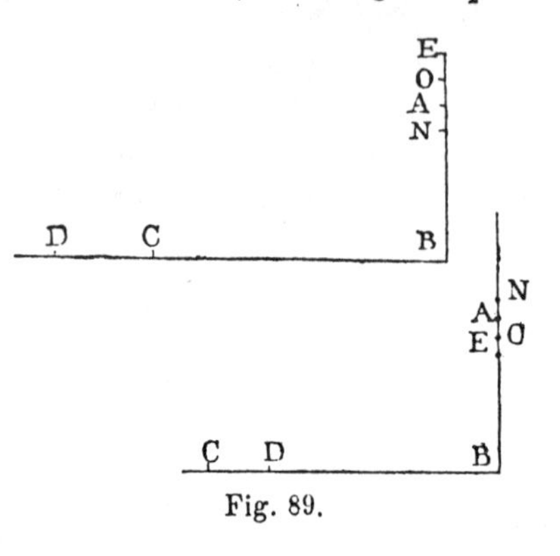

Fig. 89.

werden, dass die Fallzeit für EB, BC stets grösser sei als diejenige für AB, BC. Es sei die Fallzeit längs AB gleich AB; so ist dieses zugleich die Zeit der Bewegung in der Horizontalen BC, da BC gleich $2AB$, und die Zeit längs beiden Strecken ABC wird gleich $2BA$ sein. Es sei ferner BO die mittlere Proportionale zu EB, BA; alsdann ist BO die Fallzeit für EB. Es sei ferner die horizontale Strecke BD gleich $2BE$; so ist die Bewegungszeit für diese Strecke nach dem Falle längs EB auch gleich BO. Wie nun DB zu BC, oder wie EB zu BA, so mache man OB zu BN. Da nun in der Horizontalen die Bewegung eine gleichförmige ist, und da OB die Fallzeit längs BD ist nach dem Falle von E aus, so wird NB die Fallzeit für BC sein nach einem Falle aus derselben Höhe BE. Hieraus folgt, dass OB sammt BN die Fallzeit durch EBC darstelle, und da $2AB$ die Fallzeit durch ABC ist, so erübrigt zu beweisen, dass OB sammt BN grösser sei als $2AB$. Da aber OB die mittlere Proportionale zu EB, BA ist, so verhält sich EB zu BA, wie das Quadrat von OB zu BA: und da EB zu BA, wie OB zu BN, so wird auch OB zu BN gleich dem Quadrate des Verhältnisses OB zu BA sein; aber das Verhältniss OB zu BN kann zusammengesetzt werden aus den Verhältnissen OB zu BA und AB zu BN; folglich ist AB zu BN gleich dem Verhältniss OB zu BA. Mithin sind BO, BA, BN drei folgweise Proportionale (BO zu BA wie BA zu BN). Folglich sind OB und BN zusammen grösser als $2BA$, woraus das Theorem folgt.[29])

Theorem XIX. Propos. XXX.

»Fällt man eine Senkrechte aus irgend einem Punkte einer Horizontalen, und soll durch einen beliebigen anderen Punkt derselben Horizontalen eine geneigte Ebene bis zur Senkrechten so gelegt werden, dass ein Körper in kürzester Zeit von der Horizontalen bis zur Senkrechten hinabfällt, so ist solch eine Ebene der Art geneigt, dass der von der Senkrechten abgeschnittene Theil ebenso gross ist, wie die Distanz der beiden willkürlich angenommenen Punkte in der Horizontalen.«

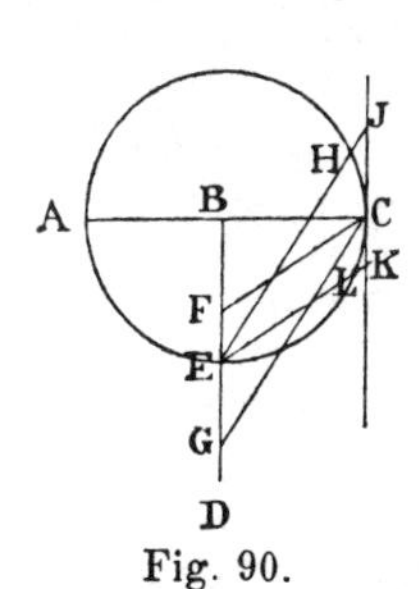

Fig. 90.

Es sei BD (Fig. 90) das aus B gefällte Loth, die Horizontale sei AC. Man nehme C beliebig an, und nehme BE gleich BC, verbinde C mit E. Ich behaupte, dass unter allen durch C gehenden Ebenen CE diejenige sei, längs welcher die Fallzeit bis zur Senkrechten die kürzeste sei. Man nehme CF, CG unter geringerer und stärkerer Neigung an, ziehe mit dem Radius BC einen Kreis und errichte bei C die Tangente JK senkrecht zum Horizonte. Ferner ziehe man EK parallel FC, bis zum Schnitt mit der Tangente in K, wobei der Kreis in L getroffen werde. Es ist bekannt, dass die Fallzeit für LE gleich der für CE sei, aber diejenige für KE ist grösser als die für LE; mithin ist auch die Fallzeit für KE grösser als die für CE; nun ist die Fallzeit für KE gleich der für CF, da diese Strecken ganz gleich lang und gleich geneigt sind; ähnlich sind auch CG und JE einander gleich und gleich geneigt, sodass deren Fallzeiten dieselben sind, während diejenige für HE geringer ist als die für JE, da die Strecke kürzer ist; mithin ist auch die Fallzeit für CE (welche gleich der für HE ist) kürzer als die für JE, woraus das Theorem folgt.

Theorem XX. Propos. XXXI.

»Wenn über einer Horizontalen eine gerade Linie irgendwie geneigt liegt, so ist eine durch einen beliebigen Punkt der Horizontalen gelegte Ebene, längs welcher ein Körper in kürzester Zeit von einem Punkte jener Linie den Horizont erreicht, diejenige, welche den Winkel zwischen denjenigen beiden Senkrechten halbirt, die durch den genannten Punkt gezogen werden können, von welchen eine senkrecht zum Horizont, die andere senkrecht zur gegebenen Linie errichtet ist.«

Es sei AB (Fig. 91) die Horizontale, CD die beliebig geneigte Linie. Im Horizonte sei der Punkt A beliebig angenommen, von welchem aus AC senkrecht zu AB und AE senkrecht zu CD gezogen werde. Den Winkel CAE halbire die Linie AF. Ich behaupte, dass von allen Ebenen, die durch irgend welche Punkte von CD nach dem Punkte A hin gelegt werden können, FA diejenige sei, längs welcher der Fall bis A die kürzeste Zeit in Anspruch nimmt. Man ziehe FG parallel AE, alsdann sind GFA, FAE als Wechselwinkel einander gleich; aber EAF ist gleich FAG, mithin sind die Dreiecksseiten FG, GA einander gleich. Wenn man also von G aus mit dem Radius GA einen Kreis beschreibt, so wird dieser durch F hindurchgehen und die Horizontale und die Gerade in A und F berühren; denn GFC ist ein Rechter, da GF parallel AE gezogen wurde. Hieraus folgt, dass alle anderen nach der Geraden von A aus gezogenen Linien über die Peripherie des Kreises hinaus sich erstrecken, woraus dann weiter folgt, dass die entsprechenden Fallzeiten länger seien, als für FA, w. z. b. w.

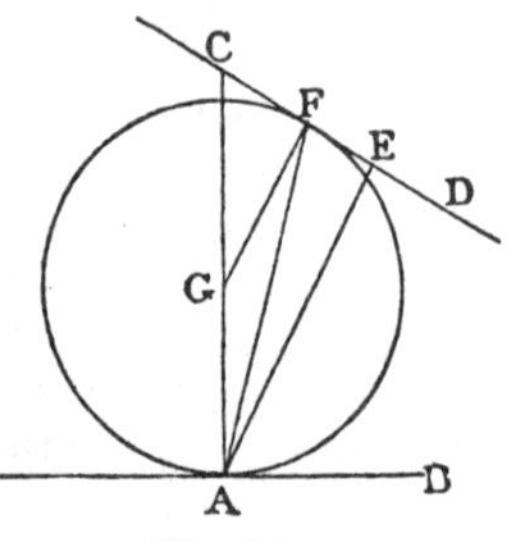

Fig. 91.

Hülfssatz.

»Wenn zwei Kreise sich von innen berühren, während der innere Kreis von einer beliebigen Geraden berührt wird, welche den äusseren Kreis schneidet, so werden die drei Linien, die vom Contactpunkte der Kreise nach den drei Punkten der Berührenden, nämlich nach dem Berührungspunkte des inneren und nach den Schnittpunkten mit dem äusseren Kreise, gezogen werden können, mit einander gleiche Winkel einschliessen.«

Im Punkte A (Fig. 92) berühren sich zwei Kreise, deren Mittelpunkte B und C seien; der innere Kreis werde von einer sonst beliebigen Geraden FG im Punkte H berührt, während der grössere in F und G geschnitten werde. Man ziehe AF, AH, AG. Ich behaupte, die von diesen eingeschlossenen Winkel FAH, GAH seien einander gleich. Man verlängere AH bis zur Peripherie in J, und ziehe aus beiden Centren die Linien BH und CJ, desgleichen verbinde man B mit C und verlängere bis zum Contactpunkt A, sowie andererseits bis zu den Peripherien in O und N. Da die Winkel JCN, HBO einander gleich sind, da jeder von ihnen gleich $2JAN$ ist, so müssen BH und CJ einander parallel sein. Da aber BH vom Centrum aus nach dem Berührungspunkte gezogen, senkrecht steht auf FG, so steht auch CJ senkrecht zu FG, folglich ist der Bogen FJ gleich dem Bogen JG, mithin ist auch der Winkel FAJ gleich dem Winkel JAG, w. z. b. w.

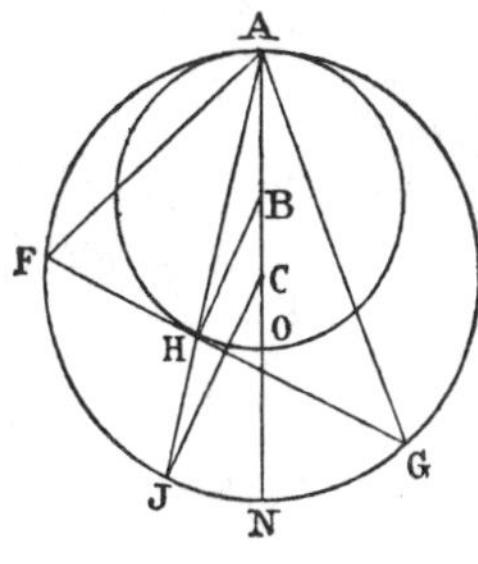

Fig. 92.

Theorem XXI. Propos. XXXII.

»Nimmt man im Horizonte zwei Punkte an und legt eine beliebige Ebene durch den einen von ihnen nach der Seite des anderen hin, verbindet den anderen Punkt mit einem Punkte der Geneigten, der ebenso weit vom Anfangspunkte der letzteren absteht, wie die beiden Punkte im Horizonte, so wird der Fall längs dieser Ebene rascher vor sich gehen, als längs irgend welchen anderen Ebenen, die von demselben Punkte aus nach der Geraden gezogen werden können. Längs anderen Ebenen, die um gleiche Winkel von jener abweichen, sind die Fallzeiten einander gleich.«

Im Horizonte liegen zwei Punkte AB (Fig. 93). Durch B lege man die geneigte Linie BC, auf welcher von B aus das Stück BD gleich BA abgeschnitten werde. Man verbinde A mit D. Ich behaupte, die Fallzeit für AD sei kürzer als die längs anderen Ebenen von A bis zur Geraden BC. Aus den

Punkten A und D ziehe man AE, DE senkrecht zu BA und BD. Der Schnittpunkt sei E. Weil nun im gleichschenkligen Dreieck ABD die Winkel BAD, BDA einander gleich sind, so werden auch die zum Rechten nöthigen Ergänzungswinkel DAE, EDA einander gleich sein; mithin wird ein um E mit EA beschriebener Kreis durch D hindurchgehen und die Geraden BA, BD in den Punkten A, D berühren. Da nun A der obere Endpunkt der Senkrechten AE ist, so ist die Fallzeit für AD kürzer, als für jede andere von A nach BC über die Kreisperipherie hinausreichende Ebene; was zunächst zu beweisen war.

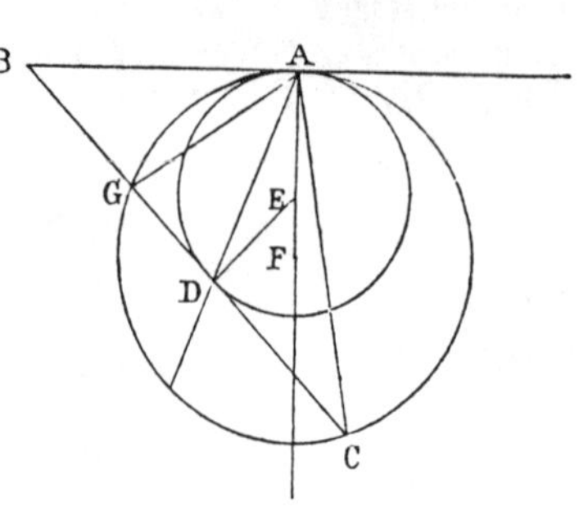

Fig. 93.

Verlängert man die Senkrechte AE und nimmt irgend einen Punkt F als Centrum eines mit dem Radius FA zu beschreibenden Kreises AGC an, der die berührende Linie in G und C schneidet, verbindet man ferner A mit G und C, so bilden diese letzteren mit der Halbirenden AD gleiche Winkel, wie früher bewiesen war, während die Fallzeiten längs beiden Strecken AG, AC einander gleich sind, da sie Sehnen eines Kreises sind.

Probl. XII. Propos. XXXIII.

»Es seien eine Senkrechte und eine Geneigte gegeben, beide von gleicher Höhe, mit gleichem obersten Punkte. Es soll in der Senkrechten oberhalb des gemeinsamen Punktes der Ort angegeben werden, von welchem aus ein Körper fallen müsste, um nach dem Fall aus demselben längs der geneigten Strecke ebenso lange zu fallen, wie längs der ursprünglich gegebenen senkrechten Strecke von der Ruhelage in deren oberstem Punkte aus.«

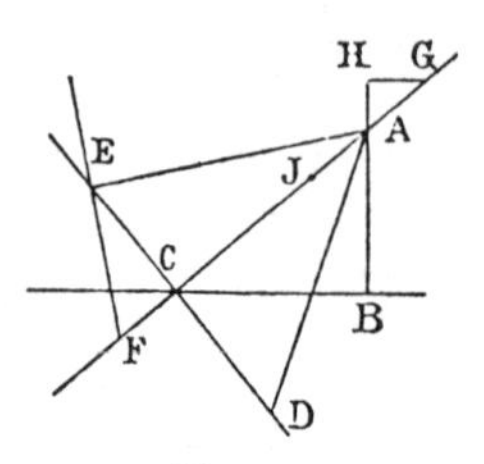

Fig. 94.

Die Senkrechte und die Geneigte gleicher Höhe seien AB, AC (Fig. 94).

Es soll in *BA* oberhalb *A* ein Punkt gefunden werden, von dem aus ein Körper erst senkrecht fallend dann die Strecke *AC* in derselben Zeit durchlaufen würde, in welcher er die Senkrechte *AB* von der Ruhelage in *A* aus durchmisst. Man construire *DCE* senkrecht zu *AC*, schneide *CD* gleich *AB* ab und ziehe *AD*: alsdann wird der Winkel *ADC* grösser sein, als der Winkel *CAD* (denn *CA* ist grösser als *AB*, oder als *CD*). Man trage den Winkel *DAE* gleich *ADE* bei *A* an und errichte senkrecht zu *AE* die Gerade *EF*, der die geneigte, gehörig verlängerte Ebene in *F* begegne. Von *A* aus schneide man *AJ* und *AG* gleich *CF* ab, und ziehe durch *G* eine dem Horizont parallele Gerade *GH*. Ich behaupte, *H* sei der gesuchte Punkt.

Die Fallzeit längs der Senkrechten *AB* sei *AB*, so ist diejenige für *AC*, von der Ruhelage in *A* aus, gleich *AC*. Da nun im rechtwinkligen Dreieck *AEF* vom rechten Winkel *E* aus *EC* senkrecht steht zur Basis *AF*, so ist *AE* die mittlere Proportionale zu *FA*, *AC* und *CE* die mittlere Proportionale zu *AC*, *CF* oder zu *CA*, *AJ*. Da nun die Fallzeit für *AC*, von *A* aus, gleich *AC* ist, so ist *AE* diejenige für die ganze Strecke *AF*, *EC* aber diejenige für *AJ*. Da nun im gleichschenkligen Dreieck *AED* die Seiten *AE*, *ED* einander gleich sind, so ist *ED* die Fallzeit für *AF* und *EC* die Fallzeit für *AJ*. Mithin ist *CD* oder *AB* die Fallzeit für *JF* von der Ruhelage *A* aus, d. h. mit anderen Worten: *AB* ist die Fallzeit für *AC* von *G* oder von *H* aus, welches verlangt war.

Probl. XIII. Propos. XXXIV.

»Eine geneigte Ebene und eine Senkrechte von ein und demselben höchsten Punkte aus seien gegeben. Es soll ein höherer Punkt der Senkrechten bestimmt werden, von dem aus ein Körper herabfallend und alsdann in die geneigte Ebene sich fortbewegend, diesen Weg in derselben Zeit zurücklegt, wie die geneigte Ebene allein vom obersten Punkte aus.«

Die geneigte Ebene und die Senkrechte seien *AB*, *AC* (Fig. 95) mit dem gemeinsamen Anfange *A*. In der Senkrechten oberhalb *A* soll ein Punkt gefunden werden, von dem aus ein Körper zuerst senkrecht, dann längs der Geneigten *AB* sich fortbewegend, diese Bahn in derselben Zeit durchläuft, wie die geneigte Ebene allein vom Punkte *A* aus.

Man ziehe die horizontale Linie *BC* und trage *AN* gleich *AC* ab; dann mache man *AL* zu *LC*, wie *AB* zu *BN*, nehme alsdann *AJ* gleich *AL*. In der Verlängerung der Senkrechten trage man ein Stück *CE* an, sodass *CE* die dritte Proportionale zu *AC*, *BJ*. Ich behaupte, *CE* sei die geforderte Strecke, so zwar, dass, wenn man *AX* gleich *CE* am oberen Ende der Senkrechten anfügt, der Körper von *X* aus die Bahn *XAB* in derselben Zeit durcheilt, wie die Ebene *AB* von *A* aus. Man ziehe die Horizontale *XR* parallel *BC*, die der Ebene *BA* in *R* begegne, verlängere *AB* bis *D*, ziehe *ED* parallel *CB*, beschreibe über *AD* als Durchmesser einen Halbkreis und errichte in *B* eine Senkrechte zu *DA* bis zur Kreisperipherie. Offenbar ist *FB* die mittlere Proportionale zu *AB*, *BD*, und

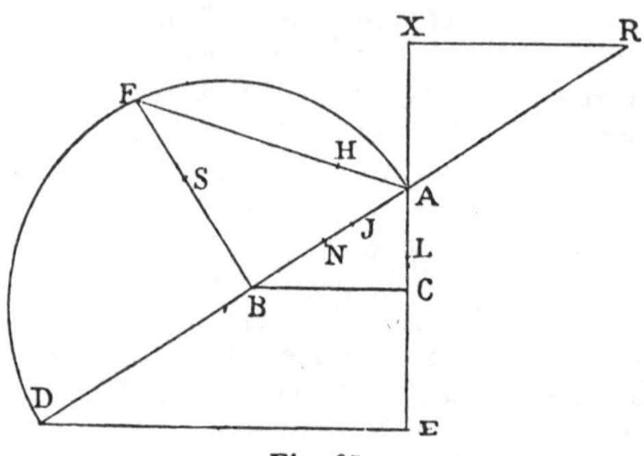

Fig. 95.

die Verbindungsgerade *FA* die mittlere Proportionale zu *DA*, *AB*. Man trage *BS* gleich *BJ* ab und *FH* gleich *FB*. Nun ist *AB* zu *BD*, wie *AC* zu *CE*, und *BF* ist die mittlere Proportionale zu *AB*, *BD*, sowie *BJ* diejenige zu *AC*, *CE*; daher verhält sich *BA* zu *AC*, wie *FB* zu *BS*. Da nun *BA* zu *AC* oder *BA* zu *AN*, wie *FB* zu *BS*, so ist auch *BF* zu *FS*, wie *AB* zu *BN* oder auch wie *AL* zu *LC*. Daher ist das Rechteck aus *FB*, *CL* gleich dem Rechteck aus *AL*, *SF*; allein dieses letztere Rechteck ist der Ueberschuss des Rechtecks *AL*, *FB* oder, was dasselbe ist, des Rechtecks *AJ*, *BF* über dem Rechteck *AJ*, *SB* oder *AJ*, *JB*; andererseits ist das Rechteck *FB*, *LC* der Ueberschuss des Rechtecks *AC*, *BF* über dem Rechteck *AL*, *BF*; aber die Rechtecke *AC*, *BF* und *AB*, *BJ* sind einander gleich (da *BA* zu *AC* sich verhält, wie *FB* zu *BJ*), folglich ist der

Ueberschuss des Rechtecks AB, BJ über dem Rechteck AJ, BF oder AJ, FH gleich dem Ueberschuss des Rechtecks AJ, FH über dem Rechteck AJ, JB; mithin ist das Doppelte des Rechtecks AJ, FH gleich der Summe der beiden Rechtecke AB, BJ und AJ, JB: d. h. gleich dem Doppelten von AJ, JB mitsammt dem Quadrate von BJ. Fügt man das beiden gemeinsame Quadrat von AJ hinzu, so wird das Doppelte vom Rechteck AJ, JB sammt den beiden Quadraten von AJ und JB, also einfach das Quadrat von AB, gleich sein dem Doppelten vom Rechteck AJ, FH, mitsammt dem Quadrat von AJ. Fügt man wiederum beiderseits das Quadrat von BF hinzu, so werden die beiden Quadrate von AB und BF, die zusammen gleich dem Quadrat von AF sind, gleich zwei Rechtecken AJ, FH, mitsammt den beiden Quadraten von AJ, FB oder von AJ, FH sein. Aber das Quadrat von AF ist gleich zwei Rechtecken AH, HF mitsammt zwei Quadraten von AH und HF; folglich sind zwei Rechtecke AJ, FH mitsammt den Quadraten von AJ und FH gleich zwei Rechtecken AH, HF mitsammt den Quadraten von AH und HF. Nach Fortnahme des gemeinsamen Quadrates von HF bleiben zwei Rechtecke AJ, FH mitsammt dem Quadrat von AJ gleich zwei Rechtecken AH, HF mitsammt dem Quadrat von AH: Da nun allen Rechtecken die Seite FH gemein ist, muss die Linie AH gleich der Linie AJ sein. Denn wäre sie grösser oder kleiner, so müssten auch die Rechtecke FH, HA und das Quadrat von HA grösser oder kleiner sein als die Rechtecke FH, JA und das Quadrat von JA; was nach dem Vorigen nicht stattfindet.

Wenn nun die Fallzeit für AB gleich AB, so ist diejenige für AC gleich AC, während JB, die mittlere Proportionale zu AC, CE die Fallzeit für CE oder für XA, von X aus, sein wird; da nun zu DA, AB oder zu RB, BA die mittlere Proportionale gleich AF ist, während zu AB, BD oder zu RA, AB die mittlere Proportionale gleich BF ist, dem FH gleich ist, so wird nach dem Vorhergehenden der Ueberschuss AH die Fallzeit für AB, von R aus, sein, oder was dasselbe ist, von X aus; die Fallzeit für AB von A aus aber war gleich AB. Mithin ist die Fallzeit für XA gleich JB; für AB, von R oder von X aus, gleich AJ; mithin ist die Fallzeit für XAB gleich AB, d. h. gleich der für AB von A aus, w. z. b. w.[30])

Probl. XIV. Propos. XXXV.

»Eine gegen eine Senkrechte geneigte Ebene sei gegeben. In der letzteren soll der Ort bezeichnet werden, bis zu dem die geneigte Bahn in derselben Zeit durchlaufen wird, wie längs der Senkrechten mitsammt der geneigten Bahn.«

Es sei die Senkrechte AB (Fig. 96) und die Geneigte BC. Es soll in BC der Punkt bestimmt werden, bis zu dem die geneigte Strecke in derselben Zeit durchlaufen wird, wie die senkrechte Bahn AB mitsammt der geneigten Strecke. Man ziehe die Horizontale AD, die der geneigten Ebene in E begegne; man trage BF gleich BA ab und schlage um E mit dem Radius EF den Kreis FJG; dann verlängere man FE bis zur Peripherie in G und mache BH zu HF wie BG zu BF; von H ziehe man eine Tangente an den Kreis an den Berührungspunkt J. Darauf errichte man von B aus eine Senkrechte DK zu FC; dieselbe schneide die Linie EJL im Punkte L; endlich ziehe man LM senkrecht zu EL bis zum Schnittpunkte M mit der Geneigten BC. Ich behaupte, dass von B aus die Bahn BM in derselben Zeit durchlaufen werde, wie von A aus die Strecken AB, BM zusammen. Man trage EN gleich EL ab. Da GB zu BF wie BH zu HF, so ist auch GB zu BH wie BF zu FH und auch GH zu HB wie BH zu HF. Deshalb ist das Rechteck GH, HF gleich dem Quadrate von HB: aber dasselbe Rechteck ist auch gleich dem Quadrate von HJ, folglich ist BH gleich HJ. Da nun im Viereck $JLBH$ die Seiten HB, HJ einander gleich sind und die Winkel B und J Rechte sind, so ist auch die Seite BL gleich der Seite LJ; aber EJ ist gleich EF, folglich ist die ganze Strecke LE oder NE gleich der Summe von LB und EF. Zieht man die gemeinsame Strecke EF ab, so bleibt der Rest FN gleich LB. Nun war

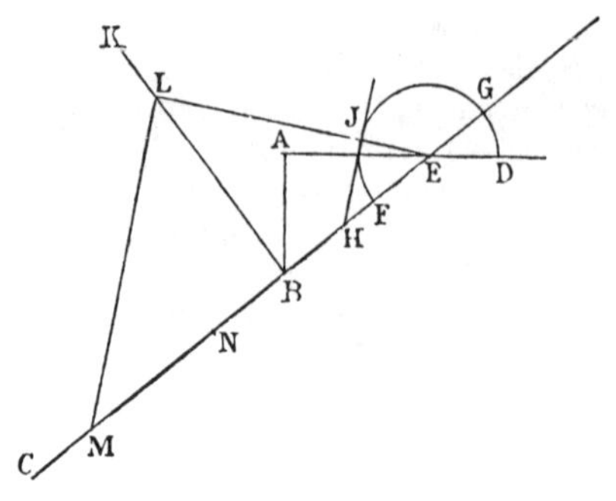

Fig. 96.

FB gleich BA, folglich ist LB gleich der Summe von AB und BN. Sei nun wiederum die Fallzeit für AB gleich AB, so ist diejenige für EB gleich EB: die Fallzeit für EM aber ist EN, nämlich die mittlere Proportionale zu ME, EB; deshalb ist für den Rest BM die Fallzeit, nach EB oder AB, gleich BN. Da nun AB die Fallzeit für AB ist, so ist diejenige längs beiden Strecken ABM gleich ABN. Da ferner die Fallzeit für EB von E aus gleich EB ist, so wird diejenige für BM von B aus gleich der mittleren Proportionale zu BE, BM sein, also BL. Mithin ist die Fallzeit für ABM von A aus gleich ABN; während diejenige für BM allein, von B aus, gleich BL ist, denn es war bewiesen, dass BL gleich der Summe von AB und BN sei, w. z. b. w.[31])

Kürzer folgendermaassen: BC (Fig. 97) sei die Geneigte, BA die Senkrechte. Durch B errichte man eine Senkrechte zu EC nach beiden Seiten und mache BH gleich dem Ueberschuss von BE über BA. Dann mache man den Winkel HEL gleich BHE, die Gerade EL schneide BK in L; von L aus errichte man eine Senkrechte zu EL, LM, welche BC in M schneide. Ich behaupte, BM sei die geforderte Strecke der geneigten Ebene. Da nämlich MLE ein Rechter ist, so wird BL die mittlere Proportionale zu MB, BE sein, sowie LE die mittlere Proportionale zu ME, EB. Man schneide EN gleich EL ab; alsdann sind die drei Linien NE, EL, LH einander gleich und HB wird gleich dem Ueberschuss von NE über BL sein. Aber dieselbe Linie HB ist auch der Ueberschuss von NE über NB sammt BA, folglich ist BL gleich der Summe von NB und BA. Sei nun die Fallzeit für EB gleich EB, so ist BL diejenige für BM von B aus; und BN wird auch die Fallzeit sein für BM nach EB oder nach dem Fall durch AB; AB aber ist die Fallzeit für AB. Folglich ist die Fallzeit für ABM, nämlich ABN gleich der Fallzeit für BM allein von B aus, w. z. b. w. —

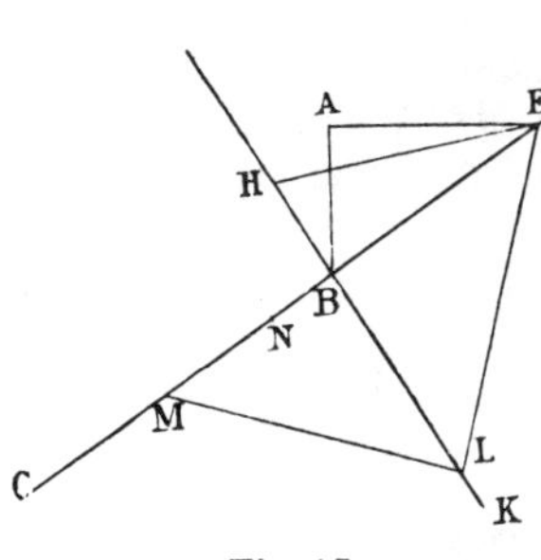

Fig. 97.

Hülfssatz.

Es stehe DC (Fig. 98) senkrecht zum Durchmesser BA, und vom Endpunkte B ziehe man irgendwie BED oder BDE, und verbinde B mit F. Ich behaupte, FB sei die mittlere Proportionale zu DB, BE. Man ziehe EF und durch B eine Tangente BG, welche der Geraden CD parallel sein wird; daher die Winkel DBG und FDB einander gleich sein werden. Aber GBD ist auch gleich EFB, mithin sind die Dreiecke FBD und FEB einander ähnlich; also verhält sich BD zu BF, wie FB zu BE.

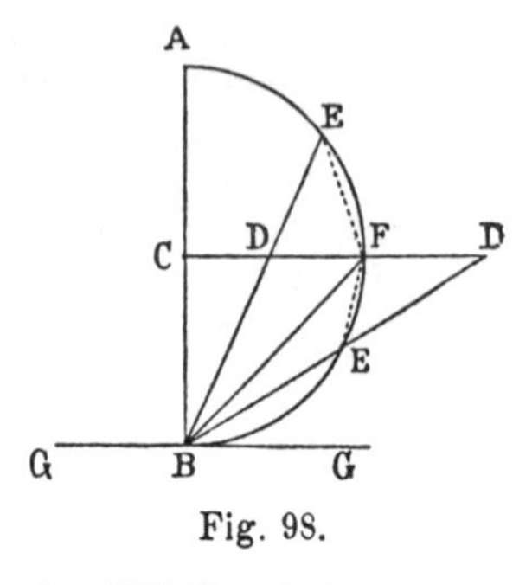

Fig. 98.

Hülfssatz.

Es sei AC (Fig. 99) grösser als die Linie DF, und das Verhältniss von AB zu BC sei grösser, als das Verhältniss von DE zu EF. Ich behaupte, AB sei grösser als DE. Da nämlich AB zu BC grösser als DE zu EF, so mache man DE zu EG (kleiner als EF) wie AB zu BC, und da AB zu BC wie DE zu EG, so verhält sich, wenn man zusammensetzt und umkehrt, GD zu DE wie CA zu AB: aber CA ist grösser als GD, folglich ist BA grösser als DE.

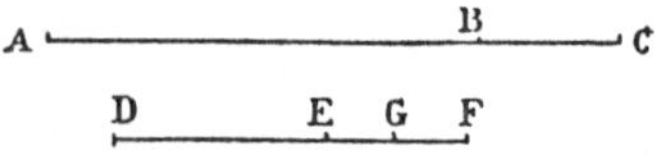

Fig. 99.

Hülfssatz.

Es sei $ACJB$ (Fig. 100) ein Quadrant und AC parallel sei BE gezogen. Aus irgend einem Punkte dieser letzteren Linie werde ein Kreis $BOES$ beschrieben, der AB in B berühre und den Quadranten in J schneide. Man ziehe CB und CJ und verlängere letzteres bis S. Ich behaupte, die Strecke CJ sei stets kürzer als CO. Man verbinde A mit J, so wird diese Gerade den Kreis BOE berühren. Denn wenn man DJ zieht, so wird DJ gleich DB sein. Da aber DB den Quadranten berührt, so wird auch DJ dasselbe thun, und zudem zum Radius AJ senkrecht stehen. Daher berührt auch AJ den Kreis BOE in J. Da nun der Winkel AJC grösser ist als der Winkel ABC, da er einen grösseren Bogen einschliesst, so wird auch

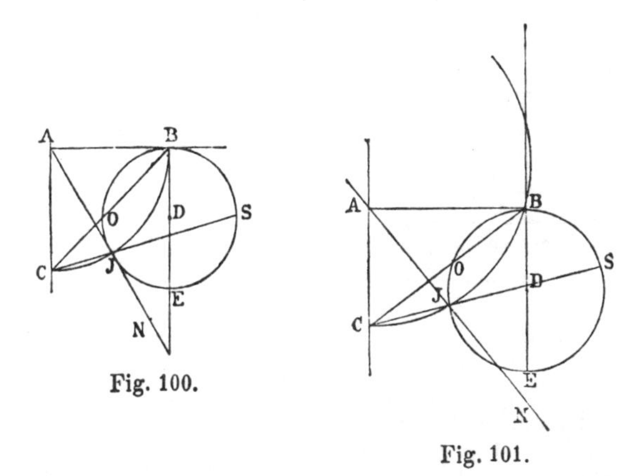

Fig. 100.

Fig. 101.

der Winkel SJN grösser sein als der Winkel ABC; daher ist der Bogen JES grösser als BO; und die Linie CS liegt näher zum Centrum als CB: daher ist CO grösser als CJ, denn es verhält sich SC zu CB, wie OC zu CJ.

Dasselbe findet erst recht statt, wenn BJC (Fig. 101) weniger als einen Quadranten beträgt, denn die Senkrechte DB wird den Kreis CJB schneiden: daher auch, da DJ gleich DB ist, der Winkel DJA ein stumpfer sein und AJN den Kreis BJE schneiden wird. Da nun der Winkel ABC kleiner ist als der Winkel AJC, welch letzterer gleich SJN ist, dieser aber kleiner ist als derjenige, den SJ mit der Tangente in J bildet, so wird um so mehr der Bogen SEJ grösser als BO sein, woher das Uebrige folgt.

Theorem XXII. Propos. XXXVI.

»Wenn vom untersten Punkte eines Kreises eine Sehne gezogen wird, die weniger als einen Quadranten spannt, und wenn von den Endpunkten dieser Sehne zwei Linien nach irgend einem Punkte des zwischenliegenden Kreisbogens gezogen werden, so durchläuft ein Körper die beiden letztgenannten Strecken in kürzerer Zeit, als die ganze Sehne, und auch in kürzerer Zeit, als die untere der beiden Strecken allein.

Vom untersten Punkte C (Fig. 102) erstrecke sich der Kreis CBD, kleiner als ein Quadrant, die Sehne CD bilde eine geneigte Ebene; von D und C lege man nach dem Peripheriepunkte B zwei geneigte Ebenen, so behaupte ich, die Fallzeit längs DBC sei kleiner als die für DC und auch kleiner als die für BC, von B aus. Durch D ziehe man die Horizontale MDA, der die verlängerte Linie CB in A begegne. Man ziehe DN, MC senkrecht zum Horizont und BN senkrecht zu BD. Ueber dem rechtwinkligen Dreieck DBN beschreibe man den Halbkreis $DFBN$, der DC in F schneide; ferner sei DO die mittlere Proportionale zu CD und DF und AV die mittlere Proportionale zu CA, AB. Es sei nun PS die Fallzeit für die Strecke DC, sowie die für BC (da bekanntlich diese gleich sind); alsdann mache man PR zu PS, wie OD zu CD; alsdann wird PR die Fallzeit für DF, von D aus, sein; RS dagegen die Fallzeit für den Rest FC. Nun aber ist PS auch die Fallzeit für BC von B aus; man mache SP zu PT, wie BC zu CD; alsdann ist PT die Fallzeit für AC von A aus, da CD die mittlere Proportionale ist zu AC, CB, nach früheren Beweisen. Man mache ferner PT zu PG, wie CA zu AV; so ist PT die Fallzeit für AB; GT dagegen ist die übrigbleibende Zeit für die Strecke BC, von A aus. Da aber DN ein zum Horizont senkrechter Durchmesser des Kreises DFN ist, so werden DF und DB in gleichen Zeiten durchlaufen.

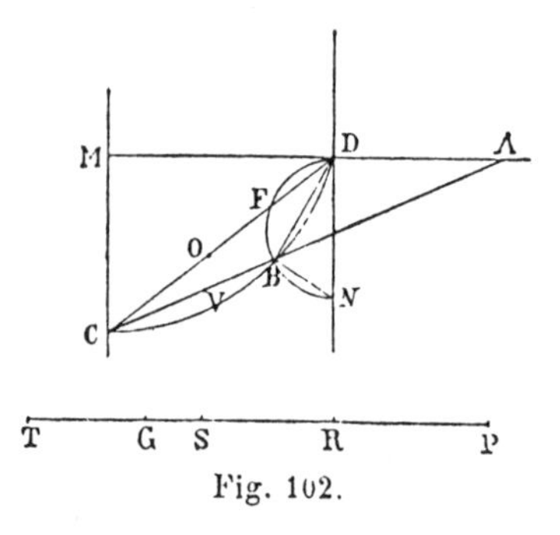

Fig. 102.

Kann also bewiesen werden, dass der Körper die Strecke BC nach dem Falle längs DB schneller durchmesse, als FC nach dem Falle durch DF, so ist das Theorem bewiesen. Nun durchläuft der Körper die Strecke BC mit derselben Geschwindigkeit, ob er aus D längs DB oder ob er aus A längs AB herkommt, da er in beiden Fällen gleiche Geschwindigkeiten erlangt. Mithin bleibt zu zeigen übrig, dass BC nach AB in kürzerer Zeit zurückgelegt werde, als FC nach DF. Wir sahen, dass die Fallzeit für BC, nach AB, gleich GT sei, während diejenige für FC, nach DF, gleich RS war. Also muss noch bewiesen werden, dass RS grösser ist als GT, was folgendermaassen gelingt; es verhält sich SP zu PR, wie CD zu DO und RS zu SP wie OC zu CD; wie aber SP zu PT, so verhält sich DC zu CA. Da ferner TP zu PG wie CA zu AV, so verhält sich auch PT zu TG wie AC zu CV, folglich verhält sich RS zu GT wie OC zu CV. Nun ist aber OC grösser als CV, wie sogleich bewiesen werden soll, folglich ist die Zeit RS grösser als die Zeit GT, w. z. b. w. — Da CF grösser ist als CB, FD aber kleiner als BA; so ist das Verhältniss CD zu DF grösser als das von CA zu AB; aber wie CD zu DF, so verhalten sich die Quadrate von CO und OF, da DO die mittlere Proportionale zu CD und DF ist. Wie ferner CA zu AB, so verhalten sich die Quadrate von CV und VB. Folglich ist das Verhältniss von CO zu OF grösser als das von CV zu VB. Nach dem vorigen Hülfssatz folgt mithin, dass CO grösser sei als CV. — Ausserdem sieht man, dass die Fallzeit für DC sich zu der für DBC verhalte, wie DOC zur Summe von DO und CV.[32])

Zusatz.

Aus dem Vorhergehenden kann erschlossen werden, dass die schnellste Bewegung von einem Punkte zu einem anderen nicht längs der kürzesten Linie, der geraden, zu Stande komme, sondern längs des Kreisbogens. Denn den Quadranten $BAEC$ (Fig. 103), dessen Seite BC senkrecht zum Horizont stehe, theile man in beliebig viele gleiche Theile AD, DE, EF, FG, GC; dann verbinde man durch gerade Linien die Theilpunkte A, D, E, F, G mit C; ferner ziehe man AD, DE, EF, FG, GC. Offenbar geschieht die Bewegung längs ADC schneller als längs AC oder längs DC von D aus: aber von A aus wird *DC* schneller durchlaufen, als beide Strecken *ADC*: durch zwei Strecken *DEC*, von *A* aus, schneller als durch *CD* allein. Folglich ist die Fallzeit für drei Strecken *ADEC* kürzer als für zwei *ADC*. Aehnlich wird nach dem Falle durch *ADE* die Bewegung längs *EFC* rascher erfolgen, als längs *FC* allein. Mithin durch vier Strecken *ADEFC* rascher, als durch drei *ADEC*. Und endlich durch zwei Strecken *FGC* nach dem Falle durch *ADEF* rascher, als durch *FC* allein. Mithin durch fünf Strecken *ADEFGC* rascher, als durch vier *ADEFC*. Je näher also das eingeschriebene Polygon sich an die Peripherie anschliesst, um so rascher kommt die Bewegung von *A* nach *C* zu Stande. Was aber für den Quadranten bewiesen ist, gilt auch für kleinere Bögen; und das ist das Theorem.[33])

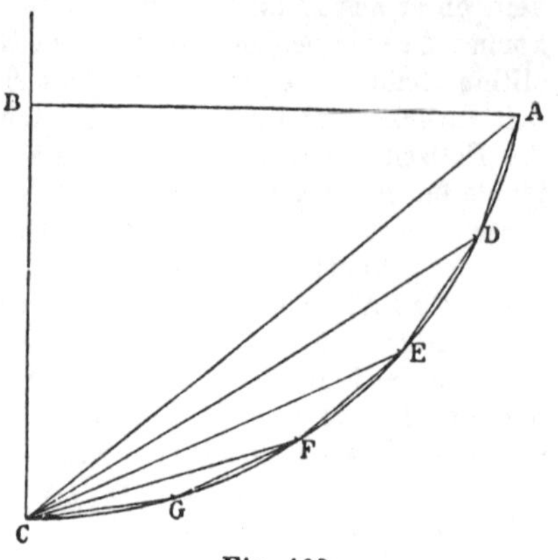

Fig. 103.

Probl. XV. Propos. XXXVII.

»Eine Senkrechte und eine Geneigte gleicher Höhe seien gegeben: es soll ein Stück der Geneigten bestimmt werden, an Länge gleich der Senkrechten, längs welcher die Bewegung in derselben Zeit erfolgt, wie in der Senkrechten.«

Es sei *AB* (Fig. 104) die Senkrechte, *AC* die geneigte Ebene. Es soll auf letzterer eine Strecke gleich *AB* gefunden werden, welche von *A* aus in derselben Zeit durchlaufen werde, wie die Senkrechte *AB*. Man mache *AD* gleich *AB*; den Rest *DC* halbire man in *J*, mache *AE* zu *CJ*, wie *CJ* zu *AC* und trage *DG* gleich *AE* ab. Offenbar wird alsdann *EG* gleich *AD* und gleich *AB* sein. Ich behaupte, *EG* sei die Strecke, die bei dem Falle von *A* aus in derselben Zeit durchlaufen werde, wie die Senkrechte *AB*. Denn es verhält sich *AC* zu *CJ* wie *CJ* zu *AE* oder wie *JD* zu *DG*, folglich auch *CA* zu *AJ* wie DJ zu JG. Da nun CA zu AJ wie CJ zu JG, so ist auch der Ueberschuss von CA über CJ, d. h. JA, zum Ueberschuss von AJ über JG, d. h. AG, wie CA zu AJ. Mithin ist AJ die mittlere Proportionale zu CA, AG, und CJ diejenige zu CA, AE. Wenn nun die Fallzeit für AB gleich AB, so ist AC diejenige für AC und CJ oder JD diejenige für AE. Da nun AJ die mittlere Proportionale ist zu CA, AG und CA die Fallzeit für CA, so ist AJ diejenige für AG; und der Rest JC ist die Fallzeit für den Rest GC: es war aber DJ die Fallzeit für AE, folglich sind DJ, JC die Fallzeiten für AE und CG; mithin ist der Rest DA die Fallzeit für EG und zugleich diejenige für AB, was verlangt war.[34])

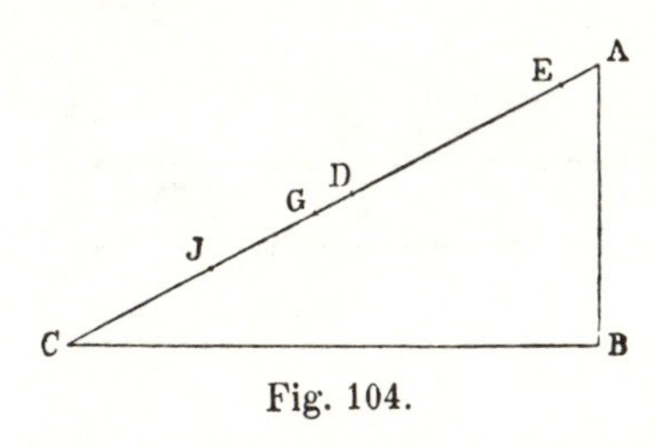

Fig. 104.

Zusatz.

Aus dem Vorhergehenden folgt, dass die geforderte Strecke zwischen einer oberen und unteren Strecke liegt, die in gleichen Zeiten durchlaufen werden.[35])

Probl. XVI. Propos. XXXVIII.

»Zwei horizontale Ebenen seien von einer Senkrechten geschnitten; es soll in der letzteren ein Punkt gefunden werden, von welchem aus Körper zuerst senkrecht fallend, dann in die Horizontalen einlenkend, in diesen letzteren in gleichen Zeiten Strecken zurücklegen, die in einem gegebenen Verhältnisse zu einander stehen.«

Die horizontalen Ebenen CD, BE (Fig. 105) seien von der Senkrechten ACB geschnitten, und das gegebene Verhältniss sei das der kleineren Strecke N zur grösseren FG. Es soll in der Senkrechten ein höherer Punkt bestimmt werden, von dem aus ein fallender und nach CD abgelenkter Körper in einer Zeit, die gleich seiner Fallzeit ist, eine horizontale Strecke zurücklegt, die sich zu derjenigen, die der andere Körper, nachdem er von demselben Punkte aus in die andere Horizontale BE abgelenkt worden in einer Zeit, die gleich ist seiner Fallzeit, in der anderen Horizontalen zurücklegt, verhält, wie N zu FG. Man mache GH gleich N, und construire CL zu BC, wie FH zu HG. Ich behaupte, L sei der geforderte Punkt. Macht man nämlich CM gleich $2\,CL$ und zieht LM, welches die Ebene BE in O schneidet, so wird auch BO gleich $2BL$ sein. Da nun FH zu HG wie BC zu CL, so ist auch HG oder N zu GF, wie CL zu LB, d. h. wie CM zu BO. Da nun CM gleich $2\,LC$, so ist CM die Strecke, die der Körper von L aus, nach dem Fall durch LC, in der Horizontalen CD zurücklegt; ebenso ist BO die Strecke, die nach dem Falle durch LB in der Fallzeit für LB durchlaufen wird, da BO gleich $2\,BL$, woraus die Lösung folgt.

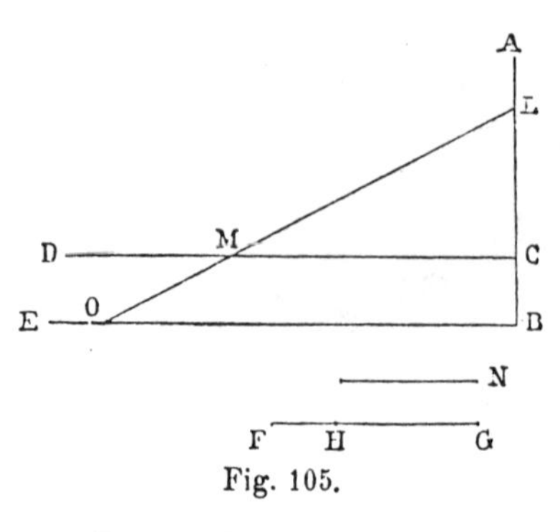

Fig. 105.

Sagr. Wahrlich, mir scheint, es muss unserem Akademiker zugestanden werden, dass er ohne Prahlerei sich das Verdienst zuschreiben konnte, eine neue Kenntniss über einen sehr alten Gegenstand erschlossen zu haben. Wie er mit Glück und Geschick aus einem einzigen einfachen Princip eine Fülle von Theoremen gewinnt, das macht mich staunen; und wie konnte das Gebiet unberührt bleiben von *Archimedes*, *Apollonius*, *Euclid* und noch vielen anderen Mathematikern und berühmten Philosophen, und doch sind über die Bewegung gewaltig dicke Bände in grosser Zahl geschrieben worden.

Salv. Bei *Euclid* findet man ein Fragment über die Bewegung, aber man entdeckt nicht den Weg, den er betreten, um die Verhältnisse der Beschleunigung und die Beziehungen bei verschiedenen Neigungen zu ergründen. Deshalb kann man wohl behaupten, dass erst jetzt die Thore geöffnet sind zu einer neuen Methode, die eine endlose Menge bemerkenswerther Untersuchungen ermöglicht, wie solche in der Zukunft andere Kräfte anstellen können.

Sagr. Wahrlich, ich glaube, dass, sowie die wenigen Eigenschaften des Kreises, die beispielsweise im dritten Buch der

Elemente des *Euclid* bewiesen werden, die Stütze bilden für zahlreiche andere, noch verborgene Beziehungen, gerade so die hier in dieser kurzen Abhandlung vorgeführten Sätze, wenn sie in die Hände anderer denkender Forscher gerathen, immer wieder neuen wunderbaren Erkenntnissen den Weg bahnen werden; und es wäre denkbar, dass in solcher Weise die würdevolle Behandlung des Gegenstandes allmählich auf alle Gebiete der Natur sich erstrecken dürfte.

Der heutige Tag war lang und ziemlich mühevoll; ich habe mehr Gefallen gefunden an den Sätzen, als an den Beweisen, denn um letztere mir gründlich anzueignen, werde ich einem jeden mehr als eine Stunde widmen müssen; solches Studium behalte ich mir für die Mussezeit bevor und bitte Euch um das Buch, wenn wir das Uebrige über den Wurf werden kennen gelernt haben, was, wenn es Euch so recht ist, an dem nächsten Tage geschehen könnte.

Salv. Ich werde Euch zu Diensten stehen.

Ende des dritten Tages.

Vierter Tag.

Salv. Da kommt ja Herr *Simplicio* noch zu rechter Zeit. So wollen wir denn ohne weiteres zur Bewegung übergehen. Hier ist der Text unseres Autors:

Ueber die Wurfbewegung.

Wir haben bisher die gleichförmige Bewegung und die natürlich beschleunigte, längs geneigten Ebenen, behandelt. Im Nachfolgenden wage ich es, einige Erscheinungen und einiges Wissenswerthe mit sicheren Beweisen vorzuführen über Körper mit zusammengesetzter Bewegung, einer gleichförmigen nämlich und einer natürlich beschleunigten; denn solcher Art ist die Wurfbewegung und so lässt sie sich erzeugt denken.

Wenn ein Körper ohne allen Widerstand sich horizontal

bewegt, so ist aus allem Vorhergehenden, ausführlich Erörterten bekannt, dass diese Bewegung eine gleichförmige sei und unaufhörlich fortbestehe auf einer unendlichen Ebene: ist letztere hingegen begrenzt und ist der Körper schwer, so wird derselbe, am Ende der Horizontalen angelangt, sich weiter bewegen, und zu seiner gleichförmigen unzerstörbaren Bewegung gesellt sich die durch die Schwere erzeugte, so dass eine zusammengesetzte Bewegung entsteht, die ich Wurfbewegung (projectio) nenne und die aus der gleichförmig horizontalen und aus der gleichförmig beschleunigten zusammengesetzt ist. Hierüber wollen wir einige Betrachtungen anstellen.

Theorem I. Propos. I.

Ein gleichförmig horizontaler und zugleich gleichförmig beschleunigter Bewegung unterworfener Körper beschreibt eine Halbparabel.

Sagr. Wir müssen, Herr *Salviati*, um meinet- und wohl, wie ich glaube, Herrn *Simplicio*'s willen, ein wenig Halt machen, da ich nicht so tief in die Geometrie eingedrungen bin, dass ich den *Apollonius* beherrsche, der, so viel ich weiss, über diese Parabeln und über die anderen Kegelschnitte geschrieben hat, und ohne deren Kenntniss wohl kaum die folgenden Lehrsätze verständlich sein dürften. Da schon gleich in dem ersten schönen Theorem der Autor uns die Wurflinie als Parabel vorführen will, so scheint mir, dass wir zunächst über diese Linien handeln sollten, um dieselben gründlich zu kennen, und wenn auch nicht alle von *Apollonius* bewiesenen Eigenschaften, so doch wenigstens diejenigen zu erörtern, die im Nachfolgenden als bekannt vorausgesetzt werden.

Salv. Sie sind gar zu bescheiden, wenn Sie nochmals durchnehmen wollen, was Sie kürzlich als Ihnen völlig bekannt bezeichnet haben. Ich erinnere Sie daran, dass in unseren Unterredungen über die Festigkeit wir einen Satz des *Apollonius* brauchten, der uns keine Schwierigkeiten bereitete.

Sagr. Es kann sein, dass ich ihn noch kannte und ihn für jenen Zweck gelten liess, so weit es nothwendig erschien; hier aber, wo wir viele Sätze über solche Linien kennen lernen sollen, müssen wir mit der Zeit und Anstrengung nicht gar zu sehr geizen (non bisogna, come si dice, bevere grosso, buttando via il tempo e la fatica).

Simpl. Und was mich betrifft, — wenn auch Herr *Sagredo* gut gerüstet ist, — mir steigen wiederum die früheren Schranken auf: denn wenn auch unsere Philosophen diesen Gegenstand in der Lehre vom Wurf behandelt haben, so erinnere ich mich doch nicht, dass sie jene Curven beschrieben hätten, sie bezeichnen sie vielmehr nur sehr allgemein als krumme Linien, ausgenommen den senkrechten Fall. Und ferner, wenn das Wenige an Geometrie, das ich dann und wann während unserer Unterredungen aus dem *Euclid* erlernt habe, nicht zum Verständniss des Folgenden hinreicht, so würde ich die Theoreme wohl gläubig annehmen, aber nicht völlig erfassen können.

Salv. Ihr werdet dann Dank wissen unserem Autor, der, als er mir einen Einblick in seine Studie gestattete, da ich damals die Bücher des *Apollonius* nicht zur Hand hatte, zwei Haupteigenschaften jener Parabel ohne irgend welche Voraussetzungen erklärte, Eigenschaften, auf die wir uns in vorliegender Abhandlung stützen werden, die auch von *Apollonius* gut bewiesen sind, aber unter vielen anderen, die kennen zu lernen uns viel Zeit kosten würde; ich aber hoffe unseren Weg zu kürzen, wenn ich die erste Eigenschaft sofort aus der einfachen Erzeugung der Parabel herleite, und darauf unmittelbar den Beweis für die zweite anschliesse. Zunächst also die erste Eigenschaft: Man denke sich einen geraden Kegel mit der kreisförmigen Basis $JBKC$ (Fig. 106) und mit dem Gipfel L. Eine Ebene parallel der Seite LK schneide den Kegel und erzeuge den Parabelschnitt BAC, dessen Basis BC den Durchmesser JK des Kreises $JBKC$ rechtwinklig schneidet, und es sei die Parabelaxe parallel der Seite LK. Man nehme einen beliebigen Punkt F der Curve BFA und ziehe FE parallel zu BD. Ich behaupte, das Quadrat von BD verhalte sich zum Quadrate von FE wie die Axe DA zum Stück AE. Durch den Punkt E denke man sich eine Ebene parallel dem Kreise $JBKC$ gelegt, so wird dieselbe den Kegel in einem Kreise schneiden, dessen Durchmesser GEH sein wird. Da nun zum Durchmesser JK des Kreises $JBKC$ die Gerade BD senkrecht

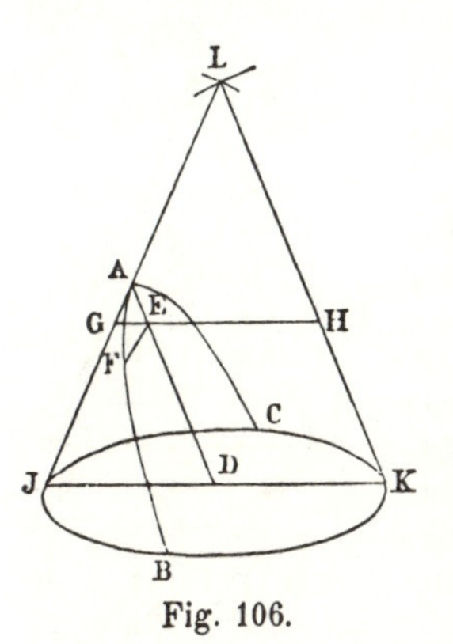

Fig. 106.

steht, so ist das Quadrat von BD gleich dem Rechteck JD, DK. Desgleichen wird im oberen durch GFH gedachten Kreise das Quadrat von FE gleich sein dem Rechteck GE, EH. Folglich verhalten sich die Quadrate von BD, FE wie die Rechtecke JD, DK und GE, EH. Da aber ED parallel HK, so ist die Linie EH gleich DK, da beide einander parallel sind; ferner werden die Rechtecke JD, DK und GE, EH sich verhalten wie JD zu GE, d. h. wie DA zu AE. Also verhalten sich die Rechtecke JD, DK und GE, EH oder die Quadrate von BD und FE wie die Axe DA zum Stück AE, w. z. b. w.

Der zweite Satz, dessen wir bedürfen, ist der folgende: Verzeichnen wir die Parabel und verlängern ihre Axe CA (Fig. 107) nach aussen nach D hin, ziehen dann durch den beliebigen Punkt B eine Linie BC parallel der Parabelbasis, und schneiden DA ab gleich CA, alsdann, behaupte ich, wird eine Gerade, die D und B verbindet, nicht die Parabel schneiden, sondern ausserhalb bleiben, so dass sie dieselbe im Punkte B nur berührt. Denn angenommen, es sei möglich, dass diese Gerade die Parabel oberhalb oder dass ihre Verlängerung unterhalb sie treffe, so nehme man einen Punkt G und ziehe die Gerade FGE. Da nun das Quadrat von FE grösser ist als das Quadrat von GE, so ist das Verhältniss der Quadrate von FE und BC grösser als das der Quadrate von GE und BC. Da nun nach dem vorigen Satze die Quadrate von FE und BC sich verhalten wie EA zu AC, so ist das Verhältniss EA zu AC grösser als das der Quadrate von GE und BC, also auch als das der Quadrate von ED und DC (da im Dreieck DGE sich GE zur Parallelen BC verhält, wie ED zu DC). Aber EA zu AC oder AD, wie vier Rechtecke EA, AD zu vier Quadraten von AD, d. h. zum Quadrate von CD (welches gleich vier Quadraten von AD), folglich haben vier Rechtecke EA, AD zum Quadrate von CD ein grösseres Verhältniss, als die Quadrate von ED und DC; mithin wären vier Rechtecke EA, AD grösser als das Quadrat von ED, was unrichtig ist, da sie vielmehr kleiner sind; denn die Theile EA, AD der Linie ED

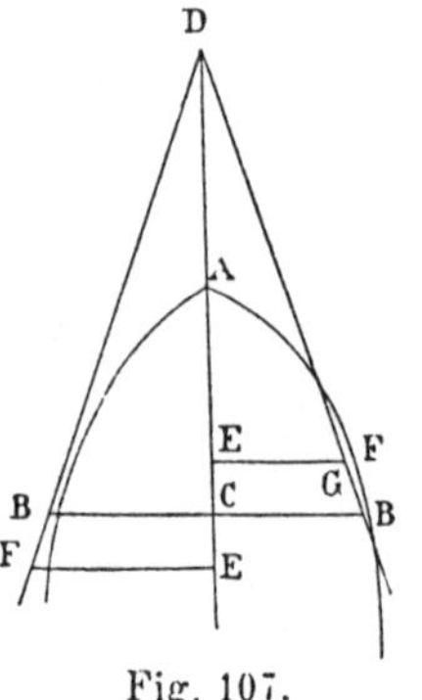

Fig. 107.

sind ungleich. Aus Allem folgt, dass *DB* die Parabel berühre in *B* und nicht schneide, w. z. b. w.

Simpl. Ihr geht in Euren Beweisen gar vornehm vor; so viel mir scheint, setzt Ihr immer voraus, dass alle *Euclid*'schen Sätze mir eben so geläufig seien, wie seine Axiome, was aber keineswegs zutrifft. Soeben ist mir entgangen, warum vier Rechtecke *EA*, *AD* kleiner sind als das Quadrat von *ED*, wenn die Theile *EA*, *AD* der Linie *ED* ungleich sind. Ich zweifle noch an der Richtigkeit der Behauptung.

Salv. Wahrhaftig, alle geschulten (non vulgari) Mathematiker pflegen anzunehmen, dass dem Leser wenigstens die Elemente des *Euclid* völlig geläufig seien; Euch zu dienen wird genügen daran zu erinnern, dass, wenn eine Linie in zwei gleiche Theile getheilt wird und abermals in ungleiche Theile, das Rechteck aus letzteren kleiner ist als das aus den gleichen Theilen gebildete (d. h. als das Quadrat der Hälfte) um so viel, als das Quadrat der Strecke zwischen beiden Theilpunkten beträgt, woraus folgt, dass das Quadrat der ganzen Strecke, welches vier Quadraten der halben gleich ist, grösser ist als vier Rechtecke aus den ungleichen Theilen. Die bewiesenen zwei Sätze aus den Elementen der Kegelschnitte müssen wir im Gedächtniss haben, wenn wir die Theoreme der folgenden Abhandlung verstehen wollen, denn auf diese allein fusst der Autor. Jetzt können wir auf unseren Text zurückkommen, wo im ersten Theorem behauptet wird, die aus der gleichförmigen horizontalen und aus der natürlich beschleunigten Bewegung zusammengesetzte Linie sei eine Halbparabel.

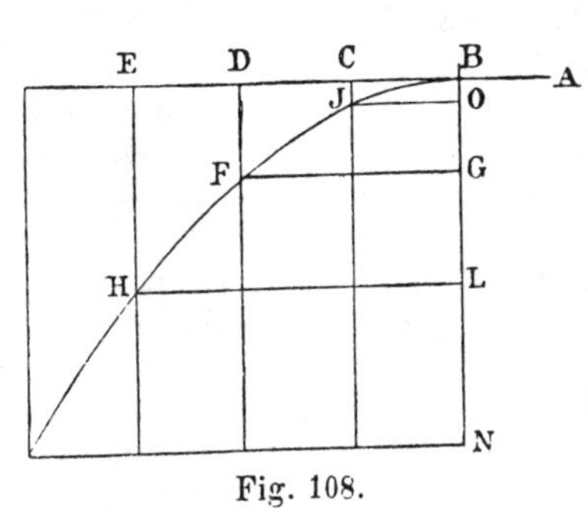

Fig. 108.

Man denke sich eine Horizontale oder eine horizontale Ebene *AB* (Fig. 108), längs welcher ein Körper sich gleichförmig bewege. Am Ende derselben fehlt die Stütze, und der Körper in Folge seiner Schwere unterliegt einer Bewegung längs der Senkrechten *BN*. Man denke sich *AB* nach *E* hin fortgesetzt, und theile gewisse gleiche Strecken *BC*, *CD*, *DE* ab. Von den Punkten *B*, *C*, *D*, *E* ziehe man Linien parallel *BN* in gleichen Abständen. In der ersten von *C* aus nehme man eine beliebige Strecke CJ, in der folgenden das vierfache DF, dann das neunfache EH, u. s. f. Stücke, die den Quadraten entsprechen. Wenn der Körper von B gleichförmig nach C gelangte, so denken wir uns das durch den Fall bedingte Stück CJ angefügt; der Körper wird in der Zeit BC im Punkte J sich befinden. Weiter würde in der Zeit DB, gleich $2\,BC$, die Fallstrecke gleich $4\,CJ$ sein, denn in der vorigen Abhandlung ist bewiesen, dass die bei gleichförmig beschleunigter Bewegung zurückgelegten Strecken sich wie die Quadrate der Zeiten verhalten. Aehnlich wird EH in der Zeit BE durchlaufen, gleich $9\,CJ$, da EH, DF, CJ sich verhalten wie die Quadrate der Linien EB, DB, CB. Zieht man von J, F, H Gerade JO, FG, HL parallel EB, so werden HL, FG, JO je den Strecken EB, DB, CB gleich sein, so wie auch BO, BG, BL den Strecken CJ, DF, EH. Nun verhalten sich die Quadrate von HL und FG wie die Strecken LB, BG, und die Quadrate von FG, JO wie GB, BO. Folglich liegen die Punkte J, F, H in einer Halbparabel. Aehnlich wird bei Annahme irgend welcher anderer beliebiger Strecken und entsprechender Zeitgrössen bewiesen, dass die in ähnlicher Weise bestimmten Orte stets in einer und derselben Parabel liegen, womit das Theorem bewiesen ist.

Salv. Diese Schlussfolgerung gewinnt man durch Umkehrung des ersten der oben betrachteten Hülfssätze. Beschreibt man nämlich durch die Punkte B und H eine Parabel, so würden sonst die Punkte F, J nicht auf derselben, sondern innerhalb oder ausserhalb liegen, und mithin wäre FG kleiner oder grösser als die bis zur Parabel reichende Linie, und die Quadrate von HL und FG würden ein grösseres oder kleineres Verhältniss haben, als die Linien LB und BG, während das Quadrat von HL wohl dieses selbe Verhältniss zum Quadrat von FG hat; mithin liegt F in der Parabel, und ähnlich alle anderen Punkte.

Sagr. Wahrlich, diese Betrachtung ist neu, geistvoll und schlagend; sie stützt sich auf eine Annahme, auf diese nämlich, dass die Transversalbewegung sich gleichförmig erhalte, und dass eben so gleichzeitig die natürlich beschleunigte Bewegung sich behaupte, proportional den Quadraten der Zeiten, und dass solche Bewegungen sich zwar mengen, aber nicht stören, ändern und hindern, so dass schliesslich bei fortgesetzter Bewegung die Wurflinie nicht entarte; ein mir kaum fassliches Verhalten. Denn da die Axe unserer Parabel, längs welcher die Beschleunigung statthat, senkrecht zum Horizonte steht, so reicht sie bis zum Mittelpunkte der Erde. Die Parabel aber entfernt sich immer mehr von ihrer Axe, und es könnte kein Körper den Mittelpunkt der Erde erreichen; und wenn er es thäte, wie doch zu sein scheint, so müsste die Wurflinie gänzlich von der Parabel abweichen.

Simpl. Zu dieser Schwierigkeit muss ich noch andere hinzufügen: erstens nehmen wir an, dass die horizontale Ebene, die weder ab- noch ansteigt, durch eine gerade Linie dargestellt werde, als ob die Theile einer solchen überall gleich weit vom Centrum abstünden, was denn doch nicht der Fall ist, da wir vom Anfangspunkte nach beiden Seiten Theile finden, die immer mehr abweichen und gar ansteigen. Hieraus folgt, dass auf solcher Ebene die Bewegung nicht gleichförmig sein könne; sie wird vielmehr auf keiner noch so kurzen Strecke sich gleich bleiben, sondern stets sich vermindern. Ausserdem halte ich es für unmöglich, den Widerstand des Mediums zu umgehen; so dass auch die Beständigkeit der Transversalbewegung und die Gesetze der Beschleunigung beim freien Fall nicht zur Geltung kommen können. Auf Grund dieser Bedenken halte ich es für sehr unwahrscheinlich, dass die bewiesenen Sätze, bei all den ungültigen Voraussetzungen, in praktischen Versuchen sich bewähren.

Salv. All die vorgebrachten Schwierigkeiten und Einwürfe sind so wohlbegründet, dass man sie nicht hinwegräumen kann; ich gestehe sie zu, und ich glaube, unser Autor würde dasselbe thun. Ja, ich gebe noch ferner zu, dass unsere abstrakt gezogenen Schlüsse in Wirklichkeit sich anders darstellen und dermaassen falsch sein werden, dass weder die Transversalbewegung gleichförmig, noch die beschleunigte Bewegung in dem angenommenen Verhältniss zu Stande komme, ja dass auch die Wurflinie keine Parabel sei. Nun aber verlange ich, dass Sie, meine Herren, unserm Autor nicht das verwehren und bestreiten, was andere bedeutende Männer angenommen haben, trotzdem es nicht richtig war. Auch kann die Autorität des Archimedes Jedermann beruhigen. Er hat in seiner Mechanik bei der ersten Inhaltsbestimmung der Parabel als wahres Princip angenommen, dass der Wagebalken eine gerade Linie sei, deren Punkte alle gleich weit vom gemeinsamen Centrum aller schweren Körper seien, und dass die Richtungen, nach welchen die Körper fallen, alle einander parallel seien. Solche Licenz wird gebilligt, weil unsere Apparate und die angewandten Strecken sehr klein sind im Vergleich zu der bedeutenden Entfernung vom Mittelpunkte der Erdkugel, so dass wir einen sehr kleinen Bogentheil eines grössten Kreises als gerade, und zwei Senkrechte an den Enden dieses Bogens als einander parallel annehmen können. Wollten wir im Versuche solche kleine Grössen berücksichtigen, so müssten wir die Architekten tadeln, welche mit ihrem Senkloth die höchsten Thürme zwischen parallelen Linien zu errichten annehmen. Auch können wir sagen, dass *Archimedes* und Andere ebenso in ihren Betrachtungen angenommen haben, dass sie unendlich weit vom Centrum entfernt seien; in diesem Falle sind die Voraussetzungen richtig und die Beweise stichhaltig. Wollen wir aber in endlichen Entfernungen Versuche anstellen, und sehr grosse Werthe annehmen, so müssen wir vom wahren Erwiesenen das abziehen, was wegen der nicht unendlichen Entfernung zu berücksichtigen ist, wenn auch die Entfernung immer noch sehr gross ist im Vergleich zu der Kleinheit unserer Vorrichtungen. Die grosse Abweichung ist beim Wurf der Geschosse zu erwarten, und zwar bei denen der Artillerie; die Wurfweite wird höchstens vier Meilen betragen, während wir ungefähr eben so viel Tausend von Meilen vom Erdcentrum entfernt sind; und wenn jene auf der Oberfläche der Erde abgemessen werden, so wird die parabolische Linie nur wenig verändert sein, aber in der That sich so umwandeln, dass sie durch das Centrum der Erde hindurchginge. In Betreff des Widerstandes des Mediums gestehe ich zu, dass dessen störender Einfluss bemerklicher sein wird, und wegen seiner mannigfach verschiedenen Beschaffenheit kaum unter feste Regeln gebracht werden kann; so lange wir auch nur den Widerstand der Luft berücksichtigen, so wird dieser alle Bewegungen stören, auf unendlich verschiedene Weise, da unendlich verschieden Gestalt, Gewicht und Geschwindigkeit der geworfenen Körper sich ändern könnten. Wenn z. B. die Geschwindigkeit grösser ist, so wird auch der Einfluss der Luft wachsen, und das zwar um so mehr, je leichter die Körper sind, sodass, obwohl die Strecken bei senkrechtem Fall sich wie die Quadrate der Zeiten verhalten sollten, dennoch selbst die allerschwersten Körper von bedeutender Höhe herab solchen Widerstand von der Luft erfahren, dass die Beschleunigung gänzlich aufhört und die Bewegung eine gleichförmige wird; letzteres tritt um so früher ein, und von um so geringeren Höhen, je leichter die Körper sind. Auch die Horizontalbewegung, die ohne allen Widerstand gleichförmig und beständig sein müsste, wird durch den Luftwiderstand vermindert und schliesslich vernichtet, und das zwar widerum um so schneller, je leichter der Körper ist. Ueber alle die unendlich verschiedenen Möglichkeiten hinsichtlich der Schwere, der Geschwindigkeit und der Gestalt kann keine Theorie gegeben werden. Uebrigens muss selbst, um diesen Gegenstand wissenschaftlich zu handhaben, zuerst von Schwierigkeiten abstrahirt werden, es müssen, abgesehen von Hindernissen, die bewiesenen Theoreme praktisch geprüft werden, innerhalb der Grenzen, die die Versuche uns selbst vorschreiben. Der Nutzen wird nicht gering sein, denn Stoff und Gestalt werden so gewählt werden können, dass der Widerstand möglichst gering sei, d. h. wir werden recht schwere und runde Körper wählen: dabei sollen die Strecken sowohl, als auch die Geschwindigkeiten nicht so exorbitant gross sein, dass wir sie nicht mehr genau zu messen vermöchten. Selbst bei Geschossen, deren wir uns bedienen, von schweren Substanzen und bei runder Gestalt, ja selbst bei weniger schweren Körpern von cylindrischer Gestalt, wie z. B. bei Pfeilen, die mit Schleudern oder mit der Armbrust abgeschossen werden, wird die Abweichung von der genauen Parabel ganz unmerklich sein. In unseren Experimenten wird die Kleinheit derselben eine solche sein, dass äussere Nebenwirkungen, unter denen die des Luftwiderstandes die bedeutendste ist, ganz unmerklich werden, und davon will ich Euch durch zwei Versuche überzeugen. Ich werde die Bewegungen in der Luft behandeln, wie wir solche schon besprochen haben, bei welchen die Luft zweierlei Einwirkung ausübt. Erstlich werden die leichteren Körper stärker beeinflusst, als die sehr schweren. Dann übt die Luft bei grösserer Geschwindigkeit einen stärkeren Widerstand aus, als bei geringerer Geschwindigkeit eines und desselben Körpers. Hinsichtlich des ersten Umstandes lehrt der Versuch, dass zwei gleich grosse Stäbe, deren einer zehn bis zwölf mal schwerer als der andere ist (z. B. der eine aus Blei, der andere aus Eichenholz), aus einer Höhe von 150 oder 200 Ellen mit kaum merklich verschiedener Geschwindigkeit an der Erde anlangen, woraus wir sicher schliessen, dass bei beiden Körpern der Luftwiderstand gering ist; und wenn beide Stäbe gleichzeitig zu fallen beginnen, dabei aber der Bleistab wenig, der Holzstab stark verzögert wäre, der erstere beim Fallen merklich dem letzteren vorauseilen müsste, während er zugleich zehn mal schwerer ist; dieses aber tritt keineswegs ein, sein Vorauseilen wird nicht einmal den hundertsten Theil der ganzen Höhe betragen. Zwischen einem Blei- und einem Steinstabe, der nur ein Drittel oder die Hälfte von jenem wöge, würde beim Aufprall auf die Erde kaum noch ein Unterschied zu beobachten sein. Da nun die Geschwindigkeit, die ein Bleistab beim Sturz aus einer Höhe von 200 Ellen erlangt (d. h. eine solche, dass bei fortgesetzter gleichförmiger Bewegung 400 Ellen in derselben Fallzeit durchlaufen würden), recht bedeutend ist im Vergleich zur Geschwindigkeit, die wir mit dem Bogen oder anderen Vorrichtungen unseren Geschossen (ausgenommen die Feuerwaffen) ertheilen, so können wir nicht weit fehlgehen, und können die Sätze, die wir ohne Beachtung des Widerstandes beweisen, als absolut wahr gelten lassen. Hinsichtlich des zweiterwähnten Punktes, demgemäss ein und derselbe Körper bei grosser und bei kleiner Geschwindigkeit nicht sehr verschiedenen Widerstand erleidet, erfahren wir solches aus folgendem Versuche. An zwei gleich langen Fäden von 4 oder 5 Ellen Länge befestigen wir zwei Bleikugeln. Die eine erheben wir alsdann um einen Bogen von 80 Grad oder mehr, die andere um 4 oder 5; losgelassen beschreibt die eine sehr grosse Bögen von 160, 150, 140 Grad, die langsam kleiner werden; die andere, frei schwingend, vollführt kleine Bögen von 10, 8, 6 Grad, bei langsamer Abnahme derselben. Ich behaupte nun, die grossen Bögen von 180, 160 Grad werden in derselben Zeit durchlaufen, wie die kleinen von 10, 8 Grad. Offenbar ist die Geschwindigkeit der ersteren 16, 18 mal grösser, als die der zweiten; sodass, wenn erstere stärkeren Luftwiderstand erführe, als die zweite, die Schwingungen geringer an Zahl sein müssten bei den grossen Bögen von 180, 160 Grad, als bei den kleinen von 10, 8, 4, ja sogar von 2 und 1 Grad; dem aber widerspricht der Versuch: denn wenn Beobachter die Schwingungen zählen, der eine die grossen, der andere die kleinen, so werden sie nicht bei der zehnten, ja auch nicht bei der hundertsten um eine Schwingung abweichen. Dieser Versuch bestätigt uns zugleich beide Sätze, dass nämlich grosse und kleine Schwingungen stets in gleichen Zeiten erfolgen, und dass der Widerstand der Luft bei grosser und kleiner Geschwindigkeit gleichen Einfluss ausübt, im Gegensatz zu dem, wie es uns zuerst erschien und was wir schlechthin glaubten.

Sagr. Aber warum sollen wir nicht annehmen, dass die Luft diese und jene hemme, da doch beide langsamer werden und erlöschen; daher müssen wir sagen, dass die Verzögerungen in gleichem Verhältnisse stattfinden. Aber wie? Wenn das eine Mal der Widerstand grösser ist, als das andere Mal, wovon anders kann das abhängen, als dass dort eine grössere, hier eine kleinere Geschwindigkeit ertheilt worden ist? Und da das sich so verhält, so ist eben der Geschwindigkeitsbetrag die Ursache und zugleich das Maass des Widerstandes. Mithin werden alle Bewegungen, kleine und grosse, verzögert und gehemmt in eben demselben Verhältniss; diese Erkenntniss scheint mir wichtig zu sein.

Salv. Wir können aber auch in diesem Falle schliessen, dass die Abweichungen von den Sätzen, die wir, von äusseren Zufälligkeiten absehend, beweisen, nur geringfügig seien im Hinblick auf Bewegungen mit grosser Geschwindigkeit, über welche am meisten gehandelt werden soll, und auch in Hinsicht auf die Strecken, die sehr klein sind im Vergleich zum Halbmesser und zu den grössten Kreisen der Erdkugel.

Simpl. Ich möchte gern wissen, warum Sie die Feuergeschosse ausnehmen; die mit Pulverkraft, glaube ich, unterliegen anderen Aenderungen und Hemmnissen, als die mit Armbrust oder Bogen geschleuderten.

Salv. Mich veranlasst dazu die ungeheure, sozusagen übernatürliche Wucht solcher Geschosse; dass ich selbst ohne Uebertreibung sagen möchte, dass die Geschwindigkeit, mit der eine Flinten- oder Kanonenkugel den Lauf verlässt, übernatürlich genannt werden könnte. Denn wenn von bedeutender Höhe eine solche Kugel senkrecht herabfiele, so würde ihre Geschwindigkeit in Folge des Luftwiderstandes nicht stets zunehmen; es würde vielmehr das eintreten, was bei leichten Körpern schon bei geringen Fallhöhen eintritt, dass nämlich die Bewegung schliesslich gleichförmig wird; das würde bei einigen Tausend Ellen Fallhöhe auch bei einer Eisen- oder Bleikugel eintreten, und diese letzte oder Endgeschwindigkeit (terminata velocità) kann man als die grösste annehmen, die solch ein Körper beim Fall durch die Luft zu erhalten vermag; und diese Geschwindigkeit halte ich für geringer, als die durch das Pulver ertheilte. Darüber kann uns ein passender Versuch Gewissheit schaffen. Man schiesse aus einer Höhe von 100 oder mehr Ellen mit einer Armbrust einen Bleistab senkrecht hinab auf ein Steinpflaster; und mit derselben Armbrust schiesse man gegen dasselbe Gestein aus 1 oder 2 Ellen Höhe und beobachte alsdann, welcher von beiden Stäben stärker gewirkt habe. Wenn nämlich der aus der Höhe kommende Stab schwächer gewirkt hat als der andere, so hat sicherlich die Luft ihn gehemmt und die Geschwindigkeit vermindert, die vom Feuer ihm anfänglich ertheilt war; eine solche Geschwindigkeit anzunehmen hindert die Luft ihn, und er würde sie nie erlangen, von welcher Höhe man ihn auch fallen liesse; wenn die vom Feuer ertheilte Geschwindigkeit nicht jene überträfe, die beim natürlichen Falle erlangt würde, so müsste der Aufprall unten eher stärker sein. Solchen Versuch habe ich nicht angestellt, aber ich bin geneigt, anzunehmen, dass eine Kugel, von einer Armbrust oder Kanone, aus noch so grosser Höhe abgeschossen, niemals den Stoss ausüben wird, der aus einer Entfernung von wenigen Ellen gegen eine Mauer ausgeübt wird, d. h. aus so geringer Entfernung, dass das kurzdauernde Losreissen oder Zertheilen der Luft nicht hinreicht, die übernatürliche Wucht, die das Feuer erzeugt hat, aufzuheben. Dieser übermässige Impuls solcher Kraftgeschosse kann die Wurflinie ändern; der Anfang der Parabel wird weniger geneigt sein, das Ende stärker gekrümmt. Dieses alles aber hat keine Bedeutung bei unserem Autor und dessen praktischen Versuchen; bei letzteren ist das Wesentliche eine Tafel für die Geschosse, genannt Flugbahn oder Wurfapparat (Volata), auf welcher die Fallhöhen der Körper bei verschiedenen Neigungswinkeln verzeichnet sind. Da der Stoss mit einem Mörser ausgeführt wird, so ist er nicht sehr stark und übernatürliche Impulse kommen nicht vor, sodass die Geschosse ihre Bahnen recht genau verzeichnen.

Nun können wir zur Abhandlung zurückkehren. Der Autor wird uns einführen in die Behandlung und Untersuchung der Bahnen bei zusammengesetzten Bewegungen. Zunächst handelt er von zwei gleichförmigen Bewegungen, deren eine horizontal, während die andere vertical gerichtet ist.

Theorem II. Propos. II.

»Wenn ein Körper nach zwei Richtungen gleichförmig bewegt wird, und zwar nach einer horizontalen und einer verticalen, so ist die aus beiden zusammengesetzte Bewegung 'in der Potenz' (potentia) gleich jenen beiden Momenten.«

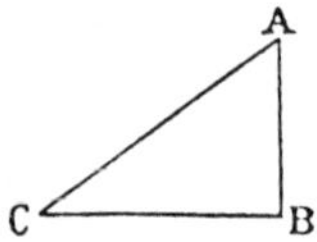

Ein Körper werde also nach zwei Richtungen bewegt; der senkrechten entspreche die Strecke AB (Fig. 109), der horizontalen, in derselben Zeit, die Strecke BC. Da nun in gleichen Zeiten bei gleichförmiger Bewegung die Strecken AB, BC zurückgelegt werden, so verhalten sich

Fig. 109.

auch die Bewegungsmomente wie *AB*, *BC*. Der Körper wird die Diagonale *AC* beschreiben und sein Geschwindigkeitsmoment wird *AC* sein. Aber *AC* ist »in der Potenz« gleich *AB*, *BC*, mithin ist das aus beiden zusammengesetzte Moment nun »in der Potenz« gleich jenen beiden, wenn man sie als gleichzeitig erfasst.

Simpl. Ich bitte mir ein Bedenken zu benehmen; der soeben behauptete Satz scheint einem solchen der vorigen Abhandlung zu widersprechen; dort wurde gesagt, die von *A* bis *B* erzeugte Geschwindigkeit sei gleich der von *A* bis *C* hervorgerufenen, jetzt heisst es, die Geschwindigkeit in *C* sei grösser, als die in *B*.

Salv. Die Sätze, Herr *Simplicio*, sind alle beide richtig, aber ganz verschieden von einander. Hier handelt es sich um einen einzigen Körper, der nur eine Bewegung ausführen kann, die aber aus zweien zusammengesetzt ist, die beide gleichförmig sind; dort ist die Rede von zwei Körpern, deren jeder gleichförmig beschleunigt fällt, der eine längs der Senkrechten *AB*, der andere längs der Geneigten *AC*. In diesem letzteren Falle sind die Zeiten nicht gleich, da die Fallzeit für *AC* grösser ist, als die für *AB*; aber gegenwärtig sind die Bewegungen längs *AB*, *BC*, *AC* gleichförmig und gleichzeitig.

Simpl. Verzeiht die Unterbrechung, ich bin beruhigt; fahren wir fort.

Salv. Im Folgenden untersucht der Autor die Geschwindigkeit eines Körpers, der zwei Bewegungen ausführt, eine gleichförmige horizontal, und eine gleichförmig beschleunigte vertical, aus welchen die Bahn zusammengesetzt wird, und er beschreibt die parabolische Linie; in jedem Punkte derselben versucht er die Geschwindigkeit zu bestimmen; zu diesem Zwecke zeigt der Autor uns den Weg oder die Methode, solche Geschwindigkeiten mittelst der Bahnlinie zu messen, auf welcher der Körper bei gleichförmiger Beschleunigung senkrecht hinabfällt.

Theorem III. Propos. III.

»Die Bewegung geschehe längs *AB* (Fig. 110) von *A* aus. Man nehme irgend einen Punkt *C* in der Senkrechten an, und es sei *AC* die Zeit oder das Maass der Zeit für den Fall längs *AC*, zugleich auch das Maass der Geschwindigkeit im Punkte *C*, die der Körper beim Falle durch *AC* erlangt hat. Man nehme ferner in derselben Geraden einen anderen Punkt *B*, in welchem die Geschwindigkeit ermittelt werden soll in ihrem Verhältniss zum Werthe in C, wofür AC das Maass sein sollte. Man mache AS gleich der mittleren Proportionale zu BA, AC. Wir werden zeigen, dass die Geschwindigkeiten in B und C sich verhalten wie die Linien SA und AC. Man ziehe die Horizontale CD gleich $2AC$ und BE gleich $2AB$. Aus früherem ist bekannt, dass, wenn ein Körper durch AC fällt und alsdann in die Horizontale CD abgelenkt sich fortbewegt, er in dieser letzteren mit gleichförmiger Geschwindigkeit die Strecke CD in derselben Zeit durchläuft wie AC; ähnlich wird BE in derselben Zeit durcheilt, wie AB. Aber die Fallzeit für AB ist gleich AS; folglich wird auch BE in derselben Zeit AS durchmessen. Es verhalte sich nun EB zu BL, wie die Zeit SA zur Zeit AC. Da die Bewegung längs EB gleichförmig ist, so wird die Strecke BL mit dem Geschwindigkeitswerthe in B in der Zeit AC zurückgelegt. Aber in eben dieser Zeit AC wird die Strecke CD durchlaufen mit dem Geschwindigkeitswerthe in C. Die Geschwindigkeitswerthe aber verhalten sich wie die Strecken, die in gleichen Zeiten zurückgelegt werden; mithin verhalten sich die Geschwindigkeiten in C und B wie DC zu BL. Da nun DC zu BE wie ihre Hälften, d. h. wie CA zu AB, und da EB zu BL wie BA zu AS, so verhält sich CD zu BL wie CA zu AS; d. h. wie die Geschwindigkeit in C zu der in B, so verhält sich CA zu AS oder so verhält sich die Fallzeit für CA zu der für AB. Daraus erhellt die Methode, die Geschwindigkeiten zu messen auf einer Linie des senkrechten Falles; hierbei ist angenommen, die Geschwindigkeiten wüchsen proportional der Zeit.

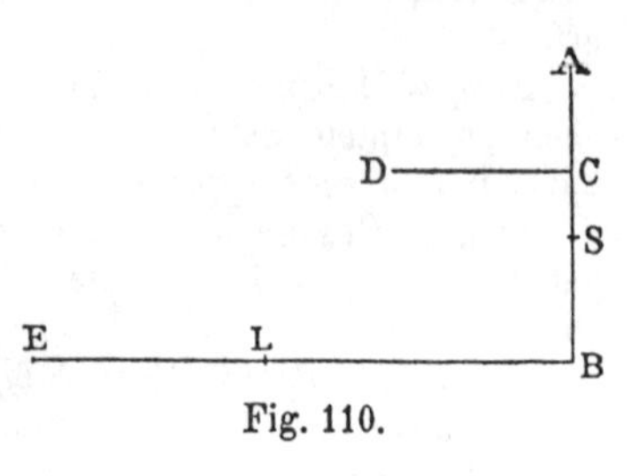

Fig. 110.

Ehe wir fortfahren, ist zu erwähnen, dass, da von der aus gleichförmiger horizontaler und beschleunigter verticaler zusammengesetzten Bewegung gesprochen werden soll (denn aus diesen setzt sich die Bahnlinie, die Parabel zusammen), wir ein allgemeines Maass festsetzen müssen, mit dem alle Geschwindigkeiten, Impulse oder Momente ausgemessen werden sollen. Da es für gleichförmige Bewegung unzählig viele Geschwindigkeitswerthe giebt, von welchen nicht beliebige zufällige, sondern einer von den unzähligen mit den durch gleichförmige

Beschleunigung erlangten combinirt und auf einander bezogen werden sollen, so konnte ich keinen einfacheren Weg ersinnen als den, eine andere Grösse von gleicher Art anzunehmen. Um deutlicher mich auszudrücken, sei die Gerade *AC* (Fig. 111) senkrecht zu *CB*; *AC* sei die Höhe, *CB* die Weite (amplitudo) der Halbparabel *AB*, die durch Zusammensetzung zweier Bewegungen entsteht, deren eine in dem senkrechten Fall, von *A* aus, durch *AC*, besteht, während die andere die gleichförmige Transversalbewegung längs der Horizontalen *AD* ist. Die in *C* längs *AC* erlangte Geschwindigkeit wird durch die Länge von *AC* gemessen, denn bei gleicher Höhe wird stets ein und dieselbe Geschwindigkeit erzeugt; in der Horizontalen dagegen können unzählig viele Geschwindigkeitswerthe angenommen werden; um aus allen diesen denjenigen, den ich wähle, zu bezeichnen und wie mit dem Finger auf ihn hinweisen zu können, will ich die Senkrechte *CA* nach oben verlängern und mit der Verlängerung *AE* andeuten, dass der Körper, von *E* aus fallend, in *A* diejenige Geschwindigkeit erlangt hat, mit welcher er sich längs der Horizontalen *AD* fortbewegen soll; dieser Geschwindigkeitswerth ist ein solcher, dass in der Zeit eines Falles längs *EA* in der Horizontalen eine Strecke gleich 2 *EA* durchlaufen würde. Solches vorauszuschicken war nothwendig.

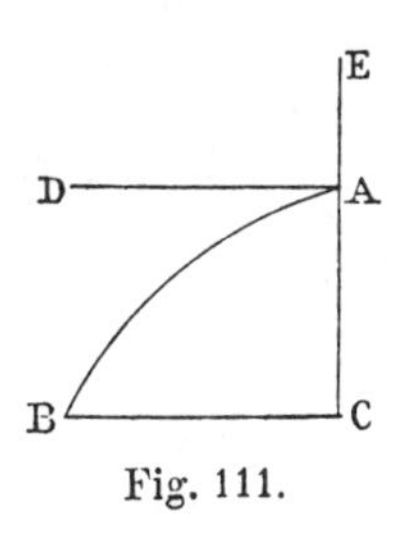

Fig. 111.

Ausserdem merke man, dass die Horizontale *CB* die Amplitude der Parabel genannt werden soll. Die Höhe *AC* derselben Parabel heisst ihre Axe.

Die Linie *EA*, durch deren Durchmessung beim Fall die horizontale Geschwindigkeit bestimmt wird, nenne ich die »Sublimität« (sublimitas).[36]

Nach diesen Erörterungen und Festsetzungen wende ich mich zu den Beweisen.

Sagr. Haltet ein, ich bitte, denn ich glaube, hier ist es am Platz, darauf hinzuweisen, wie schön der Gedanke des Autors übereinstimmt mit der Methode des *Plato*, die gleichförmigen Bewegungen beim Umlauf der himmlischen Körper zu bestimmen; er hatte von ungefähr erkannt, dass ein Körper von der Ruhe bis zu einer gewissen Geschwindigkeit, in welcher er beharren sollte, nicht gelangen könne, ohne alle die geringeren Geschwindigkeitswerthe vorher anzunehmen, er meinte, Gott habe nach der Schöpfung der himmlischen Körper, um ihnen diejenigen Geschwindigkeiten zu ertheilen, mit welchen sie gleichförmig in kreisförmigen Bahnen sich ewig fortbewegen sollten, von der Ruhe aus durch gewisse Strecken natürlich beschleunigt, sie geradlinig fortschreiten lassen, ähnlich wie wir die Körper von der Ruhe aus sich beschleunigt fortbewegen sehen. Er fügt noch hinzu, dass, nachdem der ihm wohlgefällige Geschwindigkeitswerth erlangt war, er die geradlinige in eine kreisförmige Bewegung umwandelte; diese allein sei geeignet, gleichförmig fortzubestehen, da die Umläufe statthaben ohne Entfernung oder Annäherung an ein gewisses Ende oder Ziel. Dieser Einfall ist des *Plato* würdig; und er ist um so höher zu schätzen, als beim Anblick des wirklichen Vorganges der wahre Grund, den er nicht berührt, der aber von unserem Autor aufgedeckt und in seiner wahren Gestalt mit Wegräumung alles poetischen Scheines dargestellt wird, verhüllt erscheint. Auch glaube ich, dass auf Grund der recht genauen Kenntniss der Grösse der Bahnen der Planeten, ihrer Entfernungen vom Centrum, um welches sie sich herumbewegen, sowie ihrer Geschwindigkeiten unser Autor (dem *Plato*'s Gedanke nicht unbekannt gewesen sein dürfte) recht oft versucht haben wird, eine Höhe (sublimita) zu bestimmen, von der, aus der Ruhelage, die Planeten in gewissen Strecken geradlinig und gleichförmig beschleunigt sich bewegen müssten, um alsdann, umgewandelt in gleichförmige Bewegung, die bestimmten Bahngrössen und Umlaufszeiten zu erhalten.

Salv. Ich erinnere mich des wohl, dass er mir mittheilte, er habe einmal eine Schätzung versucht und dabei gute Uebereinstimmung mit den Beobachtungen gefunden; aber er hat davon nicht weiter sprechen wollen, um bei den zahlreichen neuen Gesichtspunkten, die er aufdeckt und die vielfach Missachtung erfahren haben, nicht wiederum Funken anzufachen. Wer aber einen derartigen Wunsch hegt, kann auf Grund der Lehren der vorliegenden Abhandlung sich selbst Genüge schaffen. Kommen wir nun auf unseren Gegenstand zurück.

Probl. I. Propos. IV.

In den einzelnen Punkten einer gegebenen Wurfparabel die Geschwindigkeiten zu bestimmen.

Es sei BEC (Fig. 112) die Halbparabel, deren Amplitude CD, Höhe DB, welch letztere nach oben verlängert der Parabeltangente CA in A begegne, und es werde durch den

Scheitel B die Gerade BJ parallel dem Horizonte und CD gezogen. Wenn die Amplitude CD gleich ist der Gesammthöhe DA, so wird auch BJ gleich BA und gleich BD sein. Wenn ferner die Fallzeit für AB, von A aus, und auch die in B erlangte Geschwindigkeit mit AB bemessen wird, so wird DC (welches gleich $2BJ$ ist) die Strecke sein, die durch den längs AB ertheilten Impuls nach Ablenkung in die Horizontale, in gleicher Zeit in dieser letzteren durchlaufen wird. Aber in eben dieser Zeit wird BD, von B aus, zurückgelegt, folglich wird der von A aus durch AB gefallene Körper in gleicher Zeit in der Horizontalen eine Strecke gleich DC durcheilen. Hierzu gesellt sich die durch freien Fall zurückgelegte Höhe BD, und es wird die Parabel BC beschrieben. Im Endpunkte C ist die Bewegung zusammengesetzt aus dem gleichförmigen transversalen Momente AB und aus dem beim Fall durch BD in D oder C erzeugten, welche beide Momente einander gleich sind. Wenn nun AB das Maass des einen, nämlich des gleichförmig transversalen ist, so wird BJ, welches gleich BD ist, das Maass des anderen in D oder C erlangten sein. Mithin ist die Gerade JA die Grösse des aus beiden zusammengesetzten Momentes; folglich wird diese auch das Maass der ganzen Geschwindigkeit sein, die der geworfene Körper in C erlangt nach der Bewegung durch BC. Nimmt man nun in der Parabel einen beliebigen Punkt E an, so wird zur Bestimmung der Geschwindigkeit eine Horizontale EF gezogen und BG als mittlere Proportionale zu BD, BF construirt. Da AB oder BD Fallzeit und Geschwindigkeitsmaass sind für BD von B aus, so wird BG Fallzeit und Geschwindigkeit für BF, von B aus, sein. Macht man nun BO gleich BG, so wird die Verbindungslinie und Diagonale AO die Geschwindigkeit im Punkte E sein, denn AB ist als bestimmendes Zeitmaass angenommen, und die Geschwindigkeit in B wird nach der Ablenkung in die Horizontale sich weiterhin gleich bleiben, BO dagegen misst die Geschwindigkeit in F oder E, von B aus, nach dem Falle längs BF. AB und BO werden aber durch AO dargestellt, was verlangt war.

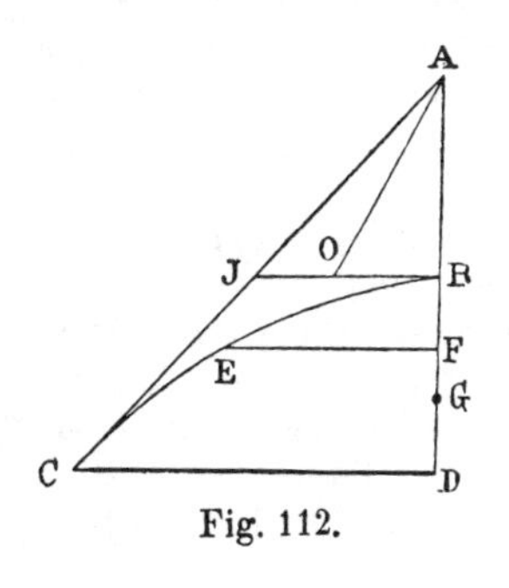

Fig. 112.

Sagr. Die Zusammensetzung verschiedener Impulse und

ihrer Werthe, und die Betrachtung des Resultates dieser Vereinigung ist mir derart neu, dass ich in nicht geringem Grade verwirrt bin. Ich rede nicht von der Zusammensetzung zweier gleichförmiger Bewegungen, selbst wenn sie von einander verschieden sind, da ich aus beiden stets eine Resultirende construiren kann; mich verwirrt nur die Zusammensetzung einer gleichförmigen horizontalen und einer beschleunigten senkrechten Bewegung. Daher bitte ich, die Frage etwas gründlicher zu behandeln.

Simpl. Ich bedarf dessen meinerseits um so mehr, als ich noch nicht ganz in dem Grade überzeugt bin, wie solches zur Begründung alles Uebrigen, zur Erkenntniss fundamentaler Sätze nöthig erscheint. Ja ich will bekennen, dass selbst bei der Zusammensetzung zweier gleichförmiger Bewegungen, einer horizontalen und einer verticalen, ich jene Resultante besser verstehen möchte. Herr *Salviati* wird unsere Bedenken jetzt würdigen.

Salv. Euere Bedenken sind verständig, und da ich längere Zeit über dieselben nachgedacht habe, will ich versuchen, Euch dem Verständniss näher zu führen. Indess müsst Ihr gestatten, dass ich dabei auf die bisher behandelten Fragen mehrfach zurückkomme.

Ob nun die Geschwindigkeiten gleichförmige oder durch Beschleunigung entstandene seien, wir müssen stets zunächst ein Maass festsetzen, nach welchem sowohl jene Geschwindigkeiten, wie die Zeiten ausgedrückt werden. In Betreff des Zeitmaasses sind bekanntlich Stunden, Minuten und Secunden angenommen worden.[37]) Ebenso wie für die Zeit müssen wir für die Geschwindigkeiten ein allgemein verständliches und angenommenes Maass haben, d. h. es muss fast überall dasselbe sein. Zu solchem Zweck hat der Autor die Beschleunigung freifallender Körper zu Grunde gelegt, weil überall auf der Erde die Geschwindigkeiten in gleicher Weise wachsen. Welche Geschwindigkeit z. B. ein einpfündiger Bleistab bei senkrechtem Falle aus gewisser Höhe von der Ruhe aus erlangt, ebendenselben Werth wird man stets und überall erhalten, daher ist diese Erscheinung sehr geeignet, die Grösse des Impulses beim Fall darzustellen. Es erübrigt alsdann noch, eine Methode zu ersinnen, um auch die gleichförmige Geschwindigkeit so auszudrücken, dass ein jeder Andere sich denselben Werth vorstellen kann; so dass nicht etwa der Eine einen grösseren, der Andere einen kleineren sich denke, und dass auch bei der Zusammensetzung der gleichförmigen und beschleunigten Bewegung von verschiedenen Personen dieselben Impulse vorgestellt werden. Zu diesem Zwecke ersann unser Autor das geeignetste Mittel, indem er auf die natürlich beschleunigte Bewegung zurückging, durch welche jedwedes Moment erzeugt werden kann, welches, wenn die Bewegung in geeigneter Weise umgewandelt wird, den Werth beibehält, so zwar, dass in gleicher Zeit, wie der Fall durch eine gegebene Strecke, der doppelte Weg zurückgelegt wird. Da dieses der Hauptpunkt in der behandelten Frage ist, so wird es nützlich sein, ein bestimmtes Beispiel zu erläutern. Wenn wir uns die Geschwindigkeit durch den Fallraum von einer Elle darstellen, und nun andere Geschwindigkeiten oder Widerstände ausdrücken wollen, und wenn z. B. die Fallzeit vier Secunden betragen hatte, so dürfen wir nicht, um die Geschwindigkeit bei grösserer oder kleinerer Fallhöhe anzugeben, das Verhältniss dieser letzteren Strecke zum Fall durch eine Elle als Maass des Impulses im zweiten Falle ansehen, in der Meinung, dass z. B. bei vierfacher Fallhöhe die vierfache Geschwindigkeit erzeugt sei; denn dieses wäre falsch. Es wächst ja die Geschwindigkeit nicht proportional der Fallstrecke bei beschleunigter Bewegung, sondern proportional der Fallzeit, und proportional dem Quadrate der letzteren wachsen die Fallstrecken, wie schon erwiesen ward. Wenn wir andererseits in einer geraden Linie eine gewisse Strecke als Maass der Geschwindigkeit angenommen hätten, und ebenso als Maass der Zeit und des in derselben durchlaufenen Weges (welche drei Grössen häufig der Einfachheit wegen durch ein und dieselbe Grösse dargestellt werden), so würden wir, um Zeit und Geschwindigkeit zu bestimmen, die derselbe Körper bei anderer Strecke erlangt hätte, nicht unmittelbar diese letztere als Maass ansehen, sondern die mittlere Proportionale aus den beiden Strecken. Nehmen wir ein Beispiel vor. In der Senkrechten AC (Fig. 113) falle ein Körper natürlich beschleunigt längs AB: die Fallzeit können wir durch irgendwelche Strecke darstellen; der Kürze wegen wählen wir AB selbst; ebenso drücke ich die erlangte Geschwindigkeit durch dasselbe AB aus, sodass für alle zu betrachtenden Weglängen AB das Maass sei. Halten wir fest, dass nach unserer willkürlichen Annahme die eine Linie AB drei ganz verschieden geartete Grössen misst, nämlich Strecken, Zeiten und Impulse, und soll nun bestimmt werden die Fallzeit von A bis C für die bestimmte

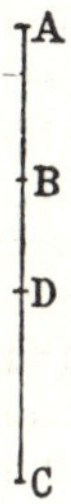

A
B
D
C

Fig. 113.

Fallstrecke AC im Verhältniss zu der Fallzeit und zum Impulse längs AB, so wird beides gefunden, indem man AD als mittlere Proportionale zu AC, AB bildet; d. h. es würden die Fallzeiten durch AC und AB sich verhalten, wie die Linien AD, AB und die in C und B erlangten Impulse werden sich ebenso wie AD zu AB verhalten, da die Geschwindigkeiten in demselben Verhältniss zunehmen, wie die Fallzeiten, eine Behauptung, die dem dritten Theorem zu Grunde gelegt ward.

Was nun die Zusammensetzung betrifft, so hatten wir zuerst eine horizontale und eine senkrechte gleichförmige Bewegung, alsdann eine horizontal gleichförmige und eine vertical beschleunigte. Wenn beide gleichförmig sind, so kommt die Bewegung in der Diagonale zu Stande; wenn z. B. der Körper längs der Senkrechten AB (Fig. 109) 3 Geschwindigkeitsgrade besässe, dagegen senkrecht von B nach C hin 4 Grade, so wird bei der Zusammensetzung der Körper von A nach C gelangen längs der Diagonale AC, die nicht etwa gleich 7, d. h. der Summe von 3 und 4 ist, sondern gleich 5, welches »in der Potenz« gleich 3 und 4 ist; denn bildet man die Quadrate von 3 und von 4, welche 9 und 16 betragen, so geben diese 25 als Quadrat von AC, welches gleich ist den Quadraten von AB und BC zusammen, und AC ist so gross wie die Seite eines Quadrates von 25, also die Wurzel daraus, mithin 5. Man halte also als sichere Regel fest, dass bei der Zusammensetzung einer horizontalen und einer verticalen Bewegung, die beide gleichförmig sind, man aus beiden zwei Quadrate zu bilden und dieselben zu summiren, danach aber die Wurzel auszuziehen hat, welche den Werth der zusammengesetzten Bewegung ausdrückt. Wie in unserem Beispiel würde ein Körper, der mit 3 Grad senkrecht und mit 4 Grad horizontal gestossen würde, von beiden Stössen zugleich getroffen sich bewegen, als habe er einen Stoss von 5 Grad erhalten. Und diesen selben Werth hätte der Körper an allen Punkten der Diagonale AC, solange die Impulse weder wachsen noch abnehmen.

Bei Zusammensetzung einer horizontal gleichförmigen und einer vertical beschleunigten Bewegung, wird die Diagonale, oder die durch beide Bewegungen entstandene Bahn keine gerade Linie sein, sondern eine Halbparabel, wie bewiesen war; denn der Impuls wächst beständig, dank der senkrechten Beschleunigung. Um die Geschwindigkeit in dieser parabolischen Diagonale zu bestimmen, muss zuerst der Werth der gleichförmig horizontalen ermittelt werden, und dann der Impuls des

Körpers im bezeichneten Punkte: solches kann nicht geschehen ohne Kenntniss der Fallzeit vor der Zusammensetzung der beiden Bewegungen; eine solche Beachtung der Zeit war bei der Behandlung zweier gleichförmiger Bewegungen nicht nöthig: hier dagegen, wo die eine Geschwindigkeit vom äussersten Grade von Langsamkeit an beständig proportional der Zeit anwächst, hier muss die Zeit den Grad erlangter Geschwindigkeit anzeigen: schliesslich ist alsdann »in der Potenz« die wahre Geschwindigkeit gleich der der beiden Componenten. Auch hier nehmen wir lieber ein bestimmtes Beispiel: Senkrecht zum Horizonte, in AC (Fig. 114) sei die Fallstrecke AB angenommen, und AB sei zugleich die Fallzeit von A bis B, sowie endlich auch das Maass für den in B erlangten Impuls. Zunächst ist klar, dass, wenn nach dem Fall durch AB der Körper nach BD horizontal abgelenkt wird, er in gleicher Zeit AB eine Strecke gleich $2AB$ durchlaufen würde; so lang mache man BD. Ferner schneide man BC gleich BA ab, ziehe die Gerade CE parallel und gleich BD, und construire darauf durch die Punkte BE die Parabel BEJ. Da nun in der Zeit AB mit der Geschwindigkeit AB die Horizontale BD oder CE, gleich $2AB$, und in derselben Zeit die Senkrechte BC durchlaufen und in C ein Impuls erzeugt wird, der gleich ist dem horizontalen, so wird der Körper in der Zeit AB durch die Parabel von B nach E gelangt sein mit einem Impulse, der aus jenen beiden, deren jeder gleich AB ist, zusammengesetzt ist. Da der eine horizontal, der andere vertical ist, so wird die Diagonale »in der Potenz« jenen beiden gleich sein, mithin (»in der Potenz«) gleich dem Doppelten einer jeden von ihnen.[38]) Es sei nun BF gleich BA; ferner ziehe man die Diagonale AF; der Impuls in E wird grösser sein als der in B, nach dem Fall durch AB, d. h. als die Geschwindigkeit BD im Verhältniss von AF zu AB. Wenn aber stets BA für die Strecke AB Strecke, Zeit und Impuls misst, so ist die Strecke BO nicht gleich, sondern grösser als AB; man mache BG als mittlere Proportionale zu AB, BO, alsdann wird BG Zeit und Geschwindigkeit in O, nach

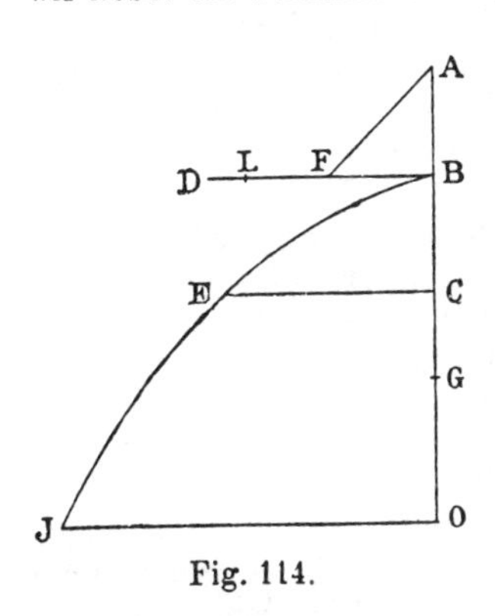

Fig. 114.

dem Falle durch *BO*, angeben; die horizontale Strecke mit dem Impulse *AB* nach der Fallzeit *AB* wäre gleich 2*AB*, und sie wird nach der ganzen Zeit *BG* um so viel grösser sein, als *BG* grösser ist als *BA*. Macht man nun *LB* gleich *BG* und zieht die Diagonale *AL*, so haben wir den zusammengesetzten Impuls aus den beiden, deren einer gleichförmig horizontal längs *AB*, der andere in *O*, oder in *J* durch senkrechten Fall durch *BO* in der Zeit *BG* erlangt wurde, während auch das Moment gleich *BG* war. Aehnlich findet man den Impuls am äussersten Ende der Parabel, wenn die Höhe der letzteren kleiner als die Sublimität *AB* wäre, indem stets zu beiden die mittlere Proportionale construirt würde; diese letztere wäre, statt *BF*, horizontal aufzutragen, und dann wiederum eine Diagonale *AF* zu ziehen, um den Impuls am Ende der Parabel zu erhalten.

Zu der bisher betrachteten Methode, die Impulse, Stösse oder Erschütterungen zu betrachten, müssen wir eine andere bemerkenswerthe Betrachtung anschliessen, sofern nämlich, um die Kraft eines Geschosses und seine Energie (energia) zu bestimmen, es nicht genügt, seine Geschwindigkeit zu beachten, es muss ausserdem der Zustand des Getroffenen und die Bedingungen, unter welchen der Stoss erfolgt, berücksichtigt werden; in mehrfacher Hinsicht ist solches für die Wirksamkeit von grossem Interesse. Jedermann sieht ein, dass der gestossene Körper so viel vom Stossenden beeinflusst wird, als er dem Stoss sich widersetzt und demselben entgegenwirkt, ihn ganz oder theilweise aufhebend, und zwar: es wird der Schlag, wenn er einen Gegenstand trifft, der ohne Widerstand der Geschwindigkeit des Stossenden weicht, nichts hervorrufen. Wer da läuft, um mit seiner Lanze den Feind zu treffen, und einen mit gleicher Geschwindigkeit Fliehenden erreicht, der wird ihn nicht verwunden, sondern ohne Verletzung ihn nur berühren.

Wenn aber der Stoss einen Gegenstand trifft, der nicht dem Stossenden ganz und gar weicht, sondern nur zum Theil, so wird der Stoss Schaden zufügen, aber nicht mit seinem vollen Impulse, sondern nur mit dem Ueberschuss der Geschwindigkeiten des stossenden und des gestossenen Körpers: so dass, wenn der stossende Körper mit 10 Grad Geschwindigkeit den anderen trifft, welch letzterer mit 4 Grad ausweicht, der Stoss 6 Grad betragen wird.

Endlich aber wird der Stoss ein vollkommener und allergrösster sein, in Hinsicht auf den stossenden Körper, wenn der gestossene gar nicht ausweicht, sondern vollständig widersteht und die Gesammtbewegung jenes aufhebt, wenn solches überhaupt vorkommen kann. Ich sagte in Hinsicht auf den stossenden Körper, weil, wenn der Stoss in entgegengesetzter Richtung den letzteren träfe, der Schlag und die Begegnung um so viel heftiger wären, als die beiden entgegengesetzten Geschwindigkeiten vereinigt grösser sind, als die des stossenden allein. Ausserdem muss beachtet werden, dass das stärkere oder schwächere Ausweichen nicht nur von der geringeren oder grösseren Härte der Materie abhängen wird, je nachdem Eisen, Blei oder Wolle etc. getroffen wird, sondern auch von der Lage des Körpers, der den Stoss empfängt; wird er senkrecht getroffen, so wirkt der Stoss am kräftigsten; beim schiefen Stoss wird der Schlag schwächer sein, und das zwar um so mehr, je grösser die Neigung, denn bei solcher Lage des Körpers, mag derselbe noch so hart sein, kann nie der ganze Stoss wirken. Der stossende Körper läuft weiter, indem er wenigstens zum Theil seine Bewegung über die Oberfläche des gestossenen fortsetzt. Wenn also oben von der Impulsgrösse am Ende der Parabel geredet wurde, so muss stets der senkrecht wirkende Stoss gedacht werden, also senkrecht zur Wurflinie oder zu deren Tangente am betrachteten Punkte: denn wenn dieser Impuls oder diese Bewegung aus einer horizontalen und einer senkrechten zusammengesetzt ist, so wird der Stoss doch weder gegen eine verticale, noch gegen eine horizontale Ebene ihre maximale Wirkung ausüben, da gegen beide ein schiefer Stoss erhalten würde.

Sagr. Das Nachdenken über diese Stösse erinnert mich an ein Problem, oder besser an eine Frage der Mechanik, deren Beantwortung ich bei keinem Schriftsteller gefunden habe, ja nicht einmal eine Andeutung, die mich, wenn auch nur zum Theil, befriedigte. Mein Erstaunen bezieht sich darauf, woher die Energie und die ungeheuere Kraft stammen und wovon sie abhängen könne, die man beim Stosse auftreten sieht, wenn mit einem einfachen Hammerschlage von nur 8 oder 10 Pfund Gewicht wir solche Widerstände überwinden, die keinem ohne Stoss wirkenden und blos drückenden Gewicht nachgeben würden, wenn letzteres auch viele hundert Pfund schwer wäre. Ich würde gern ein Mittel kennen, solche Stosskraft zu messen, da ich sie nicht für unendlich gross halte, sondern für eine solche, die einen bestimmten Werth hat, der sehr wohl mit anderen Druck-, Hebel-, Schrauben- oder anderen Kräften verglichen und gemessen werden darf, da letztere nach Belieben vergrössert werden können.

Salv. Sie, mein Herr, sind es nicht allein, der diese Wirkung bewundert und über die Ursache einer solch erstaunlichen Erscheinung im Unklaren sich befindet. Ich habe einige Zeit darüber nachgedacht, meine Verwirrung aber nahm zu, bis ich endlich, bei einer Begegnung mit unserem Akademiker, doppelt getröstet ward: erstlich erfuhr ich, dass auch er lange Zeit dieselbe Dunkelheit empfunden hatte, dann aber sagte er mir, dass er nach einem Opfer von vielen Tausend Stunden seines Lebens durch Nachsinnen und Forschen Einiges erkannt habe, was weit sich von unseren unmittelbaren Vorstellungen entfernt, und was er fand, war neu und wegen der Neuheit merkwürdig. Da ich nunmehr weiss, dass Sie, mein Herr, gern diese Gedanken, die weit von herrschenden Ansichten abliegen, kennen lernen würden, werde ich Eurem Anliegen jetzt zwar nicht nachkommen, aber ich verspreche Euch, nachdem wir die vorliegende Abhandlung beendet haben werden, alle jene Gedankenflüge, oder sagen wir jene Wunderlichkeiten, zu erklären, so weit ich sie aus den Unterredungen mit dem Akademiker im Gedächtniss behalten habe. Einstweilen aber folgen wir unserem Autor.

Probl. II. Propos. V.

»In der verlängerten Axe einer gegebenen Parabel den höchsten Punkt zu bestimmen, von dem aus ein fallender Körper diese Parabel beschreibt.«

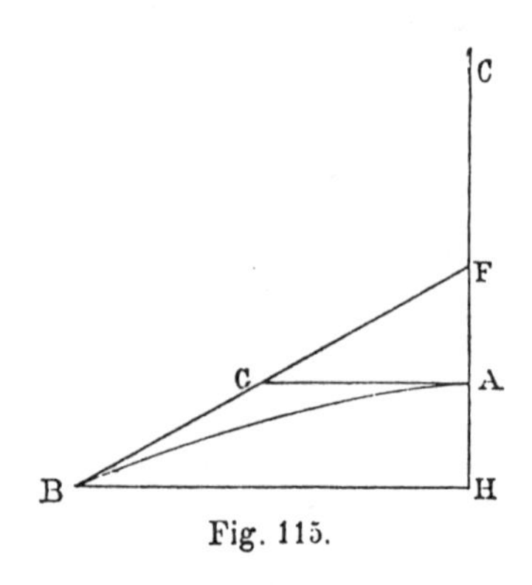

Fig. 115.

Die Parabel AB (Fig. 115) sei gegeben mit der Amplitude HB. Auf der verlängerten Axe HC soll die »Sublimität« bestimmt werden, d. h. der Punkt, von dem aus ein Körper bis A fallend und in die Horizontale abgelenkt mit einer solchen Geschwindigkeit sich bewegen muss, dass er die Parabel AB beschreibt. Man ziehe die Horizontale AG parallel BH, mache AF gleich AH, ziehe die Gerade FB, welche die Parabel in B berühren und die Horizontale AG in G schneiden wird. Man construire zu FA, AG die dritte Proportionale AC.

$$(FA : AG = AG : AC)$$

Ich behaupte, C sei der geforderte Punkt, von dem aus ein Körper fallen und mit dem in A erlangten Impulse horizontal sich fortbewegen muss, um, wenn die verticale Bewegung, von A an nach H, hinzukommt, die Parabel AB zu durchlaufen. Denn wenn CA die Fallzeit für CA und zugleich die in A erlangte Geschwindigkeit ist, so wird AG (die mittlere Proportionale zu CA, AF) Fallzeit und Geschwindigkeit für FA, von F aus, oder von A bis H, sein. Da nun mit horizontaler Geschwindigkeit eine Strecke gleich $2\,CA$ zurückgelegt wird und der Körper in gleicher Zeit AG die Strecke $2\,GA$ durchläuft, welches gleich BH ist (da bei gleichförmiger Bewegung die Strecken den Zeiten proportional sind), und da in der verticalen Richtung in derselben Zeit AG die Strecke AH durchmessen wird, so muss der Körper in ebenderselben Zeit die Amplitude HB und die Höhe AH durchlaufen. Mithin wird die Parabel von der »Sublimität« C aus beschrieben, was gefordert war.[39]

Zusatz.

Hieraus folgt, dass die halbe Basis oder die halbe Amplitude der Halbparabel (welche gleich ist dem vierten Theile der Amplitude der ganzen Parabel), die mittlere Proportionale sei zur Höhe und zur Sublimität.[40]

Probl. III. Propos. VI.

»Wenn Sublimität und Höhe einer Halbparabel gegeben sind, so soll ihre Amplitude gefunden werden.«

Zur Horizontalen DC (Fig. 116) sei die Gerade AC senkrecht; die Höhe CB sei gegeben, sowie die Sublimität BA. Es soll in der Horizontalen CD die Amplitude derjenigen Halbparabel bestimmt werden, die von der Sublimität BA, bei der Höhe BC, beschrieben wird. Man construire die mittlere

Proportionale zu CB, BA, und nehme doppelt so gross CD an. Ich behaupte, CD sei die geforderte Amplitude. Der Beweis folgt aus dem Vorhergehenden.

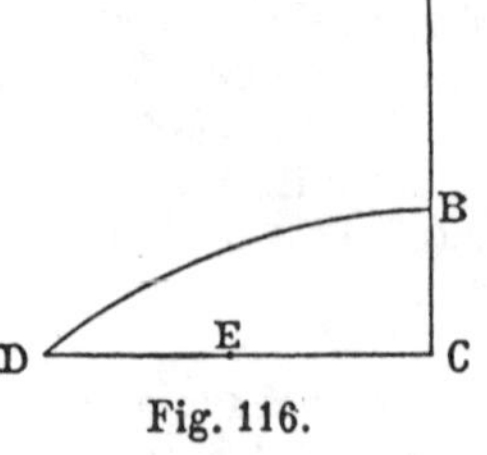

Fig. 116.

Theorem IV. Propos. VII.

»Von Körpern, die Halbparabeln gleicher Amplitude beschreiben, wird derjenige, der eine Parabel durchläuft, deren Amplitude gleich der doppelten Höhe ist, einen geringeren Impuls haben, als irgend ein anderer der genannten Körper.«

Bei der Halbparabel BD (Fig. 117) sei die Amplitude CD das Doppelte der Höhe CB, und man mache auf der nach oben verlängerten Axe BA gleich der Höhe BC: man ziehe AD, welches die Parabel in D berühren und die Horizontale BE in E schneiden wird, alsdann wird BE gleich BC oder gleich

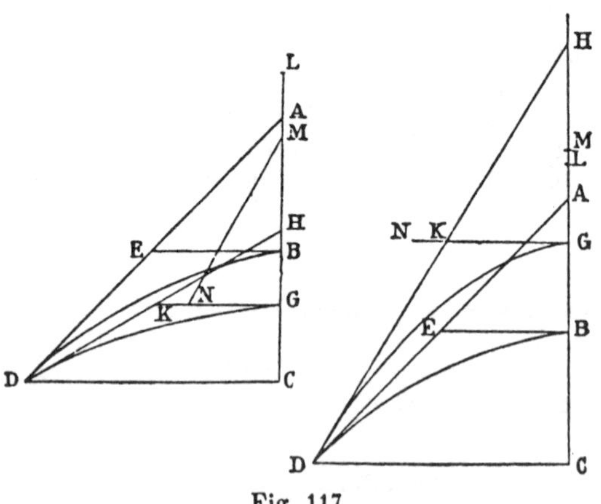

Fig. 117.

BA sein. Nun ist bekannt, dass die Parabel von einem Körper durchlaufen wird, dessen gleichförmig horizontale Bewegung aus dem Fall durch AB hervorgerufen ist, während er beschleunigt in C, von B aus, anlangt. Daher wird der zusammengesetzte Impuls in D gleich der Diagonale AE sein, »in der Potenz« gleich jenen beiden. Es sei nun GD irgend eine andere

Halbparabel mit derselben Amplitude CD, aber mit der Höhe CG, welche kleiner oder grösser sei als BC; dieselbe werde von HD berührt, welche die durch G gezogene Horizontale in K schneide; und wie HG zu GK, so verhalte sich KG zu GL. Nach dem Vorhergehenden wird von der Höhe GL aus die Halbparabel GD beschrieben. Zu AB, GL sei die mittlere Proportionale GM, alsdann wird GM Zeit und Impuls in G, von L aus, messen (denn AB ist als Maass der Zeit und der Geschwindigkeit angenommen). Es sei ferner zu BC, CG die mittlere Proportionale gleich GN, so ist dieses Fallzeit und Impuls in C, von G aus. Ziehen wir MN, so ist dieses der Impuls für die Halbparabel BD im Punkte D. Ich behaupte, MN sei grösser als AE. Denn GN war die mittlere Proportionale zu BC, CG, und da BC gleich BE oder GK ist (denn beide sind die Hälfte von DC), so ist CG zu GN wie NG zu GK, und wie CG oder HG zu GK, so verhalten sich die Quadrate von NG und GK; wie aber HG zu GK, so ist KG zu GL construirt worden, also verhalten sich die Quadrate von NG und GK wie KG zu GL; aber wie KG zu GL, so verhalten sich die Quadrate von KG und GM (da GM die mittlere Proportionale zu KG, GL), folglich sind die drei Quadrate NG, GK, GM einander folgweise proportional (NG zu GK wie GK zu GM). Das Quadrat aus der Summe der äusseren Glieder, welches gleich dem Quadrate von NM ist, wird grösser als das Doppelte vom Quadrate KG sein, d. h. als das Doppelte vom Quadrat von AE: also ist das Quadrat von MN grösser als das Quadrat von AE, mithin die Linie MN grösser als EA, w. z. b. w.[41])

Zusatz.

»Es ist aus dem Vorhergehenden klar, dass umgekehrt der Impuls in D für den Lauf durch die Halbparabel DB kleiner sei, als der für irgend eine andere von grösserer oder geringerer Höhe als eben die Halbparabel DB, deren Tangente einen halben rechten Winkel bildet mit dem Horizonte. Hieraus folgt, dass, wenn bei verschiedenen Neigungen vom Punkte D aus Körper geworfen werden, man den weitesten Wurf oder die grösste Amplitude der halben oder ganzen Parabel erhalten wird bei einer Neigung von einem halben Rechten. Die bei geringerer oder grösserer Neigung erzielten Weiten werden kleiner ausfallen.«

Sagr. Erstaunlich und entzückend ist die Macht zwingender Beweise, und so sind die mathematischen allein geartet. Ich kannte schon nach Aussage der Bombenwerfer die Thatsache, dass von allen Kanonen- oder Mörserschüssen die unter einem halben Rechten abgeschossene Kugel am weitesten fliege; sie nennen es den sechsten Punkt des Winkelmaasses. Aber das Verständniss des inneren Zusammenhanges wiegt unendlich viel mehr, als die einfache Versicherung Anderer, und selbst mehr als der häufig wiederholte Versuch.

Salv. Ihre Bemerkung ist sehr wahr: die Erkenntniss einer einzigen Thatsache nach ihren Ursachen eröffnet uns das Verständniss anderer Erscheinungen, ohne Zurückgreifen auf die Erfahrung; so ist es gerade auch im vorliegenden Falle, wo wir durch Ueberlegung uns die Gewissheit verschafft haben, dass der weiteste Wurf unter einem halben Rechten erzielt werde; in Folge beweist uns der Autor etwas, was durch das Experiment vielleicht nicht beobachtet worden ist; dass nämlich andere Schüsse gleich weit tragen, wenn die Neigungen gleich viel unter oder über einem halben Rechten betragen: so dass Kugeln, deren eine unter dem 7., die andere unter dem 5. Punkte abgeschossen werden, die gleiche Wurfweite im Horizonte haben, und ebenso die unter 8 und unter Punkt 4, 9 und 3 etc. Hier folgt der Beweis:

Theorem V. Propos. VIII.

»Die Parabelamplituden oder Wurfweiten von Körpern, die bei gleichen Impulsen unter Neigungswinkeln abgesandt werden, die gleich viel vom selben Rechten abweichen, sind einander gleich.«

Im rechtwinkligen Dreieck MCB (Fig. 118) sei die Horizontale BC gleich der Verticalen CM, so dass der Winkel MBC ein halber Rechter ist; man verlängere CM bis D und trage oberhalb und unterhalb der Diagonale MB bei B zwei einander gleiche Winkel MBE, MBD ab. Es soll bewiesen werden, dass die unter den Winkeln EBC, DBC

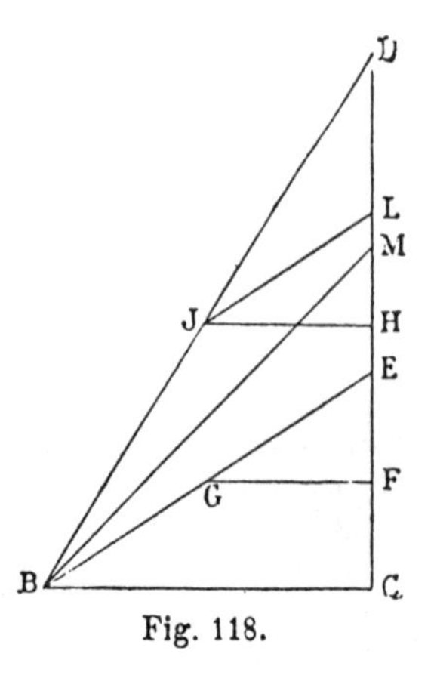

Fig. 118.

mit gleichen Impulsen abgeschossenen Körper Parabeln mit gleichen Amplituden beschreiben. Es ist der Aussenwinkel BMC gleich den inneren MDB, DBM, denen auch MBC gleichkommt. Nehmen wir statt DBM den Winkel MBE, so wird auch MBC den MBE, BDC gleich sein; nach Abzug des gemeinsamen MBE bleibt der Rest BDC gleich dem Reste EBC. Mithin sind DCB und BCE einander ähnlich. Man halbire die Geraden DC und EC in H und in F, ziehe HJ, FG parallel der Horizontalen CB, und construire, wie DH zu HJ, so JH zu HL; alsdann wird das Dreieck JHL dem JHD ähnlich sein, welch letzteres wiederum EGF ähnlich ist. Da nun JH gleich GF (da beide gleich $\frac{1}{2} BC$), so ist FE d. h. FC gleich HL; fügt man beiden FH hinzu, so wird CH gleich FL. Denken wir uns die Halbparabel durch H und B, mit der Höhe HC, und der Sublimität HL, so wird die Amplitude CB sein, welches gleich $2 HJ$ ist, während HJ die mittlere Proportionale zu DH oder CH und HL ist; die Halbparabel wird von DB berührt, da CH und HD einander gleich sind. Wird andererseits die Halbparabel durch FB beschrieben mit der Sublimität FL und der Höhe FC, deren mittlere Proportionale FG gleich $\frac{1}{2} CB$ ist, so ist wiederum CB die Amplitude: die Parabel wird von EB berührt, da EF, FC einander gleich sind. Da nun DBC, EBC (die Wurfsteigungen) gleich weit vom halben Rechten abstehen, so ist der Satz bewiesen.[42])

Theorem VI. Propos. IX.

»Die Amplituden zweier Parabeln sind einander gleich, wenn die Höhen und Sublimitäten einander umgekehrt proportional sind.«

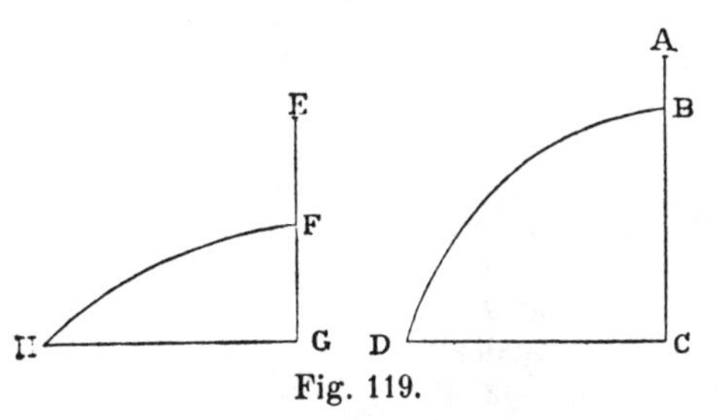

Fig. 119.

Die Höhe der Parabel FH (Fig. 119), nämlich GF, verhalte sich zur Höhe CB der Parabel BD, wie die Sublimität BA der letzteren zur Sublimität FE der ersteren. Ich behaupte, die Amplituden HG, DC seien einander gleich. Da nämlich GF

zu CB wie BA zu FE, so ist das Rechteck aus den äusseren Gliedern GF, FE gleich dem aus den inneren CB, BA; mithin sind die diesen Rechtecken gleichen Quadrate einander gleich; aber dem Rechteck GF, FE ist das Quadrat von $\frac{1}{2}GH$ gleich, und dem Rechteck CB, BA das Quadrat von $\frac{1}{2}CD$, mithin sind sowohl diese Quadrate als ihre Seiten, als auch das Doppelte dieser Seiten einander gleich. Letzteres aber sind die Amplituden GH, CD, w. z. b. w.[45])

Hülfssatz.

Wird eine gerade Linie irgendwo getheilt, so ist die Summe der Quadrate aus den mittleren Proportionalen zur ganzen Linie und jedem der beiden Theile gleich dem Quadrate der ganzen Linie.

Es sei AD (Fig. 120) in C getheilt. Ich behaupte, die Quadrate der mittleren Proportionalen zu AD und AC sammt der zu AD, CD sei gleich dem Quadrate von AD. Beschreibt man nämlich einen Halbkreis über AD als Durchmesser, errichtet in C eine Senkrechte CB und verbindet B mit A und D, so ist BA die mittlere Proportionale zu DA, AC und DB diejenige zu AD, DC; da nun die Summe der Quadrate von BA, DB gleich ist dem Quadrate von AD (da ABD ein Rechter ist), so folgt der Satz.

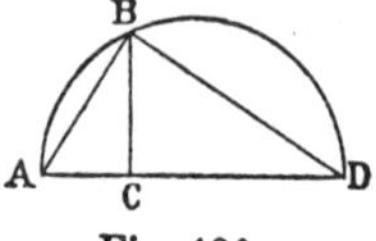

Fig. 120.

Theorem VII. Propos. X.

»Der Impuls in einem Endpunkte einer Halbparabel ist gleich der durch freien senkrechten, längs Sublimität und Höhe beschleunigten Fall erzeugten Geschwindigkeit.«

Es sei AB (Fig. 121) eine Halbparabel mit der Sublimität DA und Höhe AC, die beide zusammen die Senkrechte DC bilden. Ich behaupte, der Impuls in B sei gleich dem eines frei von D bis C fallenden Körpers in C. Es sei DC die Fallzeit und Geschwindigkeit des letzteren. Man mache CF gleich der

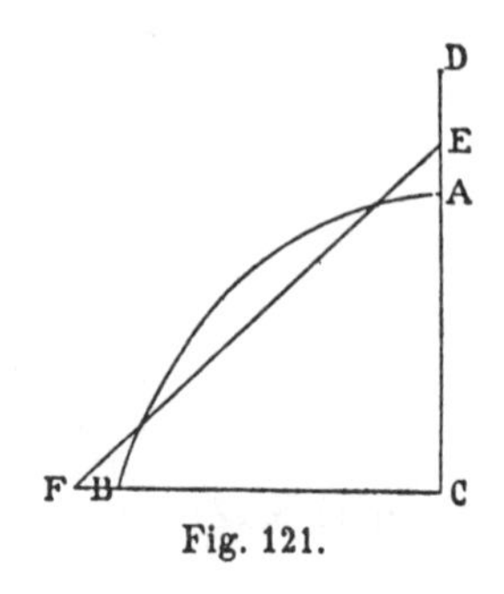

Fig. 121.

mittleren Proportionale zu CD, DA. Es sei ferner CE die mittlere Proportionale zu DC, CA; alsdann ist CF Fallzeit und Geschwindigkeit längs DA von D aus und CE dasselbe für AC von A aus und die Diagonale EF ist das aus jenen zusammengesetzte Moment, mithin das von B in der Halbparabel. Da nun DC in A getheilt ist, und da CF und CE die mittleren Proportionalen sind zu CD, DA sowie CD, AC, so wird die Summe der Quadrate von CF, CE gleich sein dem Quadrate von der ganzen Strecke CD (nach dem vorigen Hülfssatze . Aber diese Summe ist auch gleich dem Quadrate von EF, mithin ist EF gleich DC, folglich sind die Momente in B und in C einander gleich, w. z. b. w.[44])

Zusatz.

Daraus folgt, dass die Impulse aller Halbparabeln mit gleicher Summe von Sublimität und Höhe einander gleich sind.

Probl. II. Propos. XI.

»Bei gegebener Geschwindigkeit und Amplitude einer Halbparabel ihre Höhe zu construiren.«

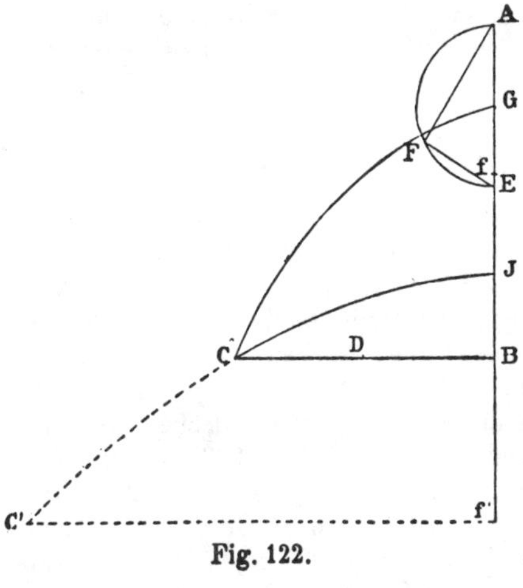

Der gegebene Impuls sei durch die Länge der Senkrechten AB (Fig. 122) definirt, die gegebene Amplitude sei BC. Es soll die Sublimität der Halbparabel gefunden werden, deren Impuls bei B gleich AB sei, während ihre Amplitude BC beträgt. Aus Früherem folgt, dass $\frac{1}{2}BC$ die mittlere Proportionale zu Höhe und Sublimität sei ebenderselben Halbparabel, deren Impuls nach dem Vorhergehenden gleich dem eines durch AB von A aus fallenden Körpers sei. Folglich

Fig. 122.

muss BA so getheilt werden, dass das Rechteck aus seinen Theilen gleich sei dem Quadrate von BD, gleich $\frac{1}{2}BC$. Hieraus folgt, dass BD nicht grösser als $\frac{1}{2}BA$ sein kann, denn das von den Theilen gebildete Rechteck ist, wenn letztere einander gleich sind, am grössten. Man halbire BA in E. Sollte nun BD gleich BE sein, so wäre die Aufgabe gelöst und die Höhe wäre BE, die Sublimität EA (und zugleich erkennt man, dass die Amplitude einer unter einem halben Rechten ansteigenden Parabel die grösste von allen mit gleichen Impulsen erzeugten sei). Es sei aber BD kleiner als $\frac{1}{2}AB$, während AB so abzutheilen ist, dass das Rechteck aus den Abschnitten gleich dem Quadrat von BD sei. Man beschreibe über EA einen Halbkreis, in dem AF gleich BD angesetzt werde, ziehe FE und schneide EG gleich EF ab. Das Rechteck BG, GA mit dem Quadrate von EG zusammen wird gleich sein dem Quadrate von EA, dem auch die Summe der beiden Quadrate von AF, FE gleich sein wird. Nimmt man die Quadrate von GE, FE fort (die beide einander gleich sind), so bleibt das Rechteck BG, GA gleich dem Quadrate von AF oder von BD, und BD ist die mittlere Proportionale zu BG, GA. Hieraus folgt, dass die Höhe einer Halbparabel mit der Amplitude BC und dem Impulse AB gleich BG sei, die Sublimität dagegen GA. Nimmt man niedriger BJ gleich GA, so wird BJ die Höhe, JA aber die Sublimität der Halbparabel JC sein. Dem Beweise gemäss ist Letzteres gestattet.[45])

Probl. III. Propos. XII.

»Es sollen durch Rechnung die Amplituden aller Halbparabeln bestimmt und in eine Tabelle gebracht werden, die bei gleichen Impulsen von geworfenen Körpern beschrieben werden.«

Aus dem Beweise folgt, dass dann von den Körpern Parabeln mit gleichem Impulse beschrieben werden, wenn die Summen von Sublimität und Höhe denselben Werth haben. Alle solche Summen liegen also in einer Senkrechten zwischen denselben Horizontalen. Der Horizontalen CB (Fig. 123) sei die Senkrechte BA gleich und man ziehe die Diagonale AC. Der Winkel ACB ist also ein halber Rechter von 45 Grad. Man halbire die Senkrechte BA in D, so wird DC diejenige Halbparabel sein, welcher die Sublimität AD und die Höhe DB angehört: der Impuls in C aber ist gleich der Endgeschwindigkeit in B nach dem Fall längs AB. Man ziehe AG parallel BC. Für alle anderen Halbparabeln gleichen Impulses müssen die zusammengesetzten Sublimitäten und Höhen den Raum zwischen AG, BC ausfüllen. Da ferner schon bewiesen ist, dass die Amplituden derjenigen Halbparabeln, die gleich viel über oder unter 45 Grad ansteigen, einander gleich seien, so wird die für grössere Neigungen ausgeführte Rechnung auch für kleinere benutzbar sein. Ausserdem sollen 10000 Theile angenommen werden für die grösste bei 45 Grad Anstieg beschriebene Parabel, und so gross sei BA und die Amplitude BC angesetzt. Wir wählen die Zahl 10000, weil wir unserer Rechnung die Tangententafel zu Grunde legen, und die genannte Zahl gleich der Tangente von 45 Grad gesetzt ist.

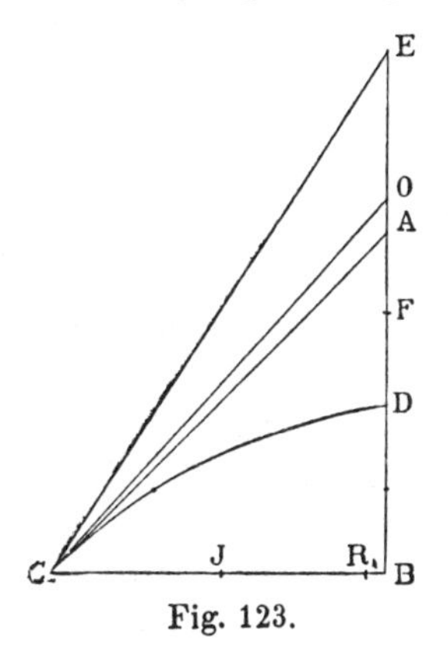

Fig. 123.

Gehen wir ans Werk. Wir ziehen CE so dass der Winkel ECB grösser ist als ACB (jedoch immer noch spitz), es soll die Halbparabel construirt werden, die von EC berührt wird und deren Sublimität sammt Höhe gleich BA sei. Aus der Tafel der Tangenten wird die zum Winkel BCE gehörige Tangente BE aufgeschlagen; dieser Werth halbirt entspricht dem Punkte F. Dann bestimmt man die dritte Proportionale zu BF, BJ (gleich $\frac{1}{2}BC$), welche durchaus grösser als FA sein wird; sie sei gleich FO ($BF : BJ = BJ : FO$). Die dem Dreieck ECB eingeschriebene Parabel mit der Tangente CE und Amplitude CB hat die Höhe BF, die berechnet worden ist, und die Sublimität FO. Aber BO überragt die Strecke zwischen den Parallelen AG, CB, während wir in diesem Zwischenraum bleiben müssen, denn die gesuchte, wie die Parabel DC sollen von C aus mit gleichem Impulse beschrieben werden. Mithin ist eine andere, der gefundenen ähnliche Halbparabel zu suchen (denn unter dem Winkel BCE können unzählige grössere und kleinere einander ähnliche beschrieben werden), deren zusammengesetzte Sublimität und Höhe gleich BA sei. Es verhalte sich nun, wie OB zu BA, so die Amplituden BC zu CR, und CR wird gefunden sein als Amplitude einer unter dem Anstieg BCE beschriebenen Halbparabel, deren vereinigte Sublimität und Höhe der Entfernung zwischen den Horizontalen GA, CB gleichkommt, was verlangt war. Das Verfahren ist mithin das beschriebene. Also zusammengefasst: Man schlage die Tangente zum gegebenen Winkel *BCE* auf, halbire den Werth, nehme $\frac{1}{2}BC$ und bilde zu beiden die dritte Proportionale, welche *FO* heisse, und berechnet *CR* so, dass *CR* zu *BC* wie *BA* zu *OB* sei, so hat man *CR*, die Amplitude. Ein Beispiel:

Es sei *ECB* gleich 50 Grad, die Tangente ist gleich 11 918, davon die Hälfte, also *BF* gleich 5959; die Hälfte von *BC* ist 5000; die dritte Proportionale zu beiden ist 4195, welches zu *BF* addirt 10 154 für *BO* ergiebt. Wie nun *OB* zu *BA*, also wie 10 154 zu 10 000, so sei *BC*, nämlich 10 000 (denn *BC* ist gleich *BA*), zu der gesuchten *RC*, welche 9848 ergiebt, während *BC*, die Maximalamplitude, gleich 10 000 ist. Die Amplituden der ganzen Parabeln betragen das Doppelte, 19 696 und 20 000. Eben so gross ist die ganze Amplitude für 40 Grad, da dieser Winkel eben so viel wie jener von 45 Grad abweicht.[46])

Sagr. Zu vollem Verständniss dieses Beweises fehlt mir die Erkenntniss, warum die dritte Proportionale zu *BF*, *BJ* (wie der Autor behauptet) durchaus grösser sei als *FA*.

Salv. Das lässt sich, wie ich meine, folgendermaassen beweisen: Das Quadrat der mittleren Proportionale zu zwei Linien ist gleich dem Rechtecke aus diesen beiden, daher ist das Quadrat von *BJ* oder *BD* gleich dem Rechteck aus der ersten *FB* und der anderen zu findenden Strecke; diese andere muss nothwendig grösser als *FA* sein, weil das Rechteck aus *BF*, *FA* kleiner ist als das Quadrat von *BD*, und zwar um das Quadrat von *DF*, wie *Euclid* bewiesen hat. Auch muss bemerkt werden, dass der Punkt *F*, der die Tangente *EB* halbirt, häufig oberhalb *A* und nur einmal auf *A* liegen wird; in letzterem Falle ist es selbstverständlich, dass die dritte Proportionale zur halben Tangente und zu *BJ* (welche die Sublimität ergiebt) oberhalb *A* liegt. Der Autor aber hat den Fall gewählt, wo es nicht offenbar war, dass die genannte dritte Proportionale stets grösser als *FA* sei, so dass sie, über *F* angesetzt, stets über die Horizontale hinausreiche. Setzen wir nun fort:

Es wird gut sein, mit Hülfe dieser Tabelle eine andere ergänzend hinzuzufügen für die Höhen der mit gleichem Impulse beschriebenen Parabeln, nach folgender Construction:

Probl. IV. Propos. XIII.

»Aus den in nachfolgender Tabelle gegebenen Amplituden der Halbparabeln sollen mit Beibehaltung des Impulses, den irgend eine hat, für alle anderen die Höhen der einzelnen Halbparabeln bestimmt werden.«

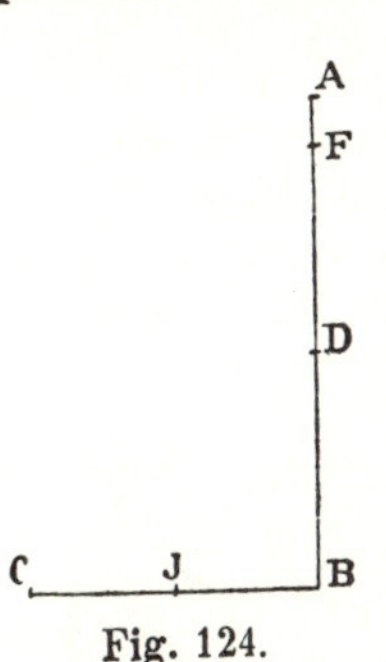

Fig. 124.

Es sei BC (Fig. 124) die gegebene Amplitude. Der sich stets gleich bleibende Impuls sei durch AB gemessen, die Summe nämlich von Höhe und Sublimität. Es soll die Höhe gefunden und bestimmt werden. Da BA so getheilt werden soll, dass das Rechteck aus seinen Theilen gleich dem Quadrate der halben Amplitude BC sei, so liege der Theilungspunkt in F. Es werde AB, BC in D und J halbirt. Alsdann ist das Quadrat von JB gleich dem Rechteck BF, FA, während das Quadrat von DA gleich ist demselben Rechteck mitsammt dem Quadrate von FD. Wenn nun vom Quadrate von DA das Quadrat von BJ abgezogen wird, welch letzteres gleich dem Rechteck BF, FA ist, so bleibt das Quadrat von FD nach; fügt man zu dessen Seite FD die Strecke BD hinzu, so erhält man die Höhe BF. Man verfährt daher folgendermaassen: Vom Quadrat von $\frac{1}{2}BA$ zieht man das Quadrat von BJ ab; aus dem Reste nimmt man die Quadratwurzel, fügt dieselbe zu BD hinzu, und man hat die Höhe BF gefunden. Ein Beispiel: Es soll die Höhe der Halbparabel von 55 Grad Anstieg gefunden werden. Aus der ersten Tabelle entnimmt man die Amplitude 9396, nimmt die Hälfte 4698, und bildet das Quadrat 22071204; das halbe Quadrat von BA ist stets gleich 25000000; der Ueberschuss über jene Zahl ist 2928796; daraus die Quadratwurzel gleich 1710, angenähert. Fügt man dieses zu $\frac{1}{2}BA$, nämlich 5000, hinzu, so hat man 6710, und so viel beträgt die Höhe BF. Noch eine dritte Tabelle zu erläutern wird nicht überflüssig sein für die Höhen und Sublimitäten von Halbparabeln gleicher Amplitude.[47])

Sagr. Letztere möchte ich gerne ansehen, da ich aus derselben den Unterschied der Impulse und Kräfte für gleiche Wurfweite der Geschosse erkennen kann, welcher je nach dem Anstieg sehr gross werden muss, so dass z. B., wenn man bei 3 oder 4 Graden oder bei 87 oder 88 die Kugel abschiesst bis zur Wurfweite von 45° (in welch letzterem Fall der kleinste

Impuls nöthig wird), man einen immensen Mehrbetrag an Kraft finden würde.

Salv. Sie haben vollkommen Recht, mein Herr, und Sie werden sehen, dass, um bei allen Anstiegen die Wirkung zu verfolgen, man in grossen Schritten sich in die Unendlichkeit begeben muss. Hier folgen die Tabellen:

I. Höhen der Halbparabeln mit verschiedenen Elevationswinkeln, »Anstieg«, bei gleichen Impulsen.

Anstieg	Höhe	Anstieg	Höhe	Anstieg	Höhe
1	3	31	2653	61	7649
2	13	32	2810	62	7796
3	28	33	2967	63	7939
4	50	34	3128	64	8078
5	76	35	3289	65	8214
6	108	36	3456	66	8346
7	150	37	3621	67	8474
8	194	38	3793	68	8597
9	245	39	3962	69	8715
10	302	40	4132	70	8830
11	365	41	4302	71	8940
12	432	42	4477	72	9045
13	506	43	4654	73	9144
14	585	44	4827	74	9240
15	670	45	5000	75	9330
16	760	46	5173	76	9415
17	855	47	5346	77	9493
18	955	48	5523	78	9567
19	1060	49	5698	79	9636
20	1170	50	5868	80	9698
21	1285	51	6038	81	9755
22	1402	52	6207	82	9806
23	1527	53	6379	83	9851
24	1655	54	6546	84	9890
25	1786	55	6710	85	9924
26	1922	56	6873	86	9951
27	2061	57	7033	87	9972
28	2204	58	7190	88	9987
29	2351	59	7348	89	9998
30	2499	60	7502	90	10000

II. »Amplituden« der Halbparabeln bei verschiedenem Anstieg bei gleichem Impulse.

Anstieg	Amplitude	Anstieg	Anstieg	Amplitude	Anstieg	Anstieg	Amplitude	Anstieg
45	10000	45	60	8659	30	75	5000	15
46	9994	44	61	8481	29	76	4694	14
47	9976	43	62	8290	28	77	4383	13
48	9945	42	63	8090	27	78	4067	12
49	9902	41	64	7880	26	79	3746	11
50	9848	40	65	7660	25	80	3420	10
51	9782	39	66	7431	24	81	3090	9
52	9704	38	67	7191	23	82	2756	8
53	9612	37	68	6944	22	83	2419	7
54	9511	36	69	6692	21	84	2079	6
55	9396	35	70	6428	20	85	1736	5
56	9272	34	71	6157	19	86	1391	4
57	9136	33	72	5878	18	87	1044	3
58	8989	32	73	5592	17	88	698	2
59	8829	31	74	5300	16	89	349	1

III. Höhen und Sublimitäten von Halbparabeln gleicher Amplitude, gleich 10000, bei verschiedenem Anstieg.

Anstieg	Höhe	Sublimität	Anstieg	Höhe	Sublimität	Anstieg	Höhe	Sublimität
1	87	286533	16	1434	17405	31	3008	8336
2	175	142450	17	1528	16355	32	3124	8002
3	262	95802	18	1624	15388	33	3247	7699
4	349	71531	19	1722	14522	34	3372	7413
5	437	57142	20	1820	13736	35	3500	7141
6	525	47573	21	1919	13025	36	3638	6882
7	614	40716	22	2020	12376	37	3768	6635
8	702	35587	23	2122	11778	38	3906	6395
9	792	31565	24	2226	11230	39	4048	6174
10	881	28356	25	2332	10722	40	4196	5959
11	972	25720	26	2438	10253	41	4346	5752
12	1062	23518	27	2547	9814	42	4502	5553
13	1154	21701	28	2658	9404	43	4662	5362
14	1246	20056	29	2772	9020	44	4828	5177
15	1339	18660	30	2887	8659	45	5000	5000

Anstieg	Höhe	Sublimität	Anstieg	Höhe	Sublimität	Anstieg	Höhe	Sublimität
46	5177	4828	61	9020	2772	76	20056	1246
47	5362	4662	62	9404	2658	77	21701	1154
48	5553	4502	63	9814	2547	78	23518	1062
49	5752	4346	64	10253	2438	79	25720	972
50	5959	4196	65	10722	2332	80	28356	881
51	6174	4048	66	11230	2226	81	31565	792
52	6395	3906	67	11778	2122	82	35587	702
53	6635	3768	68	12376	2020	83	40716	614
54	6882	3632	69	13025	1919	84	47573	525
55	7141	3500	70	13736	1820	85	57142	437
56	7413	3372	71	14522	1722	86	71531	349
57	7699	3247	72	15388	1624	87	95802	262
58	8002	3124	73	16355	1528	88	142450	175
59	8336	3008	74	17405	1434	89	286533	87
60	8659	2887	75	18660	1339	90	unendlich	0

Probl. V. Propos. XIV.

»Die Höhen und Sublimitäten von Halbparabeln, die gleiche Amplituden ergeben, für verschiedene Anstiege zu finden.«

Diese Aufgabe zu lösen ist leicht. Es sei die beständige Amplitude der Halbparabeln gleich 10 000; so werden die halben Tangenten die Höhen bei verschiedenem Anstieg ausdrücken. Wenn z. B. eine Parabel 30 Grad Anstieg hat, und die Amplitude 10 000 beträgt, wird die Höhe gleich 2887 sein, denn so gross ist die halbe Tangente des genannten Winkels. Aus der Höhe wird die Sublimität folgendermaassen erhalten: Es ist bewiesen, dass die halbe Amplitude der Halbparabel die mittlere Proportionale sei zur Höhe und Sublimität; da nur die Höhe bekannt ist, die halbe Amplitude aber stets 5000 betragen soll, so braucht man nur das Quadrat der letzteren Grösse durch die gegebene Höhe zu dividiren, der Quotient giebt die Sublimität. Die Höhe war 2887, das Quadrat von 5000 ist 25 000 000; dieses durch 2887 getheilt giebt nahezu 8659 für die Sublimität.[48])

Salv. Hier sieht man zunächst, wie sehr wahr die obige Bemerkung ist, dergemäss bei verschiedenem Anstieg, je mehr derselbe nach oben oder unten vom mittleren sich entfernt, einen um so grösseren Impuls verlangt, um dem Geschoss dieselbe

Wurfweite zu ertheilen. Denn der Impuls ist aus zwei Bewegungen zusammengesetzt, der gleichförmigen horizontalen und der beschleunigten verticalen, und von ihm hängen Höhe und Sublimität ab; aus der vorliegenden Tabelle sieht man, dass bei 45 Grad Anstieg die Summe beider am kleinsten ist; Höhe und Sublimität sind einander gleich und betragen eine jede 5000; ihre Summe ist gleich 10000. Bei anderer Steigung, von etwa 50 Grad, ist die Höhe 5959, die Sublimität 4196, zusammen 10155. Und gerade so gross ist der Impuls bei 40 Grad, da dieser Anstieg um eben so viel wie jener von 45 abweicht. Zweitens müssen wir es bestätigen, dass überall paarweise die Impulse einander gleich sind bei gleichem Abstand der Anstiege vom mittleren, mit jenem wunderbaren Wechsel, dass Höhe und Sublimität beim höheren umgekehrt der Sublimität und Höhe beim niedrigeren Anstieg entsprechen, so dass, während bei 50 Grad die Höhe 5959 und die Sublimität 4196 beträgt, umgekehrt bei 40 Grad die Höhe 4196 und die Sublimität gleich 5959 ist; dasselbe gilt überall ohne Ausnahme. Bei der Ausrechnung sind die Brüche fortgelassen, da dieselben neben so grossen Zahlen keine Bedeutung haben.[49])

Sagr. Ich bemerke soeben, dass von den beiden Impulsen, dem horizontalen und dem verticalen, je höher der Wurf, um so kleiner der erstere und um so grösser der letztere sei. Dagegen bei geringem Anstieg muss der horizontale Impuls stark sein bei geringer Höhe. Wenn ich nun auch vollkommen begreife, dass bei 90 Grad Anstieg selbst alle Kräfte der Welt nicht genügen, um auch nur einen Zoll Weite zu erwirken, da das Geschoss eben dort niedersinkt, wo es fortgeschleudert ward, so könnte ich doch nicht mit derselben Zuversicht darauf bauen, dass auch beim Anstieg 0, also in der Horizontalen, eine endliche Kraft nicht hinreichte, um irgend eine Wurfweite zu erlangen. Sollte selbst eine Feldschlange unfähig sein, eine Eisenkugel horizontal, oder, wie man sagt, vom weissen Punkte aus, d. h. ohne jeden Anstieg, abzuschiessen? Mir scheint in diesem Falle ein Zweifel möglich: ich leugne nicht durchaus die Thatsache, denn eine andere, nicht weniger merkwürdige Erfahrung macht mich stutzig, für welche ich zugleich den Erweis in der Hand habe. Ich meine die Unmöglichkeit, ein Seil vollkommen gerade auszuspannen, parallel dem Horizont; es bleibt stets krumm und keine Kraft reicht hin, es gerade zu strecken.

Salv. Also, Herr *Sagredo*, in letzterem Falle ist Ihr Erstaunen über den wunderbaren Effekt beseitigt, weil Ihr den

Erweis habt. Bei genauerer Betrachtung aber werden wir einige Analogie zwischen den beiden fraglichen Erscheinungen entdecken. Die Krümmung der Linie beim horizontalen Wurf stammt von zwei Kräften her, deren eine (nämlich der Impuls des Geschosses) horizontal wirkt, während die andere (die Schwere) ihn senkrecht hinabtreibt. Beim Spannen des Seiles giebt es auch zwei Kräfte, die horizontale Spannkraft, und das Gewicht des Seiles, senkrecht zu jener hinabwirkend. Also liegen ähnliche Verhältnisse vor. Sprecht Ihr nun dem Gewicht des Seiles die Macht und Energie zu, jede noch so grosse Kraft zu überwinden, die dasselbe strecken soll, warum wollt Ihr sie leugnen beim Gewicht der Kugel? Aber noch mehr: wir empfinden Staunen und Freude, wenn das stark oder schwach gespannte Seil sich der parabolischen Form nähert und die Aehnlichkeit so gross ist, dass, wenn Ihr auf einer Ebene eine Parabel zeichnet und sie dann umgekehrt betrachtet, d. h. mit dem Gipfel nach unten, die Basis parallel dem Horizonte, und wenn Ihr eine kleine Kette mit ihren Enden an diese Basis der Parabel anlegt, dass alsdann die Kette mehr oder weniger sich krümmen und der genannten Parabel sich anschliessen wird; und zwar ist der Anschluss um so genauer, je weniger die Parabel gekrümmt, d. h. je mehr sie gestreckt ist, so dass in Parabeln von 45° Neigung die Kette fast ganz genau (quasi ad unguem) jene deckt.

Sagr. Man könnte also mit solch einer Kette, die schön gleichförmig und fein gearbeitet ist, im Augenblicke viele Parabeln auf einer Ebene abstecken.

Salv. Gewiss und mit grossem Vortheil, wie ich Euch bald zeigen werde.

Simpl. Ehe wir aber weiter gehen, möchte ich mich doch noch von der Richtigkeit der Behauptung überzeugen, die Ihr als völlig erwiesen hinstelltet, dass es nämlich unmöglich sei, selbst mit einer noch so grossen Kraft, ein Seil geradlinig horizontal zu spannen.

Sagr. Ich hoffe des Beweises mich zu erinnern. Um ihn zu verstehen, Herr *Simplicio*, müsst Ihr zuvor zugeben, dass bei allen mechanischen Werkzeugen nicht nur versuchsweise, sondern auch durch theoretische Beweise, feststeht, dass selbst die geringste Geschwindigkeit eines Körpers im Stande ist, jeden noch so grossen Widerstand eines Mediums zu überwinden; letzteres wird stets langsam bewegt, sobald die Geschwindigkeit des ersteren im Vergleich zu der des letzteren grösser ist, als der Widerstand des zu bewegenden Körpers im Vergleich zur Kraft des bewegenden.

Simpl. Das ist mir sehr wohl bekannt; es ist von *Aristoteles* unter seinen mechanischen Problemen bewiesen; man sieht es deutlich beim Hebel, bei der Schnellwaage, wo das Laufgewicht, das nur 4 Pfund wiegt, ein Gewicht von 400 Pfund hebt, wenn die Entfernung des Laufgewichtes vom Centrum der Waage mehr als 100 mal grösser ist als die Entfernung des Aufhängepunktes des grossen Gewichtes von demselben Centrum: das

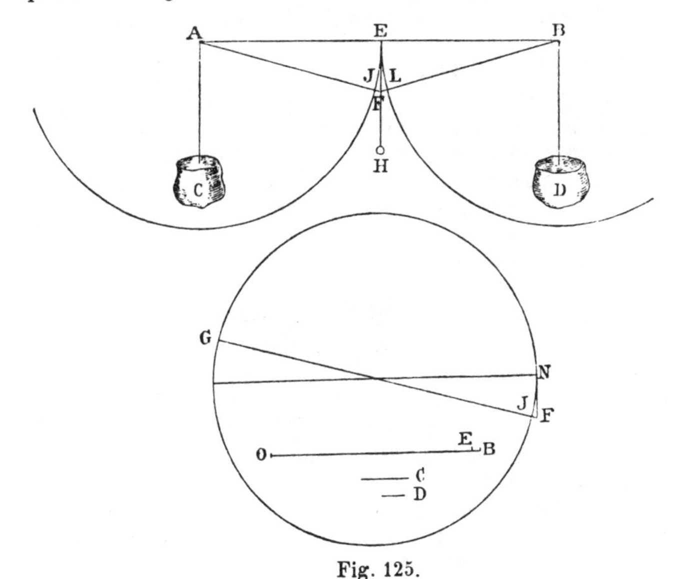

Fig. 125.

kommt daher, dass bei den Schwingungen des Waagebalkens das Laufgewicht einen 100 mal grösseren Weg zurücklegt, als derjenige ist, um welchen das grosse Gewicht emporsteigt. Mit anderen Worten, das kleine Gewicht bewegt sich mit einer 100 mal so grossen Geschwindigkeit.

Sagr. Das ist Alles vollkommen richtig, und Ihr zweifelt nicht daran, dass, so klein auch die Kraft des bewegenden Körpers sei, er doch einen jeden noch so grossen Widerstand überwinden kann, sobald das, was jenem an Kraft und Schwere abgeht, durch Geschwindigkeit ersetzt wird. Gehen wir nun zum gespannten Seile über. Es sei *AB* (Fig. 125) eine durch zwei feste Punkte A und B gehende Linie. An beiden Enden mögen zwei sehr grosse Gewichte C, D hängen, die mit grosser Kraft wirkend die Gerade vollkommen strecken, so lange die letztere ohne alle Schwere gedacht wird. Nun aber fügen wir hinzu und behaupten, dass, wenn in der Hälfte bei E ein noch so kleines Gewicht angehängt wird, wie etwa H, die Linie AB nachgeben und bis F sich senken wird, indem sie zugleich sich ausdehnt und die C, D veranlasst, empor zu steigen, was Ihr aus Folgendem erkennen könnt. Um A und B als Centren beschreiben wir zwei Quadranten EFG, ELM; und da die beiden Halbmesser AJ, BL gleich den Strecken AE, EB sind, so werden FJ und FL die Verlängerungen sein, d. h. die Ueberschüsse von AF, FB über AE, EB; dieselben bestimmen die Hubhöhen der Gewichte C, D, sobald H den Punkt F erreicht hat, was nur geschehen kann, wenn die Linie EF (d. h. die Senkung von H) im Verhältniss zu FJ (welches die Hubhöhen von C und D bedingt) grösser ist, als das Gewicht jener beiden C, D im Verhältniss zu dem von H. Aber dieses muss stets sein, wenn man C, D möglichst gross und H sehr klein wählt. Denn der Ueberschuss von C, D über H ist nicht so gross, als dass er nicht durch den Ueberschuss der Tangente EF über das Secantenstück FJ dargestellt werden könnte. Letzteres erkennen wir folgendermaassen: es sei ein Kreis mit dem Durchmesser GJ gegeben, und wie sich die Gewichte C, D zu H verhalten, so sei BO zu einer anderen Geraden C, welche grösser als D sei, so dass das Verhältniss BO zu D grösser als das von BO zu C sei; man construire zu OB, D die dritte Proportionale BE und mache, wie OE zu EB, so GJ zur Verlängerung JF; von F aus ziehe man eine Tangente FN. Und weil OE zu EB wie GJ zu JF gemacht war, so verhält sich auch GF zu FJ wie OB zu BE. Aber zu OB, BE ist die mittlere Proportionale gleich D, und diejenige zu GF, FJ gleich NF; folglich verhält sich NF zu FJ wie OB zu D, und dieses Verhältniss ist grösser als das der Gewichte C, D zu H. Es hat also die Senkung oder Geschwindigkeit von H zur Hebung oder Geschwindigkeit der Gewichte C, D ein grösseres Verhältniss, als die Gewichte C, D zum Gewichte H; folglich muss H sinken und die Linie AB wird die Horizontale verlassen. Was aber mit der gewichtlosen AB geschieht bei der kleinsten Belastung in E, wird auch mit einem schweren Seile geschehen ohne Hinzufügung eines besonderen Gewichtes, wie wenn man das Gewicht des Seiles AB anbrächte.

Simpl. Nun bin ich vollständig befriedigt, und Herr *Salviati* wird seinem Versprechen gemäss uns den Nutzen erläutern, den wir sonst noch von der Kette ziehen können. Danach wollte er uns noch die Gedanken unseres Autors über die Kraft des Stosses mittheilen.

Salv. Für heute mag es genug sein, denn es ist spät geworden, und eine Stunde würde lange nicht hinreichen, den genannten Stoff zu erschöpfen; schieben wir deshalb die Erläuterung dieser Frage auf bis zu gelegener Zeit.

Sagr. Ich muss Ihnen beistimmen, da ich aus mancher Unterhaltung mit den vertrauten Freunden unseres Akademikers erkannt habe, dass diese Frage äusserst dunkel sei, und keinem von denen, die dieselbe früher behandelt haben, ist es gelungen, ihre finsteren Schlupfwinkel, die weit von den gewöhnlichen Vorstellungen der Menschen abliegen, zu ergründen; eine der wunderlichsten fällt mir soeben ein, dass die Stosskraft unbestimmt, wenn nicht unendlich gross sei. Wollen wir also abwarten, wann es Herrn *Salviati* gelegen ist. Einstweilen sagen Sie mir, was folgt jetzt auf die Abhandlung über den Wurf?

Salv. Es sind das einige Lehrsätze über den Schwerpunkt fester Körper; unser Akademiker hat in seinen jungen Jahren einiges entdeckt, was in dem von *Federigo Comandino* ähnlich behandelten Gebiete unvollkommen geblieben war. In den hier folgenden Sätzen glaubte er eine Ergänzung zum Buche des *Comandino* geben zu können und schloss dieselbe hier an auf den Rath des Herrn Marchese *Cuid' Ubaldo del Monte*, dem bedeutendsten Mathematiker seiner Zeit, wie aus seinen vielen Schriften hervorgeht. Diesem Herrn gab er auch eine Abschrift und hoffte später die Untersuchung auf Körper zu beziehen, die vom *Comandino* nicht behandelt waren; als er aber nachher denselben Gegenstand im Buche des Herrn *Luca Valerio*, dem grossen Geometer, fand und sah, dass derselbe den ganzen Stoff lückenlos bearbeitet hatte, so liess er die Sache fallen, obgleich methodisch er dieselbe ganz anders als Herr *Valerio* angefasst hatte.

Sagr. So lasst mir denn inzwischen das Buch, damit ich in der Zwischenzeit bis zu unserer nächsten Zusammenkunft die Sätze durchsehen und mir aneignen kann.

Salv. Ihrem Wunsche komme ich gerne nach und hoffe, dass Sie an der Lehre Gefallen finden werden.

Ende des vierten Tages.

Anmerkungen.

Der dem Leser hier vorliegende dritte und vierte Tag gehört zu den hervorragendsten Leistungen *Galilei*'s. In der Art der Abfassung dem ersten und zweiten Tage verwandt, finden wir hier ein streng geordnetes System der Fallgesetze vor. Der Text ist gebundener, und meist lateinisch geschrieben. Die Unterredungen zwischen den drei Personen treten ab und zu ein, sind im Original italienisch abgefasst und bilden oft willkommene Ergänzungen zum streng gehaltenen Text. Nachstehend wollen wir auf die besonders interessanten Probleme und deren Lösungen aufmerksam machen, alle Haupttheoreme aber in moderner analytischer Form wiedergeben. Manche Aufgabe wäre werth, der Vergessenheit entzogen und in die Lehrbücher aufgenommen zu werden. Der Docent sowie der Schüler wird vielfach Anregung finden, die Lehre vom Fall und von der Wurfbewegung zu vertiefen. Erstaunlich erscheint einem die Leistung *Galilei*'s, wenn man bedenkt, dass auf diesem Gebiete schlechterdings gar nichts vorlag, als irrige Ansichten auf Grund ganz unberechtigter Autorität. Von dem dritten und vierten Tage speciell sagt *Lagrange:* »es gehöre ein ausserordentliches Genie dazu, sie zu verfassen, man werde dieselben nie genug bewundern können«.

Dritter Tag.

1) *Zu S. 142.* Der aufgestellten Definition entsprechend, würden wir, die Strecken mit s, die Zeiten mit t, die gleichförmige Geschwindigkeit mit c bezeichnend, sagen: $s = c \cdot t$. Die vier Axiome sind zu je zweien gepaart. Vorstehende Gleichung führt, wenn man für eine zweite Bewegung $s' = c' \cdot t'$ setzt, zu Axiom I und II, wenn $c = c'$ ist:

Axiom I: $s : s' = t : t'$

Axiom II: $t : t' = s : s'$

dagegen zu Axiom III und IV, wenn $t = t'$ ist

Axiom III: $s : s' = c : c'$
Axiom IV: $c : c' = s : s'$.

2) *Zu S. 143.* Die beiden ersten Theoreme bringen keinen neuen Gedanken, sobald der Begriff der Proportion als gegeben angesehen wird. Lehrsatz III nimmt $s = s'$ an, und beweist, dass $c : c' = t' : t$. Die Breite der Beweisführung ist nichts als eine Euclidische Fessel. Im historischen Interesse beachte man deshalb die Unterredung in dem fünften Tage, der lediglich dem Begriff der Proportion gewidmet ist.

3) *Zu S. 145.* Der ganze Satz bringt nicht mehr als $\frac{s}{s'} = \frac{c}{c'} \cdot \frac{t}{t'}$. — Ebenso ist das folgende Theorem erledigt mit $\frac{t}{t'} = \frac{s}{s'} \cdot \frac{c'}{c}$ und das sechste mit $\frac{c}{c'} = \frac{s}{s'} \cdot \frac{t'}{t}$.

4) *Zu S. 158.* Wenn $v = g \cdot t$, so ist $\sigma = \frac{g \cdot t}{2}$.

5) *Zu S. 159.* Wenn $v = g \cdot t$, so ist $s = \frac{1}{2} g \cdot t^2$.

6) *Zu S. 163.* Wenn $s = \frac{1}{2} g \cdot t^2$ und $s' = \frac{1}{2} g \cdot t'^2$, so ist $s : s' = t^2 : t'^2$, mithin auch $s^2 : ss' = t^2 : t'^2$, folglich $t : t' = s : \sqrt{s \cdot s'}$; ein in neuerer Zeit vielleicht zu wenig beachteter Lehrsatz.

7) *Zu S. 164.* Wenn $v = g \sin \alpha \cdot t$ und $v' = g \sin \alpha \cdot t'$, so ist $v : v' = t : t'$ unabhängig von α, dem Neigungswinkel der Ebene.

8) *Zu S. 167.* Da $\sin \alpha = \frac{h}{l}$ und $p = r \sin \alpha = r \cdot \frac{h}{l}$, so ist $p : r = h : l$.

9) *Zu S. 167.* $p = r \cdot \frac{h}{l}$, $p' = r \cdot \frac{h}{l'}$, folglich $p : p' = l' : l$.

10) *Zu S. 168.* Es ist $v = \sqrt{2 \cdot g \cdot h}$, wenn $AC = h$ gesetzt wird, und $t = \frac{v}{g}$.

Ferner ist

$$AD = \tfrac{1}{2} g \sin \alpha \cdot t^2 = \tfrac{1}{2} g \sin \alpha \cdot \frac{v^2}{g^2} = \tfrac{1}{2} \frac{\sin \alpha \cdot 2gh}{g} = h \sin \alpha,$$

welches zu beweisen Galilei unterlässt. Der im Text gegebene Gedankengang entspricht nur den Beziehungen:

$$v' = g \sin\alpha \cdot t'; \quad AB = \tfrac{1}{2} g \sin\alpha \, t'^2;$$

$$v' = g \sin\alpha \sqrt{\frac{2 \cdot AB}{g \sin\alpha}} = \sqrt{2g \sin\alpha \cdot AB} = \sqrt{2g \cdot AC} = v,$$

also ist in gleichem Horizonte bei jeglicher Neigung dieselbe Geschwindigkeit $v = \sqrt{2g \cdot h}$ erreicht.

11) *Zu S. 168.* Weil $v = g \cdot t$ und $v' = g \sin\alpha \cdot t'$, so ist, da $v = v'$ ist, $t : t' = \sin\alpha : 1 = AC : AB$.

12) *Zu S. 169.* Es ist dieser Satz identisch mit dem vorigen, mit blosser Vertauschung der Glieder. Wir würden sagen: Da $l = \frac{1}{2} g \sin\alpha \cdot t'^2$ und $h = \frac{1}{2} g \cdot t^2$, so ist $l \sin\alpha = h = \frac{1}{2} g \sin\alpha^2 \, t'^2$, mithin $\frac{t}{t'} = \sin\alpha = \frac{h}{l}$, d. h. die Fallzeiten verhalten sich wie die Fallstrecken (bei gleicher Höhe).

13) *Zu S. 170.* Auf Grund des vorigen Satzes folgt $t' : t'' = l' : l''$.

14) *Zu S. 170.* Der Bedingung gemäss ist $l = \frac{1}{2} g \cdot \frac{h}{l} \cdot t^2$ und auch $l = \frac{1}{2} g \cdot \frac{h'}{l} \cdot t'^2$, mithin $t : t' = \sqrt{h'} : \sqrt{h}$. — *Galilei*'s Beweis setzt, in Formeln gekleidet, voraus: weil $BJ^2 = BD \cdot BE$, so ist $\frac{BD^2}{BJ^2} = \frac{BD}{BE}$, mithin $\frac{BD}{BJ} = \sqrt{\frac{BD}{BE}}$, u. s. f.

15) *Zu S. 171.* Wenn $l = \frac{1}{2} \cdot \frac{h}{l} \cdot t^2$ und $l' = \frac{1}{2} \frac{h'}{l'} \cdot t'^2$, so ist $\frac{t}{t'} = \frac{l}{l'} \cdot \frac{\sqrt{h'}}{\sqrt{h}}$.

16) *Zu S. 172.* $l = \frac{1}{2} g \cdot \frac{h}{l} \cdot t^2$ oder $l^2 = \frac{1}{2} g \cdot h \cdot t^2$

und

$$l'^2 = \tfrac{1}{2} g \cdot h' \cdot t'^2$$

aber

$$l^2 = 2 \cdot d \cdot h \text{ und } l'^2 = 2 \cdot d \cdot h',$$

folglich

$$t = t'.$$

17) *Zu S. 173.* $l^2 = \frac{1}{2} g \cdot h \cdot t^2$, wie vorhin, und wenn der Durchmesser d genannt wird, $d = \frac{1}{2} g \cdot t'^2$; aber $l^2 = d \cdot h$, folglich $t = t'$.

18) *Zu S. 177.* Wenn $l^2 = \frac{1}{2} g \cdot h \cdot t^2$ und $l'^2 = \frac{1}{2} g \cdot h' \cdot t'^2$ und $l^2 : l'^2 = h : h'$, so ist $t = t'$.

19) *Zu S. 178.* Längs den beiden Ebenen gelten

$$l = \tfrac{1}{2} g \sin LCD \cdot t^2$$

und

$$l' = \tfrac{1}{2} g \sin BCE \cdot t'^2.$$

Nun enthält die etwas verworrene Bedingung die Proportion

$$l : l' = \sin LCD : \sin BCE,$$

mithin ist

$$t = t'.$$

20) *Zu S. 180.* Allgemein ist $v = a + g t$ und

$$v' = a + g \sin \alpha \cdot t'.$$

Da

$$v = v',$$

so folgt

$$t = t' \sin \alpha$$

oder

$$t : t' = h : l$$

21) *Zu S. 180.* Es ist

$$h = \tfrac{1}{2} g t^2$$

und

$$h' = \tfrac{1}{2} g \cdot t'^2,$$

also

$$t = \sqrt{\frac{2h}{g}}$$

und

$$t' = \sqrt{\frac{2h'}{g}},$$

also

$$t' - t = \sqrt{\frac{2}{g}} \left(\sqrt{h'} - \sqrt{h}\right).$$

Mithin

$$t : (t' - t) = \sqrt{h} : \sqrt{h'} - \sqrt{h} = h : \sqrt{h \cdot h'} - h,$$

q. e. d.

22) *Zu S. 182.* Es seien die Strecken $AB = s$, $AC = s'$, $FB = r$, $FD = r'$, die entsprechenden Fallzeiten t, t', τ, τ', so ist nach einem früheren Satze (s. Anm. 6)

$$\frac{t}{t'} = \frac{\sqrt{ss'}}{s'}$$

und

$$\frac{\tau}{\tau'} = \frac{\sqrt{rr'}}{r'},$$

ferner auch

$$\frac{t}{\tau} = \frac{t'}{\tau'} = \frac{s}{r} = \frac{s'}{r'}.$$

Mithin

$$\frac{\tau' - \tau}{\tau'} = \frac{r' - \sqrt{rr'}}{r'}$$

und

$$\frac{\tau' - \tau}{t'} = \frac{r' - \sqrt{r \cdot r'}}{s'},$$

also

$$\frac{\tau' - \tau}{t} = \frac{r' - \sqrt{rr'}}{\sqrt{s \cdot s'}},$$

folglich

$$\frac{t + \tau' - \tau}{t} = \frac{\sqrt{s \cdot s'} + r' - \sqrt{r \cdot r'}}{\sqrt{s \cdot s'}}$$

und

$$\frac{t'}{t + \tau' - \tau} = \frac{s'}{\sqrt{s \cdot s'} + r' - \sqrt{r \cdot r'}},$$

q. e. d. Bei diesem Theorem bietet die geometrische Betrachtung des Textes mehr Anschaulichkeit.

23) *Zu S. 183.* Analytisch ergiebt sich, wenn die senkrechte Fallstrecke $= a$, die gesuchte $= x$ ist,

$$a = \tfrac{1}{2} g \cdot t^2$$

und

$$x = \tfrac{1}{2} g \cdot \frac{a}{x} \cdot t^2 + g t^2,$$

folglich

$$x = \frac{a^2}{x} + 2a,$$

woraus

$$x = a(1 + \sqrt{2})$$

folgt.

24) *Zu S. 184.* Aehnlich wie in der vorigen Aufgabe wird der analytische Ansatz geben

$$x = \tfrac{1}{2} g t^2$$

und

$$a = \tfrac{1}{2} g \cdot \frac{h}{a} t^2 + g t^2,$$

wo h und a gegeben sind. Hieraus folgt

$$a = \frac{xh}{a} + 2x,$$

mithin

$$x = \frac{a^2}{h + 2a}.$$

Dieser Werth von x entspricht dem ersten Theile der Lösung, die *Galilei* giebt, da

$$x : a = a : h + 2a.$$

Statt nun sogleich x, gleich EA in der Figur, als AX in die Senkrechte zu übertragen, womit X gefunden wäre, setzt der Autor erst in der Geneigten AR, welche y heissen mag, an, und macht

$$y = \frac{a}{h} \cdot x.$$

Die Parallele RX bestimmt AX, welches x' heissen mag, so dass

$$x' = \frac{h}{a} \cdot y;$$

folglich wird

$$x' = x,$$

entsprechend unserem Texte. — Der Beweis im letzteren stützt sich auf mehrere andere Zwischensätze.

25) *Zu S. 186.* Es sei t die Fallzeit durch die oben hinzugefügte Strecke, t' diejenige längs EC nach dem Falle durch AE, und t'' diejenige für EB, nach dem Falle durch AE, ferner sei $EC = l$ und $EB = d$ gesetzt, so ist

$$d = \tfrac{1}{2} g t'^2 + g t \cdot t'$$

und

$$l = \tfrac{1}{2} g \cdot \frac{l}{d} t''^2 + g t'' \cdot t$$

oder

$$d = \tfrac{1}{2} g \cdot t''^2 + \frac{d}{l} \cdot g t'' \cdot t,$$

folglich

$$t'^2 + 2t \cdot t' + t^2 = t''^2 + 2\frac{d}{l} t'' \cdot t + t^2,$$

mithin, da $d > l$ ist,

$$t' > t''.$$

26) *Zu S. 187.* Wenn $AB = a$, die Neigung $= \alpha$ und die gesuchte Strecke x heisst, so kann man setzen

$$a = \tfrac{1}{2} g t^2$$

und

$$x = \tfrac{1}{2} g \sin \alpha t + g t^2,$$

folglich ist

$$x = a \sin \alpha + 2a.$$

Der im Text gegebenen Lösung gemäss ist, wenn man

$$\frac{1}{\sin \alpha} = k$$

setzt,

$$\frac{ak}{ak + a} = \frac{ak + a}{ak + x},$$

woraus der obige Werth für x sich ergiebt.

27) *Zu S. 188.* Die analytische Lösung führt zu

$$(x + a)^2 - x^2 = b^2,$$

wo

$$AB = b$$

und die gegebene kleinere Zeitgrösse $= a$ gesetzt ist. Hieraus folgt

$$x = \frac{b^2 - a^2}{2a},$$

welches zu einer weitläufigeren Construction führt, die indess nicht uninteressant ist. — *Galilei*'s kurze und hübsche Lösung führte zur Aufgabe, den Punkt E als Mittelpunkt eines Kreises aufzusuchen, der in B von AB berührt wird, während der Ueberschuss der Sekante EA über den unbekannten Radius EB gegeben ist. Eine Senkrechte in dem Halbirungspunkte von AC giebt in E das gesuchte Centrum.

28) *Zu S. 198.* Die im Text gegebenen Proportionen führen nach einer kurzen Rechnung zu

$$\frac{XE}{AB} = \frac{AB}{2AB - EF}.$$

Die unbekannte XE findet man also nach folgender Construction. — In Fig. 86′ sei AB gegeben. Man verlängere

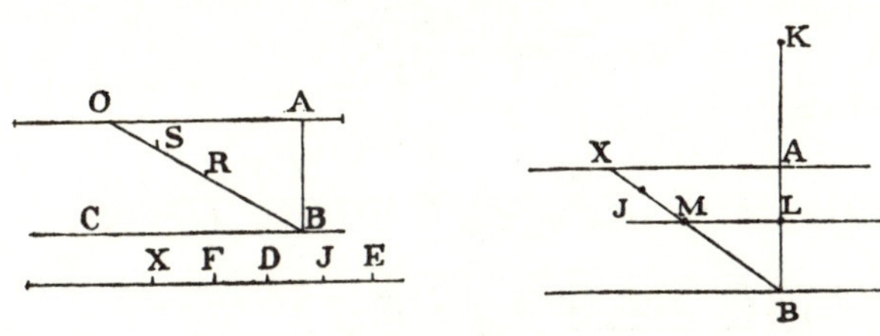

Fig. 86′.

nach oben und verdoppele, so dass BK gleich $2AB$, nehme KL gleich dem gegebenen EF, ziehe durch L eine Horizontale und schlage um B mit BA einen Kreis AM. Die Gerade BM verlängert ist die gesuchte Ebene, BJ gleich KL die verlangte Bahnstrecke.

29) *Zu S. 201.* Uebersichtlicher ist dem Texte entsprechend:

$$OB^2 = EB \cdot BA,$$

$$\frac{EB}{BA} = \frac{OB}{BN},$$

folglich

$$\frac{OB}{BN} = \frac{OB^2}{BA^2},$$

aber

$$\frac{OB}{BN} = \frac{OB}{BA} \cdot \frac{BA}{BN},$$

folglich

$$\frac{BA}{BN} = \frac{OB}{BA},$$

mithin

$$OB + BN > 2BA.$$

30) *Zu S. 207.* Hier liegt eine der scharfsinnigsten Lösungen vor. Um das Verständniss des langen Beweises dem Leser zu

erleichtern, fassen wir, der Construction entsprechend, den gesuchten Werth von CE, wofür wir x setzen, in seiner Abhängigkeit von AB, welches $= c$ sei, und von AC, welches wir $= a$ setzen wollen, zusammen. Der Construction gemäss ist

$$CE = \frac{BJ^2}{AC} = \frac{(AB - AL)^2}{AC},$$

aber

$$\frac{AL}{LC} = \frac{AB}{BN},$$

folglich auch

$$\frac{AL}{AC} = \frac{AB}{AB + BN} = \frac{AB}{2AB - AC},$$

mithin

$$CE = \frac{\left(AB - \frac{AB \cdot AC}{2AB - AC}\right)^2}{AC} = \frac{\left(c - \frac{a \cdot c}{2c - a}\right)^2}{a} = \frac{4c^2(c-a)^2}{a(2c-a)^2}$$

Diesem Ausdrucke entspricht die Construction; auf analytischem Wege erhält man denselben Werth durch den Ansatz:

$$c = \tfrac{1}{2} g \frac{a}{c} (t + t')^2$$

$$z = \tfrac{1}{2} g \frac{c}{a} t^2$$

$$c + z = \tfrac{1}{2} g \frac{a}{c} \left(\frac{c}{a} t + t'\right).$$

Wir haben hier $RA = z$ gesetzt, welches $= \frac{c}{a} x$ ist. Eliminirt man t und t', so findet man zuerst

$$t' = \frac{a}{2(c-a)} \cdot t,$$

welches eine ganz interessante Beziehung für das Verhältniss von t' (der Fallzeit längs c) zu t (der Fallzeit längs x) aufweist, es ist

$$t' : t = AC : 2BN, \text{ aber auch } = AJ : JB,$$

wie letzteres allein unser Autor beweist. — Eliminirt man t' und führt aus der zweiten Gleichung für t die Grösse z ein, so kommt

$$c + z = \left(1 + \frac{a^2}{2c(c-a)}\right)^2 \cdot z,$$

woraus

$$z = \frac{4c^3}{a^2} \cdot \frac{(c-a)^2}{(2c-a)^2},$$

mithin

$$x = \frac{4c^2}{a} \cdot \frac{(c-a)^2}{(2c-a)^2}.$$

Gefunden aber hat *Galilei* die Lösung gewiss nur durch seine geniale Methode, die Fallzeiten durch Strecken darzustellen, da er den analytischen Ansatz nicht hat haben können. — Die oben mitgetheilte Beziehung

$$\frac{t}{t'} = \frac{2(c-a)}{a}$$

zeigt, dass dieses Verhältniss einen um so kleineren Werth bei constantem a erhält, je steiler AB genommen wird. Je grösser die Neigung von c, um so grösser ist $\frac{t}{t'}$. Indess ist t' in kleine Grenzen eingeschränkt und ist am grössten, wenn c mit a zusammenfällt, nämlich $= 2\sqrt{\frac{a}{2g}}$, dagegen nimmt auffallender Weise mit wachsendem c die Grösse t' ab und ist am kleinsten, wenn c unendlich lang, die geneigte Ebene in eine horizontale übergegangen ist. Es hat dann den Werth $\sqrt{\frac{a}{2g}}$, mithin ist das Minimum von t' gleich der Hälfte des Maximums. Der allgemeine Werth ist

$$t' = \frac{2c}{2c-a} \cdot \sqrt{\frac{a}{2g}} = \frac{1}{1 - \frac{a}{2c}} \sqrt{\frac{a}{2g}} \quad (\text{NB. } c > a)$$

Zur Construction von x schreibe man

$$a \cdot x = \left(\frac{2c(c-a)}{2c-a}\right)^2 = k^2.$$

In Fig. 95′ sei $AC = a$, $AB = c$. Man verdoppele AB bis G, trage bei G und bei B die Strecken $GK = a$ und $BP = a$ ab, so sind die Ueberschüsse

$$KA = 2c - a$$
$$PA = c - a$$

Mit AG schlage man einen Bogen bis N in der Horizontalen, so ist $AN = 2c$. Man ziehe KN und von P nach O eine Parallele zu KN, so ist $AO = k$. Durch C und O schlage man einen Halbkreis, dessen Mittelpunkt in AC oder dessen Verlängerung liege, so schneidet der Kreis die Senkrechte im gesuchten Punkte X, entsprechend dem vorstehenden Ausdrucke für $XA = x$. Von Interesse ist noch die Fallzeit durch die senkrechte Strecke XA; es ist

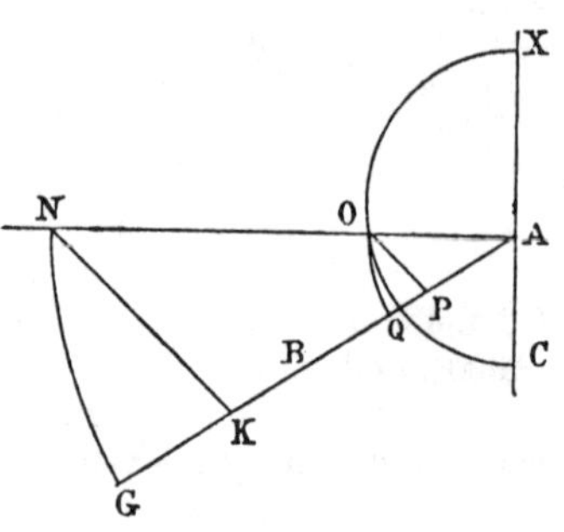

Fig. 95'.

$$t = \sqrt{\frac{2x}{g}} = \frac{2c(c-a)}{a(2c-a)} \cdot \sqrt{\frac{2a}{g}},$$

und setzt man den Maximalwerth von t' gleich T, so war

$$T = \sqrt{\frac{2a}{g}},$$

dagegen die Hülfsgrösse

$$k = AO = \frac{2c(c-a)}{2c-a},$$

folglich wird ganz allgemein

$$t = \frac{k}{a} \cdot T,$$

d. h. wie AO zu AC, so verhält sich die Fallzeit längs XA zur Fallzeit längs AC, von A aus. Addirt man t und t', so kommt

$$t + t = \frac{c}{a} \cdot T,$$

wie a priori bekannt war, da die Fallzeiten längs AB und AC sich wie diese Strecken verhalten. Endlich ist noch

$$t' = \frac{c-k}{a} \cdot T = \frac{BQ}{CA} \cdot T,$$

stets >0, weil stets $c>k$ ist. — Uebrigens ist T auch schlechthin die Fallzeit für $AC=a$ von A aus.

31) *Zu S. 209.* Unmittelbar an das vorige Problem sich anschliessend muss jetzt $XA=x$ als gegeben betrachtet werden; c und a sind gesucht. Da aber die Neigung n gegeben ist, so kann man die letzte durch zwei Strecken $AB'=c'$ und $AC'=a'$ als gegeben betrachten. — Dann ist

$$a=\left\{\frac{(2c'-a')\cdot a'}{(c'-a')\cdot 2c'}\right\}\cdot x.$$

Zur Construction setzen wir

$$k'=\frac{2c'(c'-a')}{(2c'-a')},$$

alsdann ist

$$a=\frac{a'^2}{k'^2}\cdot x;$$

sei ferner

$$k''=\frac{a'^2}{k'},$$

so wird

$$a=\frac{k''}{k'}\cdot x.$$

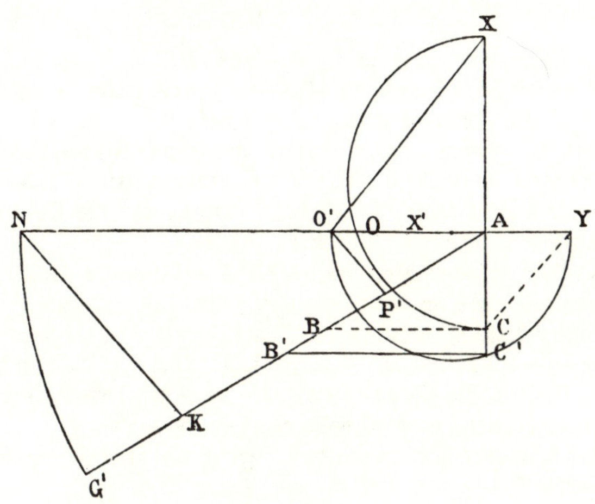

Fig. 96'.

Also ganz ähnlich wie vorhin verfahre man mit c' und a' (Fig. 96') und findet O', so dass $AO' = k'$. Alsdann schlägt man einen Halbkreis durch $O'C'$, dessen Centrum in AO' liegt, und findet $AY = k''$. Verbindet man noch O' mit dem gegebenen Punkte X und zieht YC parallel OX, so ist C der gesuchte Punkt, sofern eine Parallele zum Horizonte CB den Endpunkt B der fraglichen Strecke ergiebt.

32) *Zu S. 213.* Die Genialität *Galilei*'s leuchtet aus der Handhabung des vorliegenden Theorems in solchem Grade hervor, dass wir den Leser dringend zum Studium der Aufgabe auffordern möchten. Man fasse dieselbe analytisch an; man wird grosse Mühe haben, während unseres Autors Methode bewundernswerth dasteht. Die Analyse giebt für die Fallzeit längs DC (die wir t'' nennen wollen, während die für DB gleich t, und die für BC, von der Ruhe in D an, gleich t' sei), folgendes:

$$t'' = 2\sqrt{\frac{r}{g}}$$

(welcher Werth auch für die Fallzeit BC von B aus gilt)

$$t = 2\sqrt{\frac{r}{g}} \cdot \frac{a}{\sqrt{2rh}},$$

$$t' = 2\sqrt{\frac{r}{g}} \cdot \frac{\sqrt{2rH} - \sqrt{2rh}}{\sqrt{2rh'}},$$

wo die Höhe von $DB = h$, die von $BC = h'$ und $h + h' = H$ gesetzt ist. Indess ist hier der Beweis dafür, dass $t + t'$ stets $< t''$ sei, äusserst umständlich, weil a durch r, h und h' ausgedrückt werden muss, während eine geometrische Construction der drei Zeitgrössen leicht auszuführen ist. Freilich hat *Galilei* drei Hülfssätze voraufgehen lassen, die die Beweisführung kürzer erscheinen lassen.

33) *Zu S. 214.* Man hat *Galilei* oft den Irrthum zugesprochen, als habe er den Kreisbogen für eine absolute Brachistochrone gehalten, und so in der That klingt der erste Satz, demgemäss »die schnellste Bewegung längs dem Kreisbogen stattfinde«. Allein die Schlussworte unseres Abschnittes sind völlig correct, denn es wird eben nur bewiesen, dass jeder Kreisbogen in kürzerer Zeit durchlaufen wird, als irgend ein eingeschriebenes Polygon.

34) *Zu S. 215.* Die unbekannte Strecke AE sei x, $AD = x'$,

$AC = l$, $AB = h$ gesetzt, ferner die drei entsprechenden Fallzeiten t', t'', t''' und die für h sei t. Alsdann ist analytisch:

$$t = \sqrt{\frac{2h}{g}},$$

$$x = \tfrac{1}{2} g \cdot \frac{h}{l} \cdot t'^2,$$

$$x' = \tfrac{1}{2} g \cdot \frac{h}{l} \cdot (t' + t'')^2.$$

Da nun $x' - x = h$ und $t'' = t$ sein soll, so ist

$$h = \tfrac{1}{2} g \cdot \frac{h}{l} \cdot (t^2 + 2tt'),$$

und wenn man t einsetzt, so wird

$$t' = \frac{l - h}{\sqrt{2gh}},$$

also

$$x = \left(\frac{l - h}{2}\right)^2 \cdot \frac{1}{l}.$$

Die Construction dieses Werthes entspricht genau dem Gange, der im Text eingeschlagen ist.

35) *Zu S. 215.* Aus

$$\frac{t}{t' + t'' + t'''} = \frac{h}{l}$$

findet man durch Einsetzen der Werthe von t, t' und t'', dass $t''' = t'$ ist, in der That eine sehr bemerkenswerthe Beziehung.

Vierter Tag.

36) *Zu S. 231.* Es dürfte zweckmässig sein, das Fremdwort Sublimität beizubehalten, statt dasselbe durch Erhabenheit u. a. zu ersetzen. Die erste Bedeutung von sublimis ist die des Erhabenseins oder des Emporragens. Da in der Geometrie bisher das Wort Sublimität nirgends gebraucht worden ist, so durfte es um so mehr für die wichtige von *Galilei* eingeführte Grösse eingeführt werden.

37) *Zu S. 234.* Der Text heisst: quanto alla misura del tempo, abbiamo la comunemente ricevuta per tutto delle ore,

minuti primi e secondi. Nun heisst wörtlich minuto eine kleine Zeitgrösse. Aus minuti primi sind später »Minuten«, aus minuti secondi sind »Secunden« geworden.

38) *Zu S. 237.* Wir haben den Text möglichst wortgetreu wiedergegeben und deshalb die Bezeichnung potentia oder italienisch in potenza mit »in der Potenz« übersetzt, obwohl in der heutigen Algebra man nicht mehr so sich ausdrückt. Am auffälligsten ist hier an letzter Stelle der Ausdruck, da die Diagonale eines gleichseitigen rechtwinkligen Dreieckes gemeint ist; diese Diagonale, heisst es, sei »in der Potenz« gleich jenen beiden Seiten, folglich »in der Potenz« gleich dem Doppelten einer Seite. Verständlich wird der Ausdruck, wenn man die Diagonale $= d$, die Seiten mit x bezeichnet, da

$$d^2 = 2 \cdot x^2.$$

39) *Zu S. 241.* Analytisch wäre die gesuchte Sublimität $x = \frac{1}{2} g t^2$. Die gegebene Parabel sei $y^2 = p \cdot x$, die x-Axe senkrecht, der Coordinatenanfang im Gipfel. Die Fallzeit für AH sei t', so ist

$$(gt \cdot t')^2 = p \cdot \tfrac{1}{2} g t'^2,$$

mithin

$$t^2 = \tfrac{1}{2} \frac{p}{g}, \text{ aber auch } = \frac{2x}{g},$$

folglich

$$x = \frac{p}{4},$$

eine viel allgemeinere Lösung, als im Text; letzterem zu genügen wäre

$$y'^2 = px',$$

folglich

$$x = \left(\frac{y'}{2}\right)^2 \cdot \frac{1}{x'},$$

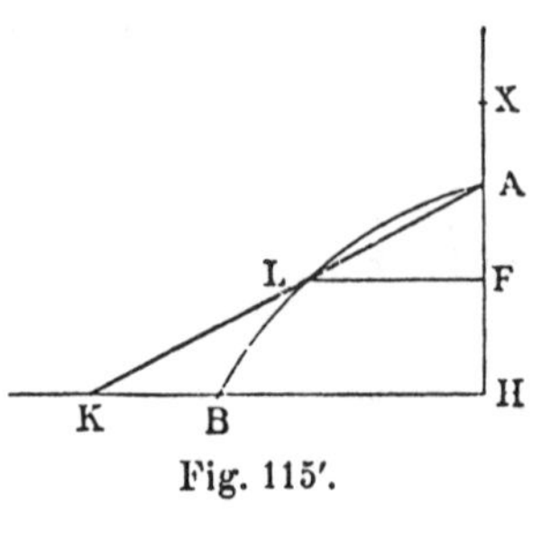

Fig. 115′.

welches genau *Galilei's* Construction ist. Welche Parabel aber auch gegeben sei, die Sublimität ist stets gleich dem vierten Theile des Parameters. Solches erhellt sofort, wenn die Amplitude gleich der doppelten Höhe ist. Bei beliebiger Amplitude und Höhe findet man die Sublimität durch Ermittelung des Parameters; das führt zu folgender Construction.

die etwas einfacher ist, als die im Texte. Man verlängere den Horizont, mache $KH = 2AH$, ziehe AK, findet den Schnittpunkt L, die Horizontale LF giebt den Brennpunkt, und $XA = AF$ giebt die Sublimität.

40) *Zu S. 241.* Nach unserer Bezeichnung, da

$$y'^2 = p \cdot x'$$

und Sublimität

$$s = \frac{p}{4},$$

$$\left(\frac{y'}{2}\right)^2 = s \cdot x'.$$

41) *Zu S. 243.* Der Satz ist leicht zu beweisen, wenn analytische Ansätze gestattet werden. Wenn die Amplitude a, die Höhe h, Sublimität s genannt wird, so ist stets

$$a^2 = p \cdot h \quad \text{und} \quad s = \frac{p}{4},$$

folglich

$$s = \left(\frac{a}{2}\right)^2 \cdot \frac{1}{h}.$$

Die horizontale Geschwindigkeit heisse u, die verticale v, so ist

$$u = \sqrt{2 \cdot g \cdot s} \quad \text{und} \quad v = \sqrt{2 \cdot g \cdot h},$$

mithin der Impuls

$$i = \sqrt{u^2 + v^2} = \sqrt{2g\,(h + s)},$$

also

$$i = \sqrt{2g\left(h + \frac{a^2}{4h}\right)},$$

welches ein Minimum wird, bei gegebenem a, wenn

$$h = \frac{a}{2}.$$

Wir gewinnen zugleich den Satz

$$i = \sqrt{2g \cdot (h + s)},$$

gleich der durch $h + s$ bei senkrechtem Fall erzeugten Geschwindigkeit, wie solches in der Propos. X bewiesen wird, im Uebrigen aber aus dem Satz der Constanz der Energien unmittelbar erhellt.

42) *Zu S. 245.* Der analytische Beweis dieses Satzes pflegt in allen Lehrbüchern gegeben zu werden. Bei der Steigung α und der Anfangsgeschwindigkeit i wird

$$x = i \cos\alpha \cdot t \quad \text{und} \quad y = i \sin\alpha \cdot t + \tfrac{1}{2} g t^2,$$

und eliminirt man t, so kommt die Parabel

$$y = \operatorname{tg}\alpha \cdot x + \tfrac{1}{2} g \cdot \frac{x^2}{i^2 \cos^2\alpha}.$$

Es wird ferner x gleich der Wurfweite W, wenn $y = 0$ ist, woraus

$$W = \frac{2 i^2}{g} \cos^2\alpha \, tg\,\alpha = \frac{i^2}{g} \sin 2\alpha.$$

Der Anblick dieses Ausdrucks giebt den Lehrsatz.

43) *Zu S. 246.* Folgt aus

$$\frac{a^2}{4} = s \cdot h.$$

Es sei noch die Bemerkung gestattet, dass, wenn die Amplituden gegeben und die Höhen beliebig gewählt werden, beide Sublimitäten bereits bestimmt sind, und richtig construirt, sich umgekehrt wie die Höhen verhalten werden.

44) *Zu S. 247.* S. Anmerkung 41.

45) *Zu S. 248.* Wir hatten (Anm. 41)

$$i^2 = 2g(h + s), \quad s = \frac{a^2}{4h} \quad \text{und} \quad h + s = k$$

ist jetzt gegeben, also

$$h + \frac{a^2}{4h} = k \quad \text{und} \quad h^2 - kh = -\frac{a^2}{4},$$

folglich

$$h = \frac{k}{2} \pm \sqrt{\left(\frac{k}{2}\right)^2 - \left(\frac{a}{2}\right)^2},$$

genau der *Galilei*'schen Construction entsprechend. Zugleich folgt

$$s = k - h = \frac{k}{2} \mp \sqrt{\left(\frac{k}{2}\right)^2 - \left(\frac{a}{2}\right)^2}.$$

Es sind also zwei Parabeln möglich. Die Brennpunkte derselben liegen gleich weit oberhalb und unterhalb der gegebenen Basis der Halbparabeln, und zwar um

$$2\sqrt{\left(\frac{k}{2}\right)^2-\left(\frac{a}{2}\right)^2}$$

von derselben entfernt. In der Fig. 122 haben wir der *Galilei*schen Figur die gestrichelten Theile hinzugefügt; f und f' sind die beiden gefundenen Brennpunkte.

46) *Zu S. 250.* Mit der Sinustafel kommt man einfacher zum Ziel. Es war (Anm. 41)

$$W=\frac{i^2}{g}\sin 2\alpha$$

und die Amplitude der Halbparabel

$$a=\tfrac{1}{2}\frac{i^2}{g}\sin 2\alpha;$$

aber

$$\tfrac{1}{2}\frac{i^2}{g}=h+s,$$

also

$$a=(h+s)\sin 2\alpha=10000\sin 2\alpha,$$

die gesuchte Amplitude ist also gleich dem Sinus des doppelten Anstiegwinkels.

47) *Zu S. 251.* Die Construction entspricht dem in Anmerkung 44 gegebenen Werthe

$$h=\frac{k}{2}\pm\sqrt{\left(\frac{k}{2}\right)^2-\left(\frac{a}{2}\right)^2}.$$

48) *Zu S. 254.* Führt man in die Gleichung der Parabel

$$y=\operatorname{tg}\alpha\cdot x-\tfrac{1}{2}g\cdot\frac{x^2}{i^2\cos^2\alpha}$$

die Wurfweite

$$W=\frac{2}{g}i^2\cos^2\alpha\operatorname{tg}\alpha$$

ein, so kommt allgemein

$$y=\frac{x}{W}(W-x)\operatorname{tg}\alpha.$$

Im vorliegenden Falle ist

$$x=\frac{W}{2}$$

und y wird gleich h, mithin

$$h = \frac{W}{4} \operatorname{tg} \alpha = \frac{\operatorname{tg} \alpha}{2} \cdot a,$$

wo a die Amplitude der Halbparabel ist. Für die Sublimität folgt alsdann

$$s = \left(\frac{a}{2}\right)^2 \cdot \frac{1}{h},$$

wonach der Autor rechnen lehrt.

49) *Zu S. 255.* Es verdient noch bemerkt zu werden, dass, wenn man

$$h = \frac{a}{2} \operatorname{tg} \alpha$$

in den Werth für s einsetzt, man

$$s = \frac{a}{2} \cdot \frac{1}{\operatorname{tg} \alpha}$$

erhält, mithin wird nunmehr

$$s + h = \frac{a}{2}\left(\operatorname{tg} \alpha + \frac{1}{\operatorname{tg} \alpha}\right),$$

eine bemerkenswerthe Beziehung, die man folgender Weise schreiben kann. Es sei

$$\alpha = 45^\circ + \beta,$$

so ist

$$\operatorname{tg} \alpha = \frac{1 + \operatorname{tg} \beta}{1 - \operatorname{tg} \beta} \quad \text{und} \quad \frac{1}{\operatorname{tg} \alpha} = \frac{1 - \operatorname{tg} \beta}{1 + \operatorname{tg} \beta},$$

also

$$s + h = \frac{a}{2}\left\{\frac{1 + \operatorname{tg} \beta}{1 - \operatorname{tg} \beta} + \frac{1 - \operatorname{tg} \beta}{1 + \operatorname{tg} \beta}\right\}.$$

Dieser Ausdruck bleibt derselbe, wenn für β der Werth $-\beta$ gesetzt wird. Bei Anstiegwinkeln von β Grad über und unter 45° wechseln die Werthe für s und h.

Anhang

zum dritten und vierten Tage der

Unterredungen u. mathematischen Demonstrationen, „die derselbe Autor in früherer Zeit über den Schwerpunkt der Körper abgefasst hat“.

Postulat.

»Wenn gleiche Massen in ähnlicher Weise an verschiedenen Hebeln angebracht sind, und wenn der Schwerpunkt der Massen an einem Hebelarm denselben in bestimmter Weise theilt, so wird der Schwerpunkt an jedem anderen einzelnen Hebel denselben gleichfalls nach jenem Verhältnisse theilen.«

Hülfssatz.

Es sei die Linie AB (Fig. 126) in C halbirt, und die Hälfte AC sei wiederum in E getheilt, so dass BE zu AE wie AE zu EC; alsdann, behaupte ich, sei BE gleich $2AE$. Denn es ist BE zu EA wie EA zu EC, folglich, wenn man zusammensetzt und umtauscht, BA zu AC wie AE zu EC; aber wie AE zu EC oder wie BA zu AC, so verhält sich BE zu EA, mithin ist BE gleich $2EA$.

A E C B

Fig. 126.

Dieses vorausgesetzt, soll bewiesen werden: »dass, wenn Grössen, die um gleichviel von einander verschieden sind und deren Unterschiede gleich sind der kleinsten unter ihnen, so auf einem Hebelarm der Reihe nach vertheilt werden, dass ihre Aufhängepunkte gleich weit von einander abstehen, der Schwerpunkt Aller den Hebelarm so theilen wird, dass die den kleineren Gewichten zugekehrte Strecke das Doppelte der anderen beträgt.«

An dem Hebelarm AB (Fig. 127) mögen in irgend welcher Anzahl die Grössen F, G, H, K, N, von denen N die kleinste sei, in gleichen Abständen angebracht sein in A, C, D, E, B. Der Schwerpunkt Aller bei dieser Anordnung liege in X. Es soll bewiesen werden, dass BX gleich $2XA$ sei. Man halbire den Arm in D, einem Punkte, der nothwendig in einen Theilungspunkt oder in die Hälfte zwischen zweien solchen fallen muss; die übrigen Distanzen zwischen A und D mögen in den Punkten M, J halbirt werden; endlich denke man sich alle Grössen aus Theilen gleich N gebildet. Die Theile von F sind an Zahl gleich der Anzahl angehängter Grössen, die von G sind um eins kleiner u. s. f. Die Theile von F seien N, O, Y, S, T, die von G seien N, O, Y, S, von H — N, O, Y, die von K endlich N, O. Die sämmtlichen N zusammen sind gleich F; die sämmtlichen O zusammen gleich G; die sämmtlichen Y gleich H; die S gleich K, und T ist gleich N. — Alle die N sind bei D im Gleichgewicht, welches den Arm halbirt; ebenso sind es die O in J, die Y in C, die S in M und T ist in A angebracht. Mithin sind am Hebelarm in gleichen Abständen D, J, C, M, A Grössen angebracht, die um ein Gleiches sich von einander unterscheiden, und deren Unterschied gleich ist der geringsten unter ihnen; die grösste hängt in D, die kleinste T in A, die anderen dazwischen. Ein andrer Arm AB sei gedacht, an welchem andere Grössen in derselben Ordnung, an Zahl und Grösse jenen gleich, angebracht seien. Die Hebelarme AB, AD werden nun vom Schwerpunkt aller Grössen in ein und demselben Verhältniss getheilt. Der Schwerpunkt der Erstgenannten war X, folglich theilt X die beiden Arme AB, AD in gleichem Verhältniss, mithin ist BX zu XA wie XA zu XD; folglich ist BX gleich $2XA$, w. z. b. w.

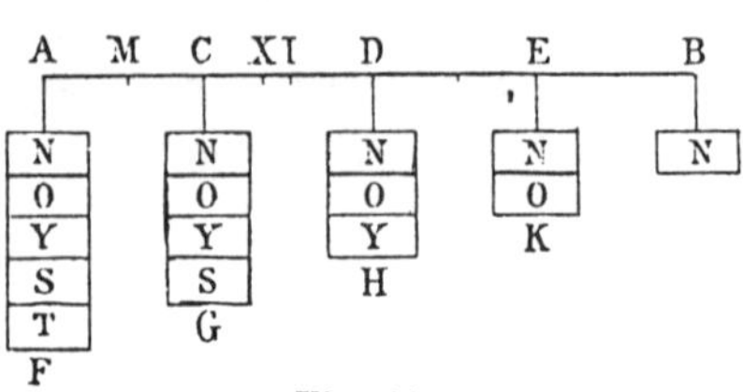

Fig. 127.

»Wenn einem parabolischen Conoid Cylinder gleicher Höhe ein- und umschrieben werden, und die Axe so getheilt wird, dass der dem Gipfel zugekehrte Theil das Doppelte des basalen beträgt, so wird der Schwerpunkt der eingeschriebenen Figur in der letzteren Strecke dem genannten Punkte nahe liegen, der Schwerpunkt der umschriebenen Figur wird dagegen in der anderen Strecke um gleich viel wie in jener abstehen, und zwar um den sechsten Theil der Höhe eines solchen Cylinders, aus denen die Figuren bestehen.«

Es sei ein parabolisches Conoid gegeben mit den ein- und umschriebenen Figuren; die Axe AE (Fig. 128) sei in N getheilt, so dass AN gleich $2NE$ sei. Es soll gezeigt werden, dass der Schwerpunkt der eingeschriebenen Figur in NE liege, der umschriebenen in AN. Man lege eine Ebene durch die Axe. Der parabolische Schnitt sei BAC; die Linie BC sei die Basis der schneidenden Ebene sowie des Conoides; die Schnitte der Cylinder sind Rechtecke; der erste der eingeschriebenen Cylinder mit der Axe DE verhält sich zu dem mit der Axe DY wie das Quadrat von OD zum Quadrat von SY, mithin wie DA zu AY; der Cylinder DY zum Cylinder YZ wie die Quadrate von SY und RZ, also wie YA zu AZ; ebenso Cylinder ZY und ZV wie ZA zu AV, folglich verhalten sich die genannten

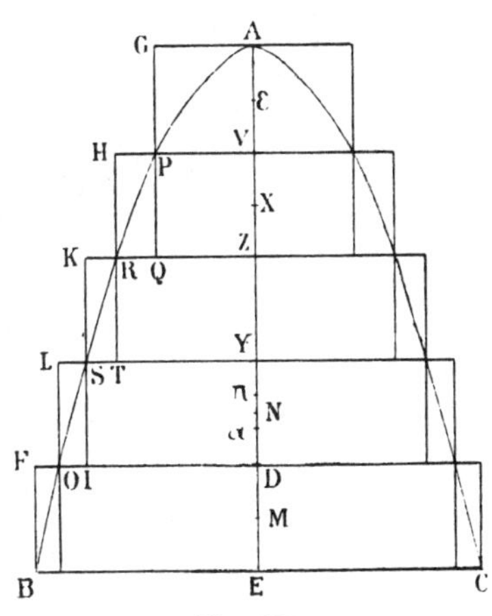

Fig. 128.

Cylinder wie die Linien DA, AY, ZA, AV: diese aber sind um gleich viel von einander unterschieden, und zwar um die kleinste unter ihnen, so dass AZ gleich $2AV$, AY gleich $3AV$, DA gleich $4AV$; also auch die Cylinder unterscheiden sich um gleich viel, und zwar um den Betrag des kleinsten, und in der Linie XM werden sie in gleichen Abständen angebracht sein (denn jeder Cylinder hat seinen Schwerpunkt in der Axe); mithin wird der Schwerpunkt Aller die Linie XM so theilen, dass die eine Strecke das Doppelte der anderen sei. Solcher Art sei nun $X\alpha$ gleich $2\alpha M$, alsdann ist α der Schwerpunkt der eingeschriebenen Figur. Man halbire AV in ε; alsdann wird εX gleich $2ME$ sein; aber $X\alpha$ ist gleich $2\alpha M$, folglich εE gleich $3E\alpha$; ferner ist AE gleich $3EN$, mithin ist EN grösser als $E\alpha$, und ebenso ist α näher zur Basis gelegen als N; da nun AE zu EN wie εE zu $E\alpha$, so ist der Ueberschuss von

AE über εE, das heisst $A\varepsilon$ zum Ueberschuss von EN über $E\alpha$, d. h. $N\alpha$ wie AE zu EN. Folglich ist αN der dritte Theil von $A\varepsilon$ und der sechste von AV. Ganz ebenso beweist man, dass die umschriebenen Cylinder um gleich viel von einander unterschieden sind, ferner, dass die Unterschiede gleich seien dem kleinsten, und dass sie ihre Schwerpunkte in εM haben in gleichen Abständen. Wird daher εM so in π getheilt, dass $\varepsilon\pi$ gleich $2\pi M$ sei, so wird π der Schwerpunkt der ganzen umschriebenen Figur sein. Da $\varepsilon\pi$ gleich $2\pi M$ und $A\varepsilon$ kleiner als $2EM$ (da $A\varepsilon$ gleich EM ist), so ist das ganze AE kleiner als $3E\pi$, folglich ist $E\pi$ grösser als EN, und weil εM gleich $3M\pi$ ist, und weil ME sammt $2\varepsilon A$ gleich $3ME$ ist, wird AE sammt $A\varepsilon$ gleich $3E\pi$ sein. Aber EA ist gleich $3EN$, folglich ist der Rest $A\varepsilon$ gleich $3\pi N$, und mithin $N\pi$ der sechste Theil von AV, w. z. b. w. — Man kann also einem parabolischen Conoid eine Figur ein-, und eine andere umschreiben, so dass die Schwerpunkte beider um weniger von einander abstehen, als irgend eine gegebene Linie. Denn nimmt man zur gegebenen Linie eine sechsfache, und macht man die Cylinderaxenlängen kleiner, so werden die Unterschiede der Schwerpunkte vom Punkte N kleiner als die gegebene Strecke sein.

Andere Methode: Die Axe des Conoides CD (Fig. 129) werde in O getheilt, so dass CO gleich $2OD$ sei. Man soll beweisen, dass der Schwerpunkt der eingeschriebenen Figur in OD liege, der umschriebenen in CO. Durch die Axe CD lege man eine Schnittebene. Die Cylinder SN, TM, VJ, XE verhalten sich wie die Quadrate von SD, TN, VM, XJ; diese wiederum verhalten sich wie die Strecken NC, CM, CJ, CE; letztere unterscheiden sich um gleich viel, nämlich um CE; der Cylinder TM ist gleich dem QN, VJ gleich PN, XE gleich LN; mithin unterscheiden sich die Cylinder SN, QN, PN, LN um gleich viel, und zwar um LN.

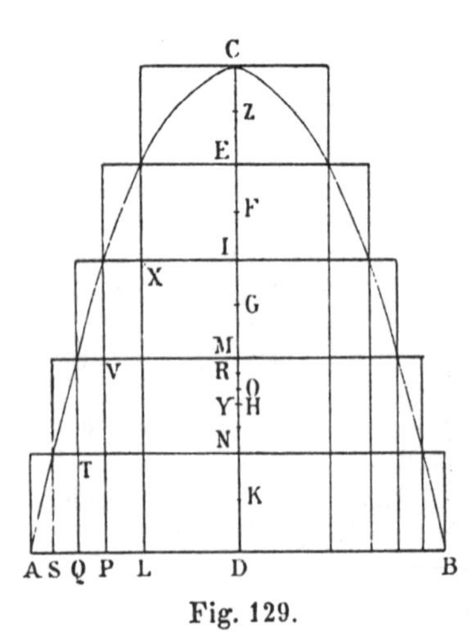

Fig. 129.

Aber der Unterschied der Cylinder SN, QN bildet einen Ring von der Höhe QT gleich ND und der Breite SQ; und der von QN, PN ist ein Ring von der Breite QP, der Unterschied von PN und LN ein Ring von der Breite PL. Mithin sind die Ringe SQ, QP, PL einander gleich und gleich dem Cylinder LN. Mithin ist der Ring ST gleich dem Cylinder XE; der Ring QV ist doppelt so gross und gleich dem Cylinder VJ, der selbst gleich $2\,XE$ ist; mithin ist der Ring PX dem Cylinder TM und der Cylinder LE dem SN gleich. Auf einem Hebelarm KF verbinden K und F die Mittelpunkte der Strecken EJ und DN. Sie werden in H und G in gleiche Theile getheilt, und in diesen Punkten werden Grössen angebracht gleich den Cylindern SN, TM, VJ, XE, so dass der Schwerpunkt des ersteren in K, des zweiten in H, des dritten in G, des vierten in F liege. Nun nehmen wir noch einen anderen Arm MK an, gleich $\frac{1}{2}FK$, ebenso in ebensoviel Punkten in gleichen Abständen getheilt, nämlich MH, HN, NK, und in diesen bringen wir andere Grössen an, als in FK, an Zahl und Grösse gleich und mit den Schwerpunkten in M, H, N, K und in gleicher Weise angeordnet, denn der Cylinder LE hat seinen Schwerpunkt in M und ist gleich dem Cylinder SN, dessen Schwerpunkt in K liegt; der Ring PX aber hat seinen Schwerpunkt in H, und ist gleich dem Cylinder TM, dessen Schwerpunkt in H liegt; der Ring QV mit dem Schwerpunkt in G ist gleich VJ, dessen Schwerpunkt in N; endlich der Ring ST in K gleich XE in F. Folglich theilt der Schwerpunkt der genannten Grössen den Arm in demselben Verhältniss, daher ist das Centrum dasselbe und auf beiden Hebeln derselbe Punkt, etwa Y. Daher ist FY zu YK wie KY zu YM und folglich FY gleich $2\,YK$; halbirt man CE in Z, so wird ZF gleich $2\,KD$ sein, und ZD gleich $3\,DY$; allein CD ist gleich $3\,DO$, mithin ist die Strecke DO grösser als DY; und deshalb liegt Y, der Schwerpunkt der eingeschriebenen Figur, näher zur Basis als der Punkt O. Da ferner CD zu DO wie ZD zu DY, so ist auch CZ zu YO wie CD zu DO; also ist YO der dritte Theil von CZ und der sechste Theil von CE. Ebenso können wir beweisen, dass die Cylinder der umschriebenen Figur um gleich viel von einander unterschieden sind, und zwar um den Betrag des kleinsten von ihnen, und wenn ihre Schwerpunkte gleichmässig am Arme KZ vertheilt und ähnlich die diesen Cylindern gleichen Ringe auf einem anderen Arme KG, gleich $\frac{1}{2}KZ$, angebracht werden, der Schwerpunkt R der umschriebenen Figur den Arm so theile, dass ZR zu RK sich verhält wie KR zu RG. Mithin wird ZR gleich $2RK$ sein; CZ aber ist gleich LD und nicht doppelt so gross, folglich ist CD kleiner als $3DR$, und die Gerade DR grösser als DO, d. h. der Schwerpunkt der umschriebenen Figur liegt weiter von der Basis, als der Punkt O. Da nun ZK gleich $3KR$ und KD sammt $2ZC$ gleich $3KD$, so ist CD sammt CZ das dreifache von DR; aber CD ist gleich $3DO$, folglich ist der Rest CZ gleich $3RO$ und mithin OR gleich dem sechsten Theile von EC, w. z. b. w.

Jetzt kann bewiesen werden, dass der Schwerpunkt eines parabolischen Conoïdes so die Axe theile, dass die dem Gipfel zuliegende Strecke das Doppelte der basalen betrage. —

Ein parabolisches Conoïd habe die Axe AB (Fig. 130); dieselbe sei in N getheilt, so dass AN gleich $2NB$ sei. Es soll bewiesen werden, dass N der Schwerpunkt sei. Liegt letzterer nicht in N, so muss er ober- oder unterhalb sich befinden. Angenommen, er läge unterhalb in X, so mache man LO gleich NX. Ferner theile man LO in S, und das Verhältniss der Summe der beiden Strecken BX und OS zu OS habe das Verhältniss des Conoïdes zum festen Körper Y. Man zeichne eine eingeschriebene Figur aus Cylindern gleicher Höhe, so zwar, dass das zwischen dem Schwerpunkte und dem Punkte N liegende Stück kleiner als LS sei, der Ueberschuss des Conoïdes über der eingeschriebenen Figur sei kleiner als Y; es ist offenbar, dass letzteres ausführbar ist. Es sei J der Schwerpunkt des eingeschriebenen Körpers; alsdann ist JX grösser als SO, und da XB sammt OS zu OS wie das Conoïd zu Y (und Y ist grösser als der Ueberschuss des Conoïdes über der eingeschriebenen Figur), so wird auch das Conoïd zum genannten Ueberschuss ein grösseres Verhältniss haben, als BX sammt OS zu OS, und mithin hat die eingeschriebene Figur zu demselben Ueberschuss ein grösseres Ver-

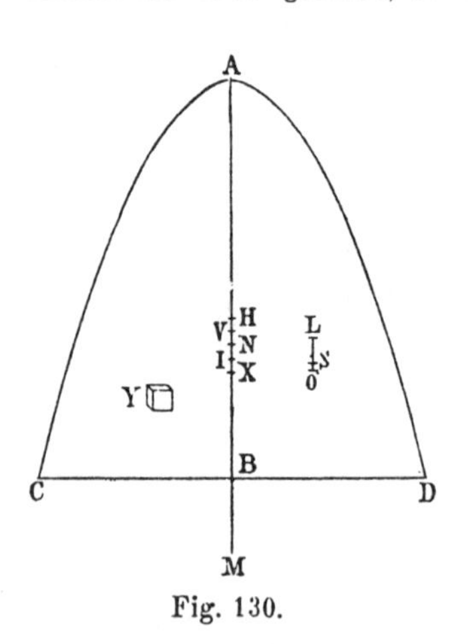

Fig. 130.

hältniss, als BX zu SO; aber BX zu XJ ist kleiner als BX zu SO; daher wird die eingeschriebene Figur zu den Reststücken ein weit grösseres Verhältniss haben, als BX zu XJ. Wie nun das Verhältniss der eingeschriebenen Figur zu den Reststücken sei, so verhalte sich eine gewisse andere Linie zu XJ. Offenbar wird sie grösser sein als BX. Gesetzt, sie sei MX. Wir haben also den Schwerpunkt des Conoïdes in X, den der eingeschriebenen Figur in J, mithin wird der des Ueberschusses beider in XM liegen, und zwar so, dass das Verhältniss der eingeschriebenen Figur zum Ueberschuss gleich dem der fraglichen Strecke zu XJ. Allein es ward bewiesen, dass dieses Verhältniss gleich dem von MX zu XJ sei: folglich ist M der Schwerpunkt des Ueberschusses, — was offenbar unmöglich ist, denn wenn durch M eine Gerade parallel der Basis gezogen wird, so liegen alle Grössen nach ein und derselben Seite und werden nicht von einander getrennt. Hieraus folgt, dass der Schwerpunkt nicht unterhalb N liegen könne. Aber eben so wenig oberhalb. Denn wenn es möglich wäre, etwa in H, und wiederum, wie vorhin, LO gleich HN genommen und in S getheilt wird, so dass BN sammt SO sich zu SL verhält, wie das Conoïd zu Y, und wenn dem Conoïd eine aus Cylindern bestehende Figur umschrieben wird, so dass der Unterschied kleiner als Y sei und die Strecke vom Schwerpunkt der umschriebenen Figur bis zu N kleiner als SO sei, so wird der Rest VH grösser als LS sein; und da BN sammt OS zu SL wie das Conoïd zu Y (denn Y ist grösser als der Ueberschuss der umschriebenen Figur über dem Conoïd), so hat BN sammt SO zu SL ein kleineres Verhältniss, als das Conoïd zum Ueberschuss. Aber BN ist kleiner als BN sammt SO; VH dagegen ist grösser als SL; mithin hat um so mehr das Conoïd zu den genannten Grössen ein grösseres Verhältniss, als BV zu VH. Dem Verhältniss des Conoïdes zu den genannten Grössen sei das von VH zu einer Linie gleich, die grösser als BV sein wird. Es sei MV diese Strecke. Da der Schwerpunkt der umschriebenen Figur in V liegt, der des Conoïdes in H, und da das Conoïd zum Ueberschuss wie MV zu VH sich verhält, so müsste M der Schwerpunkt des Ueberschusses sein, was wiederum unmöglich ist. Mithin liegt der Schwerpunkt des Conoïdes nicht oberhalb N. Da er sich auch nicht unterhalb N befinden kann, so kann er nur in N selbst liegen. Aehnlich wird ein Conoïd behandelt, welches von einer zweiten Ebene unterhalb des Gipfels abgeschnitten wird. Zunächst beweisen wir auf anderem Wege, dass der Schwerpunkt des parabolischen Conoïdes zwischen denen der ein- und umschriebenen Figur liegt:

Das Conoïd habe die Axe AB (Fig. 131); der Schwerpunkt der umschriebenen Figur sei C, der eingeschriebenen O. Ich behaupte, der des Conoïdes liege zwischen C und O. Wenn aber nicht, so müsste er unterhalb, oberhalb oder in einen der beiden fallen. Angenommen, er liege unterhalb, in R. Da R der Schwerpunkt des ganzen Conoïdes, während O das der eingeschriebenen Figur ist, so wird der des Unterschiedes beider in OR liegen über R hinaus, so zwar, dass der Ueberschuss zur eingeschriebenen Figur sich verhält wie OR zu RX. Nun kann X innerhalb des Conoïdes fallen, oder ausserhalb, oder auf die Basis. In letzten beiden Fällen ist die Absurdität schon offenbar; fällt X innerhalb, so ist, weil XR zu RO wie die eingeschriebene Figur zum Ueberschuss, auch BR zu RO wie die eingeschriebene Figur zum Körper H, welcher kleiner ist, als der Ueberschuss. Man schreibe eine andere Figur ein, die einen Ueberschuss hat, kleiner als H, dessen Schwerpunkt falle unterhalb CO, etwa in V. Da die erstere Figur zu H wie BR zu RO, die zweite aber, deren Schwerpunkt V mehr enthält und um weniger vom Conoïd abweicht als H, so verhält sich die zweite Figur zum Ueberschuss wie RU, welches grösser sein wird als BR, zu BR selbst. Aber R ist der Schwerpunkt des Conoïdes und V der der eingeschriebenen Figur: mithin müsste der Schwerpunkt des Ueberschusses ausserhalb des Conoïdes, unterhalb B liegen, was unmöglich ist. Ebenso beweist man, dass der Schwerpunkt des Conoïdes nicht auf der Strecke CA liegen könne. Offenbar aber kann er auch weder in C noch in O sich befinden. Denn wenn solches möglich wäre, so könnte man andere Figuren beschreiben, die eingeschriebene grösser als diejenige, deren Schwerpunkt in O, die umschriebene kleiner als diejenige, deren Schwerpunkt in C, und es würde der Schwerpunkt des Conoïdes ausserhalb dieser neuen Strecke fallen, was nach dem Vorigen wiederum unmöglich ist. Folglich liegt er zwischen beiden. Dann

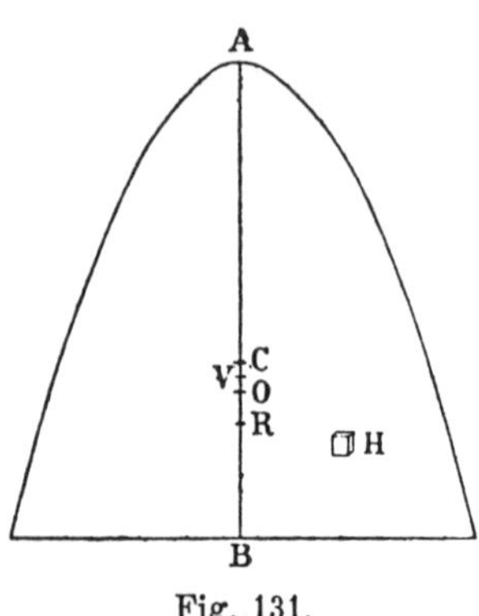

Fig. 131.

aber folgt, dass er durchaus in demjenigen Punkte, der die Axe in zwei Theile theilt, deren einer dem Gipfel zunächst, das Doppelte der anderen, der basalen, betrüge, da man Figuren ein- und umschreiben könnte, deren Schwerpunkte näher zum fraglichen Punkte lägen, als irgend eine angebbare Linie, denn sonst liesse sich wiederum beweisen, dass der Conoïdschwerpunkt nicht innerhalb der Distanz der beiden Schwerpunkte zu liegen komme.

»Wenn drei Linien einander proportional sind, und wenn die kleinste zum Ueberschuss der grössten über die kleinste sich verhält, wie eine gewisse Strecke zu $\frac{2}{3}$ des Ueberschusses der grössten über die mittlere, und wenn ferner die Summe der grössten und der doppelt genommenen mittleren sich zum dreifachen Betrage der Summe der beiden grösseren sich verhält, wie eine gewisse andere Strecke zum Ueberschuss der grösseren über die mittlere Linie, so ist die Summe jener beiden Strecken gleich einem Dritttheil der grössten Linie.«

Es seien die drei Linien AB, BC, BF (Fig. 132) folgweise proportional, und wie BF zu FA, so verhalte sich eine Strecke MS zu $\frac{2}{3}CA$, und so wie AB sammt $2BC$ zur dreifachen Summe von AB und BC, so verhalte sich eine andere Strecke SN zu AC. Es soll bewiesen werden, dass MN gleich $\frac{1}{3}AB$ sei. Da AB, BC, BF folgweise proportional sind, so hat auch AC, CF dasselbe Verhältniss. Folglich AB zu BC wie AC zu CF und auch $3AB$ zu $3AC$ wie AC zu CF. Mithin $3AB$ sammt $3BC$ zu $3BC$ wie AC zu einer Strecke, die kleiner ist als CF. Sie sei gleich CO. Durch Zusammensetzung und Umkehrung findet man OA zu CA wie $3AB$ sammt $6BC$ zu $3AB$ sammt $3BC$; ferner ist AC zu SN wie $3AB$ sammt $3BC$ zu AB sammt $2BC$; mithin ist OA zu NS wie $3AB$ sammt $6BC$ zu AB sammt $2BC$; aber $3AB$ sammt $6BC$ sind das Dreifache von AB sammt $2BC$; folglich ist AO gleich $3SN$.

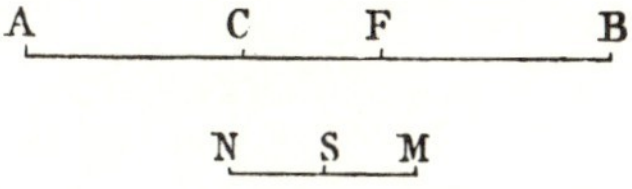

A C F B

N S M

Fig. 132.

Weil andererseits OC zu CA wie $3CB$ zu $3AB$ sammt $3CB$, und weil CA zu CF wie $3AB$ zu $3BC$, so ist OC zu CF wie $3AB$ zu $3AB$ sammt $3BC$, mithin OF zu FC wie $3BC$ zu $3AB$ sammt $3BC$; aber wie CF zu FB, so verhält sich AC zu CB und $3AC$ zu $3BC$. Folglich wie OF zu FB, so $3AC$ zu $3AB$ sammt $3BC$. Folglich ist die ganze Linie OB zu BF wie $6AB$ zur dreifachen Summe von AB und

AC. Da FC zu CA dasselbe Verhältniss hat, wie CB zu BA, so ist FC zu CA wie BC zu BA, mithin FA zu AC wie BA sammt BC zu BA, und das Dreifache zum Dreifachen; wie also FA zu AC, so $3BA$ sammt $3BC$ zu $3AB$, mithin wie FA zu $\frac{2}{3}AC$, so $3BA$ sammt $3BC$ zu $\frac{2}{3}$ von $3BA$, d. h. zu $2BA$: aber wie FA zu $\frac{2}{3}AC$, so FB zu MS. Folglich wie FB zu MS, so $3BA$ sammt $3BC$ zu $2AB$. Da nun OB zu FB wie $6AB$ zu $3AB$ sammt $3BC$, so ist OB zu MS wie $6AB$ zu $2AB$, folglich ist MS gleich $\frac{1}{3}OB$. Da endlich SN gleich $\frac{1}{3}AO$ war, so ist MN gleich $\frac{1}{3}AB$, w. z. b. w.[1])

»Ein stumpfes parabolisches Conoïd hat seinen Schwerpunkt in der Axe. Wird dieselbe in drei gleiche Theile getheilt, so liegt der Schwerpunkt im mittleren Stück und theilt dasselbe so ab, dass die der kleineren Basis zugekehrte Strecke zur anderen sich verhält, wie die grössere Basis zur kleineren.«

Vom vollen Conoïd mit der Axe RB (Fig. 133) sei ein Theil mit der Axe BE abgeschnitten durch eine der Basis parallele Ebene. Eine andere Ebene, senkrecht zur Basis durch die Axe gelegt, schneide das volle Conoïd in der Parabel V, R, C; die beiden Basis werden in LM, VC geschnitten. Man theile EB in drei gleiche Theile, das mittlere Stück sei QY. Dasselbe werde in F so getheilt, dass das Verhältniss der Basis mit dem Diameter VC zu der Basis mit dem Diameter LM, oder dass

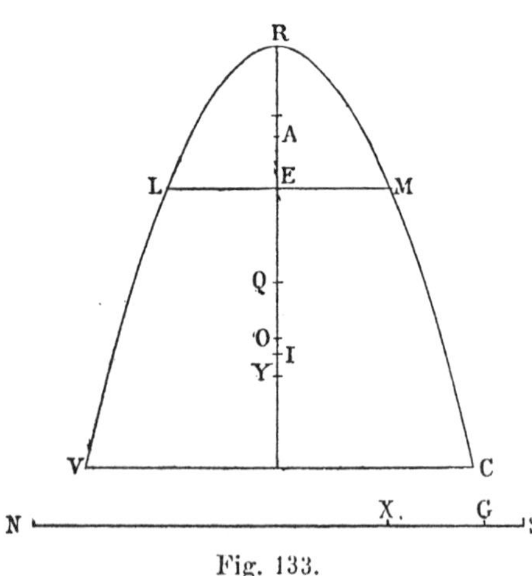

Fig. 133.

das Verhältniss der Quadrate von VC und LM gleich sei dem von QJ zu JY. Es soll bewiesen werden, dass J der Schwerpunkt des Stumpfes LMC sei. Man nehme eine Linie NS gleich BR und schneide SX gleich ER ab, dann bilde man zu NS, SX die dritte Proportionale SG und mache BQ zu JO wie NG zu GS. Es ist gleichgültig, ob der Punkt O oberhalb oder unterhalb LM fällt, und weil im Schnitt VRC die Linien LM, VC der Parabel zugehören, so verhalten sich die Quadrate von VC, LM wie die Linien BR, RE; aber die Quadrate von VC, LM verhalten sich wie QJ zu JY und wie BR zu RE, so verhält sich NS zu SX, folglich ist QJ zu JY wie NS zu SX. Wie mithin QY zu YJ, so verhält sich NS sammt SX zu SX, und wie EB zu YJ, so $3\,NS$ sammt $3\,SX$ zu SX; wie aber EB zu BY, so $3\,NS$ sammt $3\,SX$ zu NS sammt SX; folglich wie EB zu BJ, so $3\,NS$ sammt $3SX$ zu NS sammt $2\,SX$. Mithin sind die drei Linien NS, SX, GS proportional, und wie SG zu GN, so verhalte sich eine gewisse Strecke OJ zu $\frac{2}{3}EB$ oder zu $\frac{2}{3}NX$. Wie nun NS sammt $2\,SX$ zu $3\,NS$ sammt $3\,SX$, so sei eine gewisse andere Strecke JB zu BE oder zu NX. Nach dem vorigen Satz sind die beiden Strecken zusammen gleich $\frac{1}{3}NS$ oder gleich $\frac{1}{3}RB$; folglich ist RB gleich $3\,BO$, mithin ist O der Schwerpunkt des Conoïdes VRC. Es sei nun A derjenige des Conoïdes LRM; mithin liegt der Schwerpunkt des Stumpfes in der Linie OB, und zwar so, dass, wie der Stumpf $VLMC$ sich zum Conoïde LRM verhält, so auch die Linie AO zu derjenigen, die von O bis zum fraglichen Punkte reicht. Nun ist RO gleich $\frac{3}{4}RB$ und und RA gleich $\frac{3}{4}RE$: folglich ist der Rest AO gleich $\frac{3}{4}EB$. Da ferner der Stumpf $VLMC$ zum Conoïd LMR wie NG zu GS, und auch wie $\frac{2}{3}EB$ zu OJ, AO aber gleich $\frac{3}{4}EB$ ist, so verhält sich der Stumpf $VLMC$ zum Conoïd LMR wie AO zu OJ. Daher ist J der Schwerpunkt des Stumpfes und theilt die Axe so, dass der der kleineren Basis zugekehrte Theil zum anderen sich verhält, wie die doppelte grössere Basis sammt der kleineren zur doppelten kleineren mitsammt der grösseren. Welches der Inhalt des eleganter ausgedrückten Theorems ist.

»Wenn mehrere Grössen so geordnet sind, dass die zweite gleich der ersten sammt dem Doppelten der ersten, die dritte gleich der zweiten sammt dem Dreifachen der ersten, die vierte gleich der dritten sammt dem Vierfachen der ersten, jede spätere gleich der vorherigen sammt dem sovielsten der ersten, als die Ordnungszahl anzeigt, und wenn diese Grössen an einem Wegearm äquidistant angebracht werden, so theilt der Schwerpunkt den letzteren so, dass der den kleinen Grössen zugekehrte Theil das Dreifache des anderen beträgt.«

Es sei LT (Fig. 134) der Hebelarm, an welchem die Grössen A, F, G, H, K angebracht seien, die erste in T. Ich behaupte, der Schwerpunkt schneide den Arm TL so, dass der nach T hin liegende Theil das Dreifache des übrigen sei. Es sei TL gleich $3\,LJ$, und SL gleich $3\,LP$, ferner QL gleich $3\,LN$ und LP gleich $3\,LO$, alsdann werden JP, PN, NO, OL einander gleich sein. Man denke sich in F eine Grösse gleich $2\,A$ angebracht, in G gleich $3\,A$, in H gleich $4\,A$ u. s. f. und überlege, wie viel an jeder Stelle nachbleibt. Der Rest in F ist B gleich A, und nimmt man $2B$ in G fort, $3B$ in H u. s. f. überall Vielfache von B; ferner ähnlich die C, die D und die E; alsdann werden alle die A zusammen so gross sein wie K; alle die B sind gleich H; die C gleich G; alle die D gleich F und E gleich A. Da nun TI gleich $2IL$, so ist I der Schwerpunkt aller A, und ähnlich da SP gleich $2\,PL$, so ist P der Schwerpunkt aller B, ferner N derjenige aller C, O der aller D und L der von E. Also ist am Arm TL in gleichen Abständen K, H, G, F, A angebracht und an IL ebenso in gleichen Abständen eben so viele Grössen in derselben Ordnung, da alle A in I angebracht gleich K in L, alle B in P gleich H in P, alle C in N gleich G in Q, alle D in O gleich F in S und endlich E in L gleich A in T. Mithin werden die Arme in derselben Ordnung von Schwerpunkten getheilt. Allein alle diese Grössen haben ein und denselben Schwerpunkt in beiden Fällen. Mithin ist es ein und derselbe in der Geraden TL und in der Geraden LI. Es sei X. Mithin verhält sich TX zu XL wie LX zu XI und wie LT zu LI; aber TL ist gleich $3\,LI$, mithin ist auch TX gleich $3\,XL$.

L O	N P I	Q	S	T
A	A	A	A	A
A	A	A	A	a
A	A	A	B	
A	A	B	F	
A	B	B		
B	B	C		
B	B	G		
B	C			
B	C			
C	D			
C	H			
C				
D				
D				
E				
K				

Fig. 134.

»Wenn mehrere Grössen so geordnet sind, dass die zweite gleich der ersten sammt dem Dreifachen der ersten, und die dritte gleich der zweiten sammt dem Fünffachen der ersten, die vierte gleich der dritten sammt dem Siebenfachen der ersten, u. s. f. irgend eine Grösse gleich der Vorhergehenden sammt einem unpaarigen Vielfachen der ersten, — ebenso wie die Quadrate der um eine Grösse zunehmenden Linien sich von einander unterscheiden, — und werden jene Grössen gleichabständig auf einem Raume vertheilt, so liegt der Schwerpunkt Aller so, dass das den kleineren Grössen zugekehrte Stück mehr als das Dreifache des Uebrigen beträgt, und wenn letzteres von jenem abgezogen wird, weniger als das Dreifache nachbleibt.«

Auf dem Arme BE (Fig. 135) seien die beschriebenen Grössen angebracht. Man fasse von denselben je solche Theile zusammen, wie sie in dem vorigen Satze (Fig. 134) angeordnet waren. Man findet eine aus lauter A zusammengesetzte Gruppenvertheilung, desgleichen aus C, bei welchen der grösste Betrag fehlt. Es sei ED gleich $3BD$ und GF gleich $3FB$, so ist D der Schwerpunkt aller A, während F aus allen C besteht. Somit liegt der Schwerpunkt aller A und C zwischen D und F. Er sei in O. Mithin ist EO grösser als $3\,OB$, GO dagegen ist kleiner als $3\,OB$, w. z. b. w.

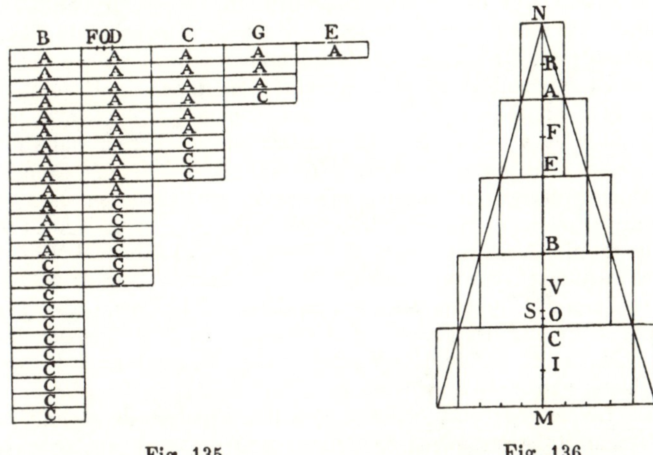

Fig. 135. Fig. 136.

»Wenn einem Kegel oder einem Theile eines Kegels eine Figur aus Cylindern gleicher Höhe eingeschrieben, und eine andere umschrieben wird, und wenn die Axe so getheilt wird, dass der dem Scheitel zugekehrte Theil das Dreifache des übrigen beträgt, so wird der Schwerpunkt der eingeschriebenen Figur näher zur Basis liegen, als jener Theilpunkt, derjenige der umschriebenen Figur dagegen näher zum Scheitel.«

Der Kegel mit der Axe NM (Fig. 136) sei gegeben. Der Punkt S liege so, dass NS gleich $3\,SM$. Ich behaupte, der Schwerpunkt der eingeschriebenen Figur liege in NM, unterhalb S, nach der Basis zu, der der umschriebenen oberhalb S, dem Gipfel zu. Die Axen der eingeschriebenen Cylinder seien MC, CB, BE, EA, sämmtlich einander gleich. Der erste Cylinder, dessen Axe MC, verhält sich zum zweiten, dessen Axe CB, wie beider Basis, also auch wie die Quadrate von CN und NB. Ganz ähnlich die Cylinder, deren Axen CB und BE wie die Quadrate von BN und NE, und die Cylinder, deren Axen BE und EA wie die Quadrate von EN und NA. Aber die Linien NC, NB, NE, NA sind um gleich viel unter einander verschieden, und zwar um den Betrag der kleinsten, NA. Mithin verhalten sich die Grössen der auf einander liegenden Cylinder der eingeschriebenen Figur wie die Quadrate von Linien gleichen Unterschiedes, deren Unterschied gleich der kleinsten Linie. Auf einem Arm FI sind die Grössen also in dieser Weise angebracht. Aus dem Vorhergehenden folgt, dass der Schwerpunkt Aller den Arm FI so theile, dass der F zugekehrte Theil mehr als das Dreifache der Uebrigen betrage. Er liege in O; also ist FO mehr als $3\,OI$. Aber FN ist gleich $3\,IM$, folglich ist MO kleiner als $\frac{1}{4}MN$, da MS gleich $\frac{1}{4}MN$ gesetzt ist. Folglich liegt O der Kegelbasis näher als S. Ferner habe die umschriebene Figur die Axen MC, CB, BE, EA, AN, sämmtlich einander gleich; ähnlich wie vorhin wird bewiesen, dass sie sich verhalten wie die Quadrate von NM, NC, NB, NE, NA, die um gleich viel unterschieden sind, und zwar um AN; der Schwerpunkt Aller liegt also so in V, dass in dem Arme IR der Theil RV grösser als $3\,VI$, während FV kleiner als $3\,VI$ ist. Aber NF ist gleich $3\,IM$, folglich ist VM grösser als $\frac{1}{4}MN$, da MS gleich $\frac{1}{4}MN$ gesetzt war. Folglich liegt V dem Scheitel näher als S, w. z. b. w.

»Einem gegebenen Kegel lassen sich Figuren aus Cylindern gleicher Höhe zusammengesetzt ein- und umschreiben, so dass die zwischen den Schwerpunkten beider liegende Strecke kleiner sei, als irgend eine gegebene Linie.«

Es sei der Kegel (Fig. 137) mit der Axe AB gegeben, sowie die Linie K. Es sei L ein Cylinder, gleich demjenigen, der dem Kegel eingeschrieben wird, mit einer Höhe gleich AB, und AB werde so in C getheilt, dass AC gleich $3\,CB$ sei, und wie AC zu K, so verhalte sich der Cylinder L zum Körper X. Ferner werde dem Kegel eine Figur aus Cylindern gleicher

Höhe umschrieben, und eine andere ebensolche Figur werde eingeschrieben, so zwar, dass der Unterschied beider kleiner sei als X; endlich sei der Schwerpunkt der umschriebenen in E oberhalb C, der eingeschriebenen, S, unterhalb C. Ich behaupte, ES sei kleiner als K. Wenn nicht, so nehme man EO gleich CA. Da nun OE zu K wie L zu X, die eingeschriebene Figur aber nicht kleiner ist als der Cylinder L, während der Unterschied gegen die umschriebene Figur kleiner ist als X und mithin die eingeschriebene ein grösseres Verhältniss zum Ueberschuss beider hat, als OE zu K, während ferner OE zu K nicht kleiner ist als OE zu ES (da ES nicht kleiner als K), so wird die eingeschriebene Figur zum Ueberschuss ein grösseres Verhältniss haben, als OE zu ES. Wie aber der Ueberschuss zur eingeschriebenen Figur, so verhalte sich die Linie ES zu einer Strecke, die grösser als EO sein wird, und die gleich ER sei. Der Schwerpunkt der umschriebenen Figur liegt in E, der der eingeschriebenen in S. Nun weiss man, dass der Schwerpunkt des Ueberschusses in RE liege, und zwar so, dass das Verhältniss der eingeschriebenen Figur zum Ueberschuss sich verhalte, wie die Strecke von E bis zu dem fraglichen Punkte zu ES; dasselbe Verhältniss hat auch RE zu ES; folglich müsste R der Schwerpunkt des Ueberschusses sein, was unmögiich ist, da eine parallel der Basis durch R hindurch gelegte Ebene die Massen nicht von einander trennt. Mithin ist es unrichtig, dass ES nicht kleiner als K sei, mithin ist ES kleiner als K. Dasselbe lässt sich für eine Pyramide beweisen.

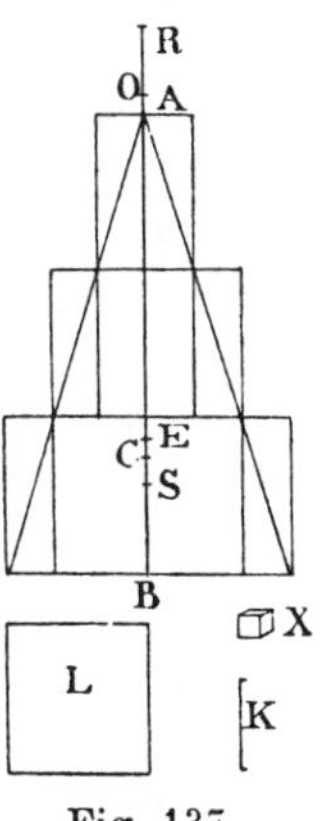

Fig. 137.

Aus dem Vorhergehenden erhellt, dass einem gegebenen Kegel eine aus Cylindern gleicher Höhe bestehende Figur ein- und umschrieben werden könne, deren Schwerpunkte von demjenigen Punkte, der die Axe im Verhältniss von 3 zu 1 theilt, weniger entfernt seien, als irgend eine gegebene Strecke. Denn da jener die Axe im genannten Verhältniss theilende Punkt stets zwischen den Schwerpunkten der ein- und umschriebenen Figur liegt, so kann auch die zwischen den Schwerpunkten selbst liegende Strecke kleiner als jede gegebene Linie sein, da die Entfernung zwischen den einzelnen Schwerpunkten und jenem Theilpunkte sehr viel kleiner als die gegebene Linie sein könnte.

»Der Schwerpunkt eines Kegels oder einer Pyramide theilt die Axe so, dass der dem Scheitel zugekehrte Theil das Dreifache des basalen beträgt.«

Ein Kegel, dessen Axe AB (Fig. 138), werde in C getheilt, so dass AC gleich $3BC$ sei. Es soll bewiesen werden, dass der Schwerpunkt in C liege. Wenn nicht, so wird derselbe oberhalb oder unterhalb C liegen. Angenommen, er läge unterhalb in E. Man nehme SP gleich CE und theile in N, so dass BE sammt PN zu PN wie der Kegel zum Körper X. Dann schreibe man eine aus Cylindern gleicher Höhe bestehende Figur ein, deren Schwerpunkt von C weniger abstehe, als um SN, und dass der Unterschied gegen den Kegel kleiner sei als X, denn dass solches möglich sei, ward soeben bewiesen. Der bezügliche Schwerpunkt liege in I. Mithin ist IE grösser als NP, da SP gleich CE und IC kleiner als SN: da nun BE sammt NP zu NP wie der Kegel zu X und da der Ueberschuss kleiner ist als X, so wird der Kegel zum Ueberschuss ein grösseres Verhältniss haben, als BE sammt NP zu NP, also auch die eingeschriebene Figur zum Ueberschuss grösser als BE zu NP. Aber BE zu EI ist kleiner als BE zu NP sammt EI; um so mehr ist die eingeschriebene Figur zum Ueberschuss grösser als BE zu EI. Wie also die eingeschriebene Figur zum Ueberschuss, so verhalte sich EI zu einer Linie, die grösser ist als BE, und die gleich ME sei. Da nun ME zu EI wie die eingeschriebene Figur zum Ueberschuss, und da E der Schwerpunkt des Kegels ist und I der der eingeschriebenen Figur, so müsste M der Schwerpunkt des Ueberschusses sein, was unmöglich ist. Also liegt der Schwerpunkt nicht unterhalb C. — Aber auch nicht oberhalb; denn läge er in R, so nehme man wiederum SP mit dem Theilungspunkte N, so dass BC sammt NP zu NS sei wie der Kegel zu X; dann umschreibe man eine Figur, die um weniger als X abweicht, so dass der Schwerpunkt der umschriebenen Figur von C weniger absteht, als NP beträgt. Er liege in O. Alsdann wird der Rest OR grösser als NS sein, und da BC sammt PN zu NS wie der Kegel zu X und da der Ueberschuss kleiner als X ist, da-

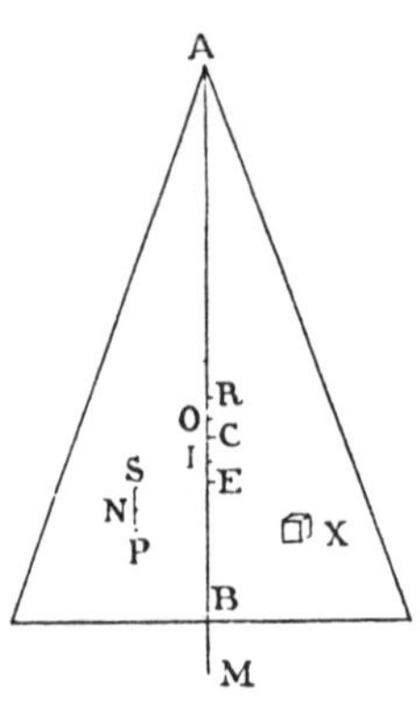

Fig. 138.

gegen BO kleiner als BC sammt PN, und OR grösser als SN, so wird der Kegel zum Ueberschuss ein viel grösseres Verhältniss haben, als BO zu OR. Es sei gleich MO zu OR; alsdann wird MO grösser als BC sein, und M der Schwerpunkt des Ueberschusses, was aber unmöglich ist. Mithin liegt der Kegelschwerpunkt auch nicht oberhalb C; also liegt er in C. Dasselbe gilt für die Pyramide.

»Wenn vier Linien einander folgweise proportional sind, und wenn die kleinste zum Ueberschuss der grössten über die kleinste sich so verhält, wie eine gewisse Strecke zu $\frac{3}{4}$ des Ueberschusses der grössten über die zweite; und wenn eine Linie gleich der grössten sammt der doppelten zweiten und dreifachen dritten zu einer Linie, gleich dem Vierfachen der grössten sammt dem Vierfachen der zweiten sammt dem Vierfachen der dritten sich verhält wie eine gewisse zweite Strecke zum Ueberschuss der grössten über die zweite, so ist die Summe jener beiden Strecken gleich dem vierten Theile der grössten der vier Linien.«

Es seien die vier Strecken AB, BC, BD, BE (Fig. 139) folgweise proportional, und wie BE zu EA, so verhalte sich FG zu $\frac{3}{4} AC$. Wie ferner AB sammt $2BC$ sammt $3BD$ zu $4AB$ sammt $4BC$ sammt $4BD$, so sei KG zu AC. Es soll bewiesen werden, dass KF gleich $\frac{1}{4} AB$ sei. Da nämlich AB, BC, BD, BE folgweise proportional sind, so sind auch AC, CD, DE folgweise proportional, und wie $4AB$ sammt $4BC$ sammt $4BD$ zu AB sammt $2BC$ sammt $3BD$, so verhält sich $4AC$ sammt $4CD$ sammt $4DE$, oder was dasselbe ist $4AE$ zu AC sammt $2CD$ sammt $3DE$; und so verhält sich auch AC zu KG; mithin wie $3AE$ zu AC sammt $2CD$ sammt $3DE$, so auch $\frac{3}{4} AC$ zu KG. Wie aber $3AE$ zu $3EB$, so $\frac{3}{4} AC$ zu GF; also (nach dem 24. Satz des 5. Buches) wie $3AE$ zu AC sammt $2CD$ sammt $3DB$, so $\frac{3}{4} AC$ zu KF, und wie $4AE$ zu AC sammt $2CD$ sammt $3DB$ oder was dasselbe ist wie $4AE$ zu AB sammt CB sammt BD, so AC zu KF und umgekehrt auch $4AE$ zu AC wie AB sammt CB sammt BD zu KF; nun ist aber AC zu AE wie AB zu AB sammt CB sammt BD, folglich auch $4AE$ zu AE wie AB zu KF. Mithin ist KF der vierte Theil von AB.[2])

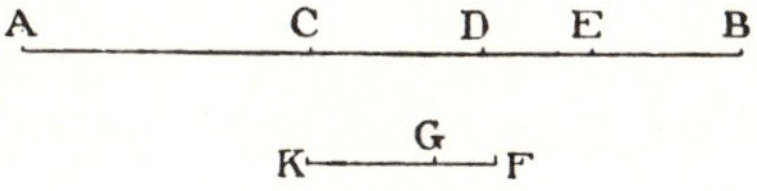

A C D E B

K G F

Fig. 139.

»Eine abgestumpfte Pyramide oder ein stumpfer Kegel hat den Schwerpunkt in der Axe und theilt dieselbe so, dass der der kleineren Basis zugekehrte Theil zum anderen sich verhält wie das Dreifache der grösseren Basis sammt dem doppelten Mittelwerth aus beiden sammt der kleineren Basis zum Dreifachen der kleineren Basis sammt dem doppelten Mittelwerth aus beiden Basen.«

Ein Kegel oder eine Pyramide, deren Axe AD (Fig. 140), werde durch eine der Basis parallele Ebene abgestumpft. Der Stumpf habe die Axe VD, und wie das Dreifache der grösseren Basis sammt dem Mittel aus beiden Basen sammt der kleineren zur dreifachen kleineren sammt dem doppelten Mittel aus beiden sammt der grösseren, so verhalte sich VO zu OD. Es soll bewiesen werden, dass O der Schwerpunkt des Stumpfes sei. Es sei VM gleich $\frac{1}{4}VD$.

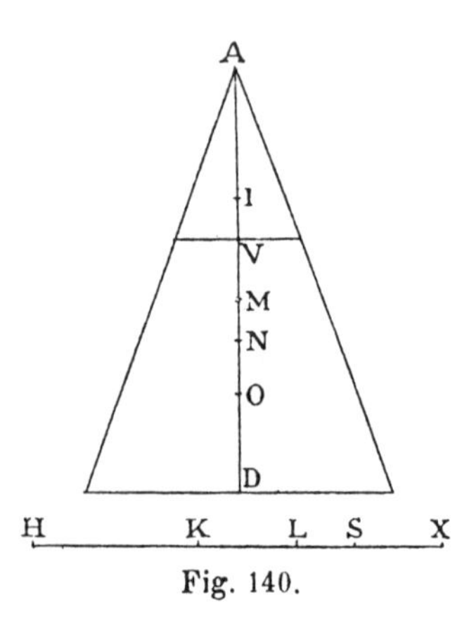

Fig. 140.

Man mache HX gleich AD und es sei KX gleich AV; ferner sei zu HX, KX die dritte Proportionale gleich XL, und zu diesen sei die vierte Proportionale XS; wie ferner HS zu SX, so verhalte sich MD zu einer Strecke, die von O an nach A hin verlaufe und ON sei; da nun die grössere Basis zum Mittel aus beiden Basen sich verhält wie DA zu AV, d. h. wie HX zu XK: und da jene mittlere zur kleineren Basis wie KX zu XL, so verhalten sich die grössere, die mittlere und die kleinere Basis wie HX, XK, KL.

Deshalb verhält sich die dreifache grössere sammt der doppelten mittleren sammt der kleineren zur dreifachen kleineren sammt der doppelten mittleren sammt der grösseren, oder, was dasselbe ist, VO zu OD wie $3\,HX$ sammt $2\,XK$ sammt XL zu $3\,XL$ sammt $2\,XK$ sammt XH: also OD zu DV wie HX sammt $2\,XK$ sammt $3\,XL$ zum Vierfachen von HX sammt XK sammt XL.

Hieraus folgt, dass die vier Linien HX, XK, XL, XS folgweise proportional sind; wie nun XS zu SH, so verhält sich NO zu $\frac{3}{4}DV$, d. h. zu DM oder zu $\frac{3}{4}HK$; wie aber

HX sammt $2\,XK$ sammt $3\,XL$ zu $4\,HX$ sammt $4\,XK$ sammt $4\,XL$, so verhalte sich eine gewisse Strecke OD zu DV, d. h. zu HK. Mithin ist (nach dem Vorigen) DN der vierte Theil von HX oder von AD; folglich ist N der Schwerpunkt des Kegels oder der Pyramide mit der Axe AD. Es liege nun der Schwerpunkt der Pyramide oder des Kegels mit der Axe AV in I. Alsdann liegt der Schwerpunkt des Stumpfes in IN, wenn dasselbe über N hinaus verlängert wird, und zwar liegt er so weit von N entfernt, dass diese Entfernung zu IN sich verhält wie der Stumpf zur Spitze mit der Axe AV. Mithin erübrigt zu beweisen, dass IN zu NO sich verhalte wie der Stumpf zur Spitze mit der Axe AV. Nun verhält sich der volle Kegel mit der Axe DA zur Spitze mit der Axe AV wie der Cubus von DA zum Cubus von AV oder wie die Cuben von HX und XK; d. h. wie HX zu XS; folglich verhält sich HS zu SX wie der Stumpf zur Spitze; nun aber war HS zu SX wie MD zu ON: folglich Stumpf zu Spitze wie MD zu NO. Da aber AN gleich $\frac{3}{4}AD$ und AI gleich $\frac{3}{4}AV$, so ist der Rest IN gleich $\frac{3}{4}VD$; mithin ist IN gleich MD. Aber MD verhält sich zu NO wie der Stumpf zur Spitze, folglich verhalten sich letztere auch wie IN zu NO, woraus der Lehrsatz folgt.

Ende des Anhanges.

Fünfter Tag.

Discurse
zwischen den Herren
Salviati, Sagredo und Simplicio.

Salv. Wie sehr freue ich mich, dass wir nach einer Pause von einigen Jahren uns heute wieder versammeln. Ich weiss, dass Herr *Sagredo* mit seinem rührigen Geiste nicht müssig sein kann; er wird daher inzwischen über die Lehre von der Bewegung, die wir das letzte Mal behandelten, nachgedacht haben. Aus der Unterhaltung mit ihm, sowie auch mit unserem Herrn *Simplicio*, habe ich stets Früchte von nicht gemeiner Art geerntet, daher bitte ich die Herren, irgend neue Gedanken über den von unserem Autor behandelten Gegenstand vorzubringen. Damit wollen wir unsere gewohnten Discurse beginnen und eine nützliche Unterhaltung pflegen.

Sagr. Ich leugne nicht, dass ich in den vergangenen Jahren manche Gedanken mir gemacht habe über die neuen Beziehungen, die unser trefflicher Alter (buon Vecchio) uns aufgedeckt hat in der Lehre von der Bewegung, die er auf Grundsätze der Geometrie aufgebaut hat. Auf Ihre Aufforderung hin will ich etwas aus meinem Gedächtniss herausholen und will Ihnen Gelegenheit geben, meinem Verständniss aufzuhelfen durch Ihre gelehrten Auseinandersetzungen.

Um also auf die Abhandlung über die Bewegung zurück zu kommen, möchte ich Ihnen einen langgehegten und jetzt bei Betrachtung der gleichförmigen Bewegung wieder neu angeregten Zweifel vorhalten. Unser Autor stützt sich nämlich (ebenso wie viele andere ältere und neuere Schriftsteller auch thun) auf den Satz der gleichen Vielfachen. Hier herrscht eine gewisse Dunkelheit in Betreff der fünften, oder wie andere sagen, sechsten Definition im fünften Buche des *Euclid*. Ich schätze mich glücklich, bei dieser Gelegenheit meinen Zweifel Ihnen gegenüber verlautbaren zu dürfen, in der Hoffnung, von demselben völlig befreit zu werden.

Simpl. Für mich erscheint diese erneute Zusammenkunft wie ein besonderes Geschenk des Schicksals, wenn ich gerade über den von Herrn *Sagredo* bezeichneten Gegenstand einiges Licht erhalten könnte. In dem geringen Quantum von Geometrie, das ich in der Knabenschule kennen lernte, ist mir die Schwierigkeit nicht zum Bewusstsein gekommen. Wenn ich nun nach langer Zeit wieder einiges über die speciell genannte Frage erfahre, so wird mir solches von hohem Werthe sein.

Sagr. Ich meine also, dass beim Beweise des ersten Theorems über die gleichförmige Bewegung unser Autor sich auf die Methode der gleichen Vielfachen, auf die fünfte oder sechste Definition im fünften Buche des *Euclid* gestützt hat, und dass, da ich seit lange ein Bedenken gegen diese Definition hatte, mir etwas an der Klarheit fehlte, die ich in der genannten Proposition gewünscht hätte. Eben jenes erste Princip gründlich zu verstehen, wäre mir von hohem Werth, um das Folgende in der Lehre von der Bewegung fester erfassen zu können.

Salv. Eurem Wunsche, meine Herren, hoffe ich zu entsprechen, wenn ich die Definition *Euclid*'s Euch in anderer Weise zugänglich mache und den Weg zeige, auf welchem ich den Begrift der Proportionalität einführen möchte. Indess sollt Ihr wissen, dass in diesem Bedenken Ihr Männer von hervorragender Bedeutung zu Genossen habt, Männer, die gleichfalls lange Zeit unbefriedigt waren über die Behandlung der Frage.

Zudem muss ich bekennen, dass einige Jahre nachdem ich das Studium des fünften Buches des *Euclid* beendet hatte, ich lebhaft das mich umgebende Dunkel empfand. Ich überwand endlich alle Schwierigkeiten durch das Studium der wunderbaren »Spiralen« des *Archimedes*, bei dem ich gleich Eingangs in der schönen Einleitung einen Beweis fand, der dem unseres Autors ähnlich war. Bei dieser Gelegenheit fing ich nun an nachzudenken, ob nicht ein einfacherer Weg zu finden wäre, um dasselbe Ziel zu erreichen und für mich und Andere einen präcisen Begriff der Proportionalität zu gewinnen; nun will ich dem allerstrengsten Urtheil der Herren meine Gedanken unterbreiten.

Zunächst nehme man an (wie auch *Euclid* bei seiner Definition es thut), es seien proportionale Grössen vorhanden. Mit anderen Worten: dass, wenn drei Grössen gegeben seien, die

Proportion, oder die Beziehung, oder das Grössenverhältniss der ersten zur zweiten, auch die dritte zu einer vierten haben könne. Weiter behaupte ich, dass, um eine Definition dieser Proportionalität zu geben, so dass der Leser eine richtige Vorstellung von dem Wesen dieser proportionalen Grössen erhält, wir eine ihrer vorzüglichsten Eigenschaften betrachten müssen, und zwar die einfachste, die auch dem nicht in der Mathematik Gebildeten zugänglich sei. So machte es *Euclid* selbst sehr oft. Erinnern Sie sich, wie er nicht etwa sagt, der Kreis sei eine ebene Figur, bei welcher zwei denselben und sich selber schneidende Linien solche Stücke enthalten, dass die Rechtecke aus den Abschnitten einer jeden denselben Betrag haben; oder eine Figur, in welcher bei allen eingeschriebenen Vierecken die Summe der gegenüberliegenden Winkel stets zweien Rechten gleich sei. Solche Definitionen wären immerhin gut und richtig gewesen. Indess kannte er eine andere Eigenschaft des Kreises, die weit leichter verständlich war, und welcher eine deutlichere Vorstellung entsprach; wer wird leugnen, dass er besser that, diese Eigenschaft zu wählen, um jene entfernter liegenden zu beweisen und später als Schlussfolgerungen vorzuführen?

Sagr. Sie haben vollkommen Recht und ich glaube, man wird selten Jemanden finden, der sich willig zufrieden wissen wird mit der Definition, die ich in Uebereinstimmung mit *Euclid* so hinstelle:

»Vier Grössen sind dann einander proportional, wenn irgend gleiche Vielfache der ersten und dritten Grösse stets grösser oder kleiner oder gleich sind irgend welchen gleichen Vielfachen der zweiten und vierten Grösse.«

Wessen Geistesgaben sind so glücklich beschaffen, sogleich davon überzeugt zu sein, dass wirklich bei vier Proportionalen stets jene Uebereinstimmung der gleichen Vielfachen stattfinde? Oder aber: ob jene Uebereinstimmung nicht auch eintreten könnte, wenn die Grössen nicht in Proportion stehen? Hatte doch schon *Euclid* in den vorhergehenden Definitionen gesagt:

»Die Proportion zwischen zwei Grössen ist eine solche Beziehung oder solch ein Verhältniss zwischen denselben, welches sich auf ihre Quantität bezieht.«

Hier also hatte bereits der Leser erfasst, was ein Verhältniss zweier Grössen sei; dann wird es ihm nicht deutlich sein, ob unter der Beziehung oder dem Verhältniss zwischen der ersten und zweiten Grösse etwas ähnliches zu verstehen sei, wie unter der Beziehung oder dem Verhältniss zwischen der dritten und vierten, wenn jene gleichen Vielfachen der ersten und dritten sich in angedeuteter Art stets gleich unterscheiden von den gleichen Vielfachen der zweiten und vierten Grösse.

Salv. Wie dem auch sei, mir scheint der Ausspruch des *Euclid* mehr ein zu beweisendes Theorem, als eine voran zu stellende Definition zu sein. Da ich so oft meiner Anschauung habe beipflichten hören, so will ich mich bemühen, der unmittelbaren Vorstellung auch derjenigen, die keine Geometrie kennen, entgegen zu kommen, und folgendermaassen mich fassen:

»Vier Grössen sind stets unter einander proportional, d. h. es hat dann die erste zur zweiten dasselbe Verhältniss, wie die dritte zur vierten, wenn die erste gleich ist der zweiten, und auch die dritte gleich der vierten. Oder: wenn die erste eben so viel mal ein Mehrfaches der zweiten, wie die dritte ein Mehrfaches der vierten.« Sollte der Herr *Simplicio* hiergegen ein Bedenken haben?

Simpl. Gewiss nicht.

Salv. Da nun aber zwischen vier Grössen nicht stets die angegebene Gleichheit statthaben wird oder ein ganzes Vielfaches vorgefunden wird, müssen wir weiter gehen, und ich werde mir erlauben, Herrn *Simplicio* zu fragen: Haltet Ihr noch die vier Grössen für proportional, wenn die eine etwa drei und einhalb mal die zweite enthält, und eben so die dritte drei und einhalb mal die vierte?

Simpl. Gewiss gestehe ich das zu und halte die vier Grössen nicht nur dann für proportional, wenn das genannte bestimmte Beispiel, sondern auch dann, wenn irgend ein anderes Vielfaches oder Uebertheiliges statthat.

Salv. Kurz und allgemein gefasst können wir also sagen:

»Vier Grössen sind dann proportional, wenn das Uebermaass (eccesso) der ersten zur zweiten (wie gross dasselbe auch sei) gleich ist dem Uebermaass der dritten über die vierte.«

Simpl. Bis hierzu bemerke ich keine Schwierigkeit, allein ich finde, dass Sie in dieser Definition der proportionalen Grössen nur den Fall beachten, in dem die Vorderglieder grösser sind, denn Sie nehmen an, die erste sei grösser als die zweite, und eben so die dritte grösser als die vierte. Was aber, frage ich, soll ich thun, wenn die Vorderglieder die kleineren sind?

Salv. Nun, wenn die Ordnung der vier Grössen eine solche ist, dass die Vorderglieder kleiner sind, alsdann wird die zweite Grösse die erste, und die vierte die dritte übertreffen. Alsdann belieben Sie die Ordnung umzukehren und nehmen die zweite zuerst, die vierte zudritt. Alsdann werden wiederum die Vorderglieder die grösseren sein und unsere Definition braucht nicht verändert zu werden.

Sagr. So ist es. Wir wollen also stets annehmen, die Vorderglieder seien die grösseren, wodurch die Ausdrucksweise und das Verständniss erleichtert werden wird.

Salv. Ausser der nunmehr festgestellten Definition könnten wir noch folgendermaassen vier proportionale Grössen definiren:

»Wenn die erste Grösse, um zur zweiten ein solches Verhältniss zu haben wie die dritte zur vierten, nicht im Geringsten grösser oder kleiner ist als sie sein soll, alsdann hat sie dasselbe Verhältniss zur zweiten, wie die dritte zur vierten.« Bei dieser Gelegenheit aber will ich den Begriff des grösseren Verhältnisses definiren und sagen:

»Wenn aber die erste Grösse grösser ist, als sie sein müsste, um zur zweiten dasselbe Verhältniss zu haben, wie die dritte zur vierten, alsdann soll gesagt werden, die erste habe zur zweiten ein grösseres Verhältniss, als die dritte zur vierten.«

Simpl. Gut, aber wenn nun die erste Grösse kleiner ist, als sie sein müsste, um zur zweiten dasselbe Verhältniss zu haben, wie die dritte zur vierten?

Salv. Nun, in diesem Falle ist es klar, dass die dritte grösser ist, als sie sein sollte, um zur vierten dasselbe Verhältniss zu haben, wie die erste zur zweiten. Dann belieben Sie die Glieder umzuordnen, indem Sie das dritte und vierte als erstes und zweites nehmen, sowie das erste und zweite als drittes und viertes.

Sagr. Bis hierher verstehe ich vollkommen Eure Absicht und das Princip, auf welches Sie die Proportionalität gründen wollen. Nun, scheint mir, liegt Ihnen ob, auf Grund dieses Principes entweder die ganze fünfte Definition des *Euclid* zu beweisen, oder auf Grund Ihrer beiden Definitionen jene beiden anderen zu demonstriren, die *Euclid* als fünfte und siebente bringt und auf welche er den ganzen Mechanismus des fünften Buches errichtet. Wenn Sie als Schlussfolgerungen jene beiden uns beweisen können, so bleibt mir über diesen Gegenstand Nichts mehr zu wünschen übrig.

Salv. Gerade das war meine Absicht: denn wenn es evident wird, dass vier gegebene proportionale Grössen stets so beschaffen sind, dass irgend welche Vielfache der ersten und dritten stets in gleicher Weise gegen irgend ein Vielfaches der zweiten und vierten sich unterscheiden, alsdann kann man ohne Bedenken an das fünfte Buch des *Euclid* herantreten, und alle

Theoreme über die proportionalen Grössen sind verständlich. Und ferner, wenn mit der aufgestellten Definition über das grössere Verhältniss ich zeigen kann, dass in gewissem Falle bei den Vielfachen der ersten und der dritten, sowie der zweiten und der vierten, dasjenige des ersten das Vielfache der zweiten übertrifft, während das der dritten nicht grösser ist, als das Vielfache der vierten, so wird man mit diesem Satze die übrigen Theoreme über nichtproportionale Grössen erledigen. Denn unsere Schlussfolgerung wird keineswegs eine Definition sein, wie einer solchen, gleich Eingangs, *Euclid* sich bedient.

Simpl. Sobald ich überzeugt sein werde von jenen beiden Eigenschaften des gleichen Vielfachen, d. h. davon, dass, wenn vier Grössen proportional sind, dieselben stets in derselben Weise sich einander anpassen, sei es im Gleichbleiben, im Grösser- oder Kleinersein; und dass, wenn vier Grössen nicht proportional sind, dieselben in gewissen Fällen nicht in genannter Weise übereinstimmen, dann will ich für meinen Theil keine andere Hülfe brauchen, um mit voller Klarheit das ganze fünfte Buch der Elemente des *Euclid* zu verstehen.

Salv. Nun sagt mir, Herr *Simplicio*, wenn wir die vier Grössen A, B, C, D proportional sein lassen, so zwar, dass die erste A zur zweiten B stets dasselbe Verhältniss habe, wie die dritte C zur vierten D, gebt Ihr zu, dass alsdann auch $2A$ zu B sich verhalte, wie $2C$ zu D?

A B

C D

Simpl. Das verstehe ich recht wohl, denn wenn ein A zu B wie ein C zu D, so könnte ich nimmer einsehen, wie $2A$ zu B ein anderes Verhältniss haben könnten, als $2C$ zu D.

Salv. Alsdann werden auch 4, oder 10, oder $100 A$ zu B sich verhalten wie 4 oder 10 oder $100 C$ zu D.

Simpl. Gewiss, wenn nur das Mehrfache beidemal dasselbe ist. Das Gegentheil würde man mir schwerlich beibringen können.

Salv. Also ist es nicht so heikel einzusehen, dass das Mehrfache der ersten zur zweiten sich ebenso verhalte, wie dasselbe Mehrfache der dritten zur vierten. Alles nun, was bis jetzt über Vervielfältigung der Vorderglieder gesagt ist, übertraget gefälligst auf die Hinterglieder, und lasset jene, die Vorderglieder, unverändert, und sagt mir nun: glaubt Ihr, dass bei vier gegebenen proportionalen Grössen, die erste zu zwei zweiten sich anders verhalte, als die dritte zu zweien der vierten?

Simpl. Ich glaube, dass das keineswegs statthaben wird;

im Gegentheil wird auch jetzt, wenn eine erste zu einer zweiten sich verhält wie eine dritte zu einer vierten, dieselbe erste zu zwei, vier oder zehn zweiten sich verhalten wie eine dritte zu zwei, vier oder zehn der vierten Grösse.

Salv. Ihr gebt also zu und versteht es vollständig, dass, wenn vier proportionale Grössen A, B, C, D (Fig. 141) gegeben sind, und die erste und die dritte um ein Gleiches vervielfältigt werden, das Verhältniss dieses Vielfachen E der ersten A zur zweiten B gleich sei dem Verhältniss desselben Vielfachen F der dritten C zur vierten D. Nehmet nun aber an, diese neuen vier Grössen E, B, F, D seien die vier Proportionalen, d. h. das Vielfache E der ersten sei jetzt die erste, die zweite B sei unverändert, das Vielfache F der dritten sei die dritte, und die vierte D bleibe die vierte. Ferner habt Ihr bereits zugestanden, dass nunmehr auch die folgenden Glieder B, D gleichmässig vervielfältigt werden können, d. h. das zweite und vierte, ohne die vorhergehenden zu verändern, und dass dann das Verhältniss der ersten zum Vielfachen der zweiten dasselbe sei, wie das der dritten zum Vielfachen der vierten. Aber diese vier Grössen werden jetzt E, F, d. h. die Vielfachen der ursprünglichen ersten und dritten, und G, H, die gleichen Vielfachen der zweiten und vierten sein.

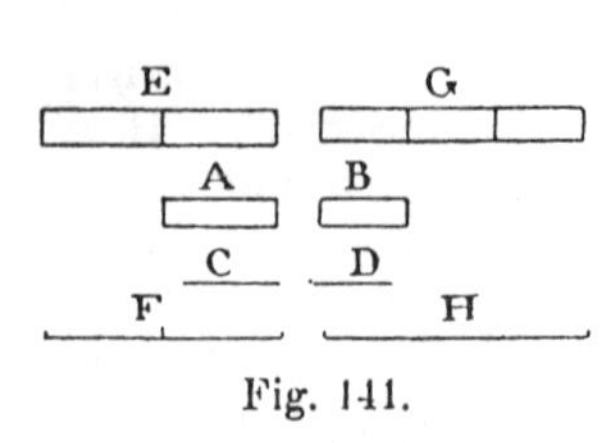

Fig. 141.

Sagr. Ich bekenne mich vollkommen befriedigt und begreife, warum die gleichen Vielfachen stets übereinstimmen in Hinsicht auf ihr Grösser- oder Kleiner- oder Gleichsein. Denn nimmt man die gleichen Vielfachen der ersten und dritten, und andere gleiche Vielfache der zweiten und vierten, so haben Sie mir bewiesen, dass das Vielfache der ersten zu einem beliebigen Vielfachen der zweiten dasselbe Verhältniss habe, wie die ähnlicher Weise gebildeten Vielfachen je der zweiten und vierten, und ich erkenne es klar, dass, wenn das Vielfache der ersten grösser ist als das Vielfache der zweiten, dann auch das Vielfache der dritten das Vielfache der vierten übertreffen muss. Wenn es dagegen kleiner oder gleich ist, wird dasselbe mit dem Verhältniss der dritten zur vierten statthaben.

Simpl. Auch ich empfinde hierin keinerlei Widerstreben. Es bleibt mir indess der Wunsch übrig, zu erfahren, wie (vorausgesetzt, die vier Grössen seien nicht proportional) es wahr sei, dass die gleichen Vielfachen nicht mehr immer jene Uebereinstimmung in Hinsicht auf das Grösser-, Kleiner- oder Gleichsein offenbaren.

Salv. Auch hierin sollt Ihr volle Genüge finden. Von vier Grössen AB, C, D, E sei die erste AB um ein Gewisses grösser, als sie sein müsste, um sich zur zweiten zu verhalten, wie die dritte zur vierten. Nun werde ich beweisen, dass, wenn in einer besonderen Weise ein Vielfaches der ersten und dritten, und wiederum ein anderes Vielfaches der zweiten und vierten genommen wird, das Vielfache der ersten grösser als das der zweiten geworden sein wird, während das der dritten nicht das Vielfache der vierten übertrifft, sondern kleiner als dasselbe sein wird.

Man nehme von AB (Fig. 142) den Ueberschuss fort, so dass der Rest genau vier Proportionale ergiebt. Der Betrag des Ueberschusses sei FB. Mithin werden wir vier Grössen haben, die proportional sind, d. h. AF verhält sich zu C wie D zu E. Man vervielfältige FB so oft, dass es grösser als C sei, in der Zeichnung sei dieses Vielfache gleich HJ. Ferner mache man HL gleich demselben Vielfachen von AF, und M gleich demselben Vielfachen von D, als HJ das Vielfache von FB war. Ohne Zweifel wird alsdann LJ dasselbe Vielfache von AB sein, wie HJ von FB oder M von D.

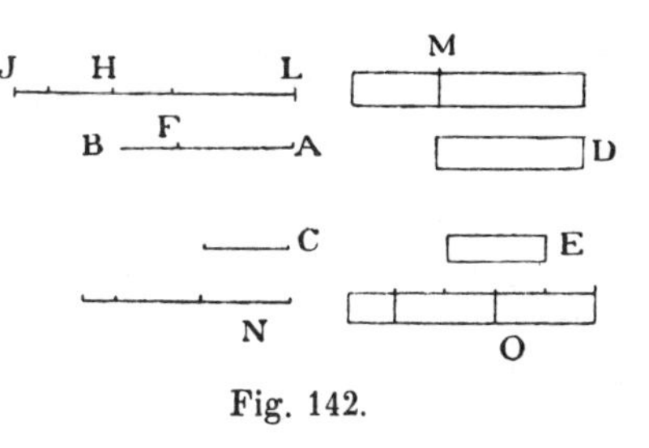

Fig. 142.

Nun nehme man N als Vielfaches von C, so zwar, dass N möglichst nahe gleich LH, letzteres jedoch noch etwas grösser sei als N; und wie N zu C sich verhält, so mache man O zu E.

Da nun N etwas grösser als LH ist, so wird, wenn wir von N einen seiner Theile (gleich C) fortnehmen, ein Rest bleiben, kleiner als LH. Geben wir dem N wieder seinen Theil zurück und fügen LH ein Stück HJ, welches grösser ist als jener Theil, hinzu, so wird LJ grösser sein als N.

Somit liegt ein Fall vor, wo das Vielfache der ersten Grösse grösser als das der zweiten ist. Da nun die vier Grössen AF, C, D, E proportional waren, und da LH und M gleiche Vielfache der ersten und dritten, N und O gleiche Vielfache der zweiten und vierten waren, so werden diese Grössen in steter Uebereinstimmung bleiben in Hinsicht auf das Grösser-, Kleiner- oder Gleichsein. Und da nach unserer Construction *LH*, das Vielfache der ersten kleiner als *N*, das Vielfache der zweiten war, so wird auch *M*, das Vielfache der dritten, nothwendig kleiner sein als *O*, das Vielfache der vierten.

Indess ist es nun bewiesen, dass, wenn die erste Grösse um etwas diejenige übertrifft, die zur zweiten sich verhielte wie die dritte zur vierten, es möglich sein wird, gewisse Vielfache der ersten und dritten und andere Vielfache der zweiten und vierten zu nehmen, so dass das Vielfache der ersten das der zweiten übertrifft, während das Vielfache der dritten kleiner als das der vierten ist.

Sagr. Bis jetzt habe ich Alles verstanden. Es erübrigt noch, dass Sie uns auf Grund des Bisherigen zeigen, dass die beiden streitigen Definitionen des *Euclid* nothwendige Schlussfolgerungen seien, was Ihnen leicht sein wird, da Ihr schon zwei umgekehrte Theoreme bewiesen habt.

Salv. Das soll uns leicht gelingen; zunächst beweisen wir die fünfte Definition:

Wenn von vier Grössen *A*, *B*, *C*, *D* (Fig. 143) die gleichen Vielfachen der ersten und dritten, stets in Hinsicht auf ein Grösser-, Kleiner- oder Gleichsein übereinstimmen mit den beliebigen gleichen Vielfachen der zweiten und vierten, so sind die vier Grössen proportional.

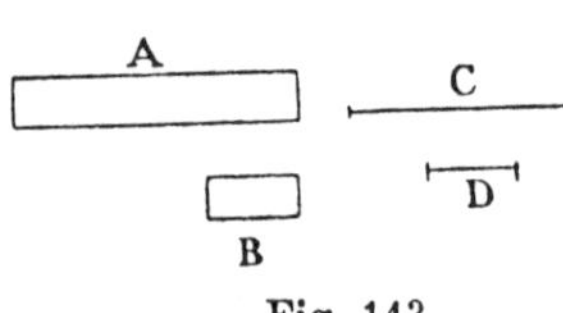

Fig. 143.

Denn angenommen, sie seien nicht proportional. Alsdann würde eines der Vorderglieder grösser sein als nöthig wäre, um die Proportionalität zu erlangen, um zum folgenden dasselbe Verhältniss zu haben, wie das andere Vorderglied zu dessen Begleiter. Es sei das die Grösse *A*. Nimmt man alsdann die Vielfachen von *A* und von *C*, solcher Art, wie oben gezeigt wurde, und ebenso Vielfache von *B*, *D*, so würde ein Vielfaches von *A* grösser als ein Vielfaches von *B* sein können, während das Vielfache von *C* hinter dem von *D* zurückbliebe. Solches aber ist gegen unsere Annahme.

Zum Beweise der siebenten Definition diene folgendes: Es seien *A*, *B*, *C*, *D* vier Grössen, und angenommen, man finde einen Fall, bei dem ein Vielfaches von *A* und dasselbe von *C*, sowie bei gleichen Vielfachen von *B* und *D*, dasjenige von *A* grösser als das Vielfache von B sei, während das von C kleiner als das von D ausfällt, alsdann behaupte ich, hat A zu B ein grösseres Verhältniss, als C zu D, oder, was dasselbe ist, A ist grösser als es sein müsste, um sich zu B zu verhalten wie C zu D.

Angenommen, A sei nicht grösser, alsdann müsste es genau gleich dem zur Proportionalität nöthigen Werthe, oder aber kleiner als dieser sein. Im ersteren Falle müssten alsdann die gleichen Vielfachen der ersten und dritten stets übereinstimmen mit gleichen Vielfachen der zweiten und vierten in Hinsicht auf Grösser-, Kleiner- oder Gleichsein; solches aber widerspricht der Voraussetzung. Angenommen aber zweitens, A sei kleiner als die nöthige Grösse, alsdann wäre offenbar die dritte grösser, als zur Proportionalität nöthig ist, d. h. um zur vierten sich zu verhalten, wie die erste zur zweiten. Alsdann könnte man von der dritten den fraglichen Ueberschuss fortnehmen, damit die genaue Proportionalität sich ergäbe. Wenn aber jetzt jene anfangs angegebenen Vielfachen der Grössen genommen würden, so ist es klar, dass, wenn das Vielfache der ersten das der zweiten überträfe, auch das Vielfache jenes Restes der dritten grösser als das Vielfache der vierten sei. Wenn man nun, anstatt das Vielfache des Restes der dritten zu verkleinern, dasselbe vollauf ersetzte bis zum Vielfachen der ganzen dritten, so würde dieses grösser sein, als das Vielfache des Restes, um so mehr aber grösser, als das Vielfache der vierten, was gegen die Voraussetzung spricht.

Sagr. Ich bin vollständig befriedigt in Hinsicht auf die vorliegende Frage, die mich lange beunruhigt hatte: ich wüsste kaum zu sagen, was in mir überwiegt, die Freude über die neugestaltete Erkenntniss oder das Bedauern, Ihnen nicht früher beim Beginn unserer Unterredungen meine Bedenken mitgetheilt zu haben, da ich leichter hätte folgen können; hatten Sie doch einigen Freunden, denen es wegen der Nähe ermöglicht war, Sie auf Ihrer Villa zu besuchen, Mittheilung gemacht. Nun aber bitte ich um eine Fortsetzung unserer Unterredungen, es sei denn, dass Herr *Simplicio* noch Einwände in Betreff der heute verhandelten Fragen zu erheben hätte.

Simpl. Ich kann meinerseits mich nur vollständig beruhigt und befriedigt erklären.

Salv. Auf unserem Fundamente könnte man das ganze fünfte Buch des *Euclid* zum Theil kürzen, zum Theil umordnen; indess würde uns das zu weit führen und von unseren Zielen ablenken. Ueberdies weiss ich, dass Sie, meine Herren, ähnliche Compendien von anderen Autoren gesehen haben werden. Nachdem wir nun die fünfte und siebente Definition des *Euclid* erledigt haben, hoffe ich in Ihrem Sinne zu handeln, wenn ich noch eine alte Erinnerung über eine andere Definition des *Euclid* auffrische. Der Gegenstand liegt dem vorigen nicht fern und ist auch unserem Hauptziel nicht fremd, ich meine den Begriff der zusammengesetzten Proportion, wie unser Autor in seiner Abhandlung sie häufig gebraucht.

Unter den Definitionen im sechsten Buche des *Euclid* findet man folgende fünfte Definition über die zusammengesetzte Proportion:

»Eine Proportion, sagt man, sei dann aus mehreren Proportionen zusammengesetzt, wenn die Beträge der letzteren, mit einander multiplicirt, jene Proportion ergeben.«

Zudem bemerke ich, dass weder *Euclid*, noch irgend ein anderer antiker Autor so sich der Definition bedient, wie sie im Buche aufgestellt worden ist: daraus erwachsen zwei Uebelstände, dem Leser eine Schwierigkeit des Verständnisses, dem Schriftsteller eine überflüssige Bemerkung.

Sagr. Das ist sehr wahr; indess dünkt es mir nicht wahrscheinlich, dass *Euclid*, bei seiner erstaunlichen Genauigkeit, diese Definition aus Unbedacht und umsonst in sein Werk aufgenommen habe. Andererseits könnte dieselbe von Anderen hinzugefügt oder wenigstens derart geändert worden sein, dass man heute nicht mehr erkennt, was der Autor seinen Theoremen hat zu Grunde legen wollen.

Simpl. Dass andere Autoren ihrer sich nicht bedienen, muss ich den Herren glauben, da ich selbst nicht viel darüber gearbeitet habe; mir würde es sehr missfallen, wenn *Euclid* selbst, der von Euch in allen seinen Schriften so hoch geehrt wird wegen seiner Genauigkeit, sie ganz umsonst aufgenommen hätte. Indess möchte ich bekennen, dass ich in meiner schwachen Einsicht, da ich niemals tief in die Mathematik eingedrungen bin, in der vorliegenden Definition wohl noch eine Schwierigkeit erblicke, und zwar vielleicht keine geringere, als in den von Herrn *Salviati* schon erledigten.

Eine Zeit lang half ich mir durch Lektüre langer Commentare über diesen Gegenstand, aber aufrichtig gestanden, fand ich jenes Dunkel nie enthüllt. Wenn Sie nun Einiges mittheilen wollen, was mir Klarheit verschaffte, wäre ich Ihnen äusserst dankbar.

Salv. Am Ende setzen Sie gar voraus, dass es hier um tiefsinnige Speculationen sich handele; in der That aber wird eine geringfügige Bemerkung uns Genüge thun.

Denken Sie sich zwei Grössen gleicher Qualität *A*, *B* (Fig. 144). Es wird *A* zu *B* ein gewisses Verhältniss haben. Zwischen beide Grössen setze man eine dritte *C* von gleicher Qualität. Nun sagt man, das Verhältniss von *A* zu *B* könne zusammengesetzt werden durch zwei Verhältnisse *A* zu *C* und *C* zu *B*. Das ist der Sinn der *Euclid*'schen Definition.

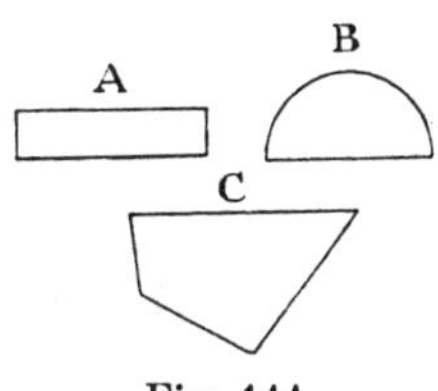

Fig. 144.

Simpl. Gewiss versteht *Euclid* so die zusammengesetzte Proportion, allein ich verstehe nicht, wie *A* zu *B* ein zusammengesetztes Verhältniss habe aus zwei Proportionen, nämlich von *A* zu *C* und von *C* zu *B*.

Salv. Sagt mir doch, Herr *Simplicio*, versteht Ihr, dass *A* zu *B* überhaupt irgend ein Verhältniss habe?

Simpl. Ja, mein Herr, wenn nur beide gleicher Qualität sind.

Salv. Und dass dieses Verhältniss ein unveränderliches sei und nie einen anderen Werth haben könne, als eben den, den es hat?

Simpl. Auch das räume ich ein.

Salv. Weiter füge ich hinzu, dass ebenso auch *A* zu *C* ein unabänderliches Verhältniss habe, sowie auch *C* zu *B*. Das Verhältniss der äussersten Grössen *A* und *B*, sagt man, sei aus zwei Verhältnissen zusammengesetzt, welche zwischen jene äusseren Grössen hineintreten.

»Ich füge noch hinzu, dass, wenn Sie sich vorstellen, dass zwischen diese äusseren Grenzen nicht blos eine Grösse zwischengestellt sei, sondern mehrere, wie in beliebigen Zeichen *A*, *C*, *D*, *B*, alsdann Sie verstehen werden, dass das Verhältniss von *A* zu *B* aus allen Verhältnissen zusammengesetzt sei, die dazwischen liegen, also aus den Verhältnissen *A* zu *C*, *C* zu *D*, *D* zu *B* und ähnlich, wenn noch mehr Zwischengrössen gegeben wären; es könnte die erste zur letzten zusammengesetzt werden aus allen Proportionen der Zwischenglieder.

Zugleich bemerke ich, dass, wenn die zusammenzusetzenden Proportionen einander gleich sind, oder richtiger, wenn es dieselben sind, die erste Grösse zur letzten ein aus allen zwischenliegenden zusammengesetztes Verhältniss haben wird; weil aber die Zwischenverhältnisse einander gleich sind, so können wir uns auch so ausdrücken, dass die erste Grösse zur letzten ein Verhältniss habe, welches ein Vielfaches des Verhältnisses der ersten zur zweiten Grösse ist, und zwar ein so Vielfaches, als Zwischenverhältnisse vorhanden sind zwischen der ersten und letzten. Wie z. B. wenn drei Grössen gegeben sind, und die erste zur zweiten sich verhält wie die zweite zur dritten, es auch richtig wäre, zu sagen, es habe die erste zur dritten ein aus zweien zusammengesetztes Verhältniss, nämlich aus der ersten zur zweiten, und aus der zweiten zur dritten; da die letzteren Verhältnisse aber dieselben sein sollen, so wird man sagen können, das Verhältniss der ersten zur dritten sei das Doppelte (la duplicata) desjenigen der ersten zur zweiten. Gäbe es vier Grössen, so wäre das Verhältniss der ersten zur vierten aus dreien zusammengesetzt, und es wäre das Dreifache (la triplicata) desjenigen der ersten zur zweiten Grösse, da letzteres dreimal genommen werden muss, um dasjenige der ersten zur vierten zu erhalten etc.«

Hier gelten weder Betrachtungen noch Beweise, denn es handelt sich um eine schlichte Terminologie. Gefällt Euch nicht die Bezeichnung »zusammengesetzt«, so könnten wir sie nennen »unzusammengesetzt« oder »verklebt« oder »vermischt« (incomposta o impastata o confusa) oder irgend wie anders, wie es nur den Herren belieben mag, wenn wir nur festhalten, dass allemal, wo drei Grössen gleicher Qualität unzusammengesetzt oder verklebt oder vermischt genannt werden, wir das Verhältniss der extremen Glieder in der bezeichneten Art auffassen und nicht anders.

Sagr. Ich verstehe das Alles recht wohl, ja ich habe oft *Euclid*'s Kunstgriff bewundert, bei jenem Satze, in dem er beweist, dass gleichwinklige Parallelogramme ein aus dem Verhältniss der Seiten zusammengesetztes Verhältniss haben. In diesem Falle bestehen die beiden Verhältnisse aus vier Grössen, nämlich den Seiten der beiden Parallelogramme; dann fordert er, dass die beiden Verhältnisse sich in drei Grössen darstellen lassen, sodass das eine Verhältniss aus der ersten und zweiten, das andere aus der zweiten und dritten bestehe. Beim Beweise begnügt er sich damit, zu zeigen, dass ein Parallelogramm zum anderen sich verhalte, wie die erste Grösse zur dritten: d. h. es ist zusammengesetzt aus zweien, und zwar aus dem Verhältniss einer Grösse zu einer zweiten und aus dem anderen, dem Verhältniss dieser selben zweiten zur dritten, und zwar sind das dieselben Verhältnisse, die zuerst aus getrennten vier Grössen, den Seiten des Parallelogramms, gebildet vorlagen.

Salv. Das habt Ihr vortrefflich wiedergegeben. Wenn nun die zusammengesetzte Proportion wohl definirt und aufgefasst ist (und es soll nichts anderes darunter verstanden werden, als das Ding, das wir so genannt haben), alsdann kann die 23. Proposition des sechsten Buches des *Euclid*, wie er selbst es thut, bewiesen werden, denn hier nimmt er nicht die Definition in der Art, wie sie weit verbreitet ist, sondern gerade in dem Sinne, wie wir sie oben gefasst haben. Nach der 23. Proposition würde ich in einem Zusatz die übliche füufte Definition des sechsten Buches über die zusammengesetzte Proportion hinzugefügt haben, besser aber in Form eines Theorems. Man nehme zwei Verhältnisse an, deren eines aus den Grössen *A*, *B*, das andere aus *C*, *D* gebildet ist. Die vulgäre Definition besagt, man werde die aus beiden zusammengesetzte Proportion haben, wenn man die Quantitäten beider mit einander multiplicirt. Ich stimme indess Herrn *Simplicio* bei, wenn er meint, dass das schwer zu erfassen sei, und dass ein Beweis gegeben werden müsste, was mit wenigen Worten folgendermaassen geschehen könnte. Wenn die vier Grössen der beiden Verhältnisse nicht Linien, sondern andere Qualitäten wären, so sollen letztere durch gerade Linien dargestellt werden. Aus den Vordergliedern *A*, *C* (Fig. 145) bilde man ein Rechteck, desgleichen aus den anderen *B*, *D* ein anderes Rechteck. Nach dem 23. Satz des sechsten Buches ist es klar, dass das Rechteck aus *A*, *C* zu dem aus *B*, *D* gebildeten ein aus den Verhältnissen *A* zu *B* und *C* zu *D* zusammengesetztes Verhältniss haben wird, und diese beiden Verhältnisse sind gerade diejenigen, welche wir anfangs schon annahmen, um zu untersuchen, welche Proportion aus ihrem Vergleiche sich ergeben werde. Da nun das aus *A* zu *B* und *C* zu *D* zusammengesetzte Verhältniss dasjenige ist, welches das Rechteck *AC* zum Rechteck *BD* hat, so möchte ich Herrn *Simplicio* bitten, zu sagen, wie wir vorgegangen sind, um diese beiden Grössen zu finden, aus denen das gesuchte Verhältniss bestand?

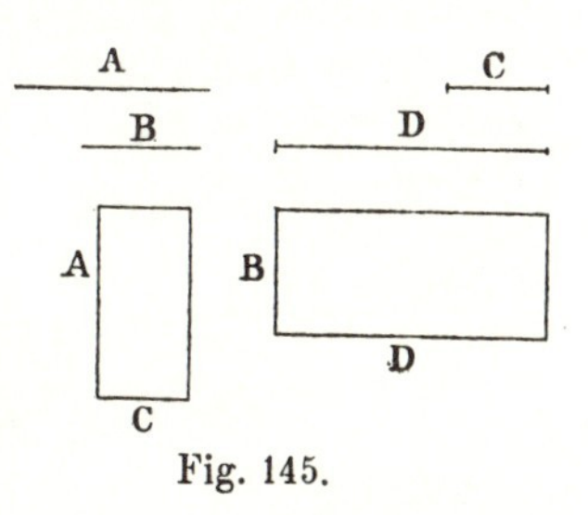

Fig. 145.

Simpl. Ich denke nicht anders, als dass wir zwei Rechtecke aus den anfangs gegebenen Grössen bildeten, das eine nämlich aus *A* und *C*, das andere aus *B* und *D*.

Salv. Aber die Bildung der Rechtecke aus Linien in der Geometrie entspricht genau der Multiplication von Zahlen in der Arithmetik, wie jeder Anfänger in der Mathematik weiss, und was wir mit einander multiplicirt haben, das sind die Linien *A*, *C* und die Linien *B*, *D*, also die homologen Glieder der beiden Theilverhältnisse.

Indem man also die Quantitäten oder die Werthe der einfachen Verhältnisse multiplicirt, erhält man die Quantität oder den Werth des Verhältnisses, welches man aus jenen zusammengesetzt nennt.

Ende des fünften Tages.

Sechster Tag.

Ueber den Stoss.

Discurse
zwischen den Herren
Salviati, Sagredo und Aproino.

Sagr. Eure 14tägige Abwesenheit, Herr *Salviati*, gab mir Gelegenheit, mich in die Lehre vom Schwerpunkt fester Körper zu vertiefen und so die neuen Lehrsätze über die beschleunigte Bewegung aufmerksam durchzusehen, und da unter denselben mehrere recht schwer zu verstehen sind, so erfreute ich mich der Mitarbeit dieses Herrn, den ich Ihnen vorstelle.

Salv. Ich wollte soeben nach dem Herrn, der Sie begleitet, fragen, und mich auch erkundigen, warum unser Herr *Simplicio* fehlt.

Sagr. Die Abwesenheit des Herrn *Simplicio* glaube ich mit Bestimmtheit darauf zurückführen zu müssen, dass er in einigen Beweisen zu diversen Bewegungsproblemen sich nicht hat zurecht finden können, desgleichen in der Lehre vom Schwerpunkt. Ich meine jene Sätze, die wegen einer langen Verkettung von geometrischen Beweisen solchen Herren unzugänglich sind, die die Elemente nicht stets zur Hand haben; dieser Herr hier ist Herr *Paolo Aproino*, ein Edelmann aus Treviso, ein Zuhörer unseres Akademikers, als derselbe in Padua las, zugleich einer seiner vertrautesten Freunde, der viel und lange mit ihm verkehrt hat, und in Gemeinschaft mit Anderen (unter welchen vor Allen Herr *Daniello Antonini*, Edelmann aus Udine, von übernatürlichem Geist und Verstand, zu nennen wäre, der bei der Vertheidigung des Vaterlandes für seinen erhabenen Gebieter einen glorreichen Tod fand und der aller verdienten Ehren Seitens der durchlauchtigsten Republik Venedig theilhaft wurde) specielle Zusammenkünfte hatte behufs Anstellung von Experimenten, die sich auf diverse Probleme bezogen und im Hause unseres Akademikers unternommen wurden. Vor etwa zehn Tagen ist dieser Herr aus Venedig hergekommen; seiner Gewohnheit gemäss hat er mich aufgesucht, und da er erfuhr, dass ich im Besitze der Abhandlungen unseres gemeinsamen Freundes sei, so hat er an denselben Gefallen gefunden; nun wünscht er, an unserer Besprechung des wunderbaren Stossproblems Theil zu nehmen. Wie ich von ihm höre, hat er viel darüber unterhandelt, jedoch ohne besonderen Erfolg, und ohne feste Entscheidung selbst mit dem Akademiker, mit dem zusammen er Versuche angestellt hat über die Kraft des Stosses und die Art, denselben zu erklären, und er war bereit, unter Anderem einen recht sinnreichen und feinen Versuch uns mitzutheilen.

Salv. Ich bin überaus erfreut, Herrn *Aproino* kennen zu lernen, besonders da ich von unserem Akademiker schon von ihm gehört habe; mit grossem Vergnügen werde ich wenn auch nur von einem Theile der Versuche Kenntniss nehmen, die im Hause unseres Akademikers in Gegenwart so ausgezeichneter Männer, wie Herr *Aproino* und Herr *Antonini*, angestellt worden sind. Von diesen Herren hat unser Freund mir so oft mit Anerkennung und Bewunderung gesprochen. Da wir heute über den Stoss uns unterhalten wollten, so wird Herr *Aproino* gewiss uns mittheilen, was er hierüber aus den Versuchen erschlossen hat, wobei ich meinerseits mich bereit erkläre, meine Erfahrungen über andere Probleme herbei zu holen, deren es eine grosse Zahl giebt, denn unser Akademiker war stets ein eifriger und scharfsinniger Experimentator.

Apr. Wenn ich mit schuldigem Dank, mein Herr, Ihrer Höflichkeit entsprechen wollte, so würde ich so viel Worte machen müssen, dass wenig oder gar keine Zeit übrig bliebe, den vorgenommenen Gegenstand zu behandeln.

Sagr. Nein, nein, Herr *Aproino*, lassen Sie uns sogleich unsere gelehrten Unterredungen beginnen und ceremonielle Complimente den Höflingen überlassen. Ich bitte, lasst es bewenden bei den kurzen, aufrichtigen und herzlichen Worten.

Apr. Obwohl ich mir nicht einbilde, Herrn *Salviati* etwas Neues bringen zu können, und es besser wäre, wenn er die Leitung der Unterredung auf seine Schultern nähme, so will ich doch, wenigstens um ihm die Last zum Theil abzunehmen, von den Grundgedanken und Fundamentalversuchen Mittheilung machen, die unseren Freund veranlassten, sich in das wunderbare Stossproblem zu vertiefen. Er versuchte ein Mittel ausfindig zu machen, die bedeutende Kraft des Stosses zu messen, und wo möglich die Prinzipien zu ergründen, nach denen das Wesen der Wirkung zu erfassen sei, eine Wirkung, die, wie es schien, ganz anders bei ihrem höchsten Betrage sich zeigte und die gänzlich abwich von der Art und Weise, wie sonst bei mechanischen Vorrichtungen (ich nenne solche, um die immense

Wucht des Feuers auszuschliessen) eine vermehrte Wirkung erzielt wird, und bei denen es recht wohl verständlich ist, wie die Geschwindigkeit eines geringfügigen Körpers die Kraft eines bedeutenden Widerstandes überwindet und eine geringe Bewegung erzeugt. Da aber beim Stosse die Bewegung des Stossenden und dessen Geschwindigkeit mit der Bewegung des Gestossenen und seiner geringeren oder grösseren Fortrückung in Beziehung gebracht werden musste, so gedachte der Akademiker zuerst zu untersuchen, welchen Einfluss auf die Stosswirkung das Gewicht des Hammers und seine Geschwindigkeit habe; er versuchte ein Maass zu finden für die eine und für die andere Grösse. Zu dem Zwecke ersann er einen sinnreichen Versuch. Er legte einen festen Stab von 3 Ellen Länge über einen Zapfen, ähnlich dem Arme einer Waage, hing an beide Enden des Stabes gleiche Gewichte, deren eines aus zwei kupfernen Gefässen oder Eimern bestand. Der eine von beiden war mit Wasser angefüllt, und an seinen Ohren waren zwei etwa 2 Ellen lange Stricke angebunden, an welchen der zweite leere Eimer befestigt war; dieser Eimer hing lothrecht unter dem erstgenannten, der voll Wasser war; am anderen Ende des Waagebalkens hing ein steinernes Gegengewicht, welches die ganze Last der Eimer mit dem Wasser und den Stricken balancirte. Der obere Eimer hatte im Boden ein 1 Zoll dickes Loch, das man verschliessen und öffnen konnte. Wir hatten alle Beide erwartet, dass, wenn nach eingetretenem Gleichgewicht man den Stopfen aus dem oberen Eimer entfernte und dem Wasser gestattet würde, durch seinen Fall auf den unteren Eimer zu stossen, das Hinzukommen dieses Stosses dieser Seite der Waage ein gewisses Moment zufügen werde, so dass das Gegengewicht vermehrt werden müsste, um das Gleichgewicht wieder herzustellen und die neu hinzu kommende Kraft des aufprallenden Wassers aufzuheben; wir hätten alsdann sagen können, das Moment des Stosses sei äquivalent einem Gewichte von 10 oder 12 Pfund, wenn solches der Betrag des neu hinzugefügten Gegengewichtes gewesen wäre.

Sagr. Wahrlich, eine sinnreiche Vorrichtung; ich bin sehr begierig auf den Erfolg des Versuches.

Apr. Der Erfolg war ein ganz unerwarteter und sehr wunderlich; denn sobald das Loch geöffnet war und das Wasser auszulaufen begann, neigte die Waage auf die andere Seite; bald erreichte das fallende Wasser den unteren Eimer, da hörte die fernere Senkung des Gegengewichtes auf, und es begann sich langsam und ganz gleichmässig wieder zu heben, so lange das Wasser lief, und erreichte den alten Gleichgewichtsstand, ohne um eines Haares Breite denselben zu überschreiten, um alsdann stehen zu bleiben.

Sagr. Wahrhaftig, dieser Ausgang kam mir unerwartet, aber trotzdem, dass das Gegentheil von dem eintrat, was wir geglaubt hatten, und was uns die Kraft des Stosses messen lassen sollte, kann ich nichtsdestoweniger zum guten Theil den Vorgang erklären, wenn ich sage: die Kraft und das Moment des Stosses ist gleich dem Gewicht der Wassermenge, die im Fallen begriffen ist, mithin in der Luft zwischen beiden Eimern schwebt; diese Wassermasse gravitirt weder gegen den oberen, noch gegen den unteren Eimer; gegen den oberen deshalb nicht, weil die Wassertheilchen nicht an einander befestigt sind und daher auch keinen Zug nach unten ausüben können, wie das z. B. eintreten könnte, wenn eine klebrige, zähe Masse, wie Pech oder Vogelleim, verwandt worden wäre; gegen das untere Gefäss auch nicht, weil beim beschleunigten Falle der Wassermasse die höheren Theile keinen Druck ausüben können auf die tiefer gelegenen, woraus folgt, dass all das Wasser des Strahles sich so verhält, als wäre es gar nicht auf der Waage. Das zeigt sich denn auch deutlich, denn wenn diese Masse einen Druck auf die Eimer ausübte, so müssten die letzteren bei der Ankunft des Strahles sich stark senken und das Gegengewicht erheben, was aber nicht eintritt. Diese Ansicht wird dadurch bestärkt, dass, wenn plötzlich das fliessende Wasser gefrieren könnte, der gefrorene Strahl sofort sein Gewicht äussern müsste, und mit Aufhören der Bewegung schwände auch der Stoss.

Apr. Eure Erklärung, mein Herr, entspricht genau der Auffassung, die wir sofort nach Anstellung des Versuches gewannen, und es schien uns zudem der Schluss gestattet zu sein, dass die durch den Fall durch 2 Ellen erlangte Geschwindigkeit des Wassers dahin wirke, dass ohne die mindeste Vermehrung des Wassergewichtes letzteres ebenso gravitirt, wie ohne Stoss, so dass, wenn man die im Strahle enthaltene Menge messen könnte, man mit Sicherheit zeigen könnte, dass der Stoss vermögend sei, das an Druck hervorzurufen, was 10 oder 12 Pfund des fallenden Wassers bewirken.

Salv. Die scharfsinnige Vorrichtung gefällt mir sehr und ich glaube, ohne Eurer Auffassung entgegen zu treten, in welcher die Schwierigkeit, die Menge des fallenden Wassers zu messen, eine Unsicherheit hinterlässt, wir mit einem nicht unähnlichen Versuche uns den Weg zu tieferer Erkenntniss ebnen können.

Denken wir uns nämlich ein grosses Gewicht, wie man solche beim Einrammen von Pfosten in die Erde aus gewisser Höhe auf einen Pfahl herabfallen lässt (man nennt solche Klötze, wie ich glaube. »Bären«), und es sei z. B. das Gewicht des »Bären« 100 Pfund, die Höhe betrage 4 Ellen, und es dringe der Pfahl durch einen einzigen Stoss um 4 Zoll in die Erde; angenommen ferner, dasselbe gelinge ohne Stoss durch Aufladen eines Gewichtes von 1000 Pfund, welche nur durch die Schwere ohne vorhergehende Bewegung wirken. Solch ein Gewicht wollen wir ein »todtes Gewicht« nennen (peso morto). Ich frage nun, können wir, ohne uns dabei zu versehen oder uns zu täuschen, behaupten, dass die Kraft und die Energie eines Gewichtes von 100 Pfund, verbunden mit der durch 4 Ellen Fall erlangten Geschwindigkeit, äquivalent sei einem todten Gewichte von 1000 Pfund: so dass die Geschwindigkeit allein das bewirke, was 900 Pfund todten Gewichtes vermögen, denn soviel bleiben noch, wenn man das Gewicht des »Bären« abzieht? — Ich sehe, Sie zögern Beide, zu antworten, vielleicht weil meine Frage undeutlich gefasst war; ich meine also in kurzem: können wir auf Grund des beschriebenen Versuches versichern, dass das todte Gewicht stets auf einen Widerstand ebenso wirken wird, wie ein »Bär« von 100 Pfund, der aus 4 Ellen Höhe herabfällt, so zwar, dass, wenn derselbe »Bär«, von gleicher Höhe fallend, auf einen stärker widerstehenden Pfahl aufprallt und ihn nur 2 Zoll tiefer einrammt, auch das todte Gewicht von 1000 Pfund dieselbe Wirkung haben wird und gleichfalls um 2 Zoll den Pfahl einsinken lässt?

Apr. Ich glaube nicht, dass Jemand auf den ersten Blick dem widersprechen wird.

Salv. Aber Ihr, Herr *Sagredo*, hegt Ihr einen Zweifel?

Sagr. Für jetzt, in der That, nein; aber ich habe es zu oft schon erfahren, wie leicht man einen Irrthum begeht, daher werde ich nicht mich erdreisten und ziehe mich lediglich aus Furcht zurück.

Salv. Nun, da ich Eueren Scharfsinn bei tausend und abertausend Gelegenheiten kennen gelernt habe, und da Ihr zur falschen Ansicht hinneigt, so darf ich wohl sagen, dass man unter Tausenden kaum einen oder zwei finden würde, der nicht in die Falle ginge. Was Euch aber noch wunderbarer erscheinen wird, das ist der Umstand, dass hier der Irrthum unter einem so leichten Schleier bedeckt ist, dass der leiseste Luftzug ihn heben und enthüllen könnte, so dass Nichts verdeckt bleibt.

Lassen wir also den »Bären« fallen, so dass er um 4 Zoll den Pfahl einramme, und seien thatsächlich 1000 Pfund todten Gewichtes hierzu nöthig, und erheben wir nochmals den »Bären« zur selben Höhe, und ramme er bei dem zweiten Falle den Pfahl um nur 2 Zoll in die Erde, weil das Erdreich fester ist, sollte dasselbe todte Gewicht von 1000 Pfund ebendasselbe bewirken?

Apr. Ich denke ja.

Sagr. Wehe uns, Herr *Paolo*, wir müssen entschieden antworten: Nein. Denn wenn beim ersten Aufruhen das todte Gewicht von 1000 Pfund eine Senkung von 4 Zoll hervorrief, und nicht mehr, warum wollt Ihr annehmen, dass durch das blosse Abladen und Wiederauflegen der Pfahl sich wieder um neue 2 Zoll senken werde? Warum geschah denn diese Senkung nicht sogleich, vordem das Gewicht abgeladen wurde? Wollt Ihr, dass das Ab- und Aufladen das bewirke, was vordem nicht geschah?

Apr. Ich muss erröthen und bekennen, dass ich in Gefahr war, in einem Glase Wasser zu ertrinken.

Salv. Seid nur nicht allzu sehr bestürzt, Herr *Aproino*, ich versichere Euch, Ihr habt viele Genossen gehabt, die leicht verschlungene Knoten nicht lösen konnten, und sicherlich wäre jeglicher Irrthum von selbst leicht entfernt, wenn man ihn stets sorgfältig zu enthüllen und seine Grundelemente aufzudecken versuchte, von welchen aus jeder Fehltritt entdeckt werden müsste. In dieser Art mit wenigen Worten die handgreiflichen Fehlschlüsse, die alle Welt für wahr hielt, nachzuweisen, das war unseres Akademikers besonderes Talent. Ich besitze eine Sammlung von zahlreichen verbreiteten, für wahr gehaltenen Meinungen, die mit wenig Worten als irrig erwiesen werden.

Sagr. Und hier liegt wieder solch ein Fall vor, und wenn die anderen dem ähnlich sind, solltet Ihr sie uns gelegentlich mittheilen, wenn wir auch jetzt zu unserer Frage zurückkehren. Wir suchen einen Weg (wenn es einen solchen giebt), die Stosskraft zu regeln und zu messen, und solches gelingt offenbar nicht auf Grund des vorgetragenen Experimentes. Denn bei Wiederholung der Stösse des »Bären« auf den Pfahl, wobei jedesmal eine neue Senkung des letzteren beobachtet wird, ist es klar, dass jeder Stoss Arbeit leistet (ciascheduno dei colpi lavora); solches trifft beim todten Gewicht nicht zu, da dasselbe die Wirkung des ersten Aufladens nicht in ähnlicher Weise bei abermaligem Auflegen wiederholt. Im Gegentheil sieht man deutlich, dass ein zweites Mal ein todtes Gewicht von mehr als

1000 Pfund erforderlich wäre, und wenn die Wirkung eines dritten, vierten und fünften Stosses erhalten werden soll, immer grössere todte Gewichte erfordert werden müssten: welches von diesen sollen wir nun als Maass der Kraft des Stosses nehmen, da letzterer durchaus immer ein und derselbe ist?

Salv. Hier eben liegt eine wunderbare Thatsache vor, der die speculativen Geister bestürzt und rathlos gegenüber standen. Wer empfindet es nicht deutlich, dass das Maass der Stosskraft nicht beim stossenden, sondern beim gestossenen zu suchen ist? Und nach dem mitgetheilten Versuche scheint es, als könne man auf eine unbegrenzte, oder besser auf eine unbestimmte oder unbestimmbare Stosskraft schliessen, die bald kleiner, bald grösser ist, je nachdem der getroffene Widerstand grösser oder kleiner ist.

Sagr. Ich fange an zu begreifen, dass wirklich die Kraft des Stosses ungeheuer gross oder unbegrenzt gross sein könne; denn wenn der erste Stoss in unserem Versuche den Pfahl um 4, der folgende um 3 Zoll, und da das Erdreich immer fester wird, der dritte Stoss den Pfahl um 2 Zoll, der vierte um $1\frac{1}{2}$, dann um 1, $\frac{1}{2}$ etc. einrammt, dann, scheint mir, wird, wenn der Widerstand nicht unendlich gross wird, doch der Pfahl fortrücken um immer kleinere und kleinere Strecken; sei aber die Fortrückung noch so klein, sie ist fortgesetzt theilbar; setzen wir also die Stösse fort, so wird das erforderliche todte Gewicht immer mehr anwachsen, so dass schliesslich ein ganz immenses todtes Gewicht angewandt werden müsste.

Salv. Ich bin vollkommen Ihrer Ansicht.

Apr. Sollte denn ein Widerstand nicht so gross sein können, dass er einem selbst leichten Stoss absolut nicht nachgiebt?

Salv. Ich glaube nicht, wenn das Gestossene nicht vollkommen unbeweglich ist, d. h. wenn sein Widerstand nicht unendlich gross ist.

Sagr. Das finde ich sehr merkwürdig und seltsam, die Kunst überwindet und täuscht in gewissem Sinne die Natur, wie solches auf den ersten Anblick einem auch bei manchen mechanischen Apparaten so vorkommt, wenn die grössten Gewichte mit geringer Kraft gehoben werden, wie beim Hebel, bei der Schraube, beim Flaschenzug etc.; indess hier beim Stoss, wo wenige Schläge eines 10 oder 12pfündigen Hammers einen kupfernen Würfel zerschlagen können, der unter der Last eines enormen Marmorblockes, ja selbst unter der eines sehr hohen Thurmes, der auf dem Hammer aufruhte, nicht zerbrechen würde, hier scheint mir alle Ueberlegung ohnmächtig, den wundersamen Zusammenhang aufzudecken; nun, Herr *Salviati*, erfasset den Faden und führt uns aus dem Labyrinth der Verwirrung.

Salv. In alle dem, was vorgebracht worden ist, steckt der Hauptknoten in dem Umstande, dass beim Stosse, der unbegrenzt ist, man doch nicht andere Mittel, eine Erklärung zu finden, suchen soll, als für andere Vorrichtungen, bei denen kleine Kräfte grosse Widerstände überwinden. Ich hoffe zeigen zu können, wie auch hier ein analoger Vorgang vorliegt. Ich will versuchen, denselben zu erläutern; und trotzdem er verworren erscheint, so könnte ich doch mittelst Eurer Zweifel und Einwände zu einer Vervollkommnung und Verschärfung der Frage gelangen, so dass wir den Knoten, wenn auch nicht auflösen, so doch lockern. Es ist klar, dass die Kraft des Stossenden oder des Gestossenen nicht ein einfacher Begriff sei, sondern von zwei Momenten abhänge, welche beide die zu messende Energie (energia) bestimmen; das eine ist das Gewicht (il peso) des Bewegten und des zu Bewegenden, das andere ist die Geschwindigkeit, mit welcher jenes sich bewegt und dieses bewegt werden soll. Wenn nun das Bewegte mit der Geschwindigkeit des Stossenden bewegt werden soll, so also, dass die in gleichen Zeiten von beiden Körpern zurückgelegten Wege einander gleich seien, so darf das Gewicht des Stossenden nicht kleiner als das des Gestossenen sein, wohl aber um einiges grösser, denn bei der genauen Gleichheit würde Gleichgewicht entstehen und Ruhe, wie man das bei der gleicharmigen Waage sieht. Wollen wir aber mit einem kleineren Gewichte ein grösseres heben, so muss die Vorrichtung so angeordnet werden, dass das kleinere Gewicht um eine grössere Strecke fortrücke, als das andere, oder was dasselbe ist, dass es sich schneller bewege; und so lehrt uns die Ueberlegung und der Versuch, dass z. B. bei der Schnellwaage, damit das Laufgewicht eine 10 oder 15mal grössere Last heben könne, sein Aufhängepunkt eine 10 oder 15mal grössere Bewegung um das Centrum ausführen müsse, als der der grossen Last, oder was dasselbe ist, dass der Bewegende 10 oder 15mal grössere Geschwindigkeit habe. Da man dasselbe bei allen Apparaten wieder findet, können wir sicher erwarten, dass Gewicht und Geschwindigkeit (gravità e velocità) in demselben, nur aber umgekehrten Verhältnisse stehen. Gewöhnlich sagt man, das »Moment« des leichteren Körpers sei gleich dem »Momente« des schwereren, wenn die Geschwindigkeit jenes zu der Geschwindigkeit dieses sich verhält, wie das Gewicht dieses zum Gewichte jenes Körpers, und jedes noch so kleine Uebergewicht leitet die Bewegung ein. Weiter nun behaupte ich, dass nicht nur dem Stoss die Fähigkeit zukomme, eine unbegrenzt grosse Widerstandskraft zu überwinden, sondern dass ebendasselbe bei jedem mechanischen Apparate sich zeige; ist es also nicht klar, dass ein ganz kleines Gewicht von 1 Pfund fallend 100 und 1000 Pfund heben kann, und noch beliebig viel mehr, wenn wir nur dasselbe auf dem Waagearm 100 oder 1000mal weiter vom Centrum entfernt anbringen, als das andere grosse Gewicht, oder wenn wir bewirken, dass die Senkung des kleinen 100 oder 1000mal grösser als die Hebung des grossen Gewichtes sei, oder noch anders, wenn die Geschwindigkeit jenes 100 oder 1000 mal grösser sei? Indess möchte ich mit einem noch schlagenderen Beispiel Euch gleichsam mit der Hand fühlen lassen, wie das allerkleinste Gewicht beim Falle das allergrösste heben könne. Solch ein enormes Gewicht sei an einem Seile aufgehängt an einem festen erhabenen Orte, um welchen, als Centrum, ein Kreisbogen beschrieben sei, der durch den Schwerpunkt der Last hindurchgehe, welcher Schwerpunkt bekanntlich in die Verlängerung des Seiles oder besser, in jene gerade Linie fällt, die vom Aufhängepunkt nach dem Erdcentrum gerichtet ist, dem gemeinsamen Centrum aller Körper. An einem anderen sehr feinen Faden sei ein ganz kleines Gewicht so befestigt, dass der Schwerpunkt desselben in jenen Kreisbogen falle; ausserdem soll der kleine Körper den grossen berühren, und sich an jene grosse Last anlehnen; glaubt Ihr nicht, dass von der Seite her das neue Gewicht jenes grosse ein wenig fortstossen und dessen Schwerpunkt aus jener Senkrechten, die beschrieben wurde, verdrängen und längs dem Kreisbogen fortschieben wird, wobei derselbe zugleich die Horizontale verlassen muss, welche der Kreis im untersten Peripheriepunkte berührt, in welchem zuerst der Schwerpunkt der Last sich befand? Es beschreibt dabei diese Last einen eben so grossen Bogen wie der kleine Körper, der sich an den grossen anlehnt; indess wird die Hebung des Schwerpunktes des grossen nicht gleich sein der Senkung des Schwerpunktes des kleinen, denn letzteres Stück wird durch einen stärker geneigten Weg gesenkt, während der Erhebungswinkel der grossen Last kleiner als irgend ein spitzer Winkel ist (un angulo minore di ogni acutissimo). Hätte ich zu thun mit Männern, die weniger bewandert sind in der Geometrie als Ihr, so würde ich zeigen, dass, wenn ein Körper vom untersten Contactpunkte sich erhebt, es sehr wohl geschehen könne, dass die Erhebung dieses untersten Punktes von der Horizontalen in einem beliebigen Verhältniss kleiner sein kann als die Senkung eines gleich grossen Körpers, der an irgend einer anderen entfernteren Stelle der Peripherie angenommen wird, wenn nur der Contactpunkt nicht in dem Senkungsbogen liegt. Allein ich bin sicher, dass Ihr hieran nicht zweifelt. Und wenn nun das einfache Anstützen des kleinen Gewichtes die grosse Last bewegen und heben kann, was wird erst dann geschehen, wenn man den kleinen Körper entfernt und längs dem Kreisbogen herabfallen lässt, bis er aufprallt?

Apr. Hier bleibt allerdings kein Zweifel übrig, dass die Stosskraft unbegrenzt gross sein könne, wie der vorgetragene Versuch es lehrt; doch genügt mir diese Erkenntniss nicht, alle Dunkelheiten fortzuräumen, mit denen mein Geist umfangen bleibt, so lange ich nicht einsehe, wie diese Stosswirkung zu Stande kommt; so lange bin ich nicht fähig, jedem Zweifel zu begegnen.

Salv. Ehe wir weiter gehen, will ich noch eine Unklarheit forträumen, die wie im Hintergrunde lauert und uns glauben macht, dass alle jene Stösse beim Rammen des Pfahles einander gleich seien, da sie von ein und derselben aus gleicher Höhe herabfallenden Masse herstammten. Letzteres aber ist nicht richtig. Um das einzusehen, denkt Euch, Ihr wolltet mit der Hand einen Stab auffangen, der aus der Höhe herabfällt, und sagt mir, wenn Ihr bei der Ankunft des Stabes Eure Hand in derselben Richtung mit derselben Geschwindigkeit senktet, ob Ihr alsdann einen Stoss empfinden könntet? Doch sicherlich nicht. Wenn Ihr aber nur um einen Theil zurückwichet, indem Ihr die Hand mit geringerer Geschwindigkeit, als der Stab sie hat, senken liesset, dann würdet Ihr gewiss einen Stoss erhalten, aber nicht einen der vollen Geschwindigkeit entsprechenden, sondern nur dem Ueberschusse der Geschwindigkeit des Stabes über die der Hand, so dass, wenn der Stab etwa mit 10 Grad Geschwindigkeit anlangte, die Hand aber mit 8 auswiche, der Stoss wie von 2 Grad ausgeführt wäre, und wenn die Hand mit 4 Grad auswiche, der Stoss 6 Graden entspräche, und beim Senken der Hand mit 1 Grad würden dem Stoss 9 Grad angehören, und 10 Grad würden dem vollen Stoss entsprechen, wenn die Hand gar nicht auswiche. Wenden wir dieses auf den Rammstoss an, so wich der Pfahl das erste Mal 4 Zoll, dann nur 2 aus, das dritte Mal nur 1 Zoll, mithin sind die Stösse ungleich, und der erste Stoss ist schwächer als der zweite, und dieser schwächer als der dritte, weil das Ausweichen von 4 Zoll mehr von der Stossgeschwindigkeit abzieht, als der zweite, und dieser mehr als der dritte, der halb so viel abzieht als jener. Wenn also das starke Ausweichen des Pfahles beim ersten Schlage und das geringere beim folgenden und noch geringere beim dritten u. s. f. Ursache ist, dass der erste Stoss schwächer ist als der zweite, und dieser schwächer als der dritte, was wundert es uns, dass dem ersten Stosse ein geringeres todtes Gewicht entspricht fürs Eintreiben um 4 Zoll, und dass ein grösseres für ein zweites Eintreiben um 2 Zoll, und ein noch grösseres für das dritte, u. s. f. grössere, je kleinere Strecken der Pfahl beschreibt, in Folge des vermehrten Widerstandes desselben? Ich denke, man sieht es leicht ein, wie schwer es ist, die Kraft des gegen einen Widerstand ausgeübten Stosses zu bestimmen, da das Ausweichen, wie das unseres Pfahles, variirt und unbestimmt ein Anwachsen des Widerstandes anzeigt; daher halte ich es für nothwendig, über solche Fälle nachzusinnen, wo dem Stosse ein unveränderlicher Widerstand entgegentritt. Zu dem Zwecke denken wir uns einen festen Körper von 1000 Pfund Gewicht, der auf einer Ebene ruhe; an diesen Körper sei ein Seil gebunden, welches über eine Zugwinde geschlungen werde, welch letztere ein gut Theil oberhalb des festen Körpers befestigt sei. Offenbar wird eine am anderen Ende des Seiles angebrachte Kraft beim Heben der Last stets denselben Widerstand zu überwinden haben, nämlich den der 1000 Pfund; und hängt man an jenes andere Seilende einen Körper von demselben Gewicht, so wird Gleichgewicht eintreten, und ohne Stütze werden die beiden Gewichte herabhängen und in Ruhe verharren, so lange keinerseits ein Ueberschuss vorhanden ist. Ruht nun der erste Körper auf der Ebene, so könnte man auf der anderen Seite verschiedene Gewichte anbringen (nur seien sie alle kleiner als das zum Gleichgewichte erforderliche) und verschiedene Stösse ausführen, indem man solch ein Gewicht aus gewisser Höhe herabfallen liesse und beobachtete, was mit dem anderen Körper geschieht, wenn er den Stoss erhält, der ihn in die Höhe treiben will. Man versteht, wie ich meine, dass jedes noch so kleine fallende Gewicht den Widerstand der grossen Last überwinden und sie erheben muss, wie wir sicher folgern dürfen aus der Erkenntniss, dass jedes kleinere Gewicht ein jedes noch so viel grössere überwindet, nur dass die Geschwindigkeit des kleineren die des grösseren in dem Maasse übertrifft, wie das Verhältniss der Gewichte des grösseren zum kleineren Körper es angiebt. Im vorliegenden Falle ist die Geschwindigkeit des fallenden Körpers unendlich viel grösser, da der andere Körper ruht; aber das Gewicht des fallenden ist nicht gleich Null im Vergleich zu dem des anderen, da weder letzteres unendlich gross, noch jenes gleich Null angenommen worden ist; mithin muss die Stosskraft den Widerstand des Ruhenden überwinden. Wir müssen jetzt untersuchen, wie hoch der gestossene Körper gehoben wird; und wenn eine Uebereinstimmung mit den Principien anderer Apparate gefunden wird, wie bei der Schnellwaage, wo die Erhebung der Last sich zur Senkung des Laufgewichtes verhält, wie das Gewicht des letzteren zu dem der Last, so müssen wir auch zusehen, ob, wenn z. B. unsere Last 1000mal so gross ist, als die des Körpers, der etwa um 1 Elle herabfällt, ob jener um $\frac{1}{100}$ Elle sich erheben wird, wie solches ungefähr das Princip der anderen Apparate fordern würde. Zunächst indess lassen wir ein dem anderen gleiches Gewicht aus etwa 1 Elle Höhe fallen, so also, dass das eine Gewicht zuerst auf der Ebene ruhe, an den beiden Seilenden aber ein gleich grosses Gewicht angebracht sei; was wird nun geschehen mit dem ruhenden Gewicht, wenn der Stoss auf dasselbe wirkt? Euere Meinung möchte ich wissen.

Apr. Da Sie mich, mein Herr, ansehen, wie wenn Sie von mir die Antwort erwarteten, so meine ich, wird, da beide Körper gleich schwer sind, und da der fallende die Geschwindigkeit erlangt, der andere ein gutes Stück über das Gleichgewicht hinaus gehoben werden; denn für das Gleichgewicht selbst reichte das blosse Gewicht hin, mithin wird die Hebung viel mehr als 1 Elle betragen, welches der Betrag der Senkung sein sollte.

Salv. Und was sagt Herr *Sagredo?*

Sagr. Auf den ersten Blick scheint mir die Erwägung richtig zu sein, wie ich aber kürzlich schon sagte, irrt man sich gar zu leicht, und man muss gründlich Umschau halten, ehe man eine entschiedene Antwort giebt. Ich glaube also (mit Vorbehalt eines Zweifels), dass 100 Pfund fallenden Gewichtes hinreichen werden, das andere von gleichfalls 100 Pfund bis zum Gleichgewicht zu erheben, ohne dass demselben noch eine andere Geschwindigkeit hinzu ertheilt werde, wozu $\frac{1}{2}$ Unze Ueberschuss hinreichen würde, allein es will mir scheinen, als werde dieses Gleichgewicht sehr langsam eintreten (con gran tardità); wenn nur der sinkende Körper mit grosser Geschwindigkeit anlangt, wird er auch mit einer ebensolchen den anderen Körper erheben; nun aber scheint es mir nicht zweifelhaft, dass zur Mittheilung einer grossen Geschwindigkeit eine grössere Geschwindigkeit erforderlich sei, als zur Ertheilung einer kleinen; daher könnte es geschehen, dass der beim freien Fall erlangte Geschwindigkeitsbetrag verbraucht werde, und so zu sagen verwandt werde, das andere Gewicht mit ebenso grosser Geschwindigkeit auf dieselbe Höhe zu erheben, denn ich möchte glauben, dass die beiden Bewegungen nach unten und nach oben aufhören würden nach der Erhebung des anderen um 1 Elle, wobei der andere um 2 Ellen sich senkt, da er allein schon um 1 Elle gefallen war.

Salv. Ich neige in der That zu derselben Ansicht, denn obwohl der fallende Körper ein Zusammengesetztes aus Gewicht und Geschwindigkeit darstellt, so ist das Heben des Gewichtes keiner Anstrengung gleich, da beide Gewichte gleich sind und ohne Zulage auf jener Seite keine Bewegung eintreten würde; die Hebewirkung ist daher ganz und gar auf die Geschwindigkeit zurück zu führen und auf nichts anderes; die vorhandene Geschwindigkeit kann mitgetheilt werden, und es ist keine andere vorhanden, als die beim Fallen erlangt war; durch dieselbe Strecke von 1 Elle und mit derselben Geschwindigkeit wird der andere emporsteigen, in Uebereinstimmung mit dem, was in vielen Versuchen beobachtet werden kann, nämlich dass ein von der Ruhelage aus aus gewisser Höhe fallender Körper an jedem Orte eine Geschwindigkeit besitzt, die hinreicht, ihn ebenso hoch wieder empor zu heben. [3])

Sagr. Solcher Art ist es ja auch bei einem Körper, der an einem Faden befestigt und aufgehängt ist; wenn derselbe aus der Senkrechten um einen beliebigen Bogen, kleiner als einen Quadranten, entfernt und fallen gelassen wird, bewegt er sich über die Senkrechte hinaus und steigt um einen ebenso grossen Bogen wieder hinan; hieraus aber erkennt man, dass die Erhebung ganz und gar aus der Geschwindigkeit stammt, die beim Fallen erlangt war; denn am Ansteigen kann das Gewicht des Körpers doch wohl keinen Antheil haben, da dasselbe der Bewegung entgegen wirkt und allmählich die Geschwindigkeit vernichtet, die durch den Fall erlangt war.

Salv. Wenn das Beispiel mit dem schwingenden Körper, über den wir in den früheren Unterredungen gehandelt haben, völlig zu dem heute besprochenen Falle passte, so wäre Eure Auseinandersetzung sehr überzeugend; allein ich finde doch einen namhaften Unterschied zwischen den beiden Erscheinungen, ich meine zwischen dem an einem Faden herabhängenden Körper, der von gewisser Höhe längs dem Kreisbogen herabfallend einen Impuls erlangt, der hinreicht, ihn ebenso hoch wieder zu erheben; und der anderen Erscheinung, bei der ein fallender Körper an einem Ende eines Seiles befestigt ist, um ein am anderen Ende befindliches gleich grosses Gewicht zu heben; der im Bogen fallende Körper wird bis zur Senkrechten beschleunigt in Folge seines Eigengewichtes, welches nachher das Ansteigen hemmt (da die Bewegung der Schwere entgegen gerichtet ist), so dass für die bei dem beschleunigten Fall erlangte Geschwindigkeit keine geringe Entschädigung zu erblicken ist in dem Anstieg in gegennatürlicher Richtung. Im anderen Falle dagegen trifft der fallende auf einen ihm gleichen, aber in Ruhe befindlichen Körper, nicht nur mit der erlangten Geschwindigkeit, sondern auch noch mit seinem Gewicht, welches letztere für sich allein allen Widerstand des anderen gegen eine Erhebung aufhebt, denn die erlangte Geschwindigkeit erfährt nicht den Contrast eines Körpers, der gegen das Ansteigen Widerstand leistet; ein nach unten einem Körper ertheilter Impuls begegnet keiner Ursache zur Vernichtung oder Schwächung der Bewegung, so auch findet dasselbe nicht statt beim Ansteigen jener Last, die nicht gravitirt (la cui gravità rimane nulla), weil sie durch ein Gegengewicht aufgehoben ist. Und hier, glaube ich, trifft genau das zu, was mit einem schweren Körper geschieht, der auf einer vollkommen glatten und etwas geneigten Ebene ruht, und der von selbst herabfallen wird, immer grössere Geschwindigkeit annehmend; wollte man in entgegengesetzter Richtung ihn emporsteigen lassen, so müsste man ihm einen Impuls ertheilen, der schwinden und schliesslich verschwinden würde; wenn aber die Ebene nicht geneigt, sondern horizontal wäre, so würde ein darauf befindlicher Körper Alles thun, was uns beliebt, d. h. stellen wir ihn in Ruhe hin, so wird er in Ruhe verharren, geben wir ihm in irgend einer Richtung einen Impuls, so wird er in derselben Richtung sich bewegen und seine Geschwindigkeit bewahren, da er dieselbe weder vermehren noch vermindern könnte, da die Ebene weder eine Senkung noch eine Hebung zulässt, und ganz ähnlich werden die beiden Gewichte an beiden Seilenden im Gleichgewicht sein und in Ruhe bleiben, und wenn wir dem einen Gewichte nach unten einen Impuls ertheilen, wird derselbe sich unverändert erhalten. Und hier muss hervorgehoben werden, dass dieses Alles einträte, wenn äussere, unwesentliche Hindernisse fortgeräumt werden, wie die Steifigkeit und das Gewicht des Seiles, der Rollen, die Reibung der Axen u. a.; weil man die Geschwindigkeit kennt, welche das eine der beiden Gewichte beim Fallen aus bekannter Höhe erlangt, während das andere ruht, so ist es möglich, zu bestimmen, welcher Art und wie gross die Geschwindigkeit sei, mit welcher nachher sich beide bewegen, nach dem Fallen des einen, während derselbe weiter fällt und der andere sich erhebt. Schon aus dem Bisherigen wissen wir, dass ein aus der Ruhe frei fallender Körper immer grössere Geschwindigkeit erlangt, so dass in unserem Falle der höchste Betrag in dem Moment erreicht ist, wo er den Gefährten zu heben beginnt, und es ist klar, dass dieser Werth nicht mehr vermehrt werden kann, da die Ursache einer Vermehrung aufgehoben ist, nämlich das Eigengewicht des fallenden Körpers, denn dieses wirkt nicht mehr, da der Gefährte dem Streben zum Fall durch sein Widerstreben gegen eine Erhebung entgegen wirkt. Mithin wird der höchste Geschwindigkeitswerth beharren, und auf die beschleunigte Bewegung wird eine gleichförmige folgen; welches diese Geschwindigkeit sein mag, wird aus den Betrachtungen der früheren Tage offenbar werden, d. h. es wird die Geschwindigkeit eine solche sein, dass in einer Zeit, gleich der des Falles, der doppelte Weg beschrieben werde.[4])

Sagr. Also Herr *Aproino* hatte richtiger combinirt und ich bin bis hierzu, mein Herr, sehr befriedigt von Ihrer Auseinandersetzung, wie ich auch Alles, was Sie behauptet haben, einräume; aber so weit bin ich noch nicht gediehen, dass mein Erstaunen behoben sei über die Möglichkeit, durch den Stoss jedweden noch so grossen Widerstand zu überwinden, auch wenn der stossende Körper noch so klein und seine Geschwindigkeit zudem geringfügig wäre, und was meine Bewunderung vermehrt, ist die Behauptung, es gäbe keinen Widerstand, der dem Stoss nicht nachgeben müsste (er sei denn unendlich gross); und endlich, dass von solchem Stosse es unmöglich sei, in irgend einer Weise ein bestimmtes Maass anzugeben; seid so freundlich, mein Herr, und schickt Euch an, diese Dunkelheiten aufzuhellen.

Salv. Da man von einem Theorem keinen Beweis verlangen kann, wenn nicht bestimmte Bedingungen festgestellt sind, und da wir über die Stosskraft und den Widerstand des Gestossenen reden wollen, so müssen wir einen stossenden Körper annehmen mit immer sich gleich bleibender Kraft; das sei der von stets gleicher Höhe herabfallende Körper; ebenso wollen wir einen Körper mit stets gleich bleibendem Widerstande annehmen. Um solches zu erreichen, nehme ich an, dass (in unserem Beispiele zweier an einem Seile hängender gleicher Gewichte) der stossende Körper klein sei, der andere so viel grösser, als irgend beliebt, und in dessen Hebung der Impuls des fallenden kleinen Körpers wirksam wird; offenbar ist der Widerstand des grossen stets und in allen Fällen ein und derselbe, was nicht der Fall sein wird bei einem Nagel oder dem Pfahle, wo der Widerstand stets anwächst und in ganz unbekanntem Verhältniss sich ändert, je nach der Härte des Holzes, des Erdreiches etc., trotzdem dass Nagel und Pfahl immer dieselben bleiben. Ausserdem müssen wir uns einige Sätze ins Gedächtniss rufen aus unseren früheren Gesprächen über die Bewegung; und zwar zunächst den Satz, dass Körper von einem höheren Punkte bis zu einem Horizonte stets gleiche Geschwindigkeit erlangen, unabhängig davon, ob sie senkrecht fallen oder längs beliebig geneigten Ebenen, sodass z. B., wenn AB (Fig. 146) eine horizontale Ebene vorstellt und vom Punkte C die Senkrechte CB herabgelassen wird, während durch denselben Punkt andere Geneigte CA, CD, CE hindurchgehen, alle von C aus fallenden Körper bei der Horizontalen angelangt, gleiche Geschwindigkeit erlangt haben. Ferner müssen wir zweitens festhalten, dass die in A erlangte Geschwindigkeit genau hinreichen würde, denselben fallenden Körper oder einen anderen ihm gleichen bis auf dieselbe Höhe zu erheben, woraus verständlich wird, dass ebenso viel Kraft nöthig ist, denselben Körper vom Horizonte bis zur Höhe C zu erheben, ob er von A, D, E oder B empor getrieben würde. Drittens besinnen wir uns darauf, dass die Fallzeiten längs den genannten Ebenen sich verhalten wie die Längen, sodass, wenn z. B. AC gleich $2\,CE$ wäre und gleich $4\,CB$, die Fallzeit für AC die doppelte derjenigen für CE und die vierfache der für CB wäre. Endlich erinnern wir uns dessen, dass, um die Körper längs den verschiedenen Ebenen ansteigen oder besser hinaufschleppen zu lassen, um so kleinere Kräfte nöthig sind, je geneigter die Ebenen, weil sie in dem Maasse länger sind. Nun nehmen wir eine Ebene AC (Fig. 147) an, die etwa zehnmal länger sei, als die Höhe CB, und auf AC ruhe ein Körper S von 100 Pfund: wird an diesen eine Schnur befestigt und über eine Rolle gewunden bis unterhalb C, und an dieses andere Ende ein Gewicht von 10 Pfund angehängt, das

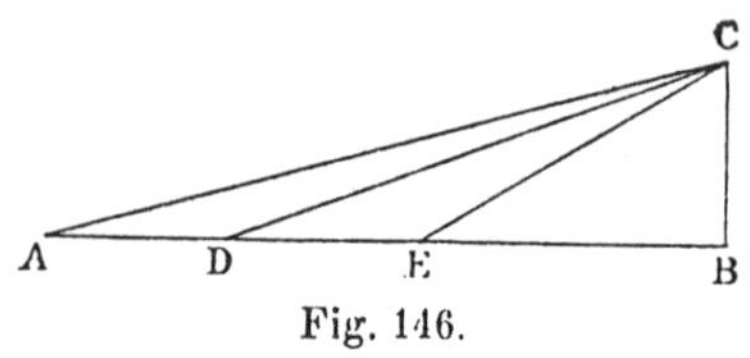

Fig. 146.

wir mit P bezeichnen wollen, so ist es klar, dass jedes kleinste Uebergewicht den Körper S heben würde. Und es ist wohl zu bemerken, dass, obwohl die Fortbewegungen beider Körper die gleichen sind (woran Jemand zweifeln könnte auf Grund des Principes aller Mechanismen, demgemäss eine kleine Kraft einen grossen Widerstand nur überwindet, wenn die Bewegung jenes grösser ist im Verhältniss der Körper), im gegenwärtigen Falle die Senkung des kleinen Körpers in der Senkrechten geschieht, und hiermit auch die senkrechte Erhebung des anderen Körpers S verglichen werden muss, d. h. man muss zusehen, wie viel S in der senkrechten Richtung ansteigt.[5])

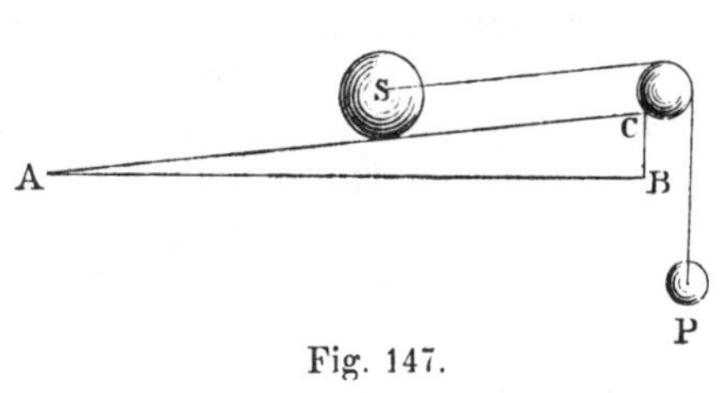

Fig. 147.

Nach längerer Bearbeitung des Gegenstandes gelangte ich dazu, folgenden Satz aufzustellen, den ich sodann erklären und beweisen will:

Proposition.

Wenn die Wirkung, die ein Stoss eines und desselben von stets gleicher Höhe herabfallenden Körpers ausübt, darin besteht, einen Körper von stets gleich bleibendem Widerstande längs einer gewissen Strecke fortzubewegen, und wenn, um dieselbe Wirkung zu erzielen, wir eine bestimmte Quantität todten Gewichtes anwenden müssen, die ohne Stoss nur Druck ausübt, so behaupte ich, dass, wenn derselbe stossende Körper auf einen anderen Körper mit grösserem Widerstande trifft, er denselben um die halbe Strecke forttreiben wird, als vorhin, wenn zu dieser Fortrückung im zweiten Falle ein todtes Gewicht von doppeltem Betrage nothwendig ist, und ähnlich bei anderen Verhältnissen, sodass, wenn die durch Stoss hervorgerufene Fortrückung kürzer ist, ein um so grösseres todtes Gewicht erforderlich ist.

Hier ist die Rede von dem Widerstande, wie er beim Pfahle sich zeigt, also einem solchen, der von nicht weniger als 100 Pfund todtem Gewicht überwunden wird, während der stossende Körper nur 10 Pfund wiegt und aus einer Höhe von etwa 4 Ellen nur 4 Zoll tief den Pfahl einrammt. Offenbar würde das frei herabhängende Gewicht von 10 Pfund hinreichen, jene

100 Pfund längs einer Ebene zu heben, deren Länge das Zehnfache der Höhe beträgt, denn 10 Pfund senkrecht zu heben erfordert ebenso viel Kraft, wie 100 Pfund längs einer Ebene, deren Länge der zehnfachen Höhe gleich ist; und weiter, wenn der beim senkrechten Fall durch eine Strecke erlangte Impuls verwandt wird, einen gleichen Widerstand zu überwinden, so wird er denselben um eine ebensolche Strecke erheben; nun ist dem Widerstande von 10 Pfunden in senkrechter Richtung derjenige von 100 Pfunden längs geneigter Ebene zehnfacher Länge gleich, folglich wird das durch irgend eine Strecke senkrecht fallende Gewicht von 10 Pfund, wenn dessen Impuls auf das 100pfündige übertragen wird, dasselbe so weit fortrücken, dass die Höhe dieselbe wird, also den zehnten Theil der Ebene ausmacht. Schon oben wurde festgestellt, dass eine Kraft, die hinreicht, ein Gewicht längs einer geneigten Ebene fortzuschieben, dasselbe auch senkrecht erheben könnte, nur mit entsprechender Höhe, im vorliegenden Falle um den zehnten Theil der geneigten Strecke, denn soviel beträgt die Fallstrecke der 10 Pfund; also können 10 senkrecht fallende Pfunde auch 100 Pfund senkrecht erheben, jedoch nur um den zehnten Theil der Senkung der 10 Pfund; eine Kraft aber, die 100 Pfund heben kann, ist gleich der Kraft, mit der die 100 Pfund nach unten streben, und diese war im Stande, den Pfahl nieder zu drücken. So ist es zu verstehen, wie der Fall von 10 Pfund einen Widerstand zu überwinden vermag, der gleich jenem ist, den 100 Pfund äussern, wenn sie gehoben werden sollen, die Fortrückung wird nur den zehnten Theil der Fallstrecke des Stossenden betragen. Verdoppeln wir den Widerstand, oder verdreifachen wir denselben, sodass 200, 300 Pfund todten Gewichtes als Druck nöthig sind, so finden wir, dass der Impuls der fallenden 10 Pfund ein erstes, zweites und drittes Mal den Pfahl eintreiben wird, aber wie beim ersten Mal $\frac{1}{10}$ der Fallstrecke, so das zweite Mal $\frac{1}{20}$, das dritte dritte Mal $\frac{1}{30}$ der Fallstrecke. Vermehrt man unbegrenzt den Widerstand, so wird stets derselbe Stoss ihn überwinden, aber mit stets abnehmenden Fortrückungen, sodass wir mit Recht behaupten dürfen, die Stosskraft sei unbegrenzt an Grösse (la forza della percossa essere infinita). Andererseits muss auch in anderer Hinsicht die Druckkraft ohne Stoss als unbegrenzt (infinita) betrachtet werden; denn wenn dieselbe den Widerstand des Pfahles überwindet, so wird das nicht nur durch jene Strecke hindurch geschehen, um welche der Stoss seine Wirkung ausübte, sondern immer weiter ohne Grenze (in infinito).

Sagr. Ich sehe deutlich, wie Ihr, mein Herr, geradezu darauf ausgehet, den wahren Grund des vorliegenden Problemes aufzudecken; weil aber der Stoss in so verschiedener Weise erzeugt und auf so verschieden geartete Widerstände verwandt werden kann, so wäre es gut, wenigstens einige Fälle zu erklären, deren gründliches Verständniss uns die Einsicht in alle anderen eröffnen könnte.

Salv. Ihr habt vollkommen Recht, und ich schickte mich bereits an, solche vorzuführen. Dahin gehört z. B. ein Fall, der stets da eintreten kann, wo die Wirkung nicht an dem gestossenen Körper offenbar wird, sondern in dem stossenden; wenn auf einen festen Amboss ein Schlag mit einem Hammer aus Blei ausgeführt wird, so wird die Wirkung im Hammer sichtbar, der zerquetscht wird, und nicht im Amboss, der sich nicht senken wird. Dem ähnlich verhält es sich mit dem kleinen Hammer der Steinmetze, der nicht gehärtet worden und daher weich ist, so dass er nach langem Gebrauch auf einem gehärteten Stahlamboss nicht letzteren zerbricht, sondern sich selbst höhlt oder umformt. Ein anderes Mal wird die Wirkung in den stossenden Körper reflectirt, wie man solches nicht selten sieht, wenn man einen Nagel in sehr hartes Holz eintreiben will, wo alsdann der Hammer zurückschnellt, ohne im Mindesten den Nagel zu fördern, in welchem Falle man zu sagen pflegt, der Schlag habe nicht »gesessen«. Nicht unähnlich ferner ist der Abprall, den man auf festem Erdreich bei einem grossen aufgeblasenen Ball eintreten sieht, und dasselbe tritt ein, wenn der Stoff so geartet ist, dass er zwar beim Stosse ausweicht, aber auf demselben Wege in seine alte Form zurückkehrt, und solch ein Abspringen kommt sowohl beim stossenden, wie auch beim gestossenen Körper vor, wie z. B. ein aus selbst sehr hartem Holz gearbeiteter Stab von der wohlgespannten Membran einer Trommel abprallt. Zuweilen sieht man die wunderbare Erscheinung, dass zur Stosswirkung ein Druck sich hinzugesellt; bei der Tuch- oder Oelpresse wird mit dem Drängen von 4 oder 6 Männern die Schraube angestrengt, wobei sie, wenn möglich, einen Schritt hinter den Barren zurücktreten und, rasch denselben antreibend, die Schraube mehr und mehr anziehen, so dass der Stoss mit der Kraft der 4 oder 6 Menschen das leistet, was sonst kaum 12 oder 20 mit blossem Druck hervorbrächten, weshalb man auch den Barren sehr kräftig baut, von recht hartem Holz, sodass er wenig oder gar nicht sich biegt, denn sonst, wenn er nachgäbe, würde der Stoss zum Verbiegen desselben verbraucht werden.

[6]) In jedem Körper, der heftig bewegt werden soll, giebt es zweierlei Art Widerstand: der eine ist ein innerer Widerstand, dem wir Rechnung tragen, wenn wir sagen, es sei schwerer 1000 Pfund zu heben, als 100 Pfund; der andere bezieht sich auf die Strecke, durch welche die Bewegung erfolgen soll; denn einen Stein 100 Schritte weit zu werfen fordert mehr Kraft, als wenn er 50 Schritte fliegen soll etc. Solchen zwei verschiedenen Arten von Widerstand entsprechen zwei Arten von Antrieb; bei den einen giebt es einen Druck ohne Stoss, bei den anderen einen Stoss. Bei den ersteren wird stets ein kleinerer Widerstand überwunden, wenn auch kaum merklich kleiner, die Druckkraft wirkt durch unbegrenzt grosse Strecken, sie folgt aber mit stets gleicher Kraft; bei diesen, den stossenden, kann jedweder Widerstand überwunden werden, sei derselbe noch so gross, aber durch ein begrenztes Intervall. Daher halte ich die beiden Sätze für wahr, die Stosskraft überwindet unbegrenzte Widerstände durch begrenzte Strecken, so dass dem Stossenden die Strecke und nicht der Widerstand proportional erscheint, dem Drucke dagegen der Widerstand und nicht die Strecke. Dieses Verhalten macht mich zweifeln, ob wohl die Frage des Herrn *Sagredo* zu beantworten wäre, sofern Dinge, die nicht fähig sind, in ein Verhältniss gebracht zu werden, doch mit einander verglichen werden sollen, denn dieser Art sind die Wirkungen des Stosses und des Druckes, wie z. B. im speciellen Falle ein sehr grosser Widerstand, der in dem Keile BA (Fig. 148) vertreten sei, von jedwedem Stosskörper C überwunden werden kann, aber durch eine begrenzte Strecke, wie etwa durch die Punkte B, A, während der Druck von D nicht jedweden Widerstand des Keiles BA überwinden wird, sondern nur einen begrenzten, und zwar einen solchen, der nicht grösser ist als D; wird derselbe überwunden, so braucht das nicht nur durch die begrenzte Strecke BA zu geschehen, sondern unbegrenzt weit, wenn der Körper AB stets den gleichen Widerstand ausübt, wie man annehmen muss, da das Gegentheil nicht als Vorbedingung hingestellt worden ist.

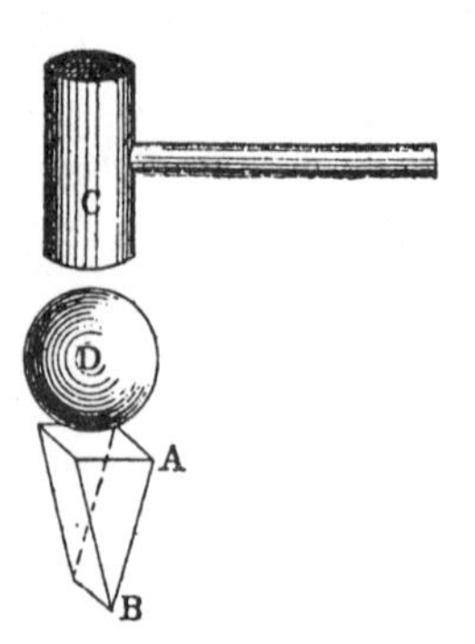

Fig. 148.

Das Moment eines Körpers beim Stosse ist zusammengesetzt aus unendlich vielen Momenten, deren jedes gleich ist dem einen, inneren, natürlichen Momente (dem Momente des eigenen absoluten Gewichtes, das der Körper stets auf seine Unterlage ausübt) und einem äusseren, heftigen, von der Bewegung abhängigen. Solche Momente wachsen an während der Zeit der Bewegung des Körpers mit gleichem Zuwachs, und erhalten sich in dem Körper gerade so wie die Geschwindigkeit eines fallenden Körpers zunimmt. Wie in den unendlich vielen Zeittheilchen der Körper durch alle Grade der Geschwindigkeit hindurch geht, indem er die einmal erlangten festhält, so verbleiben dem Körper auch die natürlich beschleunigten oder die künstlich ertheilten Bewegungen.

Die Stosskraft hat ein unbegrenztes Moment, sobald sie vom stossenden Körper auf einen Körper wirkt, der nicht nachgiebt, wie wir zeigen werden. Das Nachgeben eines Körpers, der von einem mit beliebiger Geschwindigkeit bewegten anderen gestossen wird, kann nicht momentan geschehen, weil es sonst eine instantane Bewegung durch eine endliche Strecke hindurch gäbe, was als unmöglich bewiesen worden ist. Geschieht also das Ausweichen in der Zeit, so wird auch die Uebertragung jener Momente vom stossenden Körper Zeit kosten, und diese Zeit ist hinreichend, zu vernichten oder zu verringern jene obengenannten Momente, die, wenn sie in einem Augenblicke auf den Widerstand wirkten (was der Fall wäre, wenn beide, stossender und gestossener Körper, gar nicht nachgäben), einen viel grösseren Einfluss auf die Erregung einer Bewegung hätten, als wenn sie in der Zeit wirkten, und sei dieselbe auch noch so kurz; einen grösseren Einfluss, sage ich, denn ein Einfluss überhaupt auf den gestossenen Körper findet statt, wie klein auch der Stoss und wie gross das Nachgeben sei; aber solche Wirkung kann unseren Sinnen als unmerklich entgehen, obwohl sie vorhanden ist, was am gehörigen Orte bewiesen werden soll; nur der Beobachtung entzieht sie sich; wenn mit einem kleinen Hammer in gleichmässigen Stössen das Ende eines sehr grossen Balkens, der auf der Erde liegt, geschlagen wird, so kann man nach vielen Stössen schliesslich sehen, dass der Balken um eine wahrnehmbare Strecke fortbewegt worden ist, ein sicheres Zeichen dafür, dass jeder Stoss für seinen Theil eine Fortrückung bewirkt hat; denn wenn der erste Stoss keinen solchen Erfolg hätte, so würden auch alle anderen, dem ersten gleichen Stösse nichts ausrichten, während die Beobachtung die Wirkung unseren Sinnen zugänglich erscheinen lässt und ebenso der Versuch wie die Erklärung das Gegentheil lehrt.[7])

Die Stosskraft hat ein unbegrenztes Moment, sofern es keinen noch so grossen Widerstand giebt, der nicht von dem allerkleinsten Stosse überwunden werden könnte.

Wer die Broncethore von San Giovanni schliessen will, würde umsonst versuchen, sie mit einem schlichten Druck zu bewegen, aber mit fortgesetzten Impulsen ertheilt er dieser enormen Last eine solche Kraft, dass im Momente, wo das Thor an die Schwelle stösst, die ganze Kirche erzittert. Solcher Art sieht man den schwersten Körpern Kräfte mittheilen, ansammeln und vermehren.

Eine ähnliche Erscheinung bemerkt man bei einer grossen Glocke, die nicht mit einem Zuge am Seile, auch nicht mit vieren oder sechsen heftig bewegt werden kann, sondern mit sehr vielen, gleichartig und lange wiederholten, wobei die letzten die Kraft hinzufügen zu der vorher ertheilten, und je grösser und schwerer die Glocke ist, eine um so grössere Kraft und beträchtlicheren Impuls wird sie erhalten, da mehr Zeit dazu verwandt worden ist und mehr Züge, als für eine kleine Glocke nothwendig sind; letztere wird leicht in Bewegung gesetzt, auch wird sie rasch wieder beruhigt, da sie so zu sagen nicht soviel Kraft in sich geschluckt hat, wie die grosse.

Aehnlich ist es endlich auch bei den grossen Schiffen, die nicht bei den ersten Ruderschlägen oder bei den ersten Windstössen in rasenden Schwung gebracht werden, sondern nach vielen Schlägen, nach beständiger Einwirkung der Kraft des Windes auf die Segel erhalten sie einen enormen Impuls, der hinreichen kann, eben dieselben Fahrzeuge zu zerbrechen, wenn sie an Klippen geschleudert werden.

Ein biegsamer aber langer Bogen einer Armbrust trägt viel weiter, als ein harter von geringer Zugweite, weil jener längere Zeit hindurch das Geschoss begleitet und demselben allmählich die Kraft mittheilt, während dieser alsbald dasselbe entsendet.

Ende des sechsten Tages.

Anmerkungen.

Mit vorliegendem Bändchen schliessen wir *Galilei*'s berühmte »Discorsi« ab. Der Leser wird manch anregenden Gedanken sowohl im Anhange zum dritten und vierten, als auch besonders im sechsten Tage finden. Leider ist der letztere offenbar von *Galilei* nicht ganz vollendet worden. Der Vollständigkeit wegen haben wir auch den fünften Tag aufnehmen müssen, wenngleich derselbe kaum mehr als ein historisches Interesse beansprucht.

Anhang zum dritten und vierten Tage.

1) *Zu S. 288.* Wir stellen den Beweis in weit kürzerer Form her: Es ist

$$\frac{ab}{bc} = \frac{ac}{cf},$$

und wenn

$$\frac{bf}{af} = \frac{ms}{\frac{2}{3} \cdot ca}$$

und

$$\frac{ab + 2bc}{3(ab + bc)} = \frac{sn}{ac},$$

so soll

$$mn = \frac{ab}{3}$$

sein.

Es ist

$$ms = \frac{2bf \cdot ac}{3af}$$

und

$$sn = \frac{ab \cdot ac + 2ac \cdot bc}{3ab + 3bc},$$

mithin

$$3(ms + sn) = 3mn = \frac{2bf \cdot ac}{af} + \frac{ab \cdot ac + 2ac \cdot bc}{ab + bc},$$

aber

$$bf = ab - ac - cf$$

und

$$cf = \frac{bc \cdot ac}{ab};$$

setzt man $ac = u$ und $ab = k$, so wird

$$3mn = \frac{2u \cdot \left(k - u - \frac{(k-u)u}{k}\right)}{u + \frac{k-u}{k} \cdot u} + \frac{k \cdot u + 2u(k-u)}{2k - u} = k.$$

2) *Zu S. 295.* Dem Texte getreu folgend, wollen wir die Schlussfolgerungen übersichtlich wiedergeben. Dazu sei gesetzt $AB = a$, $BC = b$, $BD = c$, $BE = d$, $FG = x$, $GK = y$; alsdann heisst der Lehrsatz: Wenn

$$1) \qquad \frac{a}{b} = \frac{b}{c} = \frac{c}{d}$$

und wenn

$$2) \qquad \frac{d}{a-d} = \frac{x}{\frac{3}{4}(a-b)},$$

sowie

$$3) \qquad \frac{a + 2b + 3c}{4(a+b+c)} = \frac{y}{a-b},$$

so ist stets

$$x + y = \tfrac{1}{4}a.$$

Aus 1) folgt, dass

$$\frac{a-b}{b-c} = \frac{b-c}{c-d} \quad \text{und auch} \quad \frac{a+b+c}{a+2b+3c} = \frac{b+c+d}{b+2c+3d}$$

sei, folglich ist

$$\frac{4(a+b+c)}{a+2b+3c} = \frac{4(a-b) + 4(b-c) + 4(c-d)}{(a-b) + 2(b-c) + 3(c-d)}$$

mithin auch

$$\frac{4(a+b+c)}{a+2b+3c} = \frac{4(a-d)}{(a-b) + 2(b-c) + 3(c-d)} = \frac{a-b}{y}$$

nach Gleichung 3), folglich auch

$$\frac{3(a-d)}{(a-b)+2(b-c)+3(c-d)}=\frac{\frac{3}{4}(a-b)}{y}.$$

Nach Gleichung 2) ist

$$\frac{3(a-d)}{3d}=\frac{\frac{3}{4}(a-b)}{x},$$

folglich nach *Euclid* 24, V:

$$\frac{3(a-d)}{(a-b)+2(b-c)+3c}=\frac{\frac{3}{4}(a-b)}{x+y}$$

(einfach durch Umkehr der beiden letzten Gleichungen und Addition der Zähler gefunden), also auch

$$\frac{4(a-d)}{(a-b)+2(b-c)+3c}=\frac{4(a-d)}{a+b+c}=\frac{a-b}{x+y}$$

und

$$\frac{4(a-d)}{a-b}=\frac{a+b+c}{x+y}.$$

Aber

$$\frac{a-b}{a-d}=\frac{a}{a+b+c}$$

(weil

$$\frac{d}{c}=\frac{c}{b},$$

also

$$\frac{c+d}{b+c}=\frac{c}{b}=\frac{b}{a},$$

folglich

$$\frac{d-b}{b+c}=\frac{b-a}{a},$$

also

$$\frac{b+c}{a}=\frac{d-b}{b-a},$$

mithin

$$\frac{a+b+c}{a}=\frac{a-d}{a-b}\Bigg)$$

folglich

$$\frac{4(a-d)}{a-d}=\frac{a}{x+y},$$

folglich

$$x + y = \tfrac{1}{4} a.$$

Sechster Tag.

3) *Zu S. 325.* Der Leser wird bemerken, dass *Salviati*'s Erläuterung ganz correct ist, wenn vorausgesetzt wird, der fallende Körper werde nach ausgeübtem Stosse am weiteren Fallen gehindert. Diese Bedingung wird aber nicht erwähnt, daher bleibt die Erklärung ungenügend.

4) *Zu S. 327.* Wie man bemerkt, ist in diesem interessanten Discurse nicht die Bedingung ausgesprochen, dass der stossende Körper am weiteren Fallen gehindert werde. Die Unterhaltung lässt auch in keiner Weise erkennen, ob eine vollkommene Elasticität bei der Wirkung des Stosses gelten soll. Richtig ist der Gedanke, dass beide Körper mit gleichförmiger Geschwindigkeit sich fortbewegen ohne Ende. Aber der doppelte Weg in der Zeit, die der stossende Körper zum Fallen gebraucht, kann schon deshalb nicht erwartet werden, weil eine doppelt so grosse Masse fortbewegt werden soll. — Heutzutage würden wir die experimentelle Vorrichtung kaum mehr für geeignet halten, weil bei Voraussetzung vollkommener Elasticität das Seil niemals straff gespannt bliebe. Der ruhende Körper müsste emporgeschnellt werden und um die Fallstrecke des stossenden steigen. Wenn unterdessen der andere nicht unterstützt würde, so würde er von neuem von der Geschwindigkeit 0 an zu fallen beginnen, das Seil würde in dem Momente stramm werden, wo der andere gehobene Körper seine höchste Höhe erreicht und die Geschwindigkeit 0 erlangt hätte. In diesem Augenblicke würde er einen neuen Stoss erhalten und sich wieder um solch ein Stück wie vorhin erheben. Beim Experimente dagegen wird der vielfache Verlust von Energie die Erscheinung dahin abändern, dass der gehobene Körper weniger hoch steigt und im Zurückfallen einen neuen Stoss erhält, wenn nicht unterdess der andere Körper aufgehalten worden sein sollte. Folgweise würde sich der Process wiederholen, bis beide Massen mit gleichförmiger Geschwindigkeit gleiche Wege zurücklegen. Wenn endlich ein vollkommen unelastischer Stoss statt hat, so würden die beiden Massen sogleich mit gleichförmiger Geschwindigkeit sich fortbewegen, aber nur mit dem halben Betrage der Endgeschwindigkeit des stossenden, weil das Bewegungsmoment mc nach dem Stosse auf die doppelte Masse sich vertheilt, also $mc =$

$2mx$ wird, mithin $x = \frac{c}{2}$ ist. Diesem Verhalten dürfte der Versuch nahe kommen. Bei ungleich grossen Massen wird die experimentelle Vorrichtung wahrscheinlich völlig unbrauchbar werden.

5) *Zu S. 329.* Es ist sehr zu bedauern, dass der Faden der Erläuterung hier plötzlich abreisst, sodass das immer tiefer und richtiger erkannte Problem schliesslich ungelöst bleibt. In der Ausgabe von 1811 findet man an dieser Stelle eine Anmerkung des Herausgebers, die wörtlich übersetzt lautet: »Der Leser wird bemerken, dass das nun Folgende nicht zum Vorhergehenden passt, denn der Autor wird seinen Plan, die Discussion zu Ende zu führen, haben ändern wollen, nachdem er jene Voraussetzungen niedergeschrieben hatte.« Die Wiederholungen in *Salviati*'s Worten sind wohl auch unvollendet gebliebenen redactionellen Aenderungen zuzuschreiben.

6) *Zu S. 332.* Auch hier finden wir in der Ausgabe von 1811 eine Anmerkung, deren Wortlaut folgender ist: »Unter den Originalschriften *Galilei*'s über den Stoss findet sich auf einem separaten Blatte von *Galilei*'s eigener Hand dasjenige, was im Texte von hier ab bis zum Ende mitgetheilt wird, und was offenbar zur Aufnahme in den sechsten Tag bestimmt war.« Wir müssen daraus schliessen, dass das Gesprächsthema des sechsten Tages leider unvollendet geblieben ist. Uebrigens lautet die Ueberschrift zum fünften Tage auch nur: »principio della quinta giornata«.

7) *Zu S. 333.* Hier wäre denn doch vorerst zu prüfen, welcher Art die Reibung sich geltend macht. Wäre es nicht denkbar, dass der Balken nur elastisch erschüttert würde und nicht im Geringsten auf der Unterlage sich verschöbe?

OSTWALDS KLASSIKER
DER EXAKTEN WISSENSCHAFTEN

Band 201
ARCHIMEDES
Abhandlungen
Über Spiralen / Kugel und Zylinder/
Die Quadratur der Parabel / Über das Gleichgewicht ebener Flächen /
Über Paraboloide, Hyperboloide und Ellipsoide /
Über schwimmende Körper / Die Sandzahl

Reprint der Einzelbände 201, 202, 203, 210 und 213
Übersetzung, Anmerkungen und Anhang..: A. Czwalina-Allenstein
1996, 370 Seiten, kt.,
ISBN 978-3-8171-3201-0

Schon in der Antike bewundert und von Legenden umwoben kann Archimedes von Syrakus (287?–212 v. Chr.) als bedeutendster Naturwissenschaftler der griechisch-hellenistischen Antike gelten.
Die hier vorgelegten deutschsprachigen Übersetzungen durch A. Czwalina beruhen auf der Werkausgabe des Archimedes von J.L. Heiberg, 1. Auflage Leipzig 1880–1882.
Archimedes berechnete u.a. die Oberfläche und den Inhalt von Kugel, Kugelsegment und Kugelsektor sowie Segmente von Rotationsparaboloiden, Rotationshyperboloiden und Rotationsellipsoiden. Für die Quadratur des Kreises konnte er eine Näherungslösung vorlegen, außerdem berechnete er die Zahl π. Archimedes' Überlegungen über die Anzahl der Sandkörner, mit der das Weltall aufgefüllt werden könnte, führten zur Erweiterung von Begriffen und Notationen für das Zahlensystem.

OSTWALDS KLASSIKER
DER EXAKTEN WISSENSCHAFTEN

Band 295
J. KEPLER
Tertius Interveniens
Warnung an etliche Gegner der Astrologie das Kind nicht mit dem Bade auszuschütten

Bearbeiter: J. Hamel
2004, 255 Seiten, kt.,
ISBN 978-3-8171-3295-9

Keplers „Tertius Interveniens" ist bisher von der Forschung wenig beachtet worden, möglicherweise, weil man hierin pure Astrologie der gewohnten Prägung erwartete. Doch das Gegenteil ist der Fall. Entsprechend Keplers Bild von der Astrologie präsentiert diese Schrift eine Fülle von Gedanken aus den Bereichen der Physik, der Astronomie, der Meteorologie, der Medizin, der Philosophie, des Menschenbildes, der Ethik seiner Zeit. Ausführliche Erläuterungen sind der Einheit der Welt gewidmet, der Natur der Himmelskörper, ihrer Belebtheit, dem Seelenempfinden der Erde und des Mondes, dem Licht der Gestirne, ihren Farben, Ebbe und Flut, der Qualität der Zeit mit ihrer Prägung durch himmlische Erscheinungen – um nur Beispiele zu nennen und damit Interesse zu wecken. Kepler gibt hier ein Kompendium seines Bildes von der Welt und den Wissenschaften, mithin seiner Weltanschauung und damit elementare Grundsätze für das Verständnis seiner großen astronomischen Werke. „Das Buch ist mit seiner sprudelnden Fülle seiner Gedanken unter den deutschen Schriften Keplers am besten geeignet, in seine reiche Gedankenwelt einzuführen ... Das Werk ist aber auch besonders geeignet, ein Bild von den geistigen Kämpfen zu vermitteln, die jene unruhige Übergangszeit in Erregung versetzt haben und aus denen heraus das neue Weltbild entstanden ist." Es ist ein bedeutendes Dokument der Wissenschaftsgeschichte.

Weitere Infomationen zu „Ostwalds Klassiker" finden Sie unter:
http://**ostwalds.harri-deutsch.de**

OSTWALDS KLASSIKER
DER EXAKTEN WISSENSCHAFTEN

Band 235
EUKLID
DIE ELEMENTE
Bücher I bis XIII
Reprint der Einzelbände 235, 236, 240, 241 und 243
Übersetzer und Hrsgeber: C. Thaer
Einl.: P. Schreiber
2003, 495 Seiten, kt.,
ISBN 978-3-8171-3413-7

„Die Elemente des Euklid gehören seit ihrer Entstehung vor rund 2300 Jahren zu den meist gelesenen, diskutierten und kommentierten Texten der Welt und seit Erfindung des Buchdrucks auch zu den meist gedruckten und meist übersetzten Büchern."
Euklid vereinigte das gesamte mathematische Wissen seiner Zeit und systematisierte es durch die Anordnung nach Axiom, Definition, Satz, Beweis. Das Werk behandelt die Bereiche Planimetrie, Stereometrie, Goniometrie sowie Trigonometrie. Im Zuge seiner Ausführungen beweist Euklid zwei Sätze aus der Satzgruppe des Pythagoras. Im Zusammenhang mit der Theorie der Zahlen zeigt er, daß die Anzahl der Primzahlen unbegrenzt ist. Eine Rechenanweisung gibt er mit dem „Euklidischen Algorithmus". Mit diesem Werk wurde Euklid zum Begründer der Euklidischen Geometrie. Durch seine Einführung der Axiomatischen Methode wurde die Geometrie zu einer mathematischen Disziplin.
„Zwar sind die Elemente reich an großartiger Mathematik, präsentiert wird sie aber in extrem trockenem Stil, so daß diese Reichtümer sich keineswegs beim einmaligen und systematischen ‚Durchlesen' oder ‚Durchnehmen' erschließen."
So macht es sich P. Schreiber in der dieser Auflage neu hinzugefügten Einleitung zur Aufgabe, „... dem Leser die Augen für die verborgenen Schätze zu öffnen und ihn anzuregen, sich seinerseits Gedanken über die vielleicht noch unentdeckten Aspekte des euklidischen Textes zu machen." (Zitate aus der Einleitung)

Weitere Infomationen zu „Ostwalds Klassiker" finden Sie unter:
http://**ostwalds.harri-deutsch.de**